基础化学实验

傅　敏　王崇均　主编

科学出版社

北　京

内 容 简 介

本书是为了满足实验教学改革的需要和教学计划的组织实施而编写的。全书共7章。第一、二章为绪论和基础化学实验基本知识，介绍了基础化学实验基本要求和基本实验操作常识；第三章为基本操作，选编了10个实验，主要培养学生的基本操作技能；第四至七章内容涉及定量化学分析、化合物的制备、物性参数测定和仪器分析，共列出了71个有关实验方法和技能训练的实验，可满足不同专业、不同模块基础化学实验教学的需要。附表中给出基础化学实验中的重要理化数据。

本书可作为高等学校化学化工类、材料类、环境科学类、生命科学类及相关专业的基础化学实验课教材，也可供相关科研和技术人员参考。

图书在版编目（CIP）数据

基础化学实验/傅敏，王崇均主编. —北京：科学出版社，2013
ISBN 978-7-03-036493-7

Ⅰ.①基… Ⅱ.①傅…②王… Ⅲ.①化学实验 Ⅳ.①O6-3

中国版本图书馆CIP数据核字（2013）第012667号

责任编辑：石 悦/责任校对：包志虹
责任印制：张 伟/封面设计：华路天然设计工作室

科学出版社 出版
北京东黄城根北街16号
邮政编码：100717
http://www.sciencep.com

北京九州迅驰传媒文化有限公司印刷

科学出版社发行 各地新华书店经销

*

2013年1月第 一 版 开本：787×1092 1/16
2026年3月第十六次印刷 印张：16 1/2
字数：415 000

定价：49.00元

（如有印装质量问题，我社负责调换）

编委会名单

主　编　傅　敏　王崇均

副主编　古昌红　吴四维　林　兵　高　媛

编　委　（按姓氏笔画排序）

王星敏　王瑞琪　冯永成　任建敏　李仁炳
沈　荣　邵承斌　罗　茜　卓　琳　单振秀
殷　菲　常　青　魏星跃

前　言

“基础化学实验”是重庆工商大学（以下简称“我校”）化学技术实验教学中心为化学工程与工艺、应用化学、材料科学与工程、制药工程、生物工程、食品科学与工程、环境工程等专业本科学生开设的一门重要基础实验课，其目的是培养学生掌握化学实验的基本知识、基本操作与基本技能。它与后续的专业实验、专业综合实验构成相关专业完整的实验教学体系。

2009～2011 年，我校化学技术实验教学中心承担了重庆市高等教育教学改革研究重点项目“基础化学实验内容改革与实践”，其基本改革思路是坚持“加强基础、培养能力、突出创新、重视应用”的实验教学理念，实验教学内容凸显基础性、应用性，打破了传统的按四大化学各自组成实验的教学模式，重新进行规划设计，组成在化学一级学科水平上的独立的基础化学实验课程体系，针对各工科专业，实施“双模块体系”。公共基础模块——基础化学实验Ⅰ，32 学时，凸显基础性，在化学工程与工艺、材料科学与工程、制药工程、生物工程、食品科学与工程、环境工程等不同专业设置内容相同的实验内容，充分考虑各专业化学实验技术的共性要求，突出基本知识、基本操作、基本技能训练在人才培养中的基础性地位；方向应用模块——基础化学实验Ⅱ，48 学时，凸显应用性，设置与各专业方向紧密相关的实验项目，不仅增加学生的专业兴趣，而且更强调实验技术在各专业中的应用，适应专业人才培养定位与要求。例如，针对环境工程专业，实验项目以环境分析实验为主，力求体现化学分析与仪器分析技术在环境科学中的应用。

依据课程改革目标和需要，我校化学技术实验教学中心组织相关老师编写了本书。本书结合我校实际情况，精选了 81 个实验项目，内容涉及基础化学实验基本要求（绪论部分）、基础化学实验基本知识、基本操作、定量化学分析、化合物的制备、物性参数测定、仪器分析七大部分，可以满足不同模块实验教学的需要，可作为高等学校化学化工类、材料类、环境科学类、生命科学类及相关专业的基础化学实验课教材。

本书编写具体分工如下：第一章由傅敏编写；第二章由王崇均、古昌红、吴四维、林兵、高媛、王瑞琪编写；第三章由古昌红、林兵、高媛、王瑞琪、常青、冯永成、单振秀、沈荣编写；第四章由林兵、古昌红、单振秀编写；第五章由高媛、魏星跃、殷菲、罗茜、王星敏、常青编写；第六章由古昌红、李仁炳、卓琳、任建敏编写；第七章由吴四维、邵承斌、古昌红、卓琳编写。

本书是重庆市高等教育教学改革研究重点项目“基础化学实验内容改革与实践”的研究成果之一，本书的出版得到了我校教务处和学院领导的大力支持，在此表示感谢！在编写过程中，编者参考了国内相关实验教材和实验讲义，在此向有关作者致意。

限于编者的学识水平与经验，书中难免存在不完善之处，欢迎专家和读者批评指正，以便今后不断完善。

编　者

2012 年 5 月

目　　录

第一章　绪　　论

1.1　基础化学实验的目的和学习方法

1.1.1　基础化学实验的目的

化学已由单纯的以实验为基础的学科发展到理论与实验并重的学科，然而对化学及相关学科的探索仍然离不开基本的化学实验技术。基础化学实验的严格训练，使学生掌握化学实验的基本操作、基本技术和基本技能，巩固化学的基本理论和基本知识，初步具备独立进行化学实验的能力。化学实验教学培养学生观察化学现象、认识和理解化学反应事实的能力，使学生具备正确记录实验数据、准确处理实验数据、科学分析实验现象和实验结果的能力，逐步提高学生分析问题、解决问题和独立从事科学研究的能力，培养学生实事求是、严谨求实的科学态度和理论联系实际的工作作风，使学生逐步建立批判性的思维方式和科学的实验研究方法。同时，培养学生团结协作、不断进取的科学精神。

1.1.2　基础化学实验的学习方法

1. 认真预习

认真阅读实验教材的实验内容及相关资料，明确实验目的和要求，理解实验基本原理，熟悉实验内容，掌握实验方法和仪器的使用方法，把握实验关键，知道所用药品和试剂的理化性质及其毒性，切记实验中的注意事项，并按要求写出实验预习报告。预习报告应包括实验目的、实验原理、简要的实验步骤与操作、必要的化学反应式、实验数据的记录表格等，预习报告要简明扼要，切忌照抄书本。

2. 实验操作

在实验过程中，严格按照实验步骤认真进行操作，认真仔细地观察实验中的现象，如实记录实验现象、数据（包括一些环境条件数据，如实验室温度、大气压等）。实验数据的记录必须规范清晰。当实验现象出现异常时，要认真检查其原因，可在教师指导下，重做或补做某些实验，以得出正确结论。同时，按要求处理好实验过程中产生的废液。

3. 实验报告

撰写实验报告是基础化学实验课程的基本训练内容之一，它将使学生在实验数据处理、作图、误差分析、问题分析与归纳等方面得到训练和提高。实验报告是概括和总结实验过程的文献性质资料。

根据不同的实验内容，可以选用不同的实验报告格式，实验报告的书写要求字迹清楚、整洁，作图和数据处理规范。实验报告的内容一般包括实验目的、实验原理、实验步骤、实验记录、实验结果、问题和讨论等。实验报告应由学生独立完成，并及时交指导老师审阅。

1.2　实验数据的记录、处理和误差分析

1.2.1　实验数据的记录

记录实验数据和现象必须诚实、准确、实事求是，不能随意涂抹数据。若在实验中发现数据错误而需改动，则可将该数据用一横线划去，再将正确数据清晰地写在其上方或旁边，切勿乱涂乱画。实验数据记录包括实验名称、日期、实验条件（如室温、大气压力等）、仪器型号、试剂名称与级别、溶液的浓度以及直接测量的数据（包括数据的符号和单位）。

记录实验数据时，保留几位有效数字应和所用仪器的准确程度相适应，一般应估计到仪器最小刻度（精度）的后一位。例如，用 1/10000 分析天平称量时，数据应记录至 0.0001g，滴定管和移液管的读数应记录至 0.01mL。例如，用分析天平称得某试样的质量为 0.6720g，这个数据表明该称量 0.672g 是准确的，最后一位数字“0”是估计值，可能有 0.0001 的误差。若将此称量结果记录为 0.672g，则表明该称量 0.67 是准确的，最后一位数字“2”是估计值，可能有正负 0.001 的误差。

实验记录上的每一个数据都是测量结果，重复观测时，即使数据完全相同，也应记录下来。记录时，对文字记录应简明扼要；对数据记录应尽可能采用表格形式。实验过程中涉及的各种仪器的型号和标准溶液浓度等，应及时、准确地记录下来。

1.2.2　有效数字及其运算规则

科学实验要得到准确的结果，不仅要求正确地选用实验方法和实验仪器测定各种量的数值，而且要求正确地记录和运算。实验所获得的数值，不仅表示某个量的大小，还应反映测量这个量的准确程度。一般地，任何一种仪器标尺读数的最低一位，应该用内插法估计到两刻度线之间间距的 1/10。因此，实验中各种量应采用几位数字，运算结果应保留几位数字都是很严格的，不能随意增减和书写。实验数值表示的正确与否，直接关系到实验的最终结果以及它们是否合理。

1. 有效数字

在不表示测量准确度的情况下，表示某一测量值所需要的最少位数的数目字即称为有效数字。有效数字也就是实验中实际能够测出的数字，其中包括若干个准确的数字和一个（只能是最后一个）不准确的数字。

有效数字的位数取决于测量仪器的精确程度。例如，用最小刻度为 1mL 的量筒测量溶液的体积为 10.5mL，其中 10 是准确的，0.5 是估计的，有效数字是 3 位。如果要用精度为 0.1mL 的滴定管来量度同一液体，读数可能是 10.52mL，其有效数字为 4 位，小数点后第二位 0.02 才是估计值。

有效数字的位数还反映了测量的误差，若某铜片在分析天平上称量得 0.5000g，表示该铜片的实际质量在 (0.5000 ± 0.0001)g 范围内，测量的相对误差为 0.02%，若记为 0.500g，则表示该铜片的实际质量在 (0.500 ± 0.001)g 范围内，测量的相对误差为 0.2%。准确度比前者低了一个数量级。

有效数字的位数是整数部分位数和小数部分位数的组合，可以通过表 1.2.1 说明。

表 1.2.1 有效数字的位数

数字	0.0032	81.32	4.025	5.000	6.00%	7.35×10^{25}	5000
有效数字位数	2位	4位	4位	4位	3位	3位	不确定

从上面几个数中可以看到，“0”在数字中可以是有效数字，也可以不是。当“0”在数字中间或有小数的数字之后时都是有效的数字，如果“0”在数字的前面，则只起定位作用，不是有效数字。但像5000这样的数字，有效数字位数不好确定，应根据实际测定的精确程度来表示，可写成5×10^3，5.0×10^3，5.00×10^3等。

对于pH、lg$K$等对数值的有效数字位数仅由小数点后的位数确定，整数部分只说明这个数的方次，只起定位作用，不是有效数字，如pH=3.48，有效数字是2位而不是3位。

2. *有效数字的运算规则*

在计算一些有效数字位数不相同的数时，按有效数字运算规则计算。

1）加减运算

加减运算结果的有效数字的位数，应以运算数字中小数点后有效数字位数最少者决定。计算时可先不管有效数字，直接进行加减运算，运算结果再按数字中小数点后有效数字位数最少的作四舍五入处理，例如0.7643，25.42，2.356三数相加，则$0.7643+25.42+2.356=28.5403$，结果应为28.54。

也可以先按四舍五入的原则，以小数点后面有效数字位数最少的为标准处理各数据，使小数点后有效数字位数相同，然后再计算，如上例为$0.76+25.42+2.36=28.54$。

因为在25.42中精确度只到小数点后第二位，即在25.42 ± 0.01，其余的数再精确到第三位，四位就无意义了。

2）乘除运算

几个数相乘或相除时所得结果的有效数字位数应与各数中有效数字位数最少者相同，例如，0.98与1.644相乘结果为：1.61112，应保留两位有效数字，故得数应为1.6。计算时可以先四舍五入后计算，但在几个数连乘或连除运算中，在取舍时应保留比最少位数多一位数字的数来运算，如0.98、1.644、46.4三个数字连乘应为$0.98\times1.64\times46.4=74.57$，结果为75。

先算后取舍为$0.98\times1.644\times46.4=74.76$，结果为75。

两者结果一致，若只取最少位数的数相乘则为$0.98\times1.6\times46=72.13$，结果应为72。

这样，计算结果误差扩大了。当然，如果在连乘、连除的数中被取或舍的数离“5”较远，或有的数取，有的数舍，也可取最少位数的有效数字简化后再运算。例如，$0.121\times23.64\times1.0578=3.0257734$，结果为3.03。

若简化后再运算$0.121\times23.6\times1.06=2.86\times1.06=3.03$。

3）对数运算

在进行对数运算时，所取对数位数应与真数的有效数字位数相同。例如，$\lg1.35\times10^5=5.13$。

1.2.3 实验数据的处理和误差分析

测量就是用实验的方法，将被测物理量与所选用作为标准的同类量进行比较，从而确定它的大小。

1. 真值与平均值

真值是待测物理量客观存在的确定值，也称为理论值或定义值。通常，真值是无法测得的。若在实验中，测量的次数无限多时，根据误差的分布定律，正负误差出现的概率相等。再经过细致地消除系统误差，将测量值加以平均，可以获得非常接近于真值的数值。但是，实际上实验测量的次数总是有限的，用有限测量值求得的平均值只能近似真值，常用的平均值有下列几种：

(1) 算术平均值：是最常见的一种平均值。

设 x_1，x_2，…，x_n 为各次测量值，n 代表测量次数，则算术平均值为

$$\bar{x}=\frac{x_1+x_2+\cdots+x_n}{n}=\frac{\sum_{i=1}^{n}x_i}{n} \tag{1.2.1}$$

(2) 几何平均值：是将一组 n 个测量值连乘并开 n 次方求得的平均值。即

$$\bar{x}_n=\sqrt[n]{x_1\cdot x_2\cdot\cdots\cdot x_n} \tag{1.2.2}$$

(3) 均方根平均值：

$$\bar{x}_{均}=\sqrt{\frac{x_1^2+x_2^2+\cdots+x_n^2}{n}}=\sqrt{\frac{\sum_{i=1}^{n}x_i^2}{n}} \tag{1.2.3}$$

(4) 对数平均值：在化学反应、热量和质量传递中，其分布曲线多具有对数的特性，在这种情况下表征平均值常用对数平均值。

设两个量 x_1、x_2，其对数平均值为

$$\bar{x}_{对}=\frac{x_1-x_2}{\ln x_1-\ln x_2}=\frac{x_1-x_2}{\ln\frac{x_1}{x_2}} \tag{1.2.4}$$

应指出，变量的对数平均值总小于算术平均值。当 $x_1/x_2\leqslant 2$ 时，可以用算术平均值代替对数平均值。

当 $x_1/x_2=2$，$\bar{x}_{对}=1.44$，$\bar{x}=1.50$，$|(\bar{x}_{对}-\bar{x})|/\bar{x}_{对}=4.2\%$，即 $x_1/x_2\leqslant 2$，引起的误差不超过 4.2%。

以上介绍各平均值的目的是要从一组测定值中找出最接近真值的那个值。在化工实验和科学研究中，数据的分布较多属于正态分布，所以通常采用算术平均值。

2. 误差的分类

根据误差的性质和产生的原因，一般分为三类：

(1) 系统误差：系统误差是指在测量和实验中由未发觉或未确认的因素所引起的误差，而这些因素的影响结果永远朝一个方向偏移，其大小及符号在同一组实验测定中完全相同，当实验条件一经确定，系统误差就获得一个客观上的恒定值。当改变实验条件时，就能发现系统误差的变化规律。系统误差产生的原因为测量仪器不良，如刻度不准、仪表零点未校正或标准表本身存在偏差等；周围环境的改变，如温度、压力、湿度等偏离校准值；实验人员的习惯和偏向，如读数偏高或偏低等。针对仪器的缺点、外界条件变化影响的大小、个人的偏向，待分别加以校正后，系统误差是可以清除的。

(2) 偶然误差：在已消除系统误差的一切量值的观测中，所测数据仍在末一位或末两位数字上有差别，而且它们的绝对值和符号的变化时大时小、时正时负，没有确定的规律，这类误差称为偶然误差或随机误差。偶然误差产生的原因不明，因而无法控制和补偿。但是，倘若对

某一量值作足够多次的等精度测量后，就会发现偶然误差完全服从统计规律，误差的大小或正负的出现完全由概率决定。因此，随着测量次数的增加，偶然误差的算术平均值趋近于零，所以多次测量结果的算数平均值将更接近于真值。

(3) 过失误差：过失误差是一种显然与事实不符的误差，它往往是由实验人员粗心大意、过度疲劳和操作不正确等原因引起的。此类误差无规则可寻，只要加强责任感、多方警惕、细心操作，过失误差是可以避免的。

3. 精密度、准确度和精度

反映测量结果与真值接近程度的量称为精度（也称精确度）。它与误差大小相对应，测量的精度越高，其测量误差就越小。它反映测量中所有系统误差和偶然误差综合的影响程度。“精度”应包括精密度和准确度两层含义。

(1) 精密度：精密度是指测量中所测得数值重现性的程度。它反映偶然误差的影响程度，精密度高表示偶然误差小。精密度的大小可用偏差、平均偏差、相对平均偏差、标准偏差和相对标准偏差表示。重复性与再现性是精密度的常见别名。

偏差：$d=x_i-\bar{x}$

平均偏差：$\bar{d}=\dfrac{\sum\limits_{i=1}^{n}|x_i-\bar{x}|}{n}$

相对平均偏差：$\dfrac{\bar{d}}{\bar{x}}\times 100\%=\dfrac{\sum\limits_{i=1}^{n}(|x_i-\bar{x}|)/n}{\bar{x}}\times 100\%$

标准偏差（标准差）：$S=\sqrt{\dfrac{\sum\limits_{i=1}^{n}(x_i-\bar{x})^2}{n-1}}$

相对标准偏差（变异系数）：$RSD=\dfrac{S}{\bar{x}}\times 100\%=\dfrac{\sqrt{\dfrac{\sum\limits_{i=1}^{n}(x_i-\bar{x})^2}{n-1}}}{\bar{x}}\times 100\%$

实际工作中多用 RSD 表示分析结果的精密度。

(2) 准确度：准确度是指测量值与真值的偏移程度。它反映系统误差的影响精度，准确度高就表示系统误差小。

在一组测量中，精密度高的准确度不一定高，准确度高的精密度也不一定高，但精度高，则精密度和准确度都高。

4. 误差的表示方法

(1) 绝对误差（E）：测量值 x 和真值 T 之差为绝对误差，通常称为误差。记为

$$E=x-T \tag{1.2.5}$$

(2) 相对误差（E_r）：衡量某一测量值的准确程度，一般用相对误差来表示。绝对误差 E 与被测量的真值 T 的百分比值称为实际相对误差。记为

$$E_r=\frac{E}{T}\times 100\% \tag{1.2.6}$$

5. 可疑数据的取舍

一组平行数据，若某个数据与平均值的差值较大，可以视为可疑数值，在确定该值不是由于过失造成的情况下，则需利用统计学方法进行检验后确定取舍。Q 检验法是迪克森（W. J. Dixon）在 1951 年针对少量观测次数（$3\leqslant n\leqslant 10$）提出的一种简易判据式。检验时将数据从小到大依次排列：x_1，x_2，x_3，…，x_{n-1}，x_n，然后将极端值代入式（1.2.7）求出 Q 值，将 Q 值对照表 1.2.2 的 $Q_{0.90}$，若 Q 值$\geqslant Q_{0.90}$则舍去可疑值，否则应予以保留。

$$Q=\frac{x_{可疑}-x_{邻}}{x_{max}-x_{min}}>k \tag{1.2.7}$$

表 1.2.2　不同置信度下舍去可疑数据的 Q 值

测定次数 n	$Q_{0.90}$	$Q_{0.95}$	$Q_{0.99}$
3	0.94	0.98	0.99
4	0.76	0.85	0.93
5	0.64	0.73	0.82
6	0.56	0.64	0.74
7	0.51	0.59	0.68
8	0.47	0.54	0.63
9	0.44	0.51	0.60
10	0.41	0.48	0.57

例：对某铜矿石中铜的质量分数所做的 10 次测定，结果如下：15.42%，15.51%，15.52%，15.52%，15.53%，15.53%，15.54%，15.56%，15.56%，15.58%。试用 Q 检验法判断是否有可疑值需舍弃?

解：将 10 个测定数据按由小到大排列为 15.42%，15.51%，15.52%，15.52%，15.53%，15.53%，15.54%，15.56%，15.56%，15.58%。

（1）首先考虑最小值 15.42%是否应舍去。

当 $n=10$ 时，查表 1.2.2 得 $Q_{0.90}$，10（表）$=0.41$，

$$Q=\frac{|x_{疑}-x_{邻}|}{x_{最大}-x_{最小}}=\frac{|15.42-15.51|}{15.68-15.42}=0.35,$$

$Q=0.35<Q_{0.90}$，10（表）$=0.41$，故 15.42%应予保留。

（2）再考虑最大值 15.68%是否应舍去。

当 $n=10$ 时，查表 1.2.2 得 $Q_{0.90}$，10（表）$=0.41$，

$$Q=\frac{|x_{疑}-x_{邻}|}{x_{最大}-x_{最小}}=\frac{|15.68-15.56|}{15.68-15.42}=0.46,$$

$Q=0.46>Q_{0.90}$，10（表）$=0.41$，故 15.68%应舍去。

1.3　实验数据的表达方法

1.3.1　列表法

将实验数据按自变量与因变量的对应关系而列出数据表格形式即为列表法，列表法具有制

表容易、简单、紧凑、数据便于比较的优点。作表时要注意以下几个问题：

(1) 变量可根据其内涵安排在列首（表格顶端）或行首（表格左侧），称为“表头”，应包括变量名称及量的单位。凡有国际通用代号或为大多数读者熟知的，应尽量采用代号，以使表头简洁醒目，但切勿将量的名称和单位的代号相混淆。

(2) 表中同一列数据的小数点对齐，数据按自变量递增或递减的次序排列，以便显示出变化规律。如果表列值是特大或特小的数时，可用科学表示法表示。若各数据的数量级相同时，为简便起见，可将 10 的指数写在表头中量的名称旁边或单位旁边。

1.3.2 作图法

作图法是在坐标纸上用图线表示物理量之间的关系，揭示物理量之间的联系的方法。作图法具有简明、形象、直观、便于比较研究实验结果等优点，是最常用的一种数据处理方法。

作图法的基本规则如下：

(1) 根据函数关系选择适当的坐标纸（如直角坐标纸、单对数坐标纸、双对数坐标纸、极坐标纸等）和比例，画出坐标轴，标明物理量符号、单位和刻度值，并写明测试条件。

(2) 坐标的原点不一定是变量的零点，可根据测试范围加以选择。坐标分格最好使最低数字的一个单位可靠数与坐标最小分度相当。纵横坐标比例要恰当，以使图线居中。

(3) 描点和连线。根据测量数据，用直尺和笔尖使其函数对应的实验点准确地落在相应的位置。一张图纸上画上几条实验曲线时，每条图线应用不同的标记如“+”、“×”、“·”、“Δ”等符号标出，以免混淆。连线时，要顾及数据点，使曲线呈光滑曲线（含直线），并使数据点均匀分布在曲线（直线）的两侧，且尽量贴近曲线。个别偏离过大的点要重新审核，属过失误差的应剔去。

(4) 标明图名，即做好实验图线后，应在图纸下方或空白的明显位置处，写上图的名称、作者和作图日期，有时还要附上简单的说明，如实验条件等，使读者一目了然。作图时，一般将纵轴代表的物理量写在前面，横轴代表的物理量写在后面，中间用“～”连接。

(5) 将图纸贴在实验报告的适当位置，便于教师批阅实验报告。

1.3.3 数学方程表示法

除了用表格和图形描述变量的关系外，常常需要将实验数据或计算结果用数学方程或经验公式的形式表示出来。数学方程表示法是对数据进行回归分析，以数学方程式描述变量之间关系的方法。自变量与因变量之间如果成直线关系，或是经过适当变换后，使之呈现直线关系，可以用一元线性回归分析，常采用平均值法和最小二乘法完成。在实验报告或论文中，往往还需算出相关系数 r，以说明变量之间的相关程度。检验回归线有无意义，主要靠专业知识，但在数学上，可以通过相关系数的显著性水平加以确定。相关系数 r 达到显著性的值与观测次数 n 有关，其具体数值可以从有关参考文献中相关系数检验表中查得。注意，$|r|=0$ 时，表明 x 与 y 毫无线性关系，但并不否定 x 与 y 之间可能存在其他的非线性关系。

要注意利用计算机技术对化学实验数据和信息进行分析处理，例如，大家熟悉的 Microsoft Excel、Origin 等系列软件就可以根据一套原始数据，在数据库、公式、函数、图表之间进行数据传递、链接和编辑等操作，从而对原始数据进行汇总列表、数据处理、统计计算、绘制图表、回归分析及验证等。

1.4　实验报告的撰写

学生在实验结束后要撰写实验报告，要根据实验记录，对实验现象作出解释，并写出有关反应式，或根据实验数据进行处理和计算，注意分析讨论出现的问题，并作出结论。

一个完整的实验报告应当包括以下主要内容：

(1) 实验名称：实验名称应当明确地表示所做实验的基本意图，要让阅读报告的人一目了然。

(2) 实验目的：实验目的是对实验意图的进一步说明，即阐述该实验在科研或生产中的意义与作用。对于设计性实验，应指出该项实验的预期设计目标或预期的结果。

(3) 实验原理：实验原理是具有普遍意义的基本规律，是实验方法的理论根据或实验设计的指导思想。只有明确实验的原理，才能真正掌握实验的关键、操作的要点。

(4) 实验试剂与仪器：实验所需的主要仪器、设备、工具、试剂等。

(5) 实验步骤：即实验操作顺序，可以用简图、表格、反应式等表示，不必千篇一律。如果画出实验流程图或实验装置的图，再配以相应的文字说明，这样既能节省许多文字说明，又能使实验报告简明扼要、清楚明白。

(6) 注意事项：关于实验操作规范要求及操作禁忌和技巧。

(7) 实验结果：包括实验现象的描述、实验数据和处理结果等，是实验报告的重点内容。实验数据主要指实验过程中直接测量到的读数，处理结果是指用实验数据经过一定的运算所得的结果。

对于实验结果的表述，一般有三种方法：

①文字叙述：根据实验目的将原始资料系统化、条理化，用准确的专业术语客观地描述实验现象和结果，要有时间顺序以及各项指标在时间上的关系。

②图表：用表格或坐标图的方式使实验结果突出、清晰，便于相互比较，尤其适合于分组较多，且各组观察指标一致的实验，使组间异同一目了然。每一图表应有表目和计量单位，应说明一定的中心问题。

③曲线图：用计算软件制作的或实验仪器记录仪显示的反映指标变化的趋势图。

在实验报告中，可任选其中一种方法或几种方法并用，以获得最佳效果。

(8) 实验分析：就是根据实验条件等因素分析产生这一结果的原因，对实验结果的可靠性和合理性进行评价，并解释观察到的实验现象。

(9) 问题讨论：针对实验中遇到的疑难问题，提出自己的见解，也可以对实验方法、技术路线等提出改进意见。

第二章　基础化学实验基本知识

2.1　常用玻璃仪器的用途、图例、洗涤和干燥

2.1.1　常用玻璃仪器的用途及使用注意事项（表 2.1.1）

表 2.1.1　常用玻璃仪器的用途及使用注意事项

名称	主要用途	使用注意事项
烧杯	配制溶液、溶解样品等	加热时应置于石棉网上，使其受热均匀，一般不可烧干
锥形瓶	加热处理试样和容量分析滴定	除以上相同的要求外，磨口锥形瓶加热时要打开瓶塞，非标准磨口要保持原配瓶塞
碘量瓶	碘量法或其他生成挥发性物质的定量分析	同“锥形瓶”
圆（平）底烧瓶	加热及蒸馏液体	一般避免直火加热，隔石棉网或各种加热浴加热
圆底蒸馏烧瓶	蒸馏；也可作少量气体发生反应器	同“圆（平）底烧瓶”
凯氏烧瓶	消解有机物质	置石棉网上加热，瓶口方向勿对向自己及他人
洗瓶	装蒸馏水（或去离子水）洗涤仪器或装洗涤液洗涤沉淀	使用时尖嘴不要碰到被淋洗仪器的器壁
量筒、量杯	粗略地量取一定体积的液体	不能加热，不能在其中配制溶液，不能在烘箱中烘烤，操作时要沿壁加入或倒出溶液
容量瓶	配制准确体积的标准溶液或被测溶液	非标准的磨口塞要保持原配；漏水的不能用；不能在烘箱内烘烤，不能用直火加热
滴定管	容量分析滴定操作	活塞要原配；漏水的不能使用；不能加热；碱式滴定管不能长期存放碱液，不能放与橡皮作用的滴定液
移液管	准确地移取一定量的液体	不能加热；上端和尖端不可磕破
吸量管	准确地移取各种不同量的液体	同“移液瓶”
称量瓶	主要用于准确称量一定质量范围的样品、试剂，或对易吸水、易氧化、易与 CO_2 反应的样品称量	不可盖紧磨口塞烘烤，磨口塞要原配
试剂瓶：细口瓶、广口瓶、棕色瓶	细口瓶用于存放液体试剂；广口瓶用于装固体试剂；棕色瓶用于存放见光易分解的试剂	不能加热；不能在瓶内配制在操作过程放出大量热量的溶液；磨口塞要保持原配；放碱液的瓶子应使用橡皮塞，以免日久打不开
滴瓶	装需滴加的试剂	同“试剂瓶”
漏斗	长颈漏斗用于定量分析，过滤沉淀；短颈漏斗用于一般过滤	漏斗不能直火加热
分液漏斗：滴液漏斗、球形漏斗、梨形漏斗、筒形漏斗	分开两种互不相溶的液体；用于萃取分离和富集（多用梨形漏斗）；制备反应中加液体（多用球形及滴液漏斗）	磨口旋塞必须原配，漏水的漏斗不能使用

续表

名称	主要用途	使用注意事项
试管：普通试管、离心试管	定性分析检验离子；离心试管可在离心机中借离心作用分离溶液和沉淀	硬质玻璃制的试管可直接在火焰上加热，但不能骤冷；离心管只能水浴加热
比色管	比色、比浊分析	不可直火加热；非标准磨口塞必须原配；注意保持管壁透明，不可用去污粉刷洗
冷凝管：直形、球形、蛇形、空气冷凝管	用于冷却蒸馏出的液体，蛇形管适用于冷凝低沸点液体蒸气，空气冷凝管用于冷凝沸点 150℃以上的液体蒸气	不可骤冷骤热；注意从下口进冷却水，上口出水
抽滤瓶	抽滤时接受滤液	属于厚壁容器，能耐负压；不可加热
表面皿	盖烧杯及漏斗等	不可直火加热，直径要略大于所盖容器
研钵	研磨固体试剂及试样等；不能研磨与玻璃作用的物质	不能撞击；不能烘烤
干燥器	保持烘干或灼烧过的物质的干燥；也可干燥少量制备的产品	底部放变色硅胶或其他干燥剂，盖磨口处涂适量凡士林；不可将红热的物体放入，放入热的物体后要时时开盖以免盖子跳起或冷却后打不开盖子
垂熔玻璃漏斗	过滤	必须抽滤；不能骤冷骤热；不能过滤氢氟酸、碱等；用毕立即洗净
垂熔玻璃坩埚	重量分析中烘干需称量的沉淀	同“垂熔玻璃漏斗”
标准磨口组合仪器	有机化学及有机半微量分析中制备及分离	磨口处无须涂润滑剂；安装时不可受歪斜压力；要按所需装置配齐购置

2.1.2 有机化学常用玻璃仪器图例（图 2.1.1）

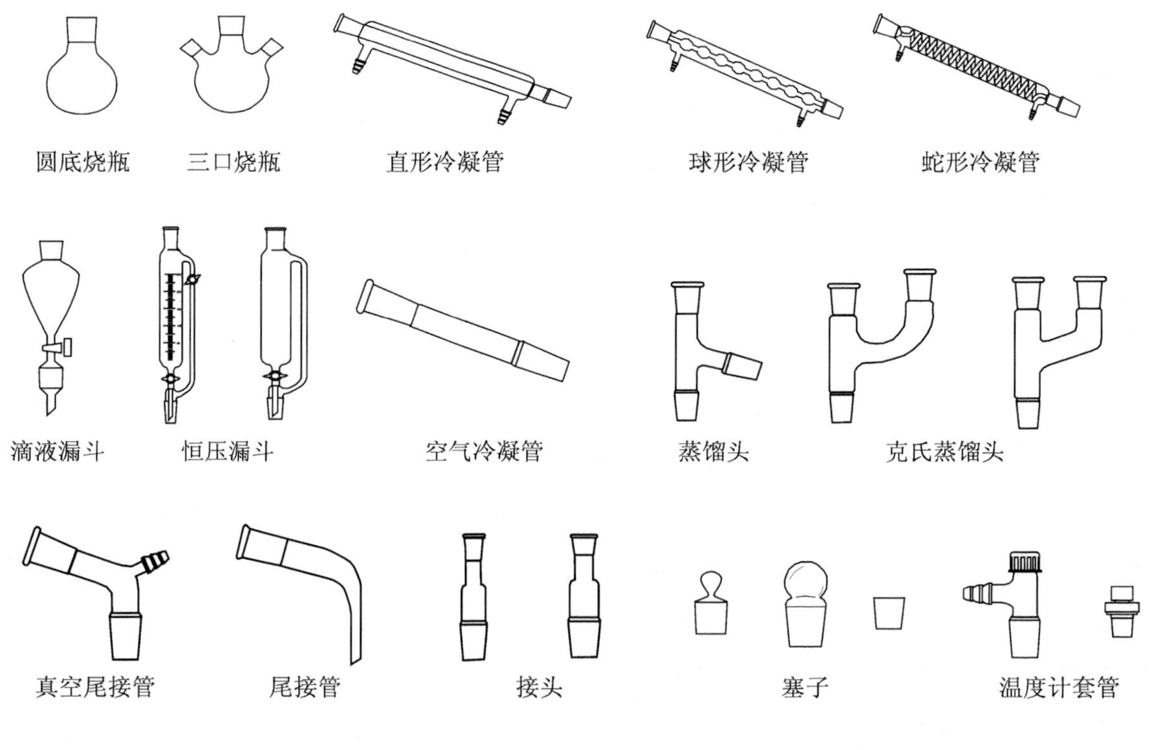

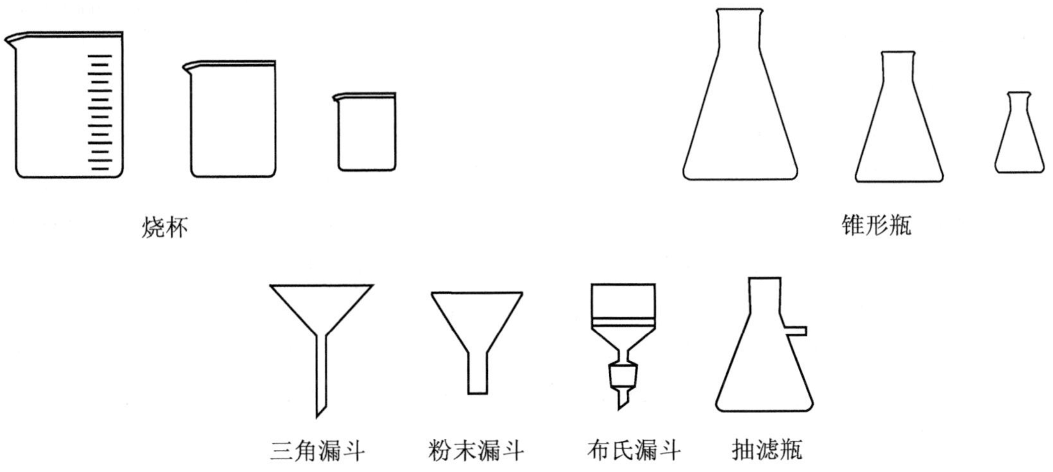

图 2.1.1　常用有机化学玻璃仪器

在图 2.1.1 中，列出了一些常用的有机化学玻璃仪器，利用这些基本“配件”可以搭建出一般常规有机化学实验中所需要的实验装置，如蒸馏、分馏、回流、搅拌、气体吸收等装置，如图 2.1.2、图 2.1.3 所示。

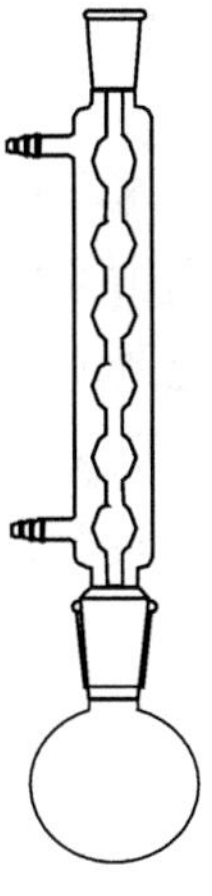

图 2.1.2　回流装置

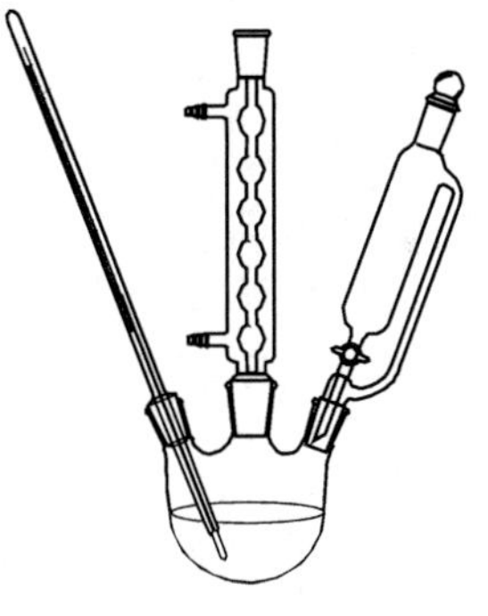

图 2.1.3　滴液回流反应装置

2.1.3　玻璃仪器的洗涤和干燥

1. 玻璃仪器的洗涤

化学实验中经常使用的玻璃仪器和瓷器，常常由于污物和杂质的存在而得不出正确的结果。因此，在进行化学实验时，必须把仪器洗涤干净。玻璃仪器的洗涤方法很多，应根据实验的要求、污物的性质、沾污的程度来选择。常用的洗涤方法如下：

(1) 用水刷洗：用水和毛刷刷洗，再用自来水冲洗几次，最后用蒸馏水洗涤。可除去附在仪器上的尘土、可溶性和不溶性杂质。注意洗刷时不能用秃顶的毛刷，也不能用力过猛，否则会戳破仪器。

(2) 用去污粉、洗衣粉、洗涤剂洗：去污粉由碳酸钠、白土、细砂等组成，它与肥皂、洗衣粉、洗涤剂一样，能去除油污和一些有机物。洗涤时，可用少量水将要洗的仪器润湿，用毛刷蘸取少量去污粉刷洗仪器的内外壁，最后用自来水冲洗，再用蒸馏水洗涤。若油污和有机物质仍然洗不干净，可用热的碱液洗。

（3）用铬酸洗液洗：铬酸洗液是由浓硫酸和重铬酸钾配制而成的，具有很强的氧化性，对有机物和油污的去污能力特别强。用铬酸洗液洗涤时，可往仪器内加入少量洗液，使仪器倾斜并慢慢转动，让仪器内部全部被洗液润湿，转动仪器几圈后将洗液倒回原瓶，然后用自来水清洗仪器，再用蒸馏水洗涤。使用铬酸洗液时要注意被洗涤的仪器内不宜有水，以免洗液被冲淡或变绿而失效。洗液具有很强的腐蚀性和毒性，会灼伤皮肤和破坏衣物，使用时应当注意安全。能用一般洗涤剂洗净的器皿，尽量不要选用洗液洗涤。

（4）用特殊的试剂洗：应根据沾在器壁上污物的性质，采用合适的方法或药品来处理。例如，沾在器壁上的二氧化锰用浓盐酸处理；AgCl 沉淀可以用氨水洗涤；硫化物沉淀可选用硝酸加盐酸洗涤等。

（5）滴定管、移液管、吸量管、容量瓶等具有精确刻度的仪器，可采用合成洗涤剂洗涤。其洗涤方法为将配成0.1%～0.5%的洗涤液倒入容器中，摇动几分钟，弃去，用自来水冲洗干净后，再用蒸馏水或去离子水润洗三次。如果未洗干净，可用铬酸洗液洗涤。不能用毛刷刷洗。

（6）光度分析用的比色皿，是用光学玻璃制成的，不能用毛刷刷洗，应根据不同情况采用不同的洗涤方法。常用的洗涤方法是将比色皿浸泡于热的洗涤液中一段时间后冲洗干净。被有色物质沾污的容量瓶等用此法洗涤往往是很有效的。

（7）有些有机反应残留物呈胶状或焦油状，用洗衣粉很难洗净，这时可根据具体情况采用规格较低或回收的有机溶剂（如乙醇、丙酮、苯和乙醚等）浸泡，或用稀氢氧化钠溶液、浓硝酸煮沸除去。但不能盲目使用化学试剂和有机溶剂来洗涤仪器，以免造成浪费或危险。

已经洗干净的仪器应清洁透明，当把仪器倒置时，观察到器壁上只留下一层均匀的水膜而不挂水珠，则表示仪器已经洗净。已洗净的仪器内壁，决不能再用布或纸去擦拭；否则，布或纸的纤维将会留在仪器壁上反而沾污了仪器。

2. 玻璃仪器的干燥

可根据不同的情况，采用下列方法将洗净的仪器干燥：

（1）晾干：不急用的仪器在洗净后，可倒置在干净的实验柜内或仪器架上任其自然干燥。

（2）烤干：烧杯、蒸发皿等可放在石棉网上用小火烤干。试管可以用试管夹夹住后在火焰上来回移动，但管口必须向下倾斜，以免水珠倒流炸裂试管，待烤到不见水珠后，将管口朝上赶尽水汽。

（3）烘干：将洗净的仪器尽量倒干水后放入烘箱内烘干。厚壁器皿如抽滤瓶等不能进行烘干。有磨口的玻璃仪器如滴液漏斗、分液漏斗等，应将磨口塞、活塞取下，将其表面的油脂擦去并洗净后再烘干。因上述漏斗的活塞不能互换，故烘干时不要配错。

（4）吹干：用吹风机或气流烘干器把仪器吹干。

（5）用有机溶剂干燥：带有刻度的计量仪器，不能用加热的方法进行干燥，一般可采用晾干或有机溶剂干燥的方法，吹风时宜用冷风，因为加热会影响这些仪器的准确度。我们也可以加一些易挥发的有机溶剂（常用乙醇或丙酮）到洗净的仪器中倾斜并转动仪器，使器壁上的水与有机溶剂互相溶解，然后倒出，仪器中少量的混合液很快挥发而干燥。如利用电吹风往仪器内吹风，则干得更快。

2.2　试剂的取用

2.2.1　固体试剂的取用

（1）取用试剂前应看清标签。取用时，先打开瓶塞，将瓶塞倒放在实验台上。如果瓶塞一端不是平顶而是扁平的，可用食指和中指将瓶塞夹住（或放在清洁的表面皿上），决不可将它横置桌面上以免污染。不能用手接触化学试剂，应根据用量取用试剂。取用完毕，一定要把瓶塞盖严，绝不允许将瓶塞张冠李戴。

（2）要用清洁、干燥的药匙取试剂。用过的药匙必须洗净擦干后才能再使用。

（3）注意取药不要超过指定用量，多取的不能倒回原瓶，可放在指定的容器中供他人使用。

（4）往试管（特别是湿的试管）中加入固体试剂时，可用药匙或将取出的药品放在对折的纸槽上，伸进试管约 2/3 处，小心地将药品倒入试管内。加入块状固体试剂时，应将试管倾斜，使其沿着试管壁慢慢滑下，以免碰破试管。

（5）要求取一定质量的固体时，可把固体放在纸上或表面皿上，再在台秤上称量。具有腐蚀性或易潮解的固体不能放在纸上，而应放在玻璃容器内进行称量，要求准确称取一定质量的固体时，可在分析天平上用直接法或差减称量法称取。

2.2.2　液体试剂的取用

（1）从滴瓶中取液体试剂时，必须注意保持滴管垂直，避免倾斜，尤忌倒立，防止试剂流入橡皮头内而将试剂弄脏。滴管的尖端不可接触试管内壁，也不得把滴管放在原滴瓶以外的任何地方，以免杂质沾污。

（2）用倾注法取液体试剂时，取出瓶盖倒放在桌上，右手握住瓶子，使试剂标签朝上，以瓶口靠住容器壁，缓缓倾出所需液体。让液体沿着器壁往下流。若所用容器为烧杯，则倾注液体时可用玻璃棒引入，用完后，即将瓶盖盖上。

（3）加入反应器内所有液体的总量不超过总容量的 2/3，如用试管不能超过总容量的 1/2。

（4）定量量取液体试剂时，可用量筒（图 2.2.1）或移液管。读取体积时，应使视线与量筒或移液管内液体的弯月面的最低处保持水平，偏高或偏低都会造成误差（图 2.2.2）。

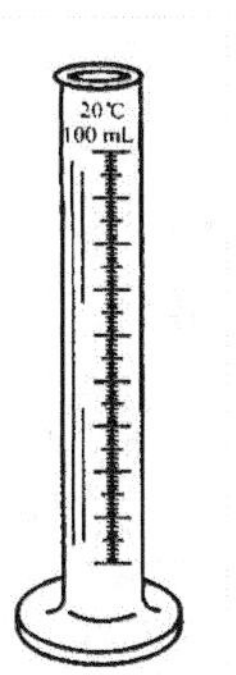

图 2.2.1　量筒

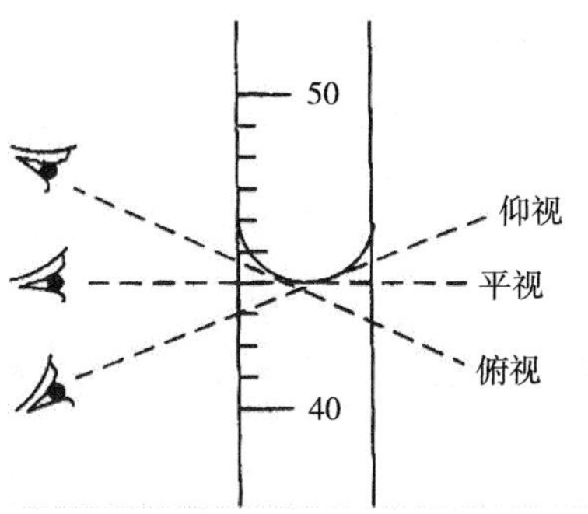

图 2.2.2　量筒刻度读数

2.2.3 特种试剂的取用

剧毒、强腐蚀性、易爆、易燃试剂的取用需要特别小心，必须采用其他适当的方法来处理。请参考其他有关书籍。

2.3 常用的加热与冷却方法

2.3.1 常用的加热仪器

1. 酒精灯

酒精灯一般是玻璃制的，由灯帽、灯芯、灯壶三部分组成。其灯焰温度通常可达 400～500℃，外焰最高，内焰次之，焰心最低。酒精灯用于温度不需太高的实验，点燃时，切勿用点燃的酒精灯直接点火；添加酒精时，必须将火焰熄灭，且加入的量不能超过酒精灯容量的 2/3；熄灭酒精灯时必须用灯罩罩熄，切勿用嘴去吹。

2. 电炉

电炉是一种用电热丝将电能转化为热能的装置，其温度高低可通过调节电阻来控制。使用时，容器和电炉之间要隔石棉网，以使受热均匀。

3. 电热恒温水浴锅

电热恒温水浴锅有两孔、四孔、六孔等不同规格。其构造分内外两层，内层用铝板制成，外壳用钢板制成，表面烤漆覆盖。槽底安装铜管，内装电炉丝，用瓷接线柱连通双股导线至控制器；控制器表面有电源开关、调温旋钮和指示灯；水浴锅左下侧有放水阀门，后上侧可插温度计。水浴锅恒温范围为 37～100℃，电源电压为 220V，用作蒸发和恒温加热。使用时，切记水位一定不得低于电热管，否则将立即烧坏电热管。注意防潮，且随时检查水浴锅是否有渗漏现象。

4. 电热套

电热套是一种较好的热源，它是由玻璃纤维包裹着电热丝织成的碗状半圆形的加热器，有控温装置可调节温度。由于它不是明火加热，因此，可以加热和蒸馏易燃有机物，也可加热沸点较高的化合物，加热温度范围较广。

2.3.2 加热方法

1. 直接加热

在较高温下不分解的溶液或纯液体可装在烧杯、烧瓶中放在石棉网上直接加热。

2. 水浴加热

当被加热物要求受热均匀而温度又不能超过 100℃时，用水浴加热。加热温度在 90℃以下时，可将盛物容器部分浸在水浴中。

3. 油浴加热

当加热温度在 100～250℃，应采用油浴。常用的油浴浴液有石蜡油、硅油、真空泵油或一些植物油（如豆油、花生油、蓖麻油等）。在油浴加热时，必须注意采取措施，不要让水溅入油中，否则加热时会产生泡沫或引起飞溅。例如，在回流冷凝管下端套上一个滤纸圈以吸收流下的水滴。在使用植物油时，由于植物油在高温下易发生分解，可在油中加入1%对苯二酚，以增加其热稳定性。硅油和真空泵油加热温度都可达到250℃，热稳定性好，只是价格较贵。

4. 砂浴加热

若加热温度在250～350℃，应采用砂浴。通常将细砂装在铁盘中，把反应容器埋在砂中，并保持其底部留有一层砂层，以防局部过热。由于砂浴温度分布不均匀，故测试浴温的温度计水银球应靠近反应容器。

2.3.3 冷却方法

将反应物冷却的最简单的方法是将盛有反应物的容器适时地浸入冷水浴中。

某些反应需在低于室温的条件下进行，则可用水和碎冰的混合物作冷却剂，它的冷却效果要比单用冰块好，因为它能和容器更好地接触。如果水的存在不妨碍反应的进行，则可以把碎冰直接投入反应物中，这样能更有效地保持低温。

若要把反应混合物冷却到0℃以下时，可用食盐和碎冰的混合物，食盐投入冰内时碎冰易结块，最好边加边搅拌；也可用冰与六水合氯化钙结晶（$CaCl_2 \cdot 6H_2O$）的混合物，温度可达到-40～-20℃。如用干冰（固体二氧化碳）与丙酮混合物，温度可达到-77℃。

2.4 常用的度量仪器的使用及滴定分析的基本操作

2.4.1 容量瓶及其使用

容量瓶是一个细颈梨形的平底瓶。瓶塞是带有磨口的玻璃塞，细颈上刻有环形标线，瓶上标有容积（mL）和标定时的温度（一般为20℃），如图2.4.1所示。在指定的温度下（一般为20℃），当液体充满到标线时，液体体积恰好与瓶上所标的体积相等。容量瓶有10mL、25mL、50mL、100mL、250mL、1000mL、2000mL多种规格，并有白、棕两色，棕色的用来配制见光易分解的试剂溶液。

容量瓶不能加热，磨口瓶塞是配套的，不能互相调换。容量瓶用于配制准确的一定体积的溶液，也用于标准的浓溶液稀释。

在使用容量瓶之前，要选择好容量瓶：

（1）要选择与所要求配制的溶液体积相一致的容量瓶。

（2）要选择瓶塞与瓶口相符合、不漏水的容量瓶。

选好容量瓶后，首先仔细检查有无裂痕、破损，然后进一步检查瓶口与瓶塞间是否漏水。检查瓶口与瓶塞间是否漏水，可在瓶中放入自来水到标线附近，将瓶塞塞好，左手拿住容量瓶瓶口并用食指按住塞子，右手指尖顶住瓶底边缘，倒立2min左右，观察瓶塞周围是否有水渗出，如果没有，把瓶直立，转动瓶塞180°后，再倒立过来试一次。这样做两次检查是必要的，因为有时瓶塞与瓶口不是在任何位置都是密合的。

容量瓶在使用前要充分洗涤干净，无论用什么方法洗，绝对不能用毛刷刷洗内壁。用洗液洗涤时，在容量瓶中倒入10～20mL洗液（注意瓶中应尽可能没有水），塞子沾点洗液，塞好瓶塞，翻转瓶子（拿法同前），边转动边向瓶口倾斜，至洗液布满全部内壁，放置数分钟，将洗液由瓶口慢慢倒回原来装洗液的瓶中，倒出时，应该边倒边旋转，使洗液在流经瓶颈时，布满全颈。待洗液流尽后，用自来水充分冲洗容量瓶的内外壁和塞子，应遵守少量多次、每次充分振荡以及每次尽量流尽残余的水的洗涤原则。向外倒水时，顺便将瓶塞冲洗。用自来水冲洗后，再用蒸馏水洗 3 次（洗涤方法同前），可根据容量瓶大小决定蒸馏水的用量，一般是每次蒸馏水的用水量约为容量瓶容积的 1/10。洗涤时，盖好瓶塞，充分振荡，洗完后立即将瓶塞塞好，以免灰尘落入或瓶塞被污染。

用容量瓶配制溶液时，如果是用固体配制准确浓度的溶液（或称标准溶液），一般是将固体物质称在大小适当的干净烧杯中，往其中加入少量的蒸馏水或适当溶剂使之完全溶解。溶解过程不论放热或吸热，都需待溶液至室温时，才能定量地将溶液转入容量瓶中。转移时，要把溶液顺玻璃棒加入，玻璃棒下端要靠住瓶颈内壁，使溶液顺内壁流入瓶中（图 2.4.2）。注意玻璃棒下端的位置最好在标线稍低一点的地方，不要高到接近瓶口，玻璃棒稍向瓶中心倾斜，烧杯嘴应靠近瓶口并紧靠玻璃棒，使溶液完全顺玻璃棒流入瓶内，待溶液全部流尽后，将烧杯轻轻向上提（烧杯嘴口仍应紧靠玻璃棒），同时直立，使附着在玻璃棒与烧杯嘴之间的溶液流入烧杯中或容量瓶内，然后先把玻璃棒放入烧杯中，才能把烧杯拿开放在桌上，用洗瓶吹水洗涤烧杯内壁和玻璃棒接触到溶液的部分 3 次，每次用水应尽量少，每次洗涤的水溶液应无损地转入容量瓶中。然后慢慢加蒸馏水至接近标线稍低 1cm 左右，等 1～2min，使黏附在瓶颈内壁的水流下后，再用细而长的滴管加蒸馏水恰至标线，这一过程称为定容。用滴管加水时，视线要平视标线，然后将滴管伸入瓶颈使管口尽量接近液面，稍向旁倾斜，使水顺壁流下，注意液面上升，滴管应随时提起，勿使溶液接触滴管，直到弯月面下缘最低点与标线相切为止。定容以后，塞好瓶塞。左手拇指在前，中指、无名指及小指在后拿住瓶颈标线以上部分，食指按住瓶塞，右手托住瓶底（图 2.4.3）。如果容量瓶容积小于 100mL，就不必用右手托住容量瓶瓶底，以免由此造成的温度变化对小体积产生较大的影响。将容量瓶倒转，使气泡上升到顶，再充分振荡，如此反复 10 次左右，即可摇匀。

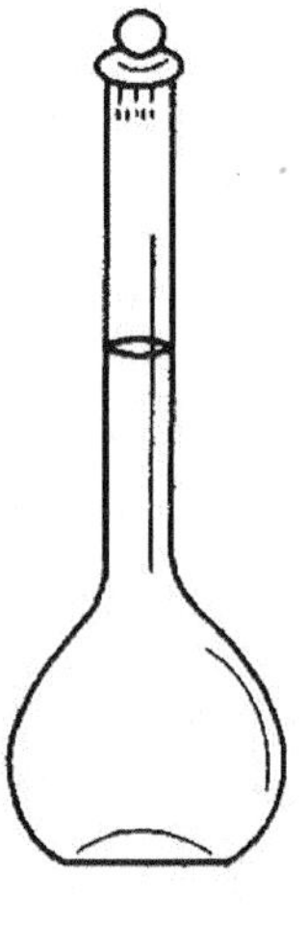

图 2.4.1　容量瓶

图 2.4.2　溶液从烧杯转移入容量瓶

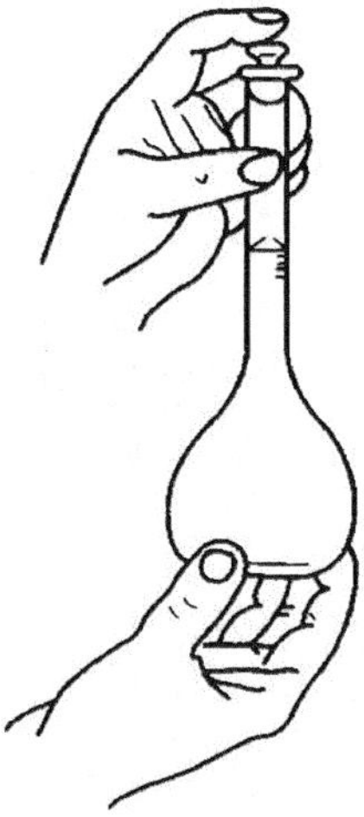

图 2.4.3　混匀操作

容量瓶不能久贮溶液，尤其是碱性溶液会侵蚀瓶塞，使瓶塞无法打开，配制好溶液后，应将溶液倒入清洁干燥的试剂瓶中贮存。容量瓶不能用火直接加热及烘烤。

2.4.2　移液管和吸量管及其使用

用于准确移取一定体积溶液的移液管，通常有两种形状，一种中间有膨大部分，称为胖肚移液管（胖肚吸管，简称移液管），常用的有 5mL、10mL、25mL、50mL 等；另一种是直形的，管上有刻度，称为吸量管（刻度吸管），常用的有 1mL、2mL、5mL、10mL 等（图 2.4.4）。

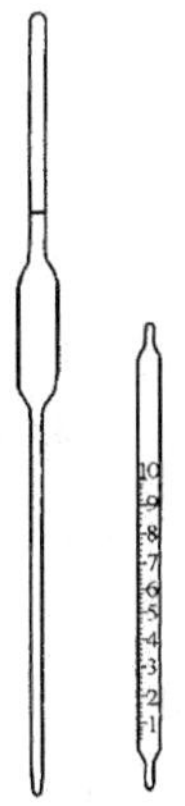

图 2.4.4　移液管和吸量管

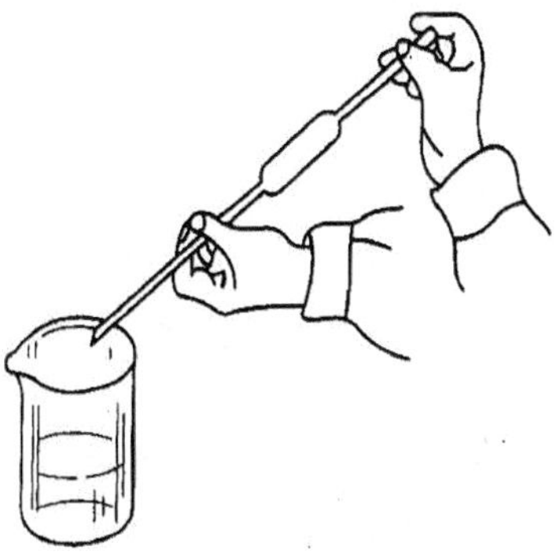

图 2.4.5　洗涤移液管

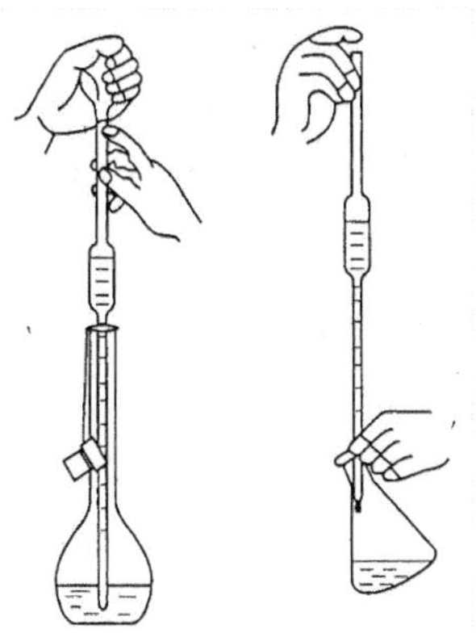

图 2.4.6　移液管的使用

用移液管或吸量管移取溶液前，先将用蒸馏水洗净过的移液管或吸量管用少量被移取的溶液淌洗 2～3 次，以免被移取溶液的浓度发生改变。为此，可倒少许溶液于一洁净而干燥的小烧杯中，用移液管吸取少量溶液，将管平端并转动，使溶液流过管内标线下所有的内壁，然后使管直立将溶液由尖嘴口放出（图 2.4.5）。

吸取溶液时，一般可以用左手拿洗耳球，右手把移液管插入溶液中吸取（图 2.4.6）。当溶液吸至标线以上时，马上用右手食指按住管口，取出并用滤纸擦干下端，并把管尖接触于干净锥形瓶壁上。然后转动移液管，稍松食指，使液体平稳下降，直至溶液的弯月面与标线相切，立即按紧食指，将移液管垂直放入接受溶液的容器中，管尖与容器壁接触（图 2.4.6），放松食指，使溶液自由流出，流完后再等 15s 左右，残留于管尖的液体不必吹出（刻有“吹”字的移液管例外），因为在校正移液管时，也未把这部分液体体积计算在内。移液管使用后，应立即洗净并放在移液管架上。

2.4.3　滴定管及滴定操作

滴定管是用来滴定的玻璃量器，可准确测量滴定中所消耗的滴定剂体积。它是一种细长、内径均匀且具有刻度的玻璃管，管的下端有玻璃尖嘴（图 2.4.7），常用的规格有 10mL、25mL、50mL 等不同的容积。50mL 滴定管就是把滴定管分成 50 等份，每一等份为 1mL，1mL 中再分 10 等份，每一小格为 0.1mL。读数时，在每一小格间再进行估读，可精确至小数点后第 2 位，一般读数误差为 ±0.02mL。

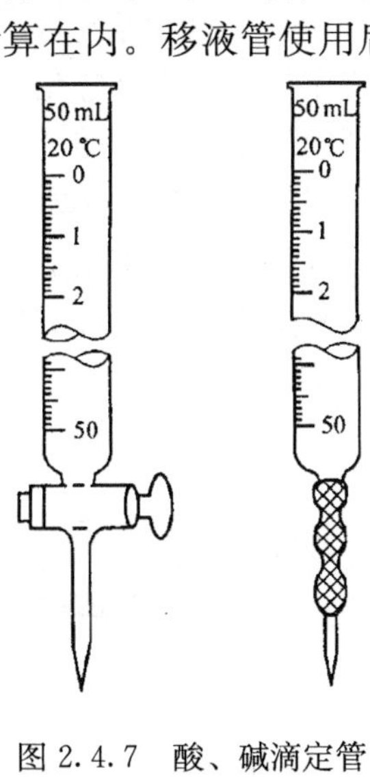

图 2.4.7　酸、碱滴定管

滴定管一般分为两种，一种是酸式滴定管，另一种是碱式滴定管。酸式滴定管的下端有玻璃活塞，可盛装酸性、中性及氧化性溶液，不适宜盛放碱性溶液，因为碱性溶液会腐蚀玻璃的磨口和旋塞，使活塞不能转动。碱式滴定管的下端连接一橡皮管，内放一个比橡皮管管径稍大的玻璃珠作为开关以控制溶液的流出，橡皮管下端再连一尖嘴玻璃管，这种滴定管用于盛装碱性溶液，不能盛装腐蚀橡皮的溶液，例如，酸或氧化性溶液等。酸式滴定管是最常用的滴定管，在平常的滴定分析中（而不是久置溶液），除了强碱溶液外，一般均可采用酸式滴定管进行滴定。

1. 滴定管洗涤

在洗涤前，应检查酸式滴定管的玻璃活塞与塞槽是否符合，活塞转动是否灵活。碱式滴定管下端连接的一段橡皮管的粗细、长度是否适当，橡皮管的内管径应稍小于玻璃珠的直径，玻璃珠应圆滑，橡皮管应有弹性，否则难以紧固玻璃珠，操作时易上下移动而影响滴定。

滴定管在用前必须仔细洗涤，当没有明显污物时，可以直接用自来水冲洗，或用滴定管刷蘸肥皂水刷洗（注意滴定管刷的刷毛必须相当软，刷头的铁丝不能露出，也不能向旁边弯曲，以免刷伤内壁），然后再用自来水冲洗。洗刷后的滴定管，应将其直立，使水流尽，若滴定管的内壁透明并不附着液滴，表示已洗净。

用肥皂水洗刷不干净时，可用铬酸洗液洗涤。用洗液洗涤酸式滴定管时，活塞必须先关闭，倒入洗液 5～10mL，一手拿住滴定管上端无刻度部分，一手拿住活塞上部无刻度部分，边转边向上管口倾斜，使洗液布满全管。将管直立后打开活塞使洗液从出口处放回原来洗液瓶中。在内壁相当脏时，需要洗液充满滴定管（包括活塞下部出口管），浸数分钟以至数小时（根据滴定管沾污的程度）。用洗液洗碱式滴定管时，可以去掉其尖嘴，把滴定管倒立浸在装有洗液约 100mL 的烧杯中或直接倒立浸在原装有洗液约 100mL 以上的洗液瓶中，滴定管下端的橡皮管连接抽气泵，稍微打开抽气泵（不用抽气泵吸气，可改用橡皮球或洗耳球吸气），把洗液吸上，直到充满全管再用弹簧夹夹住橡皮管。如此放置数分钟至数小时（根据滴定管沾污的程度）后，打开弹簧夹，放出洗液，碱式滴定管下端尖嘴单独用洗液洗（注意：洗液应倒回原装瓶中），取出滴定管先用自来水充分冲洗滴定管内外壁，以洗去洗液。为了使碱式滴定管下端橡皮管内玻璃珠充分洗净，从尖嘴放水时，应用拇指与食指用力捏捏橡皮管及玻璃珠四周，使残余的洗液全部冲洗掉。滴定管装满水再放出时，内壁全部为一层薄水膜，湿润而不挂水珠即可。

用自来水洗涤后，应检查滴定管是否漏水。检查酸式滴定管时，把玻璃活塞关闭，用水充满滴定管，置于滴定架上直立 2min，仔细观察有无水滴滴下，有无水由活塞隙缝渗出。然后将活塞转 180°，再直立 1～2min 后观察有无水滴滴下或从活塞隙缝渗出。如果检查碱式滴定管，只需装水直立 2min 即可。

如果发现漏水或酸式滴定管活塞转动不灵时，把酸式滴定管取下将活塞涂抹凡士林，碱式滴定管则需换玻璃珠或橡皮管。首先，把滴定管平放在桌面上，先取下活塞上的橡皮圈，再取下活塞（拿在手上、放在干净的表面皿或滤纸上均可），用滤纸把活塞、活塞套、活塞槽内的水吸干，用手指粘少量凡士林擦在活塞两头，沿玻璃塞两端圆周各涂一薄层（图 2.4.8），但要避免涂得太多，尤其是在孔的近旁，油层要均匀涂满全圈，要尽可能薄些。涂完以后将活塞直接插入塞套中（不要转着插），插活塞时孔应与滴定管孔平行。

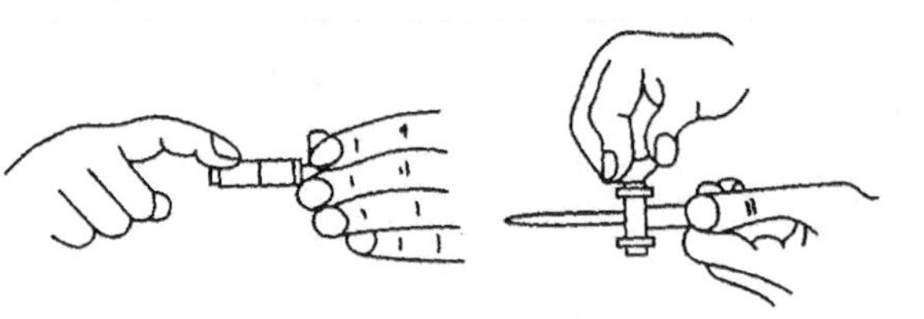

图 2.4.8 旋塞涂油

然后向一个方向转动活塞，直到内外面全部都透明为止。如果发现旋转不灵活，或出现纹路，都必须重新涂抹。注意在套橡皮圈时，应该将滴定管放在桌上，一手顶住活塞大头，一手套橡皮圈或系橡皮圈，以免将活塞顶出。然后再用前面所介绍的方法检查是否漏水。

按前述方法用自来水冲洗干净并检漏以后，分别用蒸馏水和标准溶液各润洗三次以上。用蒸馏水润洗时，每次加入蒸馏水 10～15mL，两手端平滴定管，边转边向管口倾斜使蒸馏水布满全管，将管直立，使水流尽。用标准溶液润洗时，每次装入 5～10mL，使溶液布满全管内壁后，直立并打开活塞使溶液从管尖口放出。在放出溶液时一定尽可能完全放尽，然后再洗第二次，以除去留在内壁及活塞处的蒸馏水，以免加入管内的标准溶液被留在管壁上的蒸馏水稀释。

2. 装滴定溶液

将操作溶液即滴定剂装入滴定管时，要预先将试剂瓶中的标准溶液摇匀，使凝结在瓶内壁上的水混入溶液（在天气比较热或室温变化较大时更有必要），混匀。混匀后的溶液应从试剂瓶中直接倒进滴定管，而不要用其他器皿（如烧杯、滴管等）来转移。一定要注意，不要使溶液从试剂瓶移到滴定管的时候，改变它的浓度。

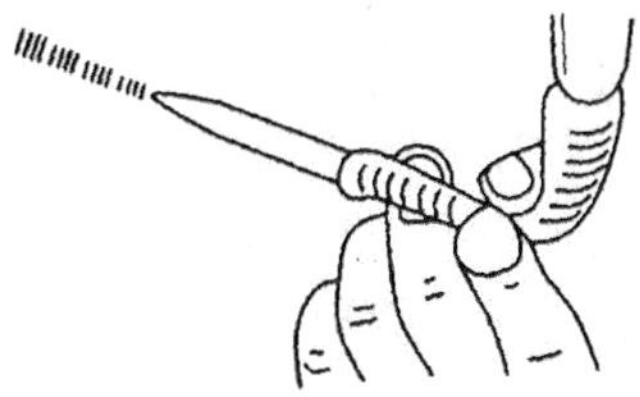

图 2.4.9　碱式滴定管排气泡

用左手三指拿住滴定管上部无刻度处（如果拿住有刻度的地方，可能会导致管子受热膨胀而造成误差），滴定管可稍微倾斜以便接收溶液；小瓶可以手握瓶肚（瓶签向手心）拿起来慢慢倒入，大瓶则放在桌上，手拿瓶颈，使瓶慢慢倾斜，应使溶液慢慢顺内壁流入，直到溶液充满到“0”刻度以上为止。这时，应当检查管下部尖嘴部分是否充满溶液，是否留有气泡。为了排除气泡，在使用酸式滴定管时，可使滴定管倾斜约30°，然后迅速打开活塞使溶液流出，从而充满全部尖嘴部分。在使用碱式滴定管时，充满溶液后将滴定管用滴定管夹垂直地夹在滴定架上，再使橡皮管向上弯曲（尖嘴向上倾斜），左手轻轻捏住玻璃珠附近的橡皮管，使橡皮管与玻璃珠间形成一条隙缝，使溶液从出口管喷出，反复数次，即可排除气泡（图 2.4.9）。最后将溶液调整至“0.00”mL 刻度即可使用。

3. 滴定管读数

读取滴定管容积刻度的数值，称为读数。正确地读数是减少容量分析实验误差的重要措施。读数时应遵守下列规则：

（1）读数前应观察，管壁是否挂有水珠，管内的出口尖嘴处有无悬挂液滴，管嘴是否有气泡。

（2）读数时应把滴定管从滴定管架上取下，用右手大拇指和食指捏住管上部无刻度部位，使滴定管保持自然垂直。每次注入溶液或放出溶液后，需等 1～2min，待附着在管内壁的溶液流下后才能读数；如果放出溶液的速度较慢（如接近化学计量点附近），那么等0.5～1min 后即可读数。

（3）对于无色和浅色溶液，应读取弯月面下缘的最低点，视线应与弯月面下缘实线的最低点在同一水平面上相切（图 2.4.10）。为了便于观察和读数，可在滴定管后衬一张“读数卡”，此卡由贴有黑纸或涂有黑色长方形（约 3cm×1.5cm）的白纸板制成。读数时，把读数卡放在滴定管的背后，使黑色部分在弯月面下约 1cm 处，此时可看到弯月面的反射层全部成为黑色，然后读此黑色弯月面下缘的最低点（图 2.4.11）。

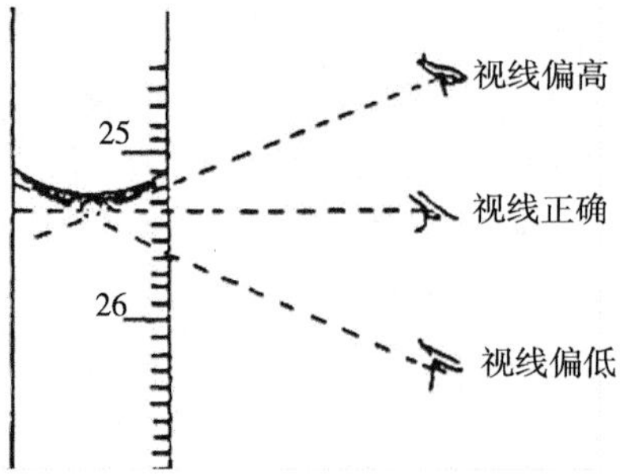

图 2.4.10 滴定管读数视线的位置

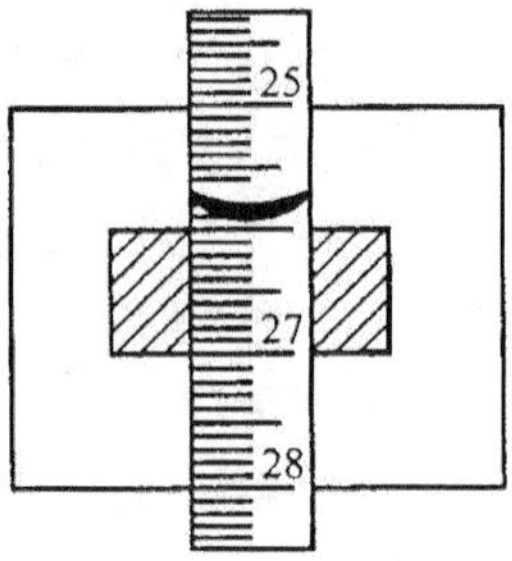

图 2.4.11 读数卡

(4) 对于有色溶液，如 $KMnO_4$、I_2 溶液等，由于弯月面不够清晰，读数时，视线应与液面两侧的最高点相切。

(5) 滴定时，最好每次从 0.00mL 开始，或从“0.00mL”附近的刻度开始，这样可以减少体积误差。滴定管读数读到小数点后第 2 位，即要估计到 0.01mL。

(6) 读取的读数立即记录在实验记录本上。

4. 滴定操作

使用酸式滴定管时，用左手控制活塞，大拇指在管前，食指和中指在管后，三指轻轻捏住塞柄，无名指和小指向手心弯曲，手心内凹，以防活塞被顶出造成漏液（图 2.4.12）。滴定时，右手的大拇指、食指和中指夹住锥形瓶瓶口，将滴定管下端伸入锥形瓶口约 1cm，然后边滴加溶液边向同一方向摇动锥形瓶。滴定的速度开始时可稍快，一般为每秒 3～4 滴，但不能滴成水线，应呈“见滴成线”状。接近终点时，应改为逐滴加入，即加一滴摇动后再加。马上到达终点时，应控制半滴加入，即将活塞稍稍转动，使半滴悬于管口，用锥形瓶内壁将其沾下，再用洗瓶吹洗内壁，使附着的溶液全部流下，然后摇动锥形瓶。如此继续滴定至滴定终点为止。

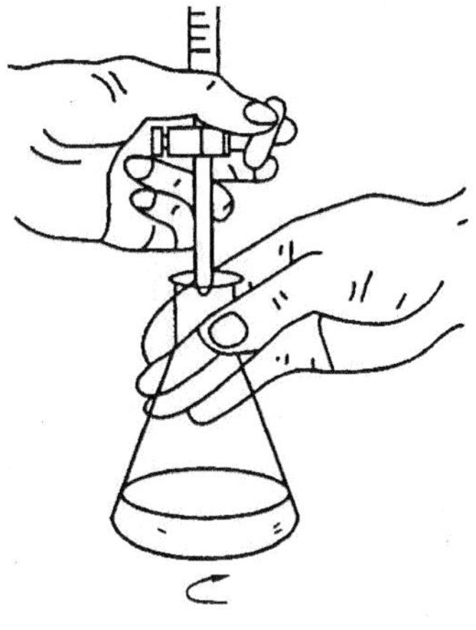

图 2.4.12 酸式滴定管的操作

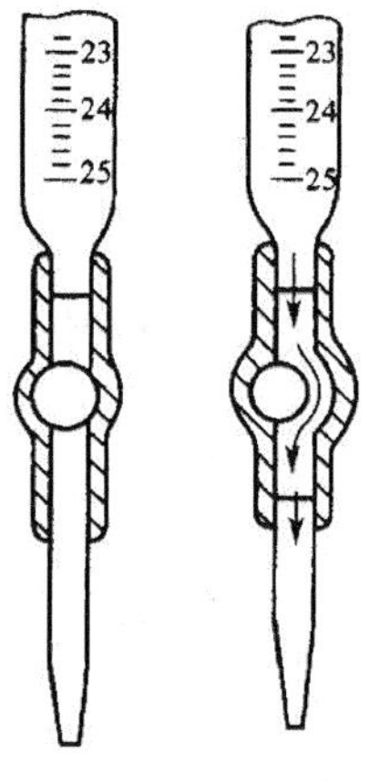

图 2.4.13 碱式滴定管的操作

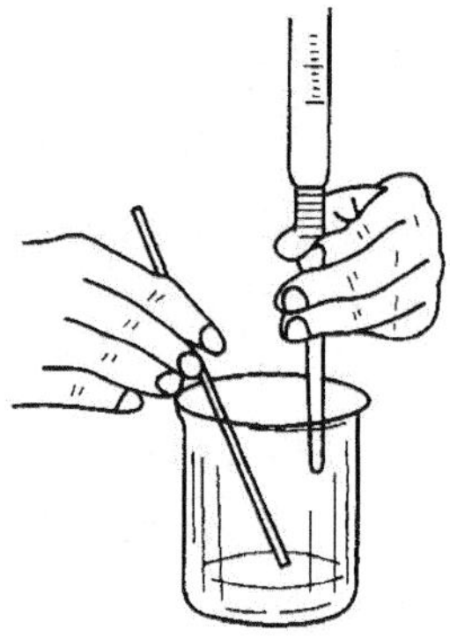

图 2.4.14 在烧杯中滴定

使用碱式滴定管时（图 2.4.13），左手捏住乳胶管，拇指在前，食指在后，其余三指辅助夹住出口尖管，使出口管垂直而不摆动。用拇指和食指捏住玻璃珠中上部，向一边挤压玻璃珠外面的乳胶管，使玻璃珠和乳胶管之间形成一个狭缝，溶液即可流出。注意不要用力捏玻璃珠，也不要使玻璃珠上下移动，更不要捏玻璃珠下部的乳胶管，以免形成气泡，影响读数。

滴定通常在锥形瓶中进行，必要时也可以在烧杯中进行（图 2.4.14）。把烧杯放在滴定台上，滴定管的高度应以其下端伸入烧杯内约 1cm 为宜。滴定管的下端应在烧杯的左后方处，如放在中央，会影响搅拌；如离杯壁过近，滴下的溶液不易搅拌均匀。左手控制滴定管滴加溶液，右手持玻璃棒搅拌溶液。玻璃棒应作圆周搅动，不要碰到杯壁和底部。接近终点加半滴时，可用玻璃棒下端轻轻沾下，再浸入烧杯中搅匀。

2.5　溶解、蒸发和浓缩

2.5.1　溶解

用溶剂溶解试样，加入溶剂时应先把装有试样的烧杯适当倾斜，然后把量筒嘴靠近烧杯壁，让溶剂慢慢顺着杯壁流入；或通过玻璃棒使溶剂沿玻璃棒慢慢流入，以防杯内溶液溅出而损失。溶剂加入后，用玻璃棒搅拌，使试样完全溶解。对溶解时会产生气体的试样，则应先用少量水将其润湿成糊状，用表面皿将杯盖好，然后再用滴管将溶剂自杯嘴逐滴加入，以防生成的气体将粉状的试样带出。对于需要加热溶解的试样，应注意控制加热温度和时间，加热时要盖上表面皿，防止溶液剧烈沸腾和迸溅。如需长时间加热，应防止将溶液蒸干，因为许多物质脱水后很难再溶解。加热后要用蒸馏水冲洗表面皿和烧杯内壁，冲洗时也应使水顺杯壁流下。

2.5.2　蒸发、浓缩

当物质需从稀溶液中析出晶体时，需要进行蒸发、浓缩、结晶的操作。将稀溶液放入蒸发皿中，缓缓加热并不断搅拌，溶液中的水分便不断蒸发，溶液不断浓缩，当蒸发至一定程度后，放置冷却即可析出晶体。溶液浓缩的程度与被结晶物质的溶解度大小及溶解度随温度的变化等因素有关。若被结晶物质的溶解度较小或随温度变化较大，则蒸发至出现晶膜即可。若被结晶物质的溶解度随温度变化不大时，则蒸发至稀粥状后再冷却。若希望得到大颗粒的晶体，则不宜蒸发得太浓，蒸发浓缩的时间要短些，蒸发得要稀一些。

在实验室中，蒸发、浓缩的过程是在蒸发皿中完成的，蒸发皿中所盛放的溶液量不可超过其容量的 2/3，一般当物质的热稳定性较好时，可将蒸发皿直接放在石棉网上加热蒸发，否则需用水浴间接加热蒸发。

2.6　结晶和重结晶

2.6.1　结晶

结晶是晶体从溶液中析出的过程。晶体析出的颗粒大小和结晶的条件有关，溶液浓缩得较浓，溶解度随温度变化较大，冷却速度快，搅拌溶液会使晶体的颗粒细小；反之，则可使晶体长成较大的颗粒。

结晶颗粒的大小也与晶体的纯度有关。若晶体颗粒太小且大小均匀，易形成糊状物，夹带母液较多，不易洗净，影响纯度。缓慢长成的大晶体，在生长过程中也易包裹母液，影响纯度。因此，粒度适中、均匀的结晶体纯度才高。

2.6.2 重结晶

重结晶是使不纯物质通过重新结晶而获得纯化的过程，它是提纯固体的重要方法之一。把待提纯的物质溶解在适当的溶剂中，滤去不溶物后进行蒸发结晶，浓缩到一定浓度时，经冷却就会析出溶质的结晶。当结晶一次所得物质的纯度不符合要求时，可以重新加入尽可能少的溶剂溶解晶体，经蒸发后再次进行结晶。

2.7 过 滤

常用的过滤方法有常压过滤（普通过滤）、减压过滤（吸滤）和热过滤。

2.7.1 常压过滤

在常压下用普通漏斗过滤，适用于过滤胶体沉淀或细小的晶体沉淀，但过滤速度比较慢。

1. 选择滤纸和漏斗

滤纸按孔隙大小分为“快速”、“中速”和“慢速”3 种；按直径大小分为 7cm、9cm、11cm 等几种。应根据沉淀的性质选择滤纸的类型，细晶形沉淀应选用“慢速”滤纸过滤；粗晶形沉淀宜选用“中速”滤纸过滤；胶状沉淀需选用“快速”滤纸过滤。根据沉淀量的多少选择滤纸的大小，一般要求沉淀的总体积不得超过滤纸锥体高度的 1/3。滤纸的大小也应与漏斗的大小相适应，一般滤纸上沿应低于漏斗上沿约 1cm。漏斗一般选长颈（颈长 15～20cm）的，漏斗锥体角度应为 60°，颈的直径要小些（通常是 3～5mm），以便在颈内容易保留液柱，这样才能因液柱的重力而产生抽滤作用，过滤才能迅速。在整个过滤过程中，漏斗颈内能否保持液柱，这不仅与漏斗选择有关，还与滤纸的折叠、滤纸是否贴紧在漏斗的内壁上、漏斗内壁是否洗净、过滤操作是否正确等因素有关。

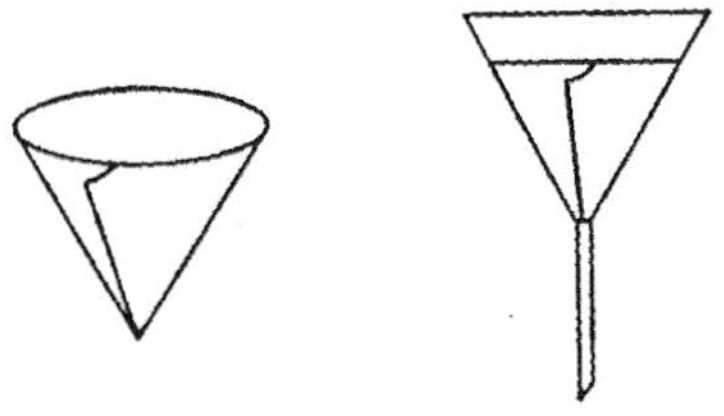

图 2.7.1 滤纸的折叠和安放

2. 滤纸的折叠和安放

用干净的手将滤纸对折，然后再对折，展开后成 60°角的圆锥体，一边为一层，另一边为三层（图 2.7.1）。为保证滤纸与漏斗密合，第二次对折不要折死，如果滤纸放入漏斗后上边缘不十分密合，可以稍微改变滤纸的折叠角度，直到与漏斗密合，此时可把第二次的折边折死。

为了使滤纸和漏斗内壁贴紧而无气泡，常把滤纸三层的外面两层滤纸折角处撕下一角，此小块滤纸保存在洁净干燥的表面皿上，以备擦拭烧杯中的沉淀用。滤纸应在漏斗边缘下约 1cm 处。滤纸放好后，用手按住滤纸三层的一边，从洗瓶吹出少量去离子水润湿滤纸，轻压滤纸，赶出气泡，使滤纸锥体上部与漏斗壁刚好贴合。加去离子水至滤纸边缘，漏斗颈内应全部充满水形成水柱。形成水柱的漏斗，可借水柱的重力抽吸漏斗内的液体，使过滤速度加快。如漏斗颈内没形成水柱，可用手指堵住漏斗下口，把滤纸的一边稍掀起，用洗瓶向滤纸与漏斗之间的空隙里加水，使漏斗颈和锥体的大部分被水充满，然后压紧滤纸边，松开堵住下口的手指，水柱即可形成。

3. 过滤装置

把洁净的漏斗放在漏斗架上，下面放一洁净的烧杯承接滤液，应使漏斗颈口斜面长的一边紧贴杯壁，这样滤液可顺杯壁流下，不致溅出。漏斗放置的高度应以其颈的出口不触及烧杯中的滤液为宜。

4. 过滤

一般采用倾泻法过滤，待沉淀沉降后，将上层清液先倒入漏斗中，沉淀尽可能留在烧杯中。溶液应沿着玻璃棒流入漏斗中，玻璃棒的下端对着三层滤纸处，但不要接触滤纸。一次倾入的溶液一般最多充满滤纸的 2/3，以免少量沉淀因毛细作用越过上层滤纸造成损失（图 2.7.2）。

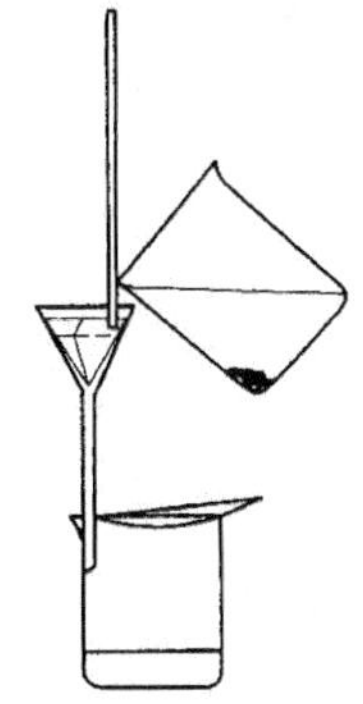

图 2.7.2　倾析法过滤

2.7.2　减压过滤

减压过滤简称抽滤。减压可以加速过滤，还可以把沉淀抽吸得比较干燥。但是胶态沉淀在过滤速度很快时会透过滤纸，颗粒很细的沉淀会因减压抽吸而在滤纸上形成一层密实的沉淀，使溶液不易透过，反而达不到加速的目的，故不宜用减压过滤法。

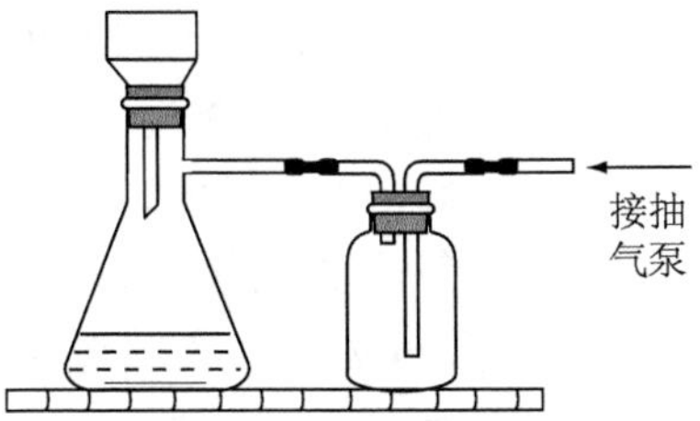

图 2.7.3　减压过滤装置

减压过滤的原理是利用抽气泵抽出抽滤瓶内的气体，造成抽滤瓶内的压力减小，使布氏漏斗与瓶内产生压力差，因而加快了过滤速度（图 2.7.3）。抽气泵与抽滤瓶之间装一个安全瓶，防止关抽气泵后，由于抽滤瓶内压力低于外界压力而使抽气泵中的水倒吸，沾污滤液。布氏漏斗管插入单孔橡胶塞内，与抽滤瓶相连接，注意漏斗管下方的斜口应对着抽滤瓶的支管口。

减压过滤操作步骤如下：

（1）铺滤纸。如图 2.7.3 所示安装好仪器后，剪一张比布氏漏斗内径略小的滤纸，滤纸应能全部覆盖布氏漏斗上的小孔。用少量蒸馏水湿润滤纸，打开抽气泵，抽气使滤纸紧贴在漏斗的瓷板上。

（2）过滤。用倾析法将上层清液沿玻璃棒倒入漏斗，每次倒入量不应超过漏斗容量的 2/3，然后打开抽气泵，待上层清液滤下后，再转移沉淀。把沉淀平铺在漏斗上，直到沉淀被吸干为止。抽滤瓶中的滤液不应超过吸气口。

（3）过滤完毕。先拔下连接在抽滤瓶上的橡皮管，再关抽气泵，以防止倒吸。

（4）洗涤沉淀。

（5）取出沉淀和滤液。把漏斗取下倒放在滤纸或容器中，在漏斗的边缘轻轻敲打或用洗耳球从漏斗管口处往里吹气，滤纸和沉淀即可脱离漏斗。滤液应从抽滤瓶的上口倒入洁净的容器中，不可从侧面的支管倒出，以免滤液被污染。

如果过滤的溶液具有强酸性或强氧化性，溶液会破坏滤纸，此时可用玻璃砂漏斗。玻璃砂漏斗也称为垂熔漏斗或砂芯漏斗，它是一种耐酸的过滤器，不能过滤强碱性溶液，过滤强碱性溶液时用玻璃纤维代替滤纸。

2.7.3　热过滤

某些物质在溶液温度降低时，溶解度减小，易形成晶体从溶液中析出。为了滤除这类溶液中所含的其他难溶性杂质，通常使用热滤漏斗进行过滤，防止溶质结晶析出。过滤时，把玻璃漏斗放在铜质的热滤漏斗内，热滤漏斗内装有热水（水不要装太满，以免加热至沸后溢出），以维持溶液的温度。也可以事先把玻璃漏斗在水浴上用蒸气加热后再使用。热过滤选用的玻璃漏斗颈越短越好，以免过滤时溶液在漏斗颈内停留过久，因散热降温析出晶体而发生堵塞。

2.8　蒸馏与分馏

2.8.1　蒸馏

液态物质受热沸腾化为蒸气，蒸气经冷凝又转变为液体，这个操作过程就称为蒸馏。蒸馏是纯化和分离液态物质的一种常用方法，通过蒸馏还可以测定纯液态物质的沸点。

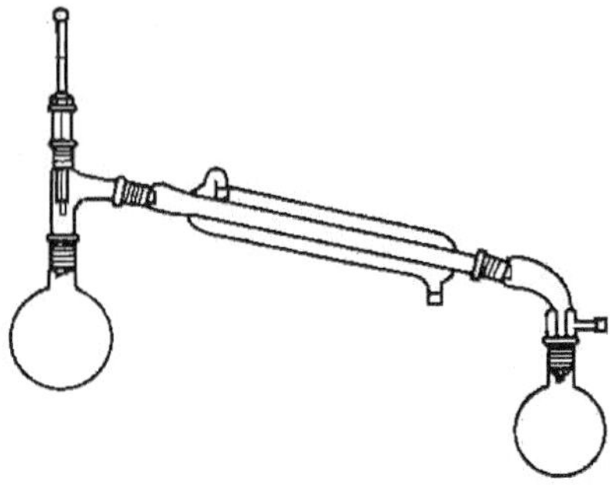

图 2.8.1　简单蒸馏装置图

1. 操作方法

如图 2.8.1 所示安装好蒸馏烧瓶、冷凝管、尾接管和接受瓶，然后将待蒸馏液体通过漏斗从蒸馏烧瓶颈口加入到瓶中，投入 1～2 粒沸石，再配置温度计。

接通冷凝水，开始加热，使瓶中液体沸腾。调节火焰，控制蒸馏速度，以 1～2 滴/s 为宜。在蒸馏过程中，注意温度计读数的变化，记下第一滴馏出液流出时的温度。当温度计读数稳定后，另换一个接受瓶收集馏分。如果仍然保持平稳加热，但不再有馏分流出，而且温度会突然下降，这表明该段馏分已近蒸完，需停止加热，记下该段馏分的沸程和体积（或质量）。馏分的温度范围越小，其纯度就越高。

2. 操作注意事项

(1) 蒸馏烧瓶大小的选择应根据待蒸馏液体的量而定。通常，待蒸馏液体的体积约占蒸馏烧瓶体积的 1/3～2/3。

(2) 当待蒸馏液体的沸点在 140℃以下时，应选用直形冷凝管；沸点在 140℃以上时，就要选用空气冷凝管，若仍用直形冷凝管则易发生爆裂。

(3) 如果蒸馏装置中所用的尾接管无侧管，则尾接管和接受瓶之间应留有空隙，以确保蒸馏装置与大气相通。否则，封闭体系受热后会引发事故。

(4) 沸石是一种带多孔性的物质，如素瓷片或毛细管。当液体受热沸腾时，沸石内的小气泡就成为气化中心，使液体保持平稳沸腾。如果蒸馏已经开始，但忘了投沸石，此时千万不要直接投放沸石，以免引发暴沸。正确的做法是，先停止加热，待液体稍冷片刻后再补加沸石。

(5) 蒸馏低沸点易燃液体（如乙醚）时，千万不可用明火加热，此时可用热水浴加热。在蒸馏沸点较高的液体时，可以用明火加热。明火加热时，烧瓶底部一定要放置石棉网，以防因受热不匀而炸裂。

(6) 无论何时，都不要使蒸馏烧瓶蒸干，以防意外。

2.8.2　分馏

简单蒸馏只能对沸点差异较大的混合物作有效的分离，而采用分馏柱进行蒸馏则可对沸点相近的混合物进行分离和提纯，这种操作方法称为分馏。简单地说，分馏就是多次蒸馏，利用分馏技术甚至可以将沸点相距 1～2℃的混合物分离开来。

1. 操作方法

将待分馏物质装入圆底烧瓶，并投放几粒沸石，然后依序安装分馏柱、温度计、冷凝管、尾接管及接受瓶（图 2.8.2）。

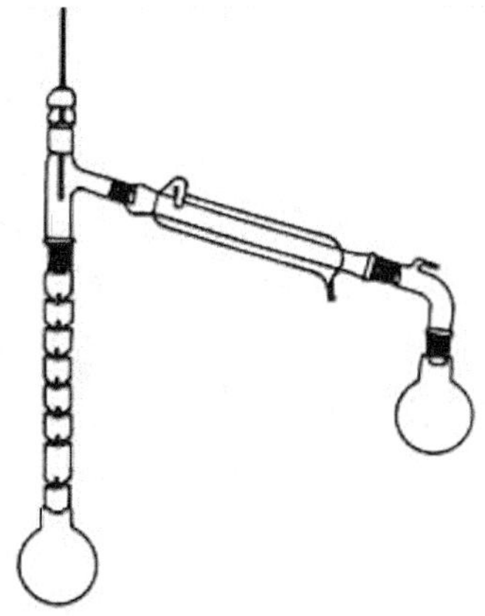

图 2.8.2　分馏装置图

接通冷凝水，开始加热，使液体平稳沸腾。当蒸气缓缓上升时，注意控制温度，使馏出液速度维持在 2～3s 一滴。记录第一滴馏出液滴入接受瓶时的温度，然后根据具体要求分段收集馏分，并记录各馏分的沸点范围及体积。

2. 操作注意事项

(1) 蒸馏瓶及冷凝管的选择参见图 2.1.1。

(2) 分馏柱柱高是影响分馏效率的重要因素之一。一般来讲，分馏柱越高，上升蒸气与冷凝液间的热交换次数就越多，分离效果就越好。但是，如果分馏柱过高，则会影响馏出速度。

(3) 分馏柱内的填充物也是影响分馏效率的一个重要因素。填充物在柱中起到增加蒸气与回流液接触的作用，填充物比表面积越大，越有利于提高分离效率。不过，需要指出的是，填充物之间要保持一定的空隙，否则会导致蒸馏困难。实验室中常用的韦氏（Vigreux）分馏柱是一种柱内呈刺状的简易分馏柱，不需另加填料。

(4) 当室温较低或待分馏液体的沸点较高时，分馏柱的绝热性能就会对分馏效率产生显著影响。在这种情况下，如果分馏柱的绝热性能差，其散热就快，因而难以维持柱内气液两相间的热平衡，从而影响分离效果。为了提高分馏柱的绝热性能，可用玻璃布等保温材料将柱身裹起来。

(5) 在分馏过程中，要注意调节加热温度，使馏出速度适中。如果馏出速度太快，就会产生液泛现象，即回流液来不及流回至烧瓶，并逐渐在分馏柱中形成液柱。若出现这种现象，应停止加热，待液柱消失后重新加热，使气液达到平衡，再恢复收集馏分。

2.9　色　谱　法

色谱法是近代有机分析中应用最广泛的工具之一，它既可以用来分离复杂混合物中的各种成分，又可以用来纯化和鉴定物质，尤其适用于少量物质的分离、纯化和鉴定。

色谱法是一种物理的分离方法，其分离原理是利用混合物中各个成分的物理化学性质的差别，当选择某一个条件使各个成分流过支持剂或吸附剂时，各成分可由于其物理性质的不同而得到分离。与经典的分离提纯手段（重结晶、升华、萃取和蒸馏等）相比，色谱法具有微量、快速、简便和高效等优点。按分离过程的原理可分为吸附色谱、分配色谱、离子交换色谱等；按操作形式又可分为柱色谱、薄层色谱、纸色谱等。

2.9.1　柱色谱

1. 柱色谱原理

柱色谱（柱上层析）常用的有吸附色谱和分配色谱两类。实验室常用的是吸附色谱，其原理是利用混合物中各组分在固定相上的吸附能力和流动相的解析能力不同，让混合物随流动相流过固定相，发生多次的吸附和解析过程，从而使混合物分离成两种或多种单一的组分。吸附色谱常用氧化铝和硅胶作固定相，而分配色谱中以硅胶、硅藻土和纤维素作为支持剂，以吸收较大量的液体作固定相，而支持剂本身不起分离作用。

吸附柱色谱通常在玻璃管中填入表面积很大经过活化的多孔性或粉状固体吸附剂。当待分离的混合物溶液流过吸附柱时，各种成分同时被吸附在柱的上端。当洗脱剂流下时，由于不同化合物吸附能力不同，往下洗脱的速度也不同，于是形成了不同层次，即溶质在柱中自上而下按对吸附剂的亲和力大小不同分别形成一段一段的层带。随着洗脱过程的进行，从柱子底端流出，分别收集不同的层带，再将洗脱剂蒸发，就可以得到单一的纯净物质。

2. 柱色谱条件

1）吸附剂的选择与活化

常用的吸附剂有氧化铝、硅胶、氧化镁、碳酸钙和活性炭等。吸附剂一般要经过纯化和活化处理，颗粒大小应当均匀。对于吸附剂来说，颗粒小，表面积大，吸附能力强，但颗粒小时，溶剂的流速就太慢，因此应根据实际需要而定。

柱色谱使用的氧化铝有酸性、中性和碱性三种。酸性氧化铝是用1%盐酸浸泡后，用蒸馏水洗至氧化铝悬浮液的pH为4，用于分离酸性物质；中性氧化铝的pH约为7.5，用于分离中性物质；碱性氧化铝的pH为10，用于胺或其他碱性化合物的分离。以上吸附剂通常采用灼烧使其活化。

2）溶质的结构和吸附能力

化合物的吸附和它们的极性成正比，化合物分子中含有极性较大的基团时吸附性也较强。氧化铝对各种化合物的吸附性按以下次序递减：酸和碱＞醇、胺、硫醇＞酯、醛、酮＞芳香族化合物＞卤代物＞醚＞烯＞饱和烃。

3）溶剂的选择

溶剂的选择是重要的一环，通常根据被分离物中各种成分的极性、溶解度和吸附剂活性等考虑。要求：①溶剂较纯；②溶剂和氧化铝不能起化学反应；③溶剂的极性应比样品小；④溶剂对样品的溶解度不能太大，也不能太小；⑤有时可以使用混合溶剂。

4）洗脱剂的选择

样品吸附在氧化铝柱上后，用合适的溶剂进行洗脱，这种溶剂称为洗脱剂。如果原来用于溶解样品的溶剂冲洗柱不能达到分离的目的，可以改用其他溶剂，一般极性较强的溶剂影响样品和氧化铝之间的吸附，容易将样品洗脱下来，达不到分离的目的。因此，常用一系列极性依次增强的溶剂，即先使用极性最弱的溶剂，然后加入不同比例的极性溶剂配成洗脱剂。常用的洗脱剂的极性按如下次序递增。己烷和石油醚＜环己烷＜四氯化碳＜三氯乙烯＜二硫化碳＜甲苯＜二氯甲烷＜氯仿＜乙醚＜乙酸乙酯＜丙酮＜丙醇＜乙醇＜甲醇＜水＜吡啶＜乙酸。

3. 柱色谱操作步骤

1）装柱

实验时选一支合适色谱柱（长径比应不小于7∶1～8∶1，吸附剂填充量约为柱容量的3/4，预留1/4空间装溶剂），洗净干燥后垂直固定在铁架台上，柱子下端放置一个锥形瓶。如果层析柱下端没有砂芯横隔，就应取一小团脱脂棉或玻璃棉，用玻璃棒将其推至柱底，然后再铺上一层约 0.5cm 厚的砂，然后采用湿法或干法装柱。装柱操作要求吸附剂填充均匀，无断层、无缝隙、无气泡，否则会影响洗脱和分离效果。

(1) 湿法装柱：将一定量的吸附剂（吸附剂用量应是被分离混合物量的 30～40 倍）用溶剂（最好选用 90～120℃石油醚）调成糊状，向柱内倒入溶剂至柱高的 3/4 处。再将调好的糊状吸附剂从色谱柱上端倒入，同时打开色谱柱下端的活塞，使溶剂慢慢流入锥形瓶。在添加吸附剂的过程中，可用木质试管夹或套有橡皮管的玻璃棒绕柱四周轻轻敲打，促使吸附剂均匀沉降并排出气泡。注意敲打色谱柱时，不能只敲打某一部位，否则被敲打一侧吸附剂沉降更紧实，致使洗脱时色谱带跑偏，甚至交错而导致分离失败。另外，还需掌握敲打时间，敲打不充分，吸附剂沉降不紧实，各组分洗脱太快分离效果不好；敲打过度，吸附剂沉降过于紧实，洗脱速度太慢而浪费实验时间。一般以洗脱剂流出速度为每分钟 5～10 滴。吸附剂添加完毕，在吸附剂上面覆盖约 1cm 厚的砂层。整个添加过程中，应保持溶剂液面始终高出吸附剂层面（图 2.9.1）。

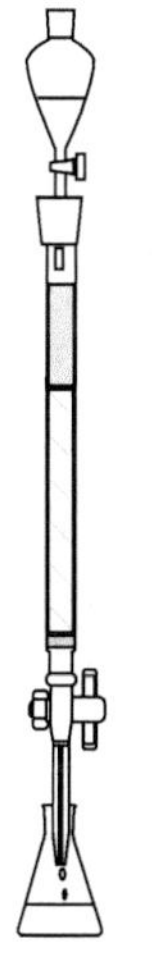
图 2.9.1　柱色谱装置

(2) 干法装柱：将一定量的吸附剂用漏斗慢慢加入干燥的色谱柱中，边加入边敲击柱身，务必使吸附剂装填均匀，不能有空隙。加完后，在吸附剂上覆盖少许石英砂，然后加洗脱剂洗柱，赶走小气泡。

2) 装样和洗脱

当柱内的溶剂液面降至吸附剂表层时，关闭层析柱下端的活塞。将待分离的混合物用最小量展开剂溶解，用滴管小心滴加到柱内吸附剂表层，并用少量溶剂洗涤色谱柱内壁上沾有的样品溶液。待混合物溶液液面接近吸附剂上的石英砂时，旋开滴液漏斗旋塞，连续滴加洗脱剂。滴加速度以每秒 1～2 滴为适度。整个过程中，应使洗脱剂始终覆盖吸附剂。

如果被分离各组分有颜色，可以根据色谱柱中出现的色层收集洗脱液。如果各组分无色，先按等分收集法收集（该操作可由自动收集器完成），然后用薄层色谱法逐一鉴定，再将相同组分的收集液合并在一起。通过蒸发除去洗脱液溶剂，即可得到各组分。

2.9.2　薄层色谱

1. *薄层色谱原理*

薄层色谱属于固-液吸附色谱，是一种微量的分离分析方法，具有设备简单、速度快、分离效果好、灵敏度高以及能使用腐蚀性显色剂等优点，适用于小量样品（几到几十微克，甚至 0.01μg）的分离。同时薄层色谱是一种非常有用的跟踪反应的手段，在进行化学反应时，常利用薄层色谱观察原料斑点的逐步消失来判断反应是否完成。它也常用作柱色谱的先导，可用于柱色谱分离中展开剂的选择，也可监视柱色谱分离状况和效果。

最常用的薄层色谱属于固-液吸附色谱，把吸附剂（如氧化铝、硅胶）和黏合剂（如煅石膏 $CaSO_4 \cdot H_2O$、羧甲基纤维素钠等）均匀地铺在一块玻璃板上形成薄层，将分离样品滴加在薄层的一端，当利用毛细作用使流动相沿着吸附剂薄层（固定相）移动时，吸附剂借各种分子间力（包括范德华力和氢键）作用于混合物中各组分，各组分以不同的作用强度被吸附。被分离组分在固定相与流动相之间进行分配或吸附，经过反复无数次的分配平衡或吸附平衡，不同组分的极性化合物就会在薄层板上移动不同的距离。极性强的化合物会“粘”在极性的吸附剂上，在薄板上移动的距离比较短，而非极性的物质在薄层板上移动较大的距离。通常用比移值

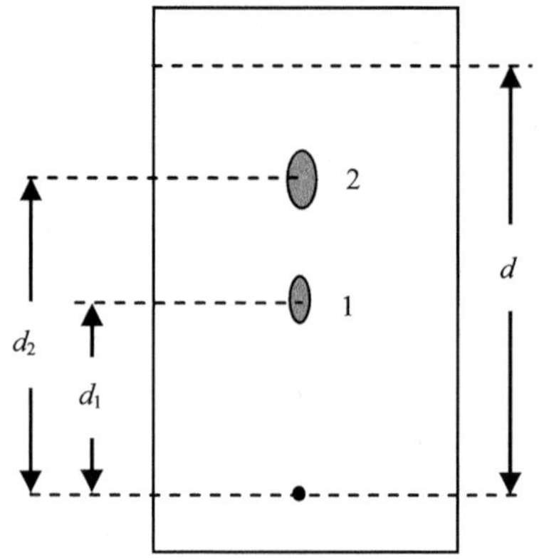

图 2.9.2　薄层色谱示意图

R_f值表达，它是介于 0～1 的数值，定义为

$$R_f = \frac{样品原点中心到斑点中心的距离}{样品原点中心到溶剂前沿的距离}$$

如图 2.9.2 所示，d 为点样点到溶剂前沿的距离，d_1为点样点到斑点 1 的距离，d_2为点样点到斑点 2 的距离。

薄层色谱常用的吸附剂或支持剂是硅胶或氧化铝。薄层色谱用的硅胶有：硅胶 H（不含黏合剂）、硅胶 G（含煅石膏做黏合剂）、硅胶 HF-254（含荧光物质，可在波长 254nm 紫外光下观察荧光）、硅胶 GF-254（含有煅石膏和荧光剂）。薄层色谱用的氧化铝也分为氧化铝 G、氧化铝 GF254 及氧化铝 HF254。

2. 薄层色谱条件

1）固定相选择

柱色谱中提到的吸附剂都可以用作薄层色谱的固定相，分离性能及使用选择与柱色谱的选择原则相同。

一般用于薄层色谱时，要求吸附剂的粒度更小。商品吸附剂区分为色谱级（用于柱色谱）和薄层色谱级（用于薄层色谱）。

2）展开剂选择

薄层色谱展开剂的选择和柱色谱一样，主要根据样品中各组分的极性、溶剂对于样品中各组分溶解度等因素来考虑。展开剂的极性越大，对化合物的洗脱力也越大。选择展开剂时，除按溶剂极性来选择外，更多地采用试验的方法，即在一块薄层板上进行试验，若所选展开剂使混合物中所有的组分点都移到了溶剂前沿，此溶剂的极性过强；若所选展开剂几乎不能使混合物中的组分点移动，留在了原点上，此溶剂的极性过弱。

当一种溶剂不能很好地展开各组分时，常选择用混合溶剂作为展开剂。先用一种极性较小的溶剂为基础溶剂展开混合物，若展开不好，用极性较大的溶剂与前一溶剂混合，调整极性，再次试验，直到选出合适的展开剂组合。合适的混合展开剂常需多次仔细选择才能确定。

3）显色

分离的化合物若有颜色，很容易识别出各个样点。但多数情况下，化合物没有颜色，要识别样点，必须使样点显色。通用的显色方法有碘蒸气显色和紫外线显色。

（1）碘蒸气显色：将展开的薄层板挥发干展开剂后，放在盛有碘晶体的封闭容器中，升华产生的碘蒸气能与有机物分子形成有色的缔合物，完成显色。

（2）紫外线显色：用掺有荧光剂的固定相材料（如硅胶 GF）制板，展开后再用紫外线照射展开的干燥薄层板，板上的有机物会吸收紫外线，在板上出现相应的色点，可以被观察到。

有时对于特殊有机物使用专用的显色剂显色，并常用盛有显色剂溶液的喷雾器喷板显色。

3. 薄层色谱操作步骤

1）薄层板的制备

制备薄层板，首先将吸附剂调成糊状（如称取约 3g 硅胶 G，加入到 6～7mL 0.5%的羧甲基纤维素钠水溶液中，调成均匀的糊状物），这一步一定要将吸附剂逐渐加入到溶剂中，边加边搅拌，如果把溶剂加到吸附剂中，容易产生结块。然后采用简单的平铺法和倾斜法将糊状物涂布在干净的载玻片上，制成薄层板。

(1) 平铺法：将自制涂布器（图 2.9.3）洗净，把干净的载玻片在涂布器中摆好，上下两边各夹一块比载玻片厚 0.25mm 的玻璃板，在涂布器槽中倒入糊状物，将涂布器自左向右推，即可将糊状物均匀地涂在玻璃板上。

(2) 倾斜法：如没有涂布器，则可将调好的糊状物倒在载玻片上，用药匙摊开后，用手摇晃并轻轻敲击玻板背面，使其糊状物均匀铺开且表面均匀光滑。

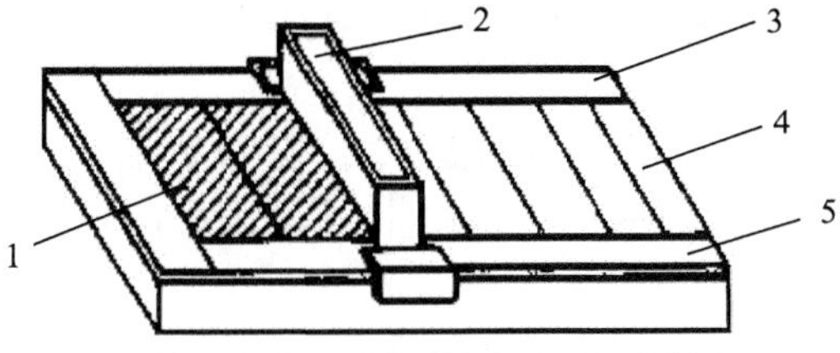

图 2.9.3　薄层板涂布器

1. 吸附剂薄层；2. 涂布器；3. 玻璃夹板；4. 玻璃板；5. 玻璃夹板

涂好的薄层板水平放置，室温晾干后，放入烘箱内加热活化，活化条件根据需要而定。硅胶板一般在烘箱中渐渐升温，维持 105～110℃活化 30min。氧化铝板在 200～220℃烘 4h 可得活性Ⅱ级的薄板。150～160℃烘 4h 可得活性Ⅲ～Ⅳ级的薄板。薄层板的活性与含水量有关，其活性随含水量的增加而下降。注意硅胶板活化时温度不能过高，否则硅醇基会相互脱水而失活。活化后的薄层应放在干燥器内保存。

2) 点样

将样品溶于低沸点溶剂（丙酮、甲醇、乙醇、氯仿、苯、乙醚和四氯化碳）配成 1%的溶液中，用内径小于 1mm、管口平整的毛细管点样。用毛细管取样品溶液，在薄层板一端约 1.0cm 处，垂直轻轻地接触到薄层上的吸附剂，使样品溶液自动吸到薄层上。在薄层色谱中，样品的用量对物质的分离效果有很大影响，所需样品的量与显色剂的灵敏度、吸附剂的种类、薄层的厚度均有关系。样品量太少，斑点不清楚，难以观察；样品量太多，往往出现斑点太大或拖尾现象，以致不易分开。若因样品溶液太稀，可重复点样，但应待前次点样的溶剂挥发后方可重新点样，样点直径一般以 2～4mm 为宜。同一薄层上的样点直径应一致。另外，点样要轻，不可刺破薄层。

3) 展开

薄层板的展开需要在密闭的层析缸（也可用标本缸或广口瓶等）中进行，如图 2.9.4 所示。先将一定量展开剂放在层析缸中，盖上缸盖，让缸内溶剂蒸气饱和 5～10min。再将点好试样的薄层板样点一端朝下放入缸内（注意控制器皿中展开剂的量，切勿使样点浸入展开剂中），盖好缸盖，展开剂因毛细管效应而沿薄层上升，样品中组分随展开剂在薄层中以不同的速度自下而上移动而导致分离。当展开剂前沿上升到样点上方 8～10cm 时取出薄层板，放平，用铅笔标明溶剂前沿位置，用冷风吹干溶剂。

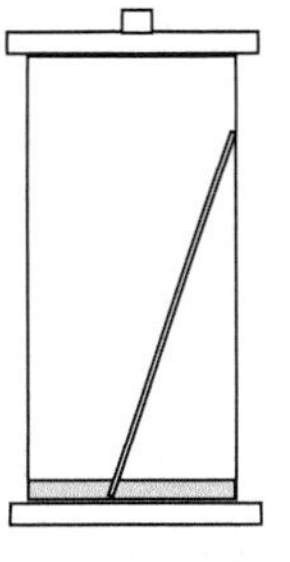

图 2.9.4　直立式层析缸示意图

4) 显色

如果化合物本身有颜色，就可直接观察它的斑点。如果本身无色，可先在紫外灯光下观察有无荧光斑点（有苯环的物质都有），用铅笔在薄层板上画出斑点的位置；

对于在紫外灯光下不显色的，可放在含少量碘蒸气的容器中显色来检查色点（因为许多化合物遇碘都能呈现黄棕色斑点），显色后，立即用铅笔标出斑点的位置。

2.9.3 纸色谱

1. 纸色谱原理

纸色谱是一种以滤纸为支持物的色谱方法，常用于多官能团或极性较大的化合物，如糖类、酯类、生物碱、氨基酸等物质的分离。因为设备简单、试剂用量少、便于保存，纸色谱已成为实验室常用的方法。

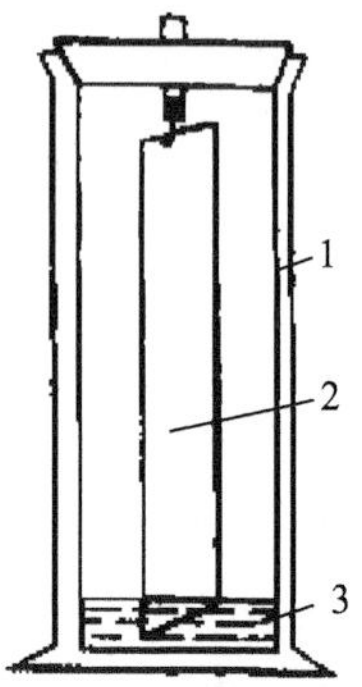

图 2.9.5 纸色谱
1. 层析缸；2. 滤纸；3. 展开剂

纸色谱的原理比较复杂，涉及分配、吸附和离子交换等机理，但分配机理起主要作用，因此，一般认为纸色谱属于分配色谱。

纸色谱以滤纸作载体。滤纸由纤维素组成，纤维素上有多个—OH，能吸附水（在水蒸气饱和的空气中，一般纤维能吸附20%～25%水分，其中约有67%的吸附水是通过氢键与纤维素的羟基结合的，吸附极为牢固，一般条件下，很难脱去），这些吸附水就构成了色谱过程的固定相，展开剂（与水不相混溶的有机溶剂）为流动相，滤纸只起到支持固定相的作用。当样品点在滤纸一端，放在一密闭器中（图 2.9.5），让流动相通过毛细管作用从滤纸一端经过点样点流向另一端，样品中溶质在固定相水、流动相有机溶剂中进行分配，因样品中不同溶质在两相中分配系数不同，易溶于有机溶剂而难溶于水的组分，随流动相往前移动速度快些；而易溶于水，难溶于有机溶剂的组分，随流动相向前移动速度慢些，从而达到将不同组分分离的目的。

2. 纸色谱条件

1）滤纸的选择与处理

对普通实验来说，一般实验室中的滤纸都可以用。但在作某些定量测定或某些深入研究的工作中，对滤纸就要作适当地选择了。

（1）滤纸要求质地均匀、平整、边沿整齐、无折痕、有一定机械强度。

（2）滤纸纸质要求纯度高、无杂质，无明显荧光斑点，以免与色谱斑点相混淆。

（3）滤纸纤维松紧要适宜，过紧则展开太慢，过松则斑点扩散。

对于精细的研究工作，则需慎重选择层析用纸，并进行净化处理。例如，分离酸性、碱性物质时，为保持恒定的酸碱度，可将滤纸浸泡在一定 pH 的缓冲液中，进行预处理后再用。

将滤纸裁剪成条形时，应顺着纤维排列的方向。在裁剪滤纸时，要把周边裁剪整齐，不能留毛边，同时要注意防止汗渍等杂质污染滤纸。

2）展开剂的选择

根据被分离物质的不同，选用合适的展开剂。展开剂应对被分离物质有一定的溶解度，溶解度太大，被分离物质会随展开剂跑到前沿；溶解度太小，则会留在原点附近，使分离效果不好。选择展开剂应注意下列几点：

（1）能溶于水的化合物：以吸附在滤纸上的水作固定相，以与水能混合的有机溶剂作展开剂（如醇类）。

（2）难溶于水的极性化合物：以非水极性溶剂（如甲酰胺，*N*，*N*-二甲基甲酰胺等）作固定相，以不能与固定相混合的非极性溶剂（如环己烷、苯、四氯化碳、氯仿等）作展开剂。

（3）对不溶于水的非极性化合物：以非极性溶剂（如液体石蜡、α-溴萘等）作固定相，以极性溶剂（如水、含水乙醇、含水乙酸等）作展开剂。

纸色谱中，很少用单一溶剂作为展开剂，多用极性的混合溶剂，且其中之一是水。如常用的正丁醇/水，是指用水饱和的正丁醇。又如正丁醇：乙酸：水＝4：1：5是指三种溶剂按其用量比例，放入一分液漏斗中充分振摇混合，放置、分层，取其上层正丁醇混合液作为展开剂。

3. 纸色谱操作步骤

1）滤纸处理

将滤纸切成纸条，大小可自行选择，一般约为3cm×20cm、5cm×30cm或8cm×50cm。

2）制样

取少量试样完全溶解在溶剂中，配制成约1%的溶液。用铅笔在离滤纸底一端2～3cm处画线，即为点样位置。

3）点样

用内径约为0.5mm、管口平整的毛细管吸取少量试样溶液，在滤纸上按照已写好的编号分别点样，控制点样直径为2～3mm。每点一次样可用电吹风吹干或在红外灯下烘干。如有多种样品，则各点间距离约为2cm左右。

4）展开

在层析缸中加入展开剂，将已点样的滤纸晾干后悬挂在层析缸内，将点有试样的一端放入展开剂液面下约1cm处，但试样斑点的位置必须在展开剂液面之上至少1cm处。

5）显色

当溶剂上升15～20cm时，即取出层析滤纸，用铅笔描出溶剂前沿，干燥。如果化合物本身有颜色，就可直接观察到斑点。如本身无色，可在紫外灯下观察有无荧光斑点，用铅笔在滤纸上划出斑点位置，形状大小。通常可用显色剂喷雾显色，不同类型化合物可用不同的显色剂。

6）计算 R_f 值

在固定条件下，不同化合物在滤纸上按不同的速度移动，所以各个化合物的位置也各不相同。通常用比移值 R_f 值表示，其计算公式如下

$$R_f = \frac{\text{溶质最高浓度中心至原点中心的距离}}{\text{溶剂前沿至原点中心的距离}}$$

当温度、滤纸质量和展开剂都相同时，对于一个化合物的 R_f 值是一个特定常数，由于影响因素较多，实验数据与文献记载不尽相同，因此在测定 R_f 值时，常采用标准样品在同一张滤纸上点样对照。

2.10　常用的分析仪器的原理及操作方法

2.10.1　pHS-3C 型数显酸度计的原理及操作方法

1. pH 测量基本原理

水溶液 pH 的测量一般用玻璃电极作为指示电极，甘汞电极作为参比电极，当溶液中氢离

子浓度（严格说是活度）即溶液的 pH 发生变化时，玻璃电极和甘汞电极之间产生的电位也随之发生变化，而电位变化关系符合下列公式

$$\Delta E = -58.16 \times \Delta pH \times (273 + t) / 293$$

式中，ΔE 为电位的变化，mV；ΔpH 为溶液 pH 的变化；t 为被测溶液的温度，℃。

常用的指示电极有玻璃电极、锑电极、氟电极、银电极等，其中玻璃电极使用最广。pH 玻璃电极头部由特殊的敏感薄膜制成，它对氢离子有敏感作用，当它插入被测溶液内，其电位随被测液中氢离子的浓度和温度而改变。在溶液温度为 25℃时，每变化 1 个 pH，电极电位就改变 59.16mV。这就是常说的电极的理论斜率系数。

常用的参比电极为甘汞电极，其电位不随被测液中氢离子浓度而改变。

pH 测量的实质就是测量两电极间的电位差。当一对电极在溶液中产生的电位差等于零时，被测溶液的 pH 即为零电位 pH，它与玻璃电极内溶液有关。本仪器配用的是由玻璃电极和 Ag-AgCl 电极组成一体的复合电极，其零电位 pH 在（7±0.25）pH。

2. 操作方法

1）仪器使用前的准备

将复合电极按要求接好，置于蒸馏水中，并使加液口外露。

2）预热

按下电源开关，仪器预热 30min，然后对仪器进行标定。

3）仪器的标定（单点标定）

（1）按下【pH】键，斜率旋钮调至 100％位置。

（2）将复合电极洗干净，并用滤纸吸干后将复合电极插入一已知 pH 的标准缓冲溶液中，温度旋钮调至标准缓冲溶液的温度，搅拌使溶液均匀。

（3）调节定位旋钮使仪器读数为该标准缓冲溶液的 pH。仪器标定结束。

4）测量 pH

将电极移出，用蒸馏水洗干净，并用滤纸吸干后将复合电极插入待测溶液中，搅拌使溶液均匀，仪器显示的数值即是该溶液的 pH。

5）测量电极电位

（1）将所需的离子选择性电极和参比电极按要求接好，按下【mV】键。

（2）将电极用蒸馏水洗干净，并用滤纸吸干后插入待测溶液中，搅拌使溶液均匀，仪器显示的数值即是该溶液的电极电位值。

6）注意事项

（1）注意保护电极，防止损坏或污染。

（2）电极插入溶液后要搅拌均匀（2～3min），待溶液静止后 2～3min 再读数。

（3）复合电极的外参比补充液是 3mol/L 的氯化钾溶液，补充液可以从电极上端小孔加入，复合电极不使用时，盖上橡皮塞，防止补充液干涸。

（4）离子选择性电极使用之前要用蒸馏水浸泡活化。

（5）仪器标定好后，不能再动定位和斜率旋钮，否则必须重新标定。

2.10.2　EL-104 型电子天平的原理及操作方法

1. 仪器原理

电子天平是采用电磁力平衡的原理，应用现代电子技术设计而成的。它是将秤盘与通电线圈相连接，置于磁场中，当被称物置于秤盘后，因重力向下，线圈上就会产生一个电磁力，与重力大小相等，方向相反。这时传感器输出电信号，经整流放大，改变线圈上的电流，直至线圈回位，其电流强度与被称物体的重力成正比。而这个重力正是物质的质量所产生的，由此产生的电信号通过模拟系统后，将被称物品的质量显示出来。

由于电子天平是利用电磁力平衡的原理，没有机械天平的横梁，没有升降枢装置，全量程不用砝码，直接在显示屏上读数，所以具有操作简单、性能稳定、称量速度快、灵敏度高等特点。目前，一般电子天平还具有去皮（净重）称量、累加称量、计件称量等功能，并配有对外接口，可连接打印机、计算机、记录仪等，实现了称量、记录、计算自动化。

2. 操作方法

1）调水平

调整地脚螺栓高度，使水平仪内空气气泡位于圆环中央。

2）预热

接通电源，至少需要预热 30min。

3）开机

让秤盘空载并点击【On】键。天平进行显示自检（显示屏上的所有字段短时点亮）。当天平回零时，天平就可以称量了。

4）称量

将称量物放入秤盘中央，等待，直到不稳定状态显示符“。”消失，读取称量结果。

5）去皮

将空容器放在天平的秤盘中央，显示该质量，点击【→O/T←】，给容器装满称量样品，则显示净重。如果将容器从天平上拿走，则皮重以负值显示。皮重将一直保留到再次按【→O/T←】键或天平关机为止。

6）关机

按住【Off】键不放，直到显示屏上出现“OFF”字样，再松开键。

2.10.3　UJ-34A 型直流电位差计的原理及操作方法

1. 仪器原理

电位差计是利用补偿法测量直流电动势（或电压）的精密仪器。

如果要测未知电动势 E_x，原则上可按图 2.10.1 安排电路。其中 E_0 是可调电压的电源。调节 E_0 使检流计指零，则表示在这个回路中电动势 E_x 和 E_0 必然大小相等，即

$$E_x = E_0$$

这时，我们称电路达到补偿。在补偿条件下，如果 E_0 的数值已知，则 E_x 即可求出。根据此原理制成的测量电动势或电位差的仪器称为电位差计。

我们可以用分压电路来获得可调的电压，如图 2.10.2 所示，其中电源 E、限流电阻 R_P，分压电阻 R 和标准电阻 R_N 联成一个回路，称为辅助回路。分压电阻的滑动端 c 和固定端 b 与

待测电源 E_x 、检流计连成另一回路，称为补偿回路。

调节滑动端 c ，当检流计中无电流通过时，设辅助回路中的电流强度为 I_0 ，cb 段的电阻值为 R_x ，则 cb 段的电压 $U_{cb} = I_0R_x$ 与 E_x 相等，即

$$E_x = I_0R_x$$

在实际的电位差计中，I_0 是一个规定值，为了使辅助回路中的电流正好等于该规定值，采用了标准电池，其电动势 E_N 是已知的（由实验室给出），电路如图 2.10.3 所示。

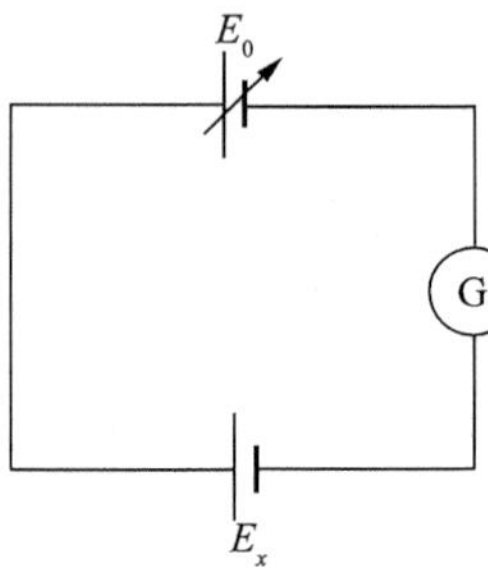

图 2.10.1　电位差计的补偿原理

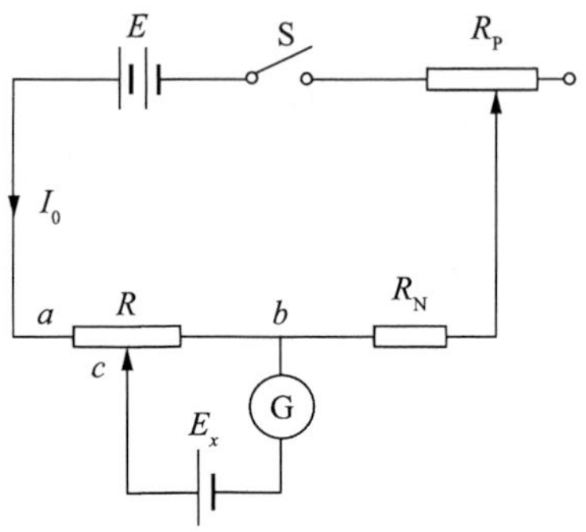

图 2.10.2　电位差计的基本电路

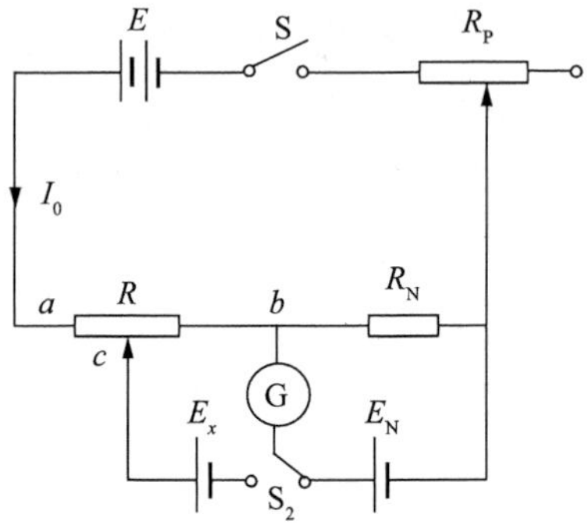

图 2.10.3　电位差计电路图

使用电位差计测量电动势（或电位差），要分两步进行：

（1）校准：为了使 R 中流过的电流是标准电流 I_0 ，将图 2.10.3 中 S_2 倒向 E_N 端。调节 R_P，改变辅助回路中的电流，使检流计指零，则 $E_N = I_0R_N$ 。由于 E_N 和 R_N 都很准确地已知，这时辅助回路中的电流就被精确地校准到所需要的值。此后的实验中 R_P 不得再变。

（2）测量：把开关 S_2 倒向 E_x 一边，只要 $E_x \leqslant I_0R_{ab}$ ，总可以滑动 c 的位置使检流计再度指零，这时 cb 间的电压降恰好和待测电动势 E_x 相等，即

$$E_x = I_0R_x$$

由于设计电位差计时，已经根据 R 大小将电阻的数值转换成电压刻度，故可在仪器上直接读出被测电动势 E_x 的大小。如果要测任一电路两点间的电位差，只需将待测两点接入补偿回路代替 E_x 即可。

2. 操作方法

1）连接检流计

当使用内接检流计，内接电源时，其电池盒设在底面，应将电位差计的【内附指零灵敏度】开关置于【关】位置，然后将电位差计翻过来，取下电池盒板，按照电池盒内所标地点的正负极装入 1 号电池（共 5 个）及 9V 叠层电池（1 个），盖好盖板，将电位差计正过来使用。

2）检流计零位调节

把【标准/未知】选择开关置于【断】，在【标准】端接上 0.005 级标准电池，【未知 1】，【未知 2】接被测电动势（可单独或同时使用）。使用外接检流计（AZ19A 或 AZ24 型）时，外接电源应用 3.87～4.3V 稳定的直流电源。有静电感应现象时，接地端连接大地。

选择合适的指零仪和电源开关位置，使用内附检流计时，先将内附指零灵敏度开关置于【10V】挡，预热 10min 后，用【电气调零】旋钮进行调零，直到 25μV 挡时指针指向“0”，然后返回【10V】挡待测。使用外接检流计也要在此过程之后再接入外接检流计。

3）温度补偿设置

在【温度补偿】盘上，给定实验温度下的标准电池电动势值（将结果整化到 5μV）。

$$E_t=E_{20}-[39.9\times(t-20)+0.929\times(t-20)^2-0.009\times(t-20)^3]\times10^{-6}$$

式中，E_t为操作时室温下电动势；E_{20}为标准电池 20℃时的电动势值；t 为实验时环境温度。

4）未知电池电动势测定

将【标准/未知】开关置于【标准】位，调节【电流调节】盘，使指零仪指零，改变指零仪灵敏度直至足够灵敏度时指零仪指零为止。将【标准/未知】开关置于【未知 1】或【未知 2】位，即可对相应的端钮接入的被测电动势进行测量，被测量值难以预测时，必须先降低指零灵敏度，以防止损坏指零仪。调节【测量读数盘】，使指零仪在足够灵敏度时指零，此时被测量 E_x 就是六个读数盘示值之和。

2.10.4　WXG-4 型圆盘旋光仪的原理及操作方法

1. *仪器原理*

测定旋光度的仪器称为旋光仪，物理化学实验中常用 WXG-4 型旋光仪测定旋光物质旋光度的大小，从而定量测定旋光物质的浓度，其光学系统如图 2.10.4 所示。

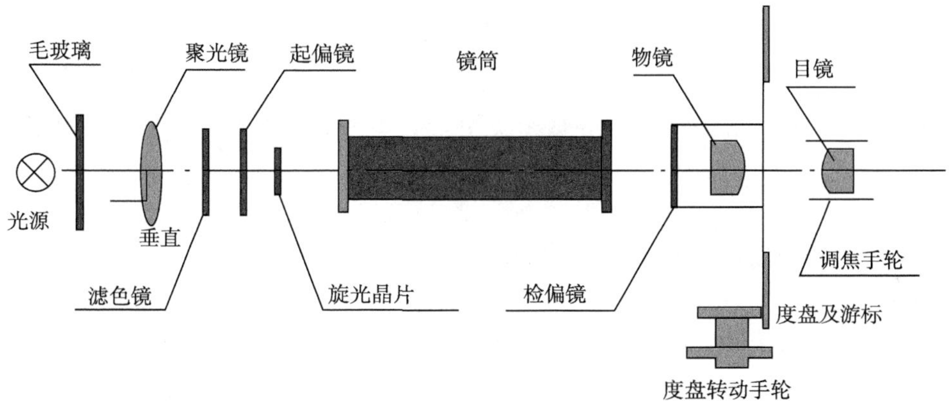

图 2.10.4　旋光仪的光路图

旋光仪主要由起偏镜和检偏镜两部分构成。起偏镜由尼科尔棱镜构成，固定在仪器的前端，用来产生偏振光。检偏镜也由一块尼科尔棱镜组成，由偏振片固定在两保护玻璃之间，并随刻度盘同轴转动，用来测量偏振面的转动角度。

旋光仪就是利用检偏镜来测定旋光度的。如调节检偏镜使其透光的轴向角度与起偏镜的透光轴向角度互相垂直，则在检偏镜前观察到的视场呈黑暗，再在起偏镜与检偏镜之间放入一个盛满旋光物的样品管，则由于物质的旋光作用，使原来由起偏镜出来的偏振光转过了一个角度 α，这样视场不呈黑暗，必须将检偏镜也相应地转过一个 α 角度，视野才能重又恢复黑暗。因此，检偏镜由第一次黑暗到第二次黑暗的角度差，即为被测物质的旋光度。

如果没有比较，要判断视场的黑暗程度是困难的，为此设计了三分视野法，以提高测量准确度。即在起偏镜后中部装一狭长的石英片，其宽度约为视野的三分之一，因为石英也具有旋光性，故在目镜中出现三分视野，如图 2.10.5 所示。当三分视野消失时，即可测得被测物质的旋光度。

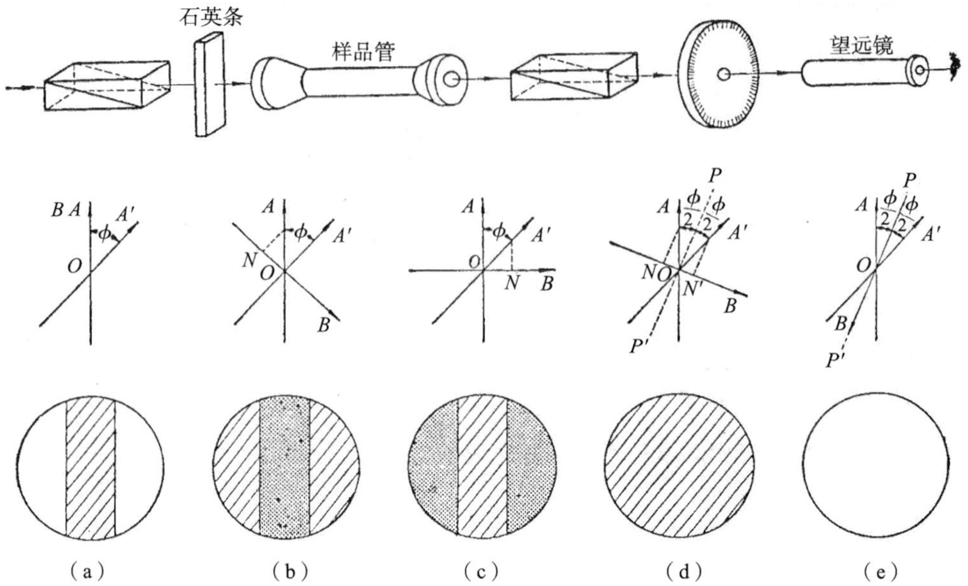

图 2.10.5 旋光仪三分视野图

2. 操作方法

1) 开机预热

将仪器与 220V 交流电源相接，开启电源开关，约 5min 后钠光灯发光正常，即可开始工作。

2) 调节焦距

从望远镜中观察视场，如不清楚可调整望远镜的焦距。

3) 零位校准

检查仪器零位是否准确，即在仪器未放样品管或放进充满蒸馏水的样品管时，观察视场，若三分视场亮度不均匀，可转动刻度盘轮使检偏镜偏转一定角度，使视场出现均匀的暗场。然后观察刻度值是否为零，若不为零，说明有零位误差，记下该误差值，以后在试样测量读数中减去或加上该偏差值（误差为负值时，测量值应加上误差绝对值；误差为正值时，测量值应减去误差绝对值）。或松开刻度盘盖背面的四只螺钉，微微转动刻度盘盖校正之（只能校正 0.5°左右的误差，严重时应送厂家检修）。

4) 装样品

选取长度适宜的样品管，注满待测试液，盖好玻璃片（此时管内不应该有气泡存在），旋紧套盖（不宜太紧，以免玻璃片压碎）。并将样品管两头残液揩干（以免影响清晰度观察及精度测量），然后放入样品管托槽中。

5) 测定样品旋光度

转动刻度盘轮使检偏镜转动一定角度，待视场中三分视场为均匀的暗场时，从刻度盘上读数。

6) 注意事项

(1) 仪器应放在通风干燥和温度适宜的地方，以免受潮发霉。

(2) 仪器连续使用时间不宜超过 4h，如需长时间使用，应每隔 4h 关灯停用 15min。

(3) 样品管用完后，应及时清洗干净，晾干放好；配套的所有玻璃片均不能用手直接揩拭，应用柔软绒布揩拭。

（4）仪器不用时，应盖上防尘套。

2.10.5　阿贝折光仪的原理及操作方法

1. 仪器原理

折光仪的基本原理即为折射定律：$n_1\sin\alpha_1 = n_2\sin\alpha_2$。式中，$n_1$，$n_2$为交界面两侧的两种介质的折射率（图 2.10.6）。α_1 为入射角，α_2 为折射角。

当入射角为 90°时，这时折射角达到最大，称为临界角，折光仪测定折射率是基于测定临界角的原理的。

图 2.10.7 中，当入射光自待测液体中以 90°入射时，在折射棱镜中的折射角 α 就是临界角。该光线再经一次折射后，进入望远系统的出射角记为 i。当入射光以小于 90°的不同角度入射时，所有的出射角都将大于 i。于是望远镜中的视场被分为明暗两个部分（图 2.10.8），二者之间的分界线即为临界角所对应的位置。

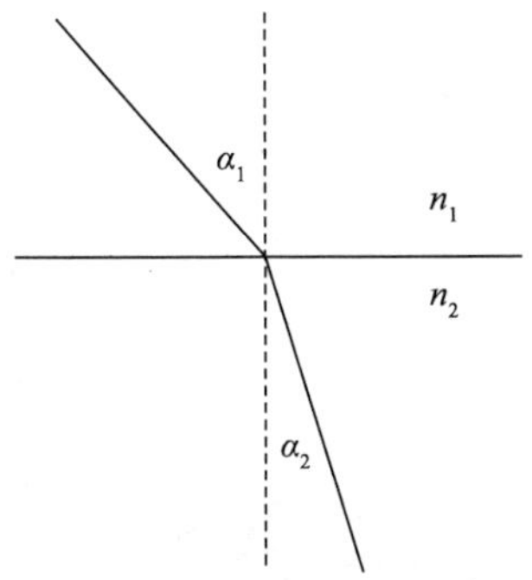

图 2.10.6　光在不同介质中的折射

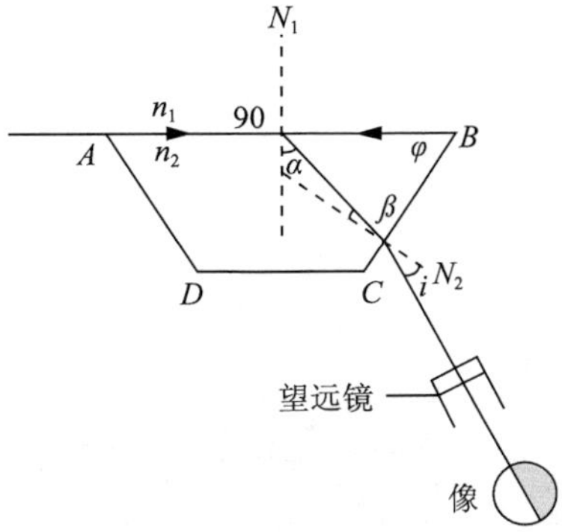

图 2.10.7　临界角

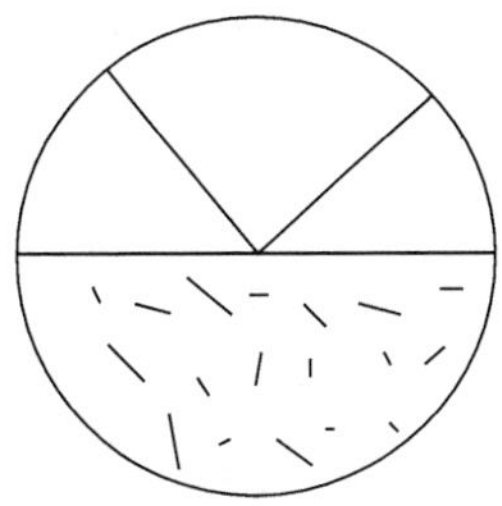
图 2.10.8　明暗视场

图 2.10.7 中 $ABCD$ 为一折射棱镜，其折射率为 n_2。AB 面上面是被测物体（透明固体或液体）。其折射率为 n_1，由折射定律得

$$n_1\sin 90^\circ = n_2\sin\alpha \tag{2.10.1}$$

$$n_2\sin\beta = \sin i \tag{2.10.2}$$

$$\Phi = \alpha + \beta \qquad 则\ \alpha = \Phi - \beta$$

代入式（2.10.1）得：$n_1 = n_2\sin(\Phi-\beta) = n_2(\sin\Phi\cos\beta - \cos\Phi\sin\beta)$　（2.10.3）

由式（2.10.2）得：$n_2^2\sin^2\beta = \sin^2 i$，推出 $\cos\beta = \sqrt{\dfrac{n_2^2-\sin^2 i}{n_2^2}}$

代入式（2.10.3）得：$n_1 = \sin\Phi\sqrt{n_2^2-\sin^2 i} - \cos\Phi\sin i$

棱镜之折射角 Φ 与折射率 n_2 均已知。当测得临界角 i 时，即可换算被测物体之折射率 n_1。

2. 操作方法

1）仪器的安装

将折光仪置于靠窗的桌子或白炽灯前。但勿使仪器置于直照的日光中，以避免液体试样迅速蒸发。用橡皮管将测量棱镜和辅助棱镜上保温夹套的进水口与超级恒温槽串联起来，恒温温度以折光仪上的温度计读数为准，一般选用 20℃。

2）加样

松开锁钮，开启辅助棱镜，使其磨砂的斜面处于水平位置，用滴定管加小量丙酮清洗镜面，促使难挥发的沾污物逸走，用滴定管时注意勿使管尖碰撞镜面。必要时可用擦镜纸轻轻吸干镜面，但切勿用滤纸。待镜面干燥后，滴加数滴试样于辅助棱镜的毛镜面上，闭合辅助棱镜，旋紧锁钮。若试样易挥发，则可在两棱镜接近闭合时从加液小槽中加入，然后闭合两棱镜，锁紧锁钮。

3）对光

转动手柄，使刻度盘标尺上的示值为最小，于是调节反射镜，使入射光进入棱镜组，同时从测量望远镜中观察，使视场最亮。调节目镜，使视场准丝最清晰。

4）粗调

转动手柄，使刻度盘标尺上的示值逐渐增大，直至观察到视场中出现彩色光带或黑白临界线为止。

5）消色散

转动消色散手柄，使视场内呈现一个清晰的明暗临界线。

6）精调

转动手柄，使临界线正好处在“×”形准丝交点上，若此时又呈微色散，必须重调消色散手柄，使临界线明暗清晰，如图 2.10.9 所示。

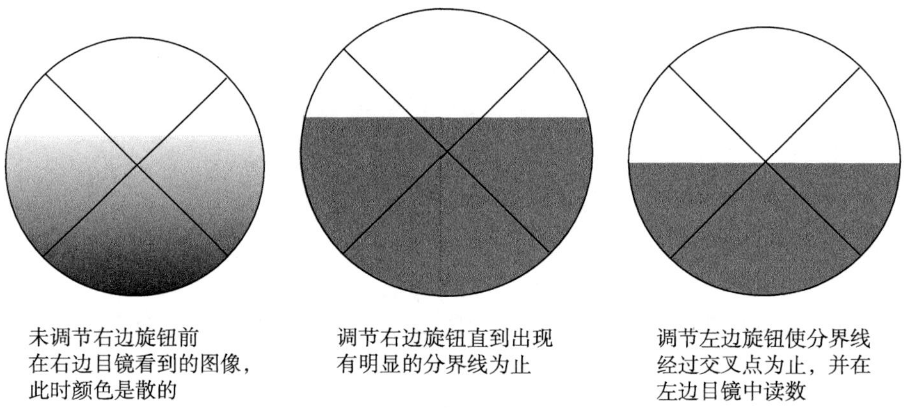

图 2.10.9　折光仪调节过程中目镜看到的图像颜色变化

7）读数

为保护刻度盘的清洁，现在的折光仪一般都将刻度盘装在罩内，读数时先打开罩壳上方的小窗，使光线射入，然后从读数望远镜中读出标尺上相应的示值。由于眼睛在判断临界线是否处于准丝交点上时，容易疲劳，为减少偶然误差，应转动手柄，重复测定三次，三个读数相差不能大于 0.0002，然后取其平均值。试样的成分对折射率的影响是极其灵敏的，由于沾污或试样中易挥发组分的蒸发，致使试样组分发生微小的改变，会导致读数不准，因此测一个试样应重复取三次样，测定这三个样品的数据，再取其平均值。

8）仪器校正

阿贝折光仪刻度盘的标尺零点有时会发生移动，需加以校正。校正的方法一般是用已知折射率的标准液体，常用纯水，通过仪器测定纯水的折射率，读取数值，如同该条件下纯水的标准折射率不符，调整刻度盘上的数值，直至相符为止。也可用仪器出厂时配备的折光玻璃来校正，具体方法一般在仪器说明书中有详细介绍。

2.10.6　DDS-309$^+$型电导率仪的原理及操作方法

1. 仪器原理

电导率是以数字表示的溶液传导电流的能力。水的电导率与其所含无机酸、碱、盐的量有一定的关系，当它们的浓度较低时，电导率随着浓度的增大而增加，因此，该指标常用于推测水中离子的总浓度或含盐量。

电导（G）是电阻（R）的倒数。当两个电极（通常为铂电极或铂黑电极）插入溶液中，可以测出两电极间的电阻 R。根据欧姆定律，温度一定时，这个电阻值与电极间距 l（cm）成正比，与电极的截面积 A（cm^2）成反比，即

$$R=\rho\times(l/A) \tag{2.10.4}$$

式中，ρ 为电阻率，是长为 1cm，截面积为 $1cm^2$ 导体的电阻，其大小决定于物质的本性。

据式（2.10.4），导体的电导（G）可表示成下式

$$G=1/R=(1/\rho)\times(A/l)=\kappa\times(1/J) \tag{2.10.5}$$

式中，$\kappa=1/\rho$ 称为电导率，$J=l/A$ 称为电极常数。

电解质溶液电导率指相距 1cm 的两平行电极间充以 $1cm^3$ 溶液时所具有的电导。由式（2.10.5）可见，当已知电极常数（J），并测出溶液电阻（R）或电导（G）时，即可求出电导率。

2. 操作方法

按需要选用适当的电极，把电极插头插入插座，使插头的凹槽对准插座的凸槽，按一下插头的顶部，听见“咔”的一声即可（插头拔出：捏住插头往外拔即可）。将电源适配器插入220V 交流电源，输出头插入仪器后 DC9V 插口，按开关键，接通电源，预热 10min。

DDS-309$^+$型电导率仪具有常规测量法和标准溶液法两种测量方式，可任选一种。

1）常规测量法

（1）设置电极常数。

①按【电极常数】键，使面板上“电极常数”指示灯亮；如果此时仪器显示数与使用电极的规格常数不相符，多次按【电极常数】键，在 0.010、0.100、1.000 和 10.00 四种规格常数间切换和选择，直到选择与使用电极相适应的规格常数。

②按【∧】或【∨】键，使仪器显示电极的实际常数值。

③按【确定】键保存并退出。

（2）设置温度系数。

①按【温补系数】键，使面板上“温补系数”指示灯亮。

②按【∧】或【∨】键，使仪器显示溶液电导率的温度系数值（一般情况下，大多数溶液电导率的温度系数为 2%/℃左右，若不知道溶液确切的温度系数时，可直接采用 2%/℃）。

③按【确定】键保存并退出。

（3）测量电导率。

①没有温度补偿功能的测量。

A. 按【∧】或【∨】键使温度显示为 25℃。

B. 用去离子水或者被测液清洗电极，将电极插入被测液中，如果“AUTO”指示已显示，

表示仪器处于自动判断测量终点功能，此时按【确定】键，“AUTO”开始闪烁，仪器开始测量并自动判断测量终点，几秒钟后“AUTO”停止闪烁，测量结束，测量数值显示并被锁定。如果“AUTO”指示未显示，此时仪器一直处于实时测量状态，待数字稳定后读取仪器示值。

C. 按【自动】键，可以取消或启动自动判断测量终点功能。

D. 使用完毕后，按电源开关键，关闭电源，拔下电源适配器。

此时测量值为被测液在当时温度下的电导率。

②具有温度补偿功能的测量。

A. 按【∧】或【∨】键使显示为溶液的实际温度或者启用温度传感器（将温度传感器插头插入仪器后的“ATC”插口，此时面板上“ATC”指示灯亮，同时【∧】或【∨】键对温度调节失效）。

B. 用去离子水或者被测液清洗电极和温度传感器，将电极插入被测液中，示值稳定后，仪器显示值即为被测液在基准温度25℃时的电导率。

C. 使用完毕后，按电源开关键，关闭电源，拔下电源适配器。

此时测量值为被测液在基准温度25℃时的电导率。

2）标准溶液法

此方法是以标准溶液为准的相对测量法，避免了电极常数失准的影响，比常规测量法更准确。

（1）插上电极，置于空气中，若仪器示值不为“0”，则按【标定】键不放持续5s，使仪器示值为“0”。

（2）接上温度传感器，将清洗干净的电极和温度传感器插入3号或者4号KCl标准溶液中（此时不用考虑电极的电极常数和KCl标准溶液中的温度系数）。

（3）按住【标定】键不放持续5s，仪器会自动识别使用的标准溶液并最终显示出该标准溶液在当时温度下的标准值，此时仪器即被校准。

（4）将温补系数调节为被测液的温度系数。

（5）将电极和温度传感器冲洗干净，放入待测液中，参照前述方法操作，读取其电导率。

（6）使用完毕，按电源开关键，关闭电源，拔下电源适配器。

2.10.7 XRY-1A型数显氧弹热量计的原理及操作方法

1. 仪器原理

氧弹量热法的基本原理是：将一定量的试样放在充有过量氧气的氧弹内燃烧，放出的热量被一定量的水吸收，根据水温的升高来计算试样的发热量。

要想准确地测得试样的发热量，必须解决两个问题，一个是要预先知道仪器的热容量，即该仪器的量热系统温度每升高1℃需要吸收的热量，这可通过用已知热值的基准物如苯甲酸标定仪器来解决；另一个是热系统与外界的热交换问题，这可通过在量热系统周围加一个双壁水套，通过控制水套的温度消除或校正量热系统与外界的热交换来解决。解决了这两个问题，就可较准确地测定试样的发热量了。

本氧弹热量计为恒温式。其工作原理是将已装好试样并充氧至规定压力的氧弹放入内筒内，开始进行外筒水循环，稳定水温，然后向内筒注水，达到预定水量后，开始搅拌，氧弹热量计使内筒水温均衡至室温（相差不超过1.5℃），此时感温控头测定水温并记录到计算机中。当内筒水温基本稳定后，控制系统指示点火电路导通，点火后，样品在氧气的助燃下迅速燃烧，产生的热量通过氧弹传递给内筒，引起内筒水温上升，同时记录温度数据。当氧弹内所有的热量释放出以后温度开始下降，计算机检测到内筒水温下降信号后判定该次试验结束，系统停止搅拌并放出内筒水。计算机对采集到的温度数据进行结果处理。

2. 操作方法

1）开机

开启机器电源，不按【点火】键，仪器将逐次自动显示温度数据 100 个，测温次数从 00→99 递增，每半分钟一次，并伴有蜂鸣器的鸣响，此时按动【结束】键或【复位】键能显示测温次数并复零。

2）点火

按【点火】键后，氧弹内点火丝得到约 24V 交流电压，从而烧断点火丝，点燃坩埚中的样品，同时，测量次数复零。以后每隔半分钟测温一次并储存测温数据共 31 个，当测温次数达到 31 后，测温次数就自动复零。

3）数据记录

当样品燃烧，内筒水开始升温，平缓到顶后，开始下降，当有明显降温趋势后，可按【结束】键，然后按【数据】键，可使 00 次、01 次、02 次……一直到按【结束】键时的测温次数为止的测量温度数据重新逐一在五位数码管上显示出来，操作人员可以进行记录和计算，或与实时笔录的温度数据（注：电脑储存的数据是蜂鸣器鸣响的那一秒的温度值）核对后计算 ΔT 和热值。当操作人员每按一次【数据】键，被储存的温度数据和测温次数自动逐个显示出来，方便操作人员查看测温记录。

注：在读取数据状态，【点火】键不起作用，若需重新测量，必须先按【结束】键，使仪器回到测温状态。

4）复位

按【复位】键后，可重新试验。

5）关机

关掉电源，原储存的温度数据也将自动被清除。

2.10.8 722S 型分光光度计的原理及操作方法

1. 仪器原理

溶液中的物质在光的照射激发下，产生对光吸收的效应，这种吸收是具有选择性的。各种不同的物质都有各自的吸收光谱，因此当某单色光通过溶液时，其能量就会被吸收而减弱，光能量减弱的程度和物质的浓度有一定的比例关系，即符合朗伯-比尔定律。

$$T=I/I_0,\ \lg I_0/I=\varepsilon lc,\ A=\varepsilon lc$$

式中，T 为透光率，I_0 为入射光强度，I 为透射光强度，A 为吸光度，ε 为吸收系数，l 为溶液的光程，c 为溶液的浓度。从以上公式可以看出，当入射光、吸收系数和溶液的光程不变时，透过光是根据溶液的浓度而变化的。722S 型分光光度计是根据上述物理光学现象而设计的。

2. 操作方法

1）预热

为使仪器内部达到热平衡，开机后预热时间不小于 30min。开机后预热时间小于 30min 时，请注意随时操作置 0%（T）、100%（T），确保测试结果有效。

注意：由于仪器检测器（光电管）有一定的使用寿命，应当尽量减少对光电管的光照，所以在预热的过程中应打开样品室盖，切断光路。

2）改变波长

通过旋转波长调节手轮可以改变仪器的波长显示值（顺时针方向旋转波长调节手轮波长显示值增大，逆时针方向旋转则显示值减少）。调节波长时，视线一定要与视窗垂直。

3）置参比样品和待测样品

（1）选择测试用的比色皿。

（2）把盛好参比样品和待测样品的比色皿放到四槽位样品架内。

（3）用样品架拉杆来改变四槽位样品架的位置。当拉杆到位时有定位感，到位时应前后轻轻推拉一下以确保定位正确。

4）置 0%（T）

目的：校正读数标尺的零位，配合置 100%（T）进入正确测试状态。

调整时机：改变测试波长时；测试一段时间后。

操作：检视透射比指示灯是否亮。若不亮则按【MODE】键，点亮透射比指示灯。打开样品室盖，切断光路（或将黑体置入四槽位样品架中，用样品架拉杆来改变四槽位样品架的位置，使黑体遮断光路）后，按【0%ADJ】键即能自动置 0%（T），一次未到位可加按一次。

5）置 100%（T）

目的：校正读数标尺的零位，配合置 0%（T）进入正确测试状态。

调整时机：改变测试波长时；测试一段时间后。

操作：将用作参比的样品置入样品室光路中，关闭掀盖后按【100%ADJ】键即能自动置 100%（T），一次未到位可加按一次。

注意：置 100%（T）时，仪器的自动增益系统调节可能会影响 0%（T），调整后请检查 0%（T），

若有变化应重复调整 0%（T）。

6）改变操作模式

本仪器设置有四种操作模式，开机时仪器的初始状态设定在透射比操作模式。

7）测定

轻轻拉动比色皿座架拉杆，使有色溶液进入光路，此时表头指针所示为该有色溶液的吸光度 A。读数后，打开比色皿暗箱盖。

8）关机

实验完毕，切断电源，将比色皿取出洗净，并将比色皿座架及暗箱用软纸擦净。

9）注意事项

（1）为了防止光电管疲劳。不测定时必须将比色皿暗箱盖打开，使光路切断，以延长光电管使用寿命。

（2）比色皿的使用方法。

①拿比色皿时，手指只能捏住比色皿的毛玻璃面，不要碰比色皿的透光面，以免沾污。

②清洗比色皿时，一般先用水冲洗，再用蒸馏水洗净。如比色皿被有机物沾污，可用盐酸-乙醇混合洗涤液（1∶2）浸泡片刻，再用水冲洗。不能用碱溶液或氧化性强的洗涤液洗比色皿，以免损坏。也不能用毛刷清洗比色皿，以免损伤它的透光面。每次做完实验时，应立即洗净比色皿。

③比色皿外壁的水用擦镜纸或细软的吸水纸吸干，以保护透光面。

④测定有色溶液吸光度时，一定要用有色溶液洗比色皿内壁几次，以免改变有色溶液的浓度。另外，在测定一系列溶液的吸光度时，通常都按由稀到浓的顺序测定，以减小测量误差。

⑤在实际分析工作中，通常根据溶液浓度的不同，选用液槽厚度不同的比色皿，使溶液的吸光度控制在 0.2～0.7。

2.10.9　Z-5000 型原子吸收分光光度计的原理及操作方法

1. 仪器原理

原子吸收分光光度法是利用基态原子对特征波长的辐射吸收现象的一种测量方法。元素在火焰原子化器中被原子化，成为基态原子蒸气，对空心阴极灯发射的特征辐射进行选择性吸收。在一定浓度范围内，其吸收强度与试液中被测元素的浓度成正比。

2. 操作方法

1）火焰原子化器部分

（1）检查水、气、电是否正常，填满水封。安装测试元素的空心阴极灯。

（2）先开主机电源，15s 后再开计算机电源。

（3）启动 AAS 仪器管理软件，并点击【online】。

（4）在【Analysis Mode】处选择【Flame/Manual】→在【Analysis Name】处输入待测元素或分析者姓名→在【Comment】处输入待测样品基体等。

（5）选【Element】窗口依次输入待测元素，灯位置和测量顺序后点击【OK】。

（6）选【Instrument】窗口依次输入仪器条件→选【Analysis Method】窗口依次输入分析条件→选【Working Curve Table】窗口依次输入测量条件或工作曲线→选【Sample Table】窗口编辑样品表→按【Verify】。

（7）按【Condition Set】转换到【Moni】。

（8）通入冷却水，空气和燃气。

（9）点火→吸喷去离子水→调零→按【Ready】，开始测量按【Start】：依次测量标准样品后自动生成工作曲线（检查工作曲线是否符合分析要求，不符合分析要求按【Stop】后返回【Ready】重新测量）→依次测量未知样品。

（10）结束后按【End】，记录数据→仪器吸喷去离子水。

（11）关闭燃气、空气和冷却水→计算机退出 Z-5000 系统→关闭主机和计算机→关闭实验室水源、气源和电源。

2）石墨炉部分

（1）检查水、气、电是否正常，安装测试元素的空心阴极灯。

（2）先开主机电源，15s 后再开计算机电源。

（3）启动 AAS 仪器管理软件。

（4）在【Analysis Mode】处选择【GA/Autosampler】→在【Analysis Name】处输入待测元素或分析者姓名→在【Comment】处输入待测样品基体等。

（5）选【Element】窗口依次输入待测元素，灯位置和测量顺序后点击【OK】。

（6）选【Instrument】窗口依次输入仪器条件→选【Analysis Method】窗口依次输入分析条件后编辑石墨炉温度程序→选【Working Curve Table】窗口依次输入测量条件或工作曲

线→选【Sample Table】窗口编辑样品表→选【Autosampler】窗口输入自动进样器的工作条件和样品杯的位置表→按【Verify】。

(7) 按【Condition Set】转换到【Moni】。

(8) 通入冷却水和氩气。

(9) 在【Instrument test】窗口下选择【Maximum Temperature】清除石墨管内的残留。

(10) 开始测量按【Start】：依次测量标准样品后自动生成工作曲线→依次测量未知样品。

(11) 结束后按【End】，记录数据。

(12) 关闭氩气和冷却水→计算机退出 Z-5000 系统→关闭主机和计算机→关闭实验室水源、气源和电源。

3) 注意事项

(1) 实验前应先检查水封瓶是否注满水，水冷循环是否需要补充水。

(2) 用火焰原子化法时，不可靠近火焰器太近。

(3) 实验结束后，应打开空气过滤器排气，再关闭。

(4) 石墨炉原子化法所用石墨管使用寿命有限，应及时更换，方可保证准确。

2.10.10 GC-7890Ⅱ型气相色谱仪的原理及操作方法

1. 仪器原理

气相色谱仪是一种多组分混合物的分离、分析工具，它以气体为流动相，采用冲洗法的柱色谱技术。当多组分的分析物质进入色谱柱时，由于各组分在色谱柱中的气相和固定相间的分配系数不同，因此各组分在色谱柱的运行速度也就不同，经过一定的柱长后，顺序离开色谱柱进入检测器，经检测后转换为电信号送至数据处理工作站，从而完成了对被测物质的定性定量分析。

2. 操作方法

1) 开机前准备

(1) 检查外接气源是否与分析要求相符。

(2) 检查色谱柱装接位置是否正确。

(3) 通载气，并调节至一定圈数(观察柱前压力表，应显示有压力)。

2) 开机

(1) 接通电源，启动仪器总开关。

(2) 按【OVEN TEMP】键设置柱箱温度，按【INJ TEMP】键设定进样器温度，按【FID TEMP】键设定氢火焰离子检测器温度，均通过数字键和【ENTER】键来完成。

(3) 达到设定温度后，开启氢气和空气针形阀，并调至适当圈数(一般均调为 4.5 圈)，再按【FIRE】按钮点燃离子室火焰，如不易点燃，适当增大氢气圈数，点燃后再调至所需圈数，仪器稳定后可进行测试(使用热导池检测器，以氢气为载气，最大电流不超过 240mA，以氮气为载气，最大电流不超过 140mA。注意：若无载气通过热导池池体时，决不能开启热导池电源开关，不然有可能烧断桥路钨丝)。

3) T2100P 工作站的操作

仪器启动稳定运行后，打开在线工作站，按提示操作。

4）关机

（1）关闭在线工作站，再关闭检测器放大器和热导池电源，使用FID时，应先切断氢气，使离子室火焰熄灭，将柱箱温度、进样器温度、检测器温度设成室温，再切断主机电源，数分钟后切断载气（柱箱温度降至室温再关闭载气和空气），如已多点进样还须更换密封垫。

（2）将仪器罩上防尘罩，长时间停机（数周以上时间不使用），拆下分离柱，用密封螺帽将柱管两端密封保存；更换进样密封垫圈，用酒精或丙酮清洗进样器和气化管，干燥处理后装入气化室密封；清洗热导池测量池钨丝或离子室，更换净化管内的净化剂或活化已处理过的净化剂，重新安装，密封保存。

（3）拔下主机电源线，切断总电源，关闭各种气源的总阀门，用干布擦洗仪器，套上防尘套。

5）注意事项

（1）使用氢气时，需特别小心。为了防止事故，请严格遵守下述规章：

①气路连接应正确无误。不可将氢气管道接到仪器的空气入口处，否则氢气将大量泄漏，造成危险。

②仪器不用时，必须将氢气气源（气瓶或发生器）的总阀关闭，同时要始终保证氢气气源本身无泄漏。

③任何时候都要注意检查整个氢气气路的密封性，避免出现漏气现象。

④为防止氢气泄漏引起的爆炸事故，放置仪器的房间必须通风良好，并遵守消防条例的规定。

⑤实验完毕后，应首先关闭氢气气源的总阀，然后再进行其他关机操作。

（2）当出现紧急情况而需立即关机时，应按下述步骤操作：

①关闭GC-7890II型气相色谱仪主机电源开关（开关扳至OFF）。

②关闭所有辅助设备的电源开关（开关扳至OFF）。

③将所有气体的气源总阀关闭。

④拔下仪器电源插头。

2.10.11　LC-2000型高效液相色谱仪的原理及操作方法

1. 仪器原理

高效液相色谱仪的系统由储液器、泵、进样器、色谱柱、检测器、记录仪等几部分组成。储液器中的流动相被高压泵打入系统，样品溶液经进样器进入流动相，被流动相载入色谱柱（固定相）内，由于样品溶液中的各组分在两相中具有不同的分配系数，在两相中做相对运动时，经过反复多次的吸附-解吸的分配过程，各组分在移动速度上产生较大的差别，被分离成单个组分依次从柱内流出，通过检测器时，样品浓度被转换成电信号传送到记录仪，数据以图谱形式打印出来。

2. 操作方法

1）开机

打开检测器侧面的电源开关，预热检测器。

2）准备流动相

注意流动相的极性；所有的有机溶剂用0.45μm的有机滤膜过滤，水及缓冲溶液用0.45μm的水系滤膜过滤。

3）排气泡

（1）逆时针打开排放阀半圈。

（2）打开泵的电源开关，按【PUMP ON/OFF】键开泵。

（3）按【PURGE】键，观察管路中的气泡已排尽，再按【PURGE】键停止。关闭排放阀。

4）设置流速

等度程序的设置：按【O】键，进入手动设置模式，选择 1（Flow），设定好流速、最高压力等参数，开泵运行，观察检测器出口管是否有液体流出，压力是否稳定，各接头是否漏液。

5）设置检测器波长

（1）先打开检测器电源开关，检测器自动进行初始化。

（2）按【START / STOP】键（显示已停止）。

（3）按【ESC】键，通过上下箭头键移到参数设置，然后按【ENTER】键进入。

时间常数：通常设为 2s。

移到工作波长，按【ENTER】键进入，再按【ENTER】键，进入编辑状态，输入所需的波长，按【ENTER】键，按【ESC】键退出到监视状态。

量程选择，通常为：1AU/V，按【ENTER】键，再按【ESC】键退出。

参数设置完毕，按【START / STOP】键，显示运行中。

6）T2100P 工作站的操作

（1）进入 1＃通道。

（2）标样样品项建立：点样品项→新建→以下按软件提示操作。

（3）调零：待基线平稳后，按检测器上【ATUOZERO】键进行调零。

（4）进标样：将六通阀快速切换到【LOAD】位置，注入用 0.22μm 有机滤膜过滤的标样约 0.1mL（定量管的 5 倍体积），快速切换流通阀到【INJECT】位置。按说明书制作标准曲线。

（5）进样品：点当前进样→样品设置→新建→输入样品名称→选中要使用的方法→输入进样体积→完成→设置保存路径→确定。将六通阀快速切换到【LOAD】位置，注入用 0.22μm 滤膜过滤的样品约 0.1mL（定量管的 5 倍体积），快速切换流通阀到【INJECT】位置。

（6）查看报告：待样品峰出完后，按【停止】键，点报告预览，则报告显示出来。

7）关机

（1）首先关闭检测器的电源开关。

（2）清洗六通阀：用专用注射接头，先用过滤后的蒸馏水 5mL 冲洗，再用过滤后的甲醇 5mL 冲洗。

（3）清洗缓冲盐的管道：把缓冲盐的管路放入过滤后的水中，逆时针打开排放阀半圈，开泵，按【PURGE】键，充分置换掉管路中的缓冲盐后，再按【PURGE】键停止，关闭排放阀。

（4）冲洗柱子：设置流动相水为 90％，甲醇为 10％，流量为 1mL/min，开泵冲洗 30min，再换成 100％的甲醇冲洗 30min，冲柱完毕，关闭泵电源开关。

8）注意事项

（1）色谱柱在长时间不使用时，应充满甲醇后，从流路中取下，用堵头把两端堵上保存。

（2）注意排气泡。

（3）样品及流动相注意过滤，以免堵塞。

2.10.12　IRPrestige-21 型红外光谱仪的原理及操作方法

1. 仪器原理

红外光谱分析是研究分子振动和转动信息的分子光谱。当化合物受到红外光照射，化合物中某个化学键的振动或转动频率与红外光频率相当时，就会吸收光能，并引起分子永久偶极矩的变化，产生分子振动和转动能级从基态到激发态的跃迁，使相应频率的透射光强度减弱。分子中不同的化学键振动频率不同，会吸收不同频率的红外光，检测并记录透过光强度与波数（cm^{-1}）或波长的关系曲线，就可得到红外光谱。红外光谱反映了分子化学键的特征吸收频率，可用于化合物的结构分析和定量测定。

傅里叶变换红外光谱仪的核心部件是迈克耳孙干涉仪，干涉仪由固定平面镜、分束器和可调凹面镜组成。工作时，由光源发出的光经过固定平面反射镜后，由分束器分为两束：50%的光透射到可调凹面镜，另外50%的光反射到固定平面镜。这两束光经过不同路程后再聚到某一点上时，会发生干涉现象。当两束光的光程差为 $\lambda/2$ 的偶数倍时，落到检测器上的相干光互相叠加，产生明线，其相干光的强度有极大值；如果两束光的光程差为 $\lambda/2$ 的奇数倍时，落到检测器上的相干光将相互抵消，产生暗线，其相干光的强度有极小值。通过连续改变干涉仪中可调凹面镜的位置，可以在检测器上得到一个干涉强度 I 对光程差 s（或时间 t）和辐射强度的函数图。如果将样品放入光路中，由于样品吸收了某些频率处的能量，使得干涉图的强度发生变化。将这种图通过计算机进行傅里叶变换，就可以得到吸光度或透光率随光的频率或波数变化的红外光谱图。

2. 操作方法

1）开机

启动仪器前部面板上的电源开关；启动计算机，至 Windows 界面出现。

2）启动仪器软件

双击桌面【Irsolution】快捷键，打开软件。

3）仪器初始化

（1）选择菜单条上的【Environment】→【Instrument Preferences】→【Instruments】，选择仪器 IRPrestige-21。

（2）选择菜单条上的【Measurement】→【Initialize】，初始化仪器至两只绿灯亮起，即可进行测量。

4）测定参数的设定

点击功能条中【Measure】键：

（1）在【Data】页中，设置：

【Measuring Mode】，选择% Transmittance；

【Apodization】，选择 Happ-Genzel；

【No. of Scans】，设置 40；

【Resolution】，设置 $4cm^{-1}$；

【Range】，设置 $4600-400cm^{-1}$；

（2）在【Instrument】页中，设置：

【Beam】，选择 Internal；

【Detector】，选择 standard；

【Mirror Speed】，选择 2.8mm/s；

(3) 在【More】页中，设置：

【Gain】，选择 auto；

【Aperture】，选择 auto；

【Gain】，选择 1；

【Mode】，选择%Transmittance。

(4) 在【Files】页中，输入文件名，保存为参数文件。

5) 光谱测定

在【Measure】状态下，点击【BKG】键，进行背景扫描，然后，插入样品，点击【Sample】键，即可进行样品扫描。

6) 数据处理

(1) 峰值检测

选择【Manipulation 1】→【Peaktable】，设置 Noise、Threshold、Min Area 等参数；点击【Calc】，各峰波数标在峰的旁边，选取峰数的多少，如果对计算结果满意，点击【OK】。峰表显示于 View 页。

(2) 基线校正

选择【Manipulation 1】→【Baseline】→【Zero】，基线校正操作中可选择 0、3 点或多点。

0 点，基线调整到最大透光率为 100%，(最小 Abs=0)；

3 点，选择谱图中 3 处波数，调整到预定透光率；

多点，选择谱图中多处波数，调整到最大透光率为 100%；点击【Add】键，利用光标在需要成为基线的波数上点击，选择多个点，完毕后，点击【Calc】，点击【OK】确认。

(3) 谱图检索

①激活未知谱图。

②按功能条中【Search】键，【Libraries】页中定义使用的谱库；【Parameters】页中输入有关检索参数，【Maximum hits】中输入显示命中谱图数量，【Minimum quality】中输入最小匹配度 (HQI 分值 0～1000)；【Algorithm】中选择【Pearson】或【Euclidean】；【Skip Points】中选择 4。

③点击【Search】键，显示检索结果。

7) 打印报告

激活要打印的谱图，选择【File】→【Print】，选择模板报告，点击打开。点击【Print】打印报告。打印前可选择【File】→【Print Preview】预览打印报告。

8) 关机

退出程序，关闭计算机电源，关闭仪器电源。

2.10.13 F-2500 型荧光分光光度计的原理及操作方法

1. 仪器原理

由高压汞灯或氙灯发出的紫外光和蓝紫光通过滤光片照射到样品池，激发样品中的荧光物质发出荧光，荧光经过滤和反射后，被光电倍增管所接受，然后以图或数字形式显示出来。

在通常状况下处于基态的物质分子吸收激发光后变为激发态，这些处于激发态的分子是不稳定的，在返回基态的过程中将一部分的能量又以光的形式放出，从而产生荧光。

不同物质由于分子结构不同，其激发态能级的分布具有各自不同的特征，这种特征反映在荧光上表现为各种物质都有其特征荧光激发和发射光谱，因此可以用荧光激发和发射光谱的不同来定性地进行物质的鉴定。

在溶液中，当荧光物质的浓度较低时，其荧光强度与该物质的浓度通常有良好的正比关系，即

$$I_f = Kc$$

式中，I_f 为荧光强度，c 为浓度，K 为与实验条件相关的常数。

利用这种关系可以进行荧光物质的定量分析，与紫外-可见分光光度法类似，荧光分析通常也采用标准曲线法进行。

2. 操作方法

1）开机顺序

（1）接通电源开关【POWER】，5s 后按下氙灯按钮，氙灯点亮（LAMP 绿灯亮）和 RUN 绿灯亮后，方可运行工作软件。

（2）打开计算机，运行 FL　SOLUTION 软件，显示 ready 后，进入测试状态。

2）关机顺序

（1）退出工作软件 FL　SOLUTION，关闭仪器电源。

（2）电源关闭后 5s，再次通电 10min（让风扇工作，灯室散热），最后关闭电源开关。

3）波长扫描的简易操作

（1）点击快捷栏 METHOD，设定参数。【General】，点击【Measurement】，选择 Wavelength。

（2）根据需要编辑仪器条件、模拟监视、处理方法、报告格式等参数。

4）光度计法的简易操作

（1）点击快捷栏【METHOD】，设定参数。【General】，点击【Measurement】，选择 Potometry。

（2）根据需要编辑定量条件、仪器条件、标准样品表、模拟监视、处理方法、报告格式等参数。

2.10.14　CHI 型电化学工作站的原理及操作方法

1. 仪器原理

电化学工作站是电化学测量系统的简称，内含快速数字信号发生器、高速数据采集系统、电位电流信号滤波器、多级信号增益、IR 降补偿电路以及恒电位仪、恒电流仪，可直接用于超微电极上的稳态电流测量。如果与微电流放大器及屏蔽箱连接，可测量 1pA 或更低的电流。如果与大电流放大器连接，电流范围可拓宽为±2A。某些实验方法的时间尺度的数量级可达 10 倍，动态范围极为宽广。可进行循环伏安法、交流阻抗法、交流伏安法等测量。电化学工作站的装置图如图 2.10.10 所示。

2. 操作方法

（1）检查电化学工作站连接线路（电源线，电缆）。

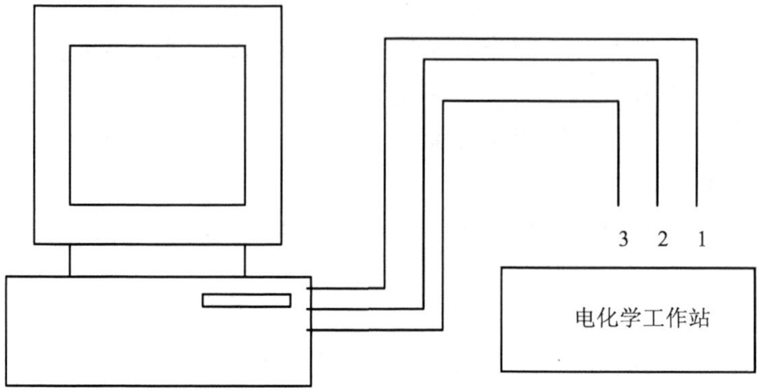

图 2.10.10　电化学工作站的装置图

1. 工作电极；2. 参比电极；3. 对电极

(2) 连接好三电极体系（各电极连接为：绿色夹头—工作电极；红色夹头—对电极；白色夹头—参比电极），然后将电极插入溶液中。

(3) 打开电脑开关及电化学工作站电源。

(4) 在电脑中打开电化学工作站应用软件。

①在工具栏中单击【设置】→【实验技术】，选择所要实验的实验技术。

②在工具栏中单击【设置】→【试验参数】，设定各个实验参数。

③在工具栏中单击【控制】→【运行实验】，则开始扫描数据图像。

④扫描完毕后，在工具栏单击【数据处理】→【平滑】，则系统自动优化、美观图像。

⑤图像的处理：在工具栏中单击【图像】，选择所需处理的方法即可。

(5) 关闭电源，取下电极，整理试验台。

(6) 注意事项

①三个电极须插入溶液中央，不与容器壁或底部接触，以免损坏电极。

②打开电源后，夹电极的夹子与夹子、电极与电极间不可相互接触，以免造成短路，损坏电化学工作站。

③试验参数设定环节，不能设定的参数超过电化学工作站硬件设备的承受极限。

④实验开始后，由于仪器性能不稳定，可重复本次实验，以后来图像为宜。

⑤电化学工作站不可经常开、关，一次实验完成后若需要继续实验，则取下电极，夹子不与导电物接触即可。

第三章 基本操作

3.1 重铬酸钾标准溶液和氨缓溶液的配制

【实验目的】

（1）掌握各种浓度溶液的配制及溶液稀释的操作。

（2）熟悉并掌握电子天平、台秤、容量瓶和量筒等仪器的正确使用方法。

（3）培养细心观察，准确操作，认真记录的良好习惯。

【实验原理】

在实验工作中，配制试剂是一项重要的内容。工作人员必须熟练地掌握配制方法、规程和要领；对于某些常用特殊试剂，也应了解试剂中各成分的使用、反应原理和配成后的质量性能，然后按照规定步骤认真配制。使用不正规的配制方法配成的试剂常有很大的误差，如出现浑浊、沉淀、变色而失效或者配制中途失效，甚至有时还发生危险事故。特别是实验室的标准溶液等，如配制不当，则导致实验结果出现较大的系统误差。下面介绍实验试剂配制的基本知识。

1. 常用试剂浓度的表示法

1）物质的量浓度

1L溶液中所含溶质的物质的量，称为物质的量浓度，单位是$mol \cdot L^{-1}$。例如，$0.1mol \cdot L^{-1}$的氢氧化钠溶液，NaOH是溶质，水是溶剂，NaOH溶于水形成溶液，就是在1L溶液中含有0.1mol的氢氧化钠。

2）质量摩尔浓度

1kg溶剂中所含溶质的物质的量。以b_B表示，单位是$mol \cdot kg^{-1}$。用质量摩尔浓度b_B来表示溶液的组成，优点是其量值不受温度的影响，缺点是使用不方便。

3）质量分数

100g溶液中含有溶质的质量（g），如10%氢氧化钠溶液，就是100g溶液中含有10g氢氧化钠。

4）体积分数

100mL溶液中所含溶质的体积（mL），如95%乙醇，就是100mL溶液中含有95mL乙醇和5mL水。

5）体积比浓度

体积比浓度是指用溶质与溶剂的体积比表示的浓度。如1∶1盐酸，即表示1体积量的盐酸和1体积量的水混合的溶液。

6）滴定度（T）

滴定度是溶液浓度的另一种表示方法，表示每1mL溶液相当于被测物质的质量（g或

mg)。如果知道了滴定度 T，用它直接乘以滴定中耗去的标准溶液的体积，即可求出被测组分的含量，计算方便。

2. 常用试剂的配制方法

1）直接配制法

标准溶液：凡是用来配制标准溶液的物质必须具备以下条件。

（1）易于制纯、烘干，应符合 GR 或 AR 品级者。

（2）易于保存，配制后的溶液浓度稳定不变。

（3）使用中能按反应方程式所表示的结果进行，不得有副反应发生。

配制标准溶液时，取符合以上条件的物质进行恒重后，直接称取规定的质量溶解在定量的溶剂中。

一般溶液：凡不是标准溶液，又不要求严格控制浓度的试剂，可直接配制。根据要求可用托盘天平、扭力天平、分析天平称重，玻璃量器可用量筒或容量瓶。

2）间接配制法

有些不易恒重的固体或含量不准的液体试剂，在需要配成浓度准确的标准溶液时，可采用间接配制法，即先配成近似浓度的溶液，再用标准溶液或基准物质标定其准确的浓度。如酸碱标准溶液、高锰酸钾标准溶液、硫代硫酸钠标准溶液的配制等。

3. 常用试剂配制的要点

（1）以固体溶质配制试剂，一般都用称重法。首先选取合格的溶质，必要时先进行烘烤处理。然后在分析天平上称取规定的质量，放在洁净的烧杯中，加入适量溶剂溶解，如果溶质较难溶，可适当加热助溶；如果试剂为有机溶剂，欲加热助溶则需水浴加热。待完全溶解置室温待冷，倒入容量瓶中，然后以溶剂补至接近刻度，待冷至 20℃，再以溶剂补足至刻度，混合均匀，倒入试剂瓶中加塞保存备用。

（2）以液体溶质配制试剂，除特殊要求外，一般均用容量法，先取适量溶剂（约全量的一半）放入烧杯中，再量取规定量的溶质，并缓缓加入溶剂中，必要时需边加边搅拌均匀，然后倒入容量瓶内，再以溶剂补足至刻度，混合均匀，倒入试剂瓶中，密塞保存备用。

（3）对于一些含量不够准确的试剂，特别是液体试剂，以之配制标准溶液时，一般先配成大约含量的溶液，再用标准溶液标定出它的准确浓度。

（4）某些试剂在配制过程中产生高热，配制时应缓缓操作，并且不断搅拌，必要时需设法降温。配制成以后放室温冷却，待温度降到 20℃左右，再倒入容量瓶中，以溶剂补足至刻度，然后倒入试剂瓶中保存备用。

（5）对于一些在配制过程中产生一系列化学反应的试剂，必须首先了解它的反应原理，并严格按照操作规程进行操作，才能取得满意结果。

4. 缓冲溶液的配制

当往某些溶液中加入一定量的酸和碱时，有稳定溶液 pH 的作用，这种作用称为缓冲作用，这样的溶液称为缓冲溶液。弱酸及其盐的混合溶液（如 HAc 与 NaAc），弱碱及其盐的混合溶液（如 $NH_3 \cdot H_2O$ 与 NH_4Cl）等都是缓冲溶液。

为了配制一定 pH 的缓冲溶液，首先选定一个弱酸，它的 pK_a 尽可能接近所需配制的缓冲溶液的 pH，然后计算酸与碱的浓度比，根据此浓度比便可配制所需缓冲溶液。只要知道缓冲对的 pK 和要配制的缓冲液的 pH（及要求的缓冲液总浓度），就能按公式计算盐和酸的量。

【实验试剂与仪器】

1. 试剂

固体 NH_4Cl、浓 $NH_3 \cdot H_2O$、固体 $K_2Cr_2O_7$（AR）。

2. 仪器

250mL 烧杯、100mL 烧杯、250mL 容量瓶、10mL 量筒、玻璃棒、洗瓶、台秤、电子天平等。

【实验步骤】

1. 配制 $c_{1/6\,K_2Cr_2O_7}=0.1000\text{mol} \cdot \text{L}^{-1}$ 的 $K_2Cr_2O_7$ 标准溶液

需称取多少克，按下式计算：

$$\begin{aligned} m_{K_2Cr_2O_7} &= 1/6 c_{1/6\,K_2Cr_2O_7} \cdot V_{K_2Cr_2O_7} \cdot M_{K_2Cr_2O_7} \\ &= 1/6 \times 0.1000 \times 0.2500 \times 294.18 \\ &= 1.2258\text{g} \end{aligned}$$

准确称取 1.2258g $K_2Cr_2O_7$，在小烧杯中用水溶解，定量移入 250mL 容量瓶中，摇匀，稀释至刻度，则该溶液浓度为 $c_{1/6\,K_2Cr_2O_7}=0.1000\text{mol} \cdot \text{L}^{-1}$；或准确称取 1.2～1.3g（称准至 0.0001g）$K_2Cr_2O_7$ 加水溶解，移入 250mL 容量瓶中，稀释至刻度，然后计算其准确浓度，以 $c_{1/6\,K_2Cr_2O_7}\ \text{mol} \cdot \text{L}^{-1}$ 表示。

2. 配制 pH=10.0 的 NH_3-NH_4Cl 缓冲溶液

称取一定量的固体 NH_4Cl，加水溶解，再加入 20mL 的浓氨水，然后稀释到 100mL。

根据所量取的浓氨水体积，按以下公式计算固体 NH_4Cl 需加入的量。

$$\text{pH} = \text{p}K_a + \lg \frac{c_{NH_3 \cdot H_2O}}{c_{NH_4Cl}}$$

【注意事项】

$K_2Cr_2O_7$ 溶液不能随意倒入实验室水槽中，应倒入废液桶中集中处理，以避免污染环境。

【实验结果】

1. $K_2Cr_2O_7$ 标准溶液的配制

记录 $K_2Cr_2O_7$ 所称取的质量，并计算 $K_2Cr_2O_7$ 标准溶液所配制的浓度。

2. NH_3-NH_4Cl 缓冲溶液的配制

计算并记录固体 NH_4Cl 需加入的量。

【思考题】

（1）表示溶液的浓度有几种方法？写出其数学表达式。

（2）容量瓶操作的要点有哪些？

3.2 酸碱标准溶液的标定

【实验目的】

(1) 学习并掌握滴定分析中常用仪器的正确使用方法。

(2) 学习滴定操作和滴定终点的判断，初步掌握酸碱指示剂的选择方法。

【实验原理】

酸碱滴定中常用 HCl、NaOH、H_2SO_4 等溶液作为标准溶液。酸碱标准溶液不宜直接配制，应先配成近似浓度，然后选用适当的基准物质标定。

常用的标定酸的基准物质有无水碳酸钠（Na_2CO_3）和硼砂（$Na_2B_4O_7 \cdot 10H_2O$）。

用无水碳酸钠标定 HCl 时，反应如下

$$Na_2CO_3 + HCl = NaHCO_3 + NaCl$$

$$NaHCO_3 + HCl = NaCl + H_2O + CO_2$$

反应完全时，pH 突跃范围为 3.5～5.0，可选用甲基红或甲基橙作指示剂。

用 $Na_2B_4O_7 \cdot 10H_2O$ 标定 HCl 时的反应如下：

$$Na_2B_4O_7 \cdot 10H_2O + 2HCl = 4H_3BO_3 + 2NaCl + 5H_2O$$

由于终点产物是弱酸 H_3BO_3，化学计量点时溶液的 pH 约为 5，故可选用甲基红作指示剂。

常用的标定碱的基准物质有草酸、邻苯二甲酸氢钾。用草酸（$H_2C_2O_4 \cdot 2H_2O$）标定 NaOH 时的反应如下

$$H_2C_2O_4 \cdot 2H_2O + 2NaOH = Na_2C_2O_4 + 4H_2O$$

反应完全时，pH 突跃范围为 7.7～10.0，可选用酚酞作指示剂。

邻苯二甲酸氢钾（$KHC_8H_4O_4$）标定 NaOH 的反应如下

$$KHC_8H_4O_4 + NaOH = KNaC_8H_4O_4 + H_2O$$

由于滴定产物是$KNaC_8H_4O_4$，溶液呈弱碱性，故应选酚酞作指示剂。

【实验试剂与仪器】

1. 试剂

浓 HCl（或 6mol · L^{-1} HCl）、NaOH（AR）、甲基橙（0.2%）、酚酞（0.2%）、无水 Na_2CO_3（AR）、邻苯二甲酸氢钾（AR）。

2. 仪器

酸式滴定管、碱式滴定管、250mL 锥形瓶、25mL 移液管、250mL 容量瓶、100mL 烧杯、称量瓶、分析天平。

【实验步骤】

1. 配制 0.1mol · L^{-1} HCl 和 0.1mol · L^{-1} NaOH 溶液

(1) 用洁净量杯量取约 17mL 6mol · L^{-1} HCl 溶液，倒入装有约 980mL 水的 1L 试剂瓶

中，加水稀释至1L，盖上玻璃塞，摇匀。

(2) 称取固体 NaOH 4g，置于250mL烧杯中，加入蒸馏水使之溶解，转入试剂瓶中，加水稀释至1L，塞好橡皮塞，充分摇匀。

2. 0.1 mol · L^{-1} HCl 溶液的标定

用差减称量法准确称取3份0.15～0.20g无水 Na_2CO_3 于250mL锥形瓶中，各加入20～30mL蒸馏水溶解，滴入1～2滴甲基橙指示剂，用配制的HCl溶液滴定至溶液由黄色恰变为橙色，即为终点。记录消耗HCl的体积，根据下式计算HCl溶液的浓度。

$$c_{HCl} = \frac{2000 \cdot m_{Na_2CO_3}}{M_{Na_2CO_3} \cdot V_{HCl}}$$

3. 0.1mol · L^{-1} NaOH 溶液的标定（以下两种方法任选其一）

(1) 准确称取3份 $KHC_8H_4O_4$，每份0.4～0.6g，分别倒入250mL锥形瓶中，加40～50mL蒸馏水，待试剂完全溶解后，加入酚酞指示剂2～3滴，用NaOH溶液滴定至微红色，且30s内不褪色，即为终点。记录消耗的NaOH体积，根据下式计算NaOH溶液的浓度。

$$c_{NaOH} = \frac{1000 \cdot m_{KHC_8H_4O_4}}{M_{KHC_8H_4O_4} \cdot V_{NaOH}}$$

(2) 用移液管移取已经标定好的HCl溶液25.00mL于洁净的锥形瓶中，加入1～2滴酚酞指示剂，用NaOH溶液滴定至溶液由无色变为微红色，30s内不褪至无色即为终点，读取并记录NaOH溶液的精确体积，平行测定三次。

【注意事项】

(1) 无水 Na_2CO_3 具有强吸湿性，称量时应迅速，并注意及时盖紧称量瓶盖，以免吸收空气中的水分。

(2) 注意滴定速度的控制及滴定终点的观察判断。

【实验结果】

0.1mol · L^{-1} HCl 溶液标定的数据记录及处理见表3.2.1。

表3.2.1 HCl溶液标定的数据记录及处理

次序 记录项目	Ⅰ	Ⅱ	Ⅲ
Na_2CO_3 的质量/g			
消耗 HCl 溶液的体积 V/mL			
HCl 溶液的浓度/(mol · L^{-1})			
HCl 的平均浓度/(mol · L^{-1})			
相对偏差			
相对平均偏差			

参照以上范例自行设计0.1mol · L^{-1} NaOH 溶液标定的数据记录表。

【思考题】

(1) 用差减称量法称取试样的过程中，若称量瓶内的无水碳酸钠吸湿，对称量会造成什么误差？若试样倾入锥形瓶后再吸湿，对称量是否有影响？为什么？

（2）为什么 HCl 和 NaOH 标准溶液都不能用直接法配制？

（3）滴定管在装溶液前为什么要用此溶液润洗？用于滴定的锥形瓶或烧杯是否也要润洗？为什么？

（4）基准物质称完后，需加水溶解，水的体积是否需要准确量取？为什么？

3.3 重结晶及熔点的测定

【实验目的】

（1）了解熔点测定的基本原理及应用。

（2）掌握熔点的测定方法和温度计的校正方法。

（3）了解重结晶法原理，初步学会用重结晶法提纯固体有机化合物。

（4）掌握抽滤、热过滤操作和滤纸的折叠、放置方法。

【实验原理】

1. 熔点的测定

晶体化合物的固液两态在一个大气压力下成平衡时的温度称为该化合物的熔点。纯粹的固体有机化合物一般都有固定的熔点，即在一定的压力下，固液两态之间的变化是非常敏锐的，初熔至全熔（熔点范围称为熔程），温度不超过 1℃。如果该物质含有杂质，则其熔点往往较纯粹者低，且熔程较长。故测定熔点对于鉴定纯粹有机物和定性判断固体化合物的纯度具有很大的价值。

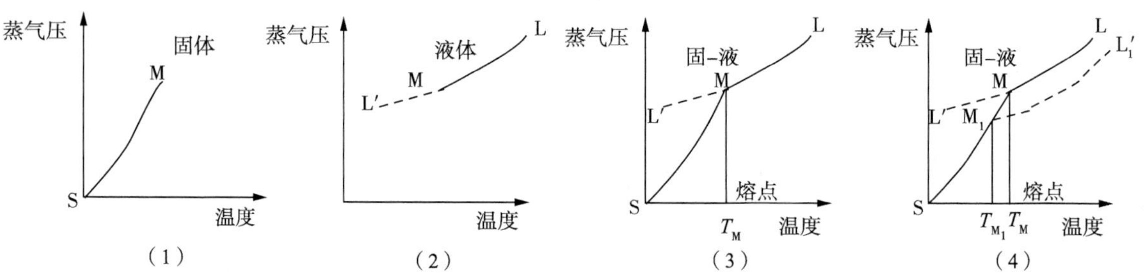

图 3.3.1 物质的温度与蒸气压曲线图

（1）表示该物质固体的蒸气压随温度升高而增大的曲线；（2）表示该物质液体的蒸气压随温度升高而增大的曲线；（3）表示（1）与（2）的加合，由于固相的蒸气压随温度变化的速率较相应的液相大，最后两曲线相交于 M 处（只能在此温度时），此时固液两相同时并存，它所对应的温度 T_M 即为该物质的熔点。

根据拉乌尔（Raoult）定律，如（4）所示，当含有非挥发性杂质时，液体的蒸气压降低。一般地，此时的液相蒸气压随温度变化的曲线（图中 $M_1L'_1$），在纯化合物之下，固-液相在 M_1 点达平衡，熔点降低，杂质越多，化合物熔点越低。

S 表示固态；L 表示液态。

2. 重结晶

固体有机物在溶剂中的溶解度与温度有密切的关系。一般是温度升高，溶解度增大。若把固体溶解在热的溶剂中达到饱和，冷却时由于溶解度降低，溶液变为过饱和而析出晶体。利用溶剂对被提纯物质及杂质的溶解度不同，可以使被提纯物质从过饱和溶液中析出，而让杂质全部或大部分仍留在溶液中（若在溶剂中的溶解度极小，则配成饱和溶液后被过滤除去），从而达到提纯目的。

假设一固体混合物由9.5g被提纯物A和0.5g杂质B组成，选择某溶剂进行重结晶，室温时A、B在此溶剂中的溶解度分别为S_A和S_B，通常存在下列三种情况：

（1）室温下杂质较易溶解（$S_B>S_A$）。设在室温下$S_B=2.5g\cdot100mL^{-1}$，$S_A=0.5g\cdot100mL^{-1}$，如果A在此沸腾溶剂中的溶解度为$9.5g\cdot100mL^{-1}$，则使用100mL溶剂即可使混合物在沸腾时全溶。若将此滤液冷却至室温时可析出A为9g（不考虑操作上的损失）而B仍留在母液中，A损失很小，即被提纯物回收率达到94%。如果A在此沸腾溶剂中的溶解度为$47.5g\cdot100mL^{-1}$，则只要使用20mL溶剂即可使混合物在沸腾时全溶，这时滤液可析出A为9.4g，B仍可留在母液中，被提纯物的回收率高达99%。

由此可见，如果杂质在冷时的溶解度大而产物在冷时的溶解度小，或溶剂对产物的溶解性能随温度的变化大，这两方面都有利于提高回收率。

（2）杂质较难溶解（$S_B<S_A$）。设在室温下$S_B=0.5g\cdot100mL^{-1}$，$S_A=2.5g\cdot100mL^{-1}$，A在此沸腾溶剂中的溶解度仍为$9.5g\cdot100mL^{-1}$，则在100mL溶剂重结晶后的母液中含有2.5g A和0.5g（即全部）B，析出结晶A为7g，产物的回收率为74%。但这时，即使A在沸腾溶剂中的溶解度更大，使用的溶剂也不能再少了，否则杂质B也会部分地析出，就需再次重结晶。如果混合物中杂质含量很多，则重结晶的溶剂量就要增加，或者重结晶的次数要增加，致使操作过程冗长，回收率极大的降低。

（3）两者溶解度相等（$S_A=S_B$）。设在室温下皆为$2.5g\cdot100mL^{-1}$，若也用100mL溶剂重结晶，仍可得到纯A为7g。但如果这时杂质含量很多，则用重结晶分离产物就比较困难。在A和B含量相等时，重结晶就不能用来分离产物了。

从上述讨论中可以看出，在任何情况下，杂质的含量过多都是不利的（杂质太多还会影响结晶速度，甚至妨碍结晶的生成）。一般重结晶只适用于纯化杂质含量在5%以下的固体有机混合物。

在进行重结晶时，选择理想的溶剂是一个关键，理想的溶剂必须具备下列条件：

（1）不与被提纯物质起化学反应。

（2）在较高温度时能溶解多量的被提纯物质；而在室温或更低温度时只能溶解很少量。

（3）对杂质的溶解度非常大或者非常小（前一种情况是使杂质留在母液中不随被提纯物晶体一同析出；后一种情况是使杂质在热过滤时被滤去）。

（4）容易挥发（溶剂的沸点较低），易与结晶分离除去。

（5）能给出较好的结晶。

（6）无毒或毒性很小，便于操作。

（7）价格低廉。

溶剂的选择一般遵循“相似相溶”的原理。

【实验试剂与仪器】

1. 试剂

粗乙酰苯胺、肉桂酸、尿素、活性炭等。乙酰苯胺和肉桂酸的物理常数见表3.3.1。

2. 仪器

烧杯（250mL两个、500mL一个）、电炉、无颈漏斗、滤纸、抽滤瓶、布氏漏斗、循环水真空泵、提勒管、毛细管、酒精灯、温度计等。

表 3.3.1　主要试剂及产品的物理常数

名称	相对分子质量	性状	相对密度 d_4^{20}	熔点/℃	沸点/℃	溶解度/(g·100mL^{-1})		
						水	乙醇	乙醚
乙酰苯胺	135.17	斜方晶体	1.219	114.3	304	0.46^{20}；0.84^{50}；3.45^{80}；5.55^{100}	21^{20}	7^{25}
肉桂酸	148.16	白色晶体	1.248	133～134	—	0.06	22.03	—

【实验步骤】

1. 重结晶

重结晶操作流程如图 3.3.2 所示。

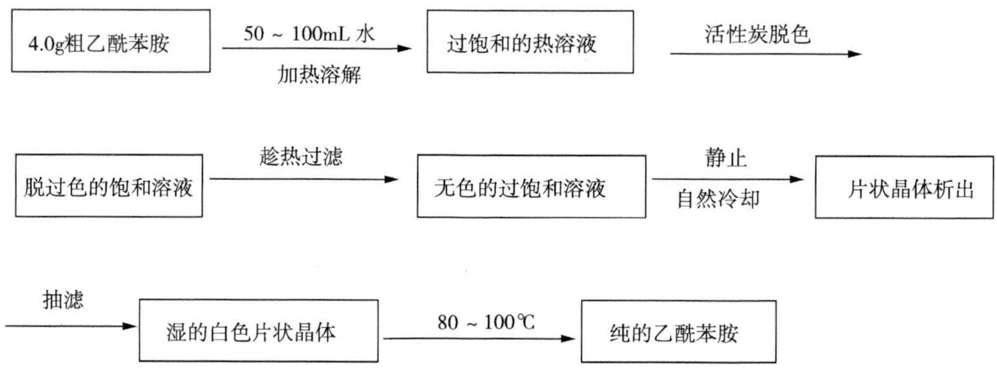

图 3.3.2　实验步骤流程图

1）溶解

把 4g 粗乙酰苯胺产品溶于热溶剂（水）中，制成饱和溶液。

2）趁热过滤（除去不溶性杂质）

如含有不溶性杂质时，趁热过滤掉，有颜色时，先加活性炭脱色，用量为样品重的 1%～5%。禁止往沸腾的液体中加活性炭，否则会暴沸溢出。趁热过滤是为了防止在过滤过程中，由于温度的降低而在滤纸上析出结晶。为了保持滤液的温度，使过滤过程尽快完成，一要选用热水漏斗（保温漏斗）；二要选用无颈漏斗（或短颈粗玻璃漏斗）；三要选用折叠滤纸（菊花滤纸）。

3）晶体的析出

收集热的滤液，室温下慢慢静置结晶，待有晶体析出时，再用冷水或冰水充分冷却。太快析出的晶体颗粒很细，可能会含有杂质，故不要快速冷却，也不要搅动滤液。当发现大晶体正在形成时，轻轻摇动，使之形成较均匀的小晶体。因为晶体颗粒太大，在晶体中会夹杂母液，难于干燥。若冷却仍无结晶，可以利用加晶种和用玻璃棒刮擦容器内壁的方法诱发结晶。

4）晶体的收集与洗涤

抽滤的目的是将留在溶剂中的可溶性杂质与晶体彻底的分离。

减压抽滤装置包括三个部分：布氏漏斗、抽滤瓶和循环水真空泵。

减压过滤程序如下：剪裁符合规格的滤纸放入漏斗中→用少量溶剂润湿滤纸→开启水泵并关闭安全瓶上的活塞，将滤纸吸紧→打开安全瓶上的活塞，再关闭水泵→借助玻璃棒，将待分离物分批倒入漏斗中，并用少量滤液洗出黏附在容器上的晶体，一并倒入漏斗中→再次开启水泵并关闭安全瓶上的活塞进行减压过滤，直至漏斗颈口无液滴为止→打开安全瓶上的活塞，再关闭水泵→用少量溶剂润湿晶体→再次开启水泵并关闭安全瓶上的活塞进行减压过滤，直至漏斗颈口无液滴为止（必要时可用玻塞挤压晶体，此操作一般进行 1～2 次）。

如重结晶溶剂沸点较高，在用原溶剂至少洗涤一次后，可用低沸点的溶剂洗涤，使最后的结晶产物易于干燥（要注意该溶剂必须是能和第一种溶剂互溶而对晶体是不溶或微溶的）。

5）晶体的干燥

在测定熔点前，晶体必须充分干燥，否则测定的熔点会偏低。固体干燥的方法很多，要根据重结晶所用溶剂及结晶的性质来选择：

（1）空气晾干（对于所使用的溶剂沸点比较低且不吸潮的低熔点物质在空气中干燥是最简单的干燥方法）。

（2）烘箱烘干（对空气和温度稳定的物质可在烘箱中干燥，烘箱温度应比被干燥物质的熔点低 20～50℃）。

（3）用滤纸吸干（此方法易将滤纸纤维污染到固体物上）。

（4）当产品易吸水或吸水后易发生分解时，应用真空干燥器进行干燥。

6）称重

2. 熔点的测定

1）实验装置特点

选用提勒管（B 形管），加入适量的加热介质石蜡，液面刚没过侧管顶部即可，因为加热后液体体积会膨胀，不可装太满。

温度计水银球位置：处在两侧管中间，真实反映液体温度。

加热位置：酒精灯放在侧管处（由于提勒管本身的特点，液体易形成对流，省去人工搅拌）。

毛细管上端应高出加热介质液面。

2）装样注意问题

毛细管一端封口。

样品粉末要研细，装样时要迅速，以防止吸潮。

填装结实，不应留有空隙。

填装高度为 2～3mm，需反复少量多次。

熔点管外的样品粉末要擦干净，以免污染热浴液体。

3）提勒管熔点测定

粗测：快速加热 5℃/min，测定大概熔点温度（此法在未知物测定中特别有用）。

精测：待热熔温度下降至熔点下 30℃后，减慢加热速度，换新的样品管，先快速加热 5℃/min，距熔点 10℃时，减慢加热速度为 1～2℃/min。

每个样品测定两次，每次需要用新的毛细管重新装样品。这是因为有些物质在测定熔点时可能发生了部分分解或变成了具有不同熔点的其他结晶形式。

现象记录：初熔：晶体开始塌落，有湿润现象，出现小滴液体，记下温度值 $T_{初熔}$。

全熔：固体样品消失成为透明液体，记下温度值 $T_{全熔}$。

样品的熔点记录为：$T_{初熔} \sim T_{全熔}$，绝不可记录这两个温度的平均值。

【注意事项】

（1）重结晶时粗产品的溶解应注意溶剂的量。

（2）脱色时活性炭不能在沸腾下加入，热过滤操作要注意快、保温。

（3）熔点测定可能产生误差的因素如下。

①熔点管不洁净。如含有灰尘等，能产生 4～10℃的误差。

例如，熔点管内壁含有碱性物质，能催化醛或酮的羟醛缩合，或使糖类及其衍生物发生变旋作用，而使熔点降低，熔程增大，故熔点管必须洁净。

②熔点管底未封好而产生漏管。检查是否为漏管，不能用吹气的方法，否则会使熔点管内产生水蒸气及其他杂质。检查的方法为：当装好样品的毛细管浸入浴液后，发现样品变黄或管底渗入液体，说明为漏管，应弃去，另换一根。

③样品粉碎不够细。填装不结实，产生空隙，则不易传热，造成熔程变大。

④样品不干燥或含有杂质。根据拉乌耳（Raoult）定律，会使熔点偏低，熔程变大。

⑤样品量的多少也会影响。太少不便观察，产生熔点偏低；太多会造成熔程变大，熔点偏高。

⑥升温速度应慢，让热传导有充分的时间。升温速度过快，熔点偏高。

⑦熔点管壁太厚，热传导时间长，会产生熔点偏高。

归纳上述因素，测定熔点时应注意以下四个方面：

①熔点管规范（包括规格、管底封闭、洁净等）。

②样品合格（包括干燥、粒度等）。

③样品填装符合要求（量的多少、填充结实与否）。

④升温速度。

【实验结果】

称量重结晶后乙酰苯胺的质量，计算提纯率。熔点测定见表 3.3.2 样品熔点记录表。

表 3.3.2　样品熔点记录表

样品	$T_{初熔(第一次)}$/℃	$T_{全熔(第一次)}$/℃	$T_{初熔(第二次)}$/℃	$T_{全熔(第二次)}$/℃	$T_{初熔}\sim T_{全熔}$/℃
肉桂酸					
混合样					
提纯乙酰苯胺					

【思考题】

（1）A，B，C 三种白色结晶的有机固体，每一种都在 149～150℃熔化。一种质量比为 50∶50的 A 与 B 的混合物在 130～139℃熔化；一种质量比为 50∶50 的 A 与 C 的混合物在 149～150℃熔化；那么质量比为 50∶50 的 B 与 C 的混合物在什么样的温度范围内熔化呢？你能说明 A，B，C 是同一种物质吗？

（2）测定熔点时，若遇到下列情况，将产生什么样的结果？

管壁太厚：

熔点管底部未完全封闭，尚有一针孔：

熔点管不洁净：

样品未完全干燥或含有杂质：

样品研得不细或装得不紧密：

加热太快：

(3) 重结晶时，为什么需要加入活性炭？

(4) 进行热过滤时有哪些注意事项？

(5) 为什么在关闭水泵前，先要拆开水泵和抽滤瓶之间的连接？

3.4 绝对乙醇的制备和沸点的测定

【实验目的】

(1) 掌握回流及蒸馏操作技术。

(2) 了解乙醇的纯化原理。

(3) 了解测定沸点的意义。

(4) 掌握常量法（蒸馏法）测定沸点的原理与方法。

【实验原理】

在有机合成中，溶剂的纯度对反应速率及产率有很大的影响。有些反应必须在绝对干燥条件下进行，在反应产物的最后纯化过程中，为避免某些产物与水生成水合物，也需要较纯的无水有机溶剂。

由于乙醇和水形成共沸物，故含量为95.5%的工业乙醇尚含有4.5%的水。若要得到含量较高的乙醇，在实验室中用加入氧化钙（生石灰）加热回流，使乙醇中的水与氧化钙作用，生成不挥发的氢氧化钙来除去水分。这样制得的无水乙醇，其纯度最高可达99.5%，已能满足一般实验使用。如要得到纯度更高的绝对乙醇（含量99.95%），可用金属镁或金属钠进行处理。

$$2C_2H_5OH + Mg \longrightarrow (C_2H_5O)_2Mg + H_2\uparrow$$

$$(C_2H_5O)_2Mg + H_2O \longrightarrow 2C_2H_5OH + MgO$$

$$\text{或}\ C_2H_5OH + Na \longrightarrow C_2H_5ONa + \frac{1}{2}H_2\uparrow$$

$$C_2H_5ONa + H_2O \rightleftharpoons C_2H_5OH + NaOH$$

液体的分子由于分子运动，有从表面逸出的倾向，而这种倾向常随温度的升高而增大。如果把液体置于密闭的真空体系中，液体分子连续不断地逸出而在液面上部形成蒸气，最后分子由液相逸出的速度与分子由气相回到液相的速度相等，亦即使蒸气保持一定的压力，此时液面上的蒸气达到饱和，称为饱和蒸气，它对液面所施的压力称为饱和蒸气压。实验证明，液体的蒸气压只与温度有关，即液体在一定温度下具有一定的蒸气压。这个压力是指液体与它的蒸气平衡时的压力，与体系中存在的液体和蒸气的绝对量无关。当液态物质受热时，蒸气压增大。图3.4.1是几种化合物温度与蒸气压的相关曲线。

当液体的蒸气压增大到与外界液面的总压力（通常是大气压）相等时，开始有气泡不断从液体内部逸出，即液体沸腾。这时的温度称为该液体的沸点。根据图3.4.2所示液体的蒸气压

-温度曲线可知，一个物质的沸点与该物质所受的外界压力（大气压）有关。外界压力增大，则沸点升高。反之，若减小外界压力，沸点降低。作为一条经验规律，在 101kPa 附近时，多数液体当压力下降 1.33kPa 时，沸点约下降 0.5℃。在较低压力时，压力每降低一半，沸点约下降 10℃。通常所说的沸点，是指在 101kPa 的压力下（即一个大气压）液体沸腾时的温度。在说明液体沸点时应注明压力。例如，水的沸点为 100℃，是指在 101kPa 的压力下水在 100℃ 时沸腾。在其他压力下的沸点应注明压力，如在 6.65kPa 时，水在 92.5℃沸腾，这时水的沸点可表示为 92.5℃/6.65kPa。

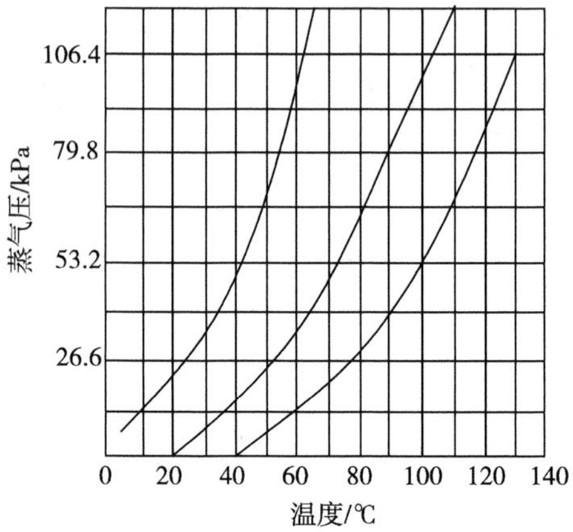

图 3.4.1　温度与蒸气压的关系图

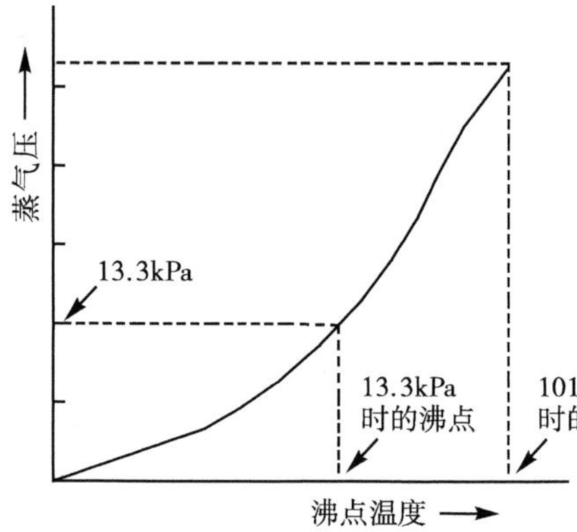

图 3.4.2　液体的蒸气压-温度曲线

沸点的测定，有常量法和微量法两种。液体不纯，沸程较宽。因此，不管用哪种方法来测定沸点，在测定之前必须设法对液体进行纯化。

纯粹乙醇的沸点为 78.5℃，折射率 n_D^{20} 为 1.3611。

【实验试剂与仪器】

1. 试剂

无水乙醇（99.5%）、氯化钙、金属钠、99%的乙醇、邻苯二甲酸二乙酯、镁条或镁屑、碘片。

2. 仪器

圆底烧瓶（500mL）、回流冷凝管、干燥管、蒸馏头、温度计（150℃）、蒸馏烧瓶。

【实验步骤】

1. 绝对乙醇（含量 99.95%）的制备

方法 1　用金属镁制取：按图 3.4.3 装好仪器。在 250mL 圆底烧瓶中，放置 0.6g 干燥纯净的镁条（或镁屑），10mL 99.5%乙醇，装上回流冷凝管，并在冷凝管上端附加一只无水氯化钙干燥管。在沸水浴上或用火直接加热达微沸，移去热源，立即加入几小粒碘片（注意此时不要摇动），不久碘粒周围即发生反应，慢慢扩大，最后可达到相当激烈的程度。当全部镁条反应完毕后，加入 100mL 99.5%乙醇和几粒沸石，回流加热 1h，取下冷凝管，安装蒸馏装置，产物收存于玻璃瓶中，用一橡皮塞或磨口塞塞住。

方法 2　用金属钠制取：装置和操作同方法 1，在 250mL 圆底烧瓶中，放置 2g 金属钠和

100mL 纯度至少为 99%的乙醇，加入几粒沸石。加热回流 30min 后，加入 4g 邻苯二甲酸二乙酯，再回流 10min。取下冷凝管，改成蒸馏装置，按收集无水乙醇的要求进行蒸馏。产品储于带有橡皮塞的容器中。

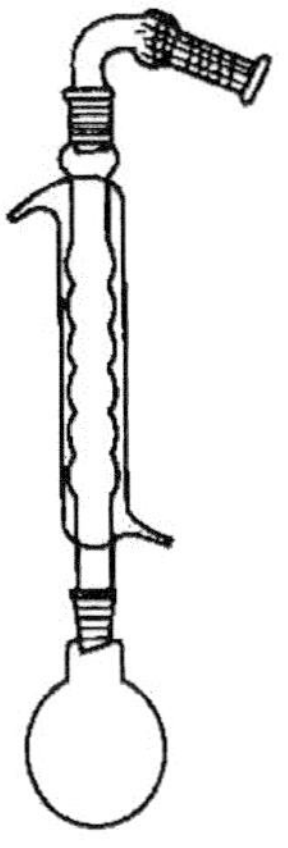

图 3.4.3 回流装置图

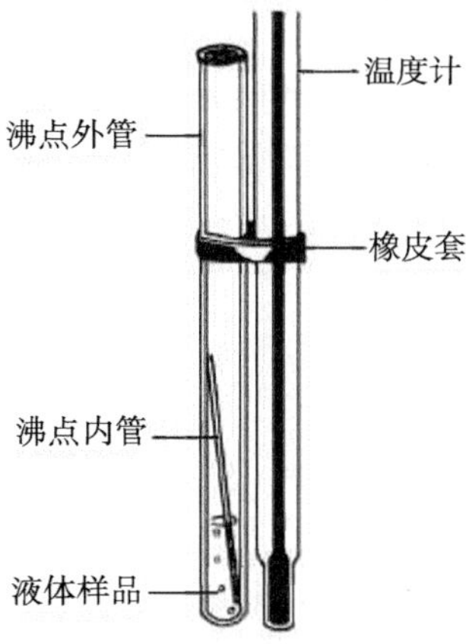

图 3.4.4 沸点测定装置

2. 绝对乙醇沸点的测定（微量法）

微量法测定沸点可用如图 3.4.4 所示的装置。先在沸点外管内加几滴待测液，液柱高约 1cm。再将一支一端封口的内管开口朝下插入沸点外管样品中，然后将沸点外管用橡皮套附于温度计旁，放入水浴中进行加热。加热时，由于气体膨胀，内管中将有小气泡缓慢溢出，在达到待测液体沸点时，将有一连串小气泡快速逸出。此时可停止加热，使水浴温度自行下降，气泡逸出的速度减慢。在气泡不再冒出而液体刚要进入内管的瞬间（即最后一个气泡刚欲缩回至内管中时），表示内管内的蒸气压与外界压力相等，此时温度即为液体的沸点。为校正起见，待温度下降几度后再非常缓慢地加热，记下刚出现大量气泡时的温度。两次温度计读数相差应不超过 1℃。

【注意事项】

（1）本实验中所用仪器均需彻底干燥。由于无水乙醇具有很强的吸水性，故操作过程中和存放时必须防止水分浸入。

（2）所用乙醇的水分不能超过 0.5%，否则反应相当困难。

（3）碘粒可加速反应进行，如果加碘粒后仍不开始反应，可再加几粒，若反应仍很缓慢，可适当加热促使反应进行。

（4）取用金属钠时应使用镊子，先用双层滤纸吸去黏附在金属钠上的溶剂油后，用小刀切去其表面的氧化层，再切成小条。切下来的钠屑应放回原瓶中，切勿与滤纸一起投入废物缸内，并严禁将大量金属钠与水接触，以免引起燃烧爆炸事故。

（5）测定沸点时，加热不能过快，被测液体不宜太少，以防液体全部气化。

（6）沸点内管里的空气要尽量赶干净。正式测定前，让沸点内管里有大量气泡冒出，以此带出空气。

（7）观察要仔细及时。重复几次，要求几次的误差不超过 1℃。

【实验结果】

与纯粹乙醇的沸点和折射率比较，得出制备的绝对乙醇的纯度情况。

【思考题】

(1) 为什么在加热回流和蒸馏时冷凝管的顶端和接受器支管上要装置氯化钙干燥管？
(2) 如何根据沸点来判断液体的纯度？
(3) 毛细管测沸点与蒸馏法所得的结果有何不同？

3.5 减压蒸馏

【实验目的】

(1) 学习减压蒸馏的原理及其应用。
(2) 掌握减压蒸馏仪器的安装和减压蒸馏的操作方法。

【实验原理】

液体的沸点是指它的蒸气压等于外界压力时的温度，所以液体的沸点是随外界压力的变化而变化的。减压蒸馏，顾名思义就是减少蒸馏系统内的压力，以降低其沸点来达到蒸馏纯化的目的的蒸馏操作。实验证明，当压力降低到 1.3k～2.0kPa 时，许多有机化合物的沸点可以比其常压下的沸点降低 80～100℃。因此，减压蒸馏对于分离或提纯沸点较高或者性质比较不稳定的液态有机化合物具有特别重要的意义。因为这类有机化合物往往加热未到沸点即已分解、氧化、聚合，或者其沸点很高、很难达到，而采用减压蒸馏就可以避免这种现象的发生。所以，减压蒸馏也是分离、提纯液态有机物常用的方法。

减压蒸馏亦称真空蒸馏，一般把低于 101.3kPa 压力的气态空间称为真空，因此真空在程度上有很大的差别。

在减压蒸馏实验前，应先从文献中查阅该化合物在所选压力下相应的沸点。如果缺乏此数据，常用下述经验规律大致推算，仅供参考。

当蒸馏在 1333～1999Pa（10～15mmHg）下进行时，压力每相差 133.3Pa（1mmHg），沸点相差约 1℃。在实际减压蒸馏中，可以参阅图 3.5.1，估计一个化合物的沸点与压力的关系，从某一压力下的沸点可推算另一压力下的沸点（近似值）。

例如，常压下沸点为 200℃的某有机物，减压到 3.999kPa（30mmHg）时沸点应该是多少？可先从图 3.5.1 的 B 线（中间的直线）上找出 200℃的沸点，将此点与 C 线上的 3.999kPa（30mmHg）的点连成一直线，延长此直线与 A 线（左边的直线）相交，交点所示的温度就是 3.999kPa（30mmHg）时该有机物的沸点，约为 100℃。此沸点，虽然为估计值，但较为简便，有一定参考价值。

减压蒸馏装置（图 3.5.2）主要由蒸馏、抽气（减压）、安全保护和测压四部分组成。蒸馏系统包括蒸馏烧瓶、蒸馏头、直形冷凝管、真空接液管、接收瓶、温度计及套管、毛细管等；抽气系统主要用抽气泵；安全保护系统包括安全瓶、吸收装置；测压系统主要使用真空表和测压计（一般为封闭式水银测压计）。各系统间用耐压胶管（真空胶管）连接。

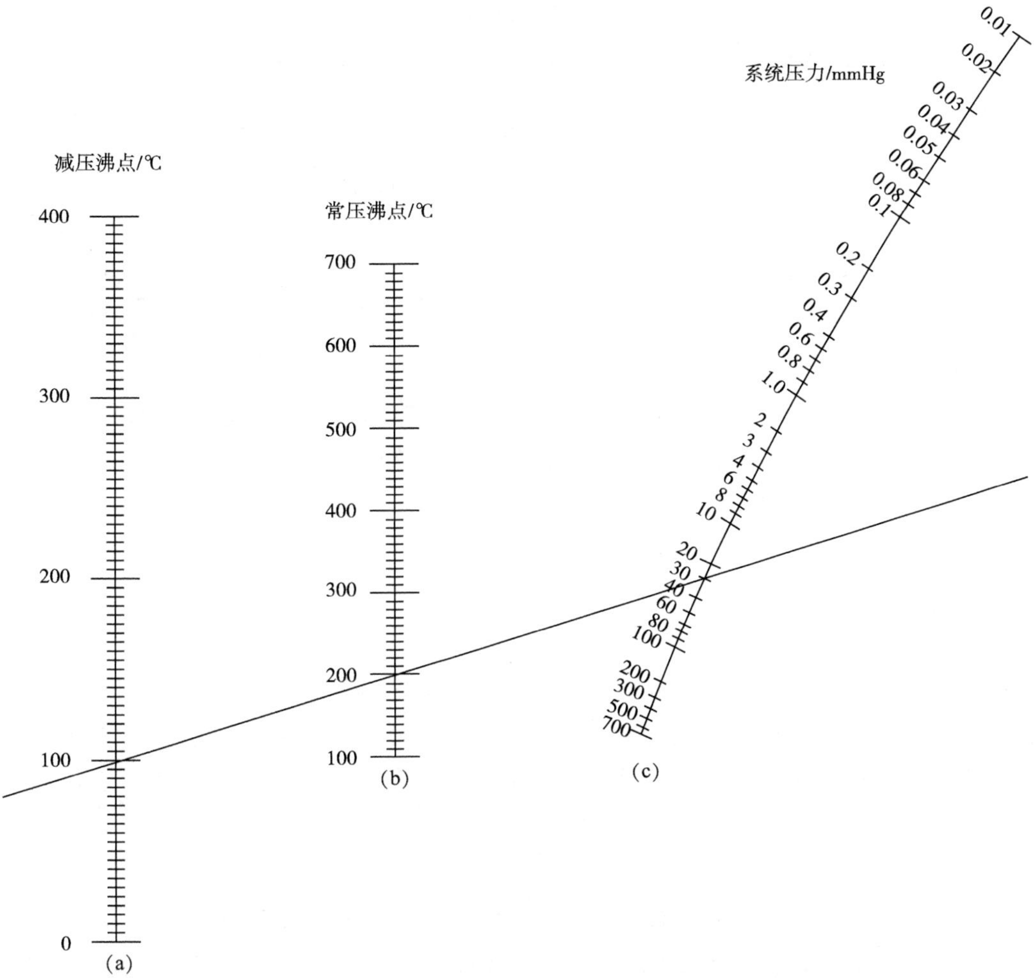

图 3.5.1　液体在常压下的沸点和减压下的沸点近似关系图（1mmHg=133.3kPa）

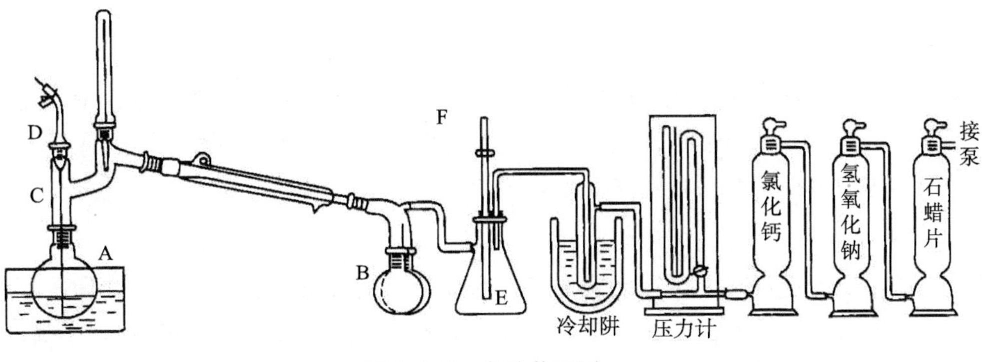

图 3.5.2　实验装置图

【实验试剂与仪器】

1. 试剂

乙二醇（物理常数见表 3.5.1，压力与沸点的关系见表 3.5.2）。

表 3.5.1　乙二醇的物理常数

化合物名称	相对分子质量	熔点/℃	沸点/℃	相对密度	溶解度/(g·100g^{-1}水)
乙二醇	62	−13	197	1.113	混溶

表 3.5.2　乙二醇的压力与沸点的关系

压力/kPa (mmHg)	101.325 (760)	6.665 (50)	3.999 (30)	2.666 (20)	1.333 (10)	0.666 (5)
沸点/℃	197	101	92	82	67	55

2. 仪器

升降台、电热套、圆底烧瓶、螺旋夹克氏蒸馏头、螺帽接头、温度计、直形冷凝管、真空接液管、接受瓶、量筒、三角漏斗、减压毛细管、真空橡皮管、真空系统（水泵、安全瓶、气压计、净化塔）。

【实验步骤】

1. 安装、检漏

依据图 3.5.2 所示，将仪器按顺序安装好后，先检查系统能否达到所要求的压力。检查方法为：先旋紧双颈蒸馏烧瓶 A 上毛细管的螺旋夹 D，再关闭安全瓶上的活塞 F。用泵抽气，观察测压计能否达到要求的压力。若达到要求，就慢慢旋开安全瓶上的活塞，放入空气，直到内外压力相等。如果漏气，则需在漏气部位涂上熔化的石蜡。

2. 加料、抽气

在双颈蒸馏烧瓶中加入需要蒸馏的液体混合物，注意不得超过容积的 1/2。旋紧安全瓶上的活塞，开动抽气泵，调节安全瓶上的活塞 F，观察测压计能否达到要求的压力（粗调）。如果还有微小差距，可调节毛细管上的螺旋夹来控制导入的空气量（微调），以能冒出一连串的小气泡为宜。

3. 加热、蒸馏

一段时间后，系统内压力达到所要求的低压时，便开始加热。在蒸馏过程中，要经常注意测压计上所指示的压力和温度计读数。控制蒸馏速度以 1～2 滴/s 为宜。待达到某一馏分的沸点时，移开热源，更换接受器，收集馏分直至蒸馏结束。

4. 后处理

蒸馏完毕，要停止加热，再慢慢旋开夹在毛细管上的橡皮管的螺旋夹，并慢慢打开安全瓶上的活塞放入空气（若放开得太快，水银柱很快上升，有冲破测压计的可能），平衡内外压力，使测压计的水银柱慢慢地恢复原状，然后才可以关闭抽气泵，以免抽气泵中的油倒吸入干燥塔。最后拆除仪器。

【注意事项】

（1）减压蒸馏系统中切勿使用有裂缝的或薄壁的玻璃仪器，尤其不能使用不耐压的平底瓶如锥形瓶，以防引起爆炸。

（2）减压蒸馏装置要严密不漏气。

（3）液体样品不得超过容器容积的1/2。

（4）先恒定真空度再加热。

（5）开泵与关泵前，安全瓶活塞一定要通空气。

（6）沸点低于150℃的有机液体不能用油泵减压。

【思考题】

（1）在什么情况下才用减压蒸馏？

（2）使用油泵减压时，需有哪些吸收和保护装置？其作用是什么？

（3）当减压蒸馏完所要的化合物后，应如何停止蒸馏？为什么？

3.6　茶叶中咖啡因的提取

【实验目的】

（1）学习从茶叶中提取咖啡因的基本原理和方法，了解咖啡因的一般性质。

（2）掌握用索氏提取器提取有机物的原理和方法。

（3）进一步熟悉萃取、蒸馏、升华等基本操作。

【实验原理】

咖啡因又称为咖啡碱，是一种生物碱，存在于茶叶、咖啡、可可等植物中。例如，茶叶中含有1%～5%的咖啡因，同时还含有单宁酸、色素、纤维素等物质。

咖啡因是弱碱性化合物，可溶于氯仿、丙醇、乙醇和热水中，难溶于乙醚和苯（冷）中。纯品熔点为235～236℃，含结晶水的咖啡因为无色针状晶体，在100℃时失去结晶水，并开始升华，120℃时显著升华，178℃时迅速升华。利用这一性质可纯化咖啡因。咖啡因的结构式为

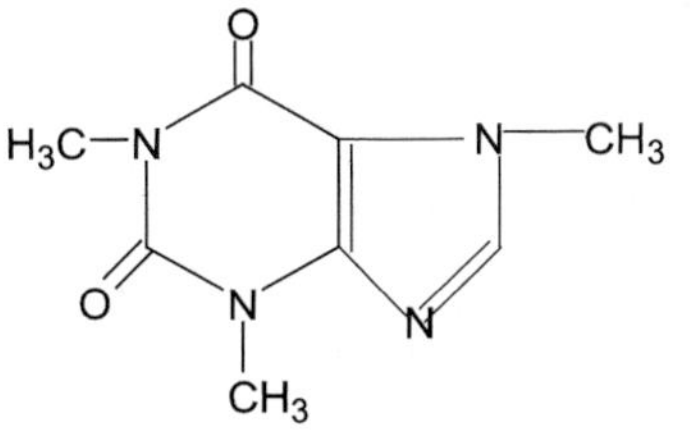

咖啡因（1，3，7-三甲基-2，6-二氧嘌呤）

提取咖啡因的方法有碱液提取法和索氏提取器提取法。本实验以乙醇为溶剂，用索氏提取器提取，再经浓缩、中和、升华，得到含结晶水的咖啡因。

工业上咖啡因主要通过人工合成制得。它是一种温和的兴奋剂，具有刺激心脏、兴奋大脑神经和利尿等作用，故可以作为中枢神经兴奋药，也是复方阿司匹林（A.P.C）等药物的组分之一。

【实验试剂与仪器】

1. 试剂

茶叶、95%乙醇、生石灰。

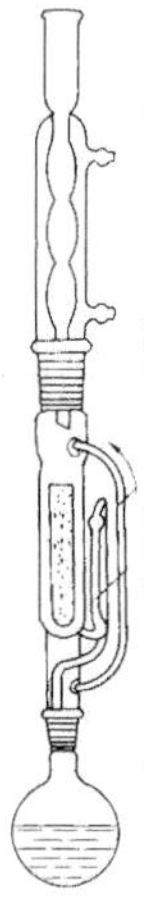

图 3.6.1 索氏提取器

2. 仪器

索氏提取器（图 3.6.1）、蒸馏装置、升华装置。

【实验步骤】

称取 10g 干茶叶，装入滤纸筒内，轻轻压实，置于索氏提取器抽提筒中，在圆底烧瓶内加入 60～80mL 95%乙醇，加热乙醇至沸腾，连续抽提 10～15 次，待冷凝液刚刚虹吸下去时，立即停止加热。

将仪器改装成蒸馏装置，加热回收大部分乙醇。然后将残留液（10～15mL）倾入蒸发皿中，烧瓶用少量乙醇洗涤，洗涤液也倒入蒸发皿中，小心加热蒸发至近干。加入 4g 生石灰粉，使成糊状，搅拌均匀，蒸发至干，除去全部水分。冷却后，擦去沾在边上的粉末，以免升华时污染产物。

将一张刺有许多小孔的圆形滤纸盖在蒸发皿上，取一只大小合适的玻璃漏斗罩于其上，漏斗颈部疏松地塞一团棉花。

继续慢慢升高温度，使咖啡因升华。咖啡因通过滤纸孔遇到漏斗内壁凝为固体，附着于漏斗内壁和滤纸上。当纸上出现白色针状晶体时，暂停加热，冷至 100℃左右，揭开漏斗和滤纸，仔细用小刀把附着于滤纸及漏斗壁上的咖啡因刮入表面皿中。将蒸发皿内的残渣加以搅拌，重新放好滤纸和漏斗，用较高的温度再加热升华一次。此时，温度也不宜太高，否则蒸发皿内大量冒烟，产品既受污染又遭损失。合并两次升华所收集的咖啡因，测定熔点。

纯粹的咖啡因熔点为 234.5℃。本实验需 4～6h。

【注意事项】

（1）滤纸筒的直径要略小于抽提筒的内径，其高度一般要超过虹吸管，但是样品不得高于虹吸管。如无现成的滤纸筒，可自行制作。其方法为：取脱脂滤纸一张，卷成圆筒状（其直径略小于抽提筒内径），底部折起而封闭（必要时可用线扎紧），装入样品，上口盖脱脂棉，以保证回流液均匀地浸透被萃取物。

（2）生石灰起中和及吸水作用。

（3）索氏提取器的虹吸管极易折断，装配装置和取拿时必须特别小心。

（4）提取时，如圆底烧瓶里有少量水分，升华开始时，将产生一些烟雾，污染器皿和产品。

（5）蒸发皿上覆盖刺有小孔的滤纸是为了避免已升华的咖啡因回落入蒸发皿中，纸上的小孔应保证蒸气通过。漏斗颈塞棉花，为防止咖啡因蒸气逸出。

（6）在升华过程中必须始终严格控制加热温度，温度太高，将导致烘焙物和滤纸炭化，一些有色物质也会被带出来，影响产品的质和量。进行再升华时，加热温度亦应严格控制。

【实验结果】

称量咖啡因的质量，测定咖啡因的熔点。

【思考题】

（1）为什么要在漏斗颈口放置一团脱脂棉？

（2）生石灰的作用是什么？

（3）为什么必须除净水分？

(4) 在升华装置中，为什么要在蒸发皿上覆盖刺有小孔的滤纸?

(5) 在升华过程中，为什么必须严格控制温度?

3.7　有机染料废水柱层析分离

【实验目的】

(1) 了解柱色谱分离有机物的方法。

(2) 掌握柱色谱分离的原理和基本操作。

【实验原理】

色谱法又称为色层法、层析法（chromatography），是20世纪初因分离植物色素而发展起来的一种物理或物理化学的分析方法。随着科学技术的迅速发展，色谱技术早已成为分离、纯化和鉴定有机化合物的重要实验技术，在化学、医药、生物、环境等众多学科领域有着非常广泛的应用。

色谱法的基本原理是利用混合物各组分在不相混溶的两相（固定相和流动相）之间吸附或溶解（分配）的能力不同，或亲和性能的差异来实现分离。色谱法根据分离原理可分为吸附色谱、分配色谱、离子交换色谱和排阻色谱等；根据操作条件可分为柱色谱、薄层色谱、纸色谱等。

柱色谱是通过色谱柱来进行分离的，根据其分离原理可分为吸附柱色谱和分配柱色谱两种，本书主要介绍吸附柱色谱。

吸附柱色谱是在一根垂直放置的玻璃柱内填充固体吸附剂（固定相），把待分离的混合物溶液从柱顶加到吸附剂表面，然后从柱顶加入洗脱剂（流动相）洗脱（图3.7.1）。当洗脱剂带着混合物向下移动时，混合物在固定相上重复进行吸附—解吸—再吸附—再解吸的过程。由于混合物各组分的结构不同，其吸附能力不同，在洗脱剂中的溶解能力不同，向下移动的速度亦不相同，于是各组分在柱中逐渐分离形成了若干色带。继续用溶剂洗脱，各组分随溶剂以先后不同顺序从色谱柱中流出，用容器分别收集进行鉴定。对于不显色的化合物，可以用紫外光照射时所呈现的荧光来检测；也可以分段收集流出液，通过薄层或其他方法进行鉴定。

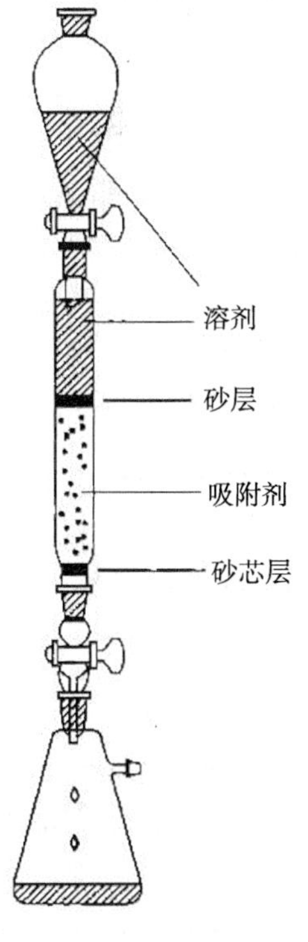

图3.7.1　柱色谱装置

根据待分离组分的结构和性质选择合适的吸附剂和洗脱剂是分离成功的关键。

1. 吸附剂

一种合适的吸附剂，一般应满足下列几个基本要求：

(1) 与样品组分和洗脱剂不发生任何化学反应，在洗脱剂中不溶解。

(2) 对待分离组分能够进行可逆的吸附，同时具有足够的吸附力，使组分在固定相与流动相之间能最快地达到平衡。

(3) 颗粒形状均匀，大小适当，以保证洗脱剂能够以一定的流速

（一般为 1.5mL · min^{-1}）通过色谱柱。

（4）材料易得，价格便宜且为白色。

吸附剂一般是具有较大比表面积的多孔性微粒状物质，常用的吸附剂有氧化铝、硅胶、氧化镁、碳酸钙和活性炭等，实验室一般多用氧化铝。吸附剂颗粒应大小均匀，有一定粒度。颗粒太细，表面积大，吸附能力强，而溶液流速慢；颗粒太粗，表面积小，溶液流速快，但分离效果不好，柱色谱所用的氧化铝一般以 100～150 目为宜。市售氧化铝有酸性、中性和碱性三种。酸性氧化铝适于分离酸性有机物，如有机酸等；碱性氧化铝适于分离碳氢化合物、生物碱及其他碱性有机物质；中性氧化铝应用最广，适于分离中性物质，如醛、酮、醌和酯类等化合物。

吸附剂的吸附能力常称为活度或活性。吸附剂的活性取决于它们含水量的多少，活性大小用Ⅰ、Ⅱ、Ⅲ、Ⅳ和Ⅴ表示。数字越大，表示活性越小。向吸附剂中添加一定的水，可以降低其活性；反之，如果用加热处理的方法除去吸附剂中的部分水，则可以增加其活性，这就是通常说的吸附剂的活化。吸附剂的活性与含水量的关系见表 3.7.1。

表 3.7.1　吸附剂活性与含水量的关系

活性等级	Ⅰ	Ⅱ	Ⅲ	Ⅳ	Ⅴ
氧化铝含水量/%	0	3	6	10	15
硅胶含水量/%	0	5	15	25	38

一般常用Ⅱ级和Ⅲ级的吸附剂。Ⅰ级吸附作用太强，且易吸水。Ⅴ级的吸附作用太弱。

2. 洗脱剂

柱色谱中淋洗样品的溶剂称为洗脱剂，洗脱剂的选择将直接影响色谱的分离效果。通常洗脱剂的选择需根据被分离物质中各组分的极性、溶解度和吸附剂的活性等各种因素综合起来考虑。一般先用少量非极性或极性较弱的溶剂来溶解样品加入色谱柱中，再用弱极性的洗脱剂使最容易解吸的组分分离，然后增加洗脱剂的极性，或用混合溶剂洗脱被吸附的其他组分。柱色谱常用洗脱剂的洗脱能力如下：己烷、石油醚＜环己烷＜四氯化碳＜三氯乙烯＜二硫化碳＜甲苯＜苯＜二氯甲烷＜氯仿＜乙醚＜乙酸乙酯＜丙酮＜丙醇＜乙醇＜甲醇＜水＜吡啶＜乙酸。

通常非极性化合物用非极性溶剂洗脱，极性较强的成分要用极性溶剂洗脱，对复杂组分的混合物则需选用混合溶剂才能达到有效的分离。

3. 甲基橙和次甲基蓝

本实验分离的甲基橙和次甲基蓝均为指示剂，它们的结构式为

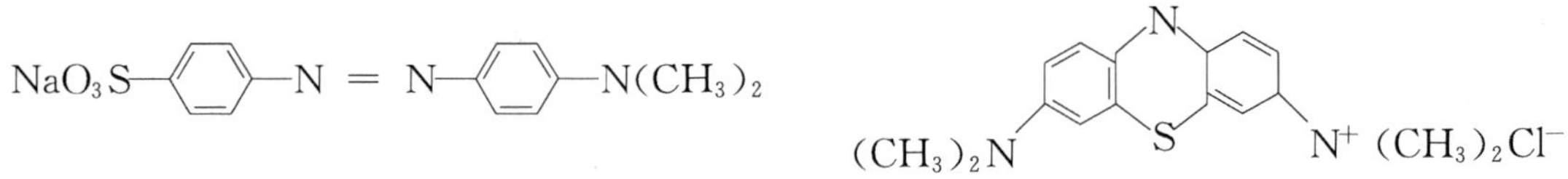

甲基橙　　　　次甲基蓝

由于甲基橙和次甲基蓝的结构不同，极性不同，吸附剂对它们的吸附能力不同，洗脱剂对它们的解吸速度也不同。极性小，吸附能力弱，解吸速度快的次甲基蓝先被洗脱下来；而极性大，吸附能力强，解吸速度慢的甲基橙后被洗脱下来，从而使两种物质得以分离。本实验以中性氧化铝作为吸附剂，乙醇作为洗脱剂，先洗出次甲基蓝，再用蒸馏水作洗脱剂把甲基橙洗脱下来。

【实验试剂与仪器】

1. 试剂

中性氧化铝（100～150 目）、石英砂、甲基橙与次甲基蓝的混合溶液（50mg 甲基橙和 250mg 次甲基蓝溶于 110mL 95%乙醇）、乙醇、托盘天平。

2. 仪器

10cm×1.0cm 色谱柱（层析柱）、50mL 锥形瓶、玻璃漏斗。

【实验步骤】

1. 装柱

取洁净的色谱柱一根，用铁夹将色谱柱垂直固定在铁架台上，在柱底部垫入少许脱脂棉，用玻璃棒轻轻塞紧压平，再铺上一层 0.5cm 厚的石英砂（若实验使用砂芯柱子，可省去此项操作）。向柱中加入 95%乙醇至柱高的 3/4 处，在柱下放一干净锥形瓶准备接收溶剂（接收的干净纯溶剂可以反复循环使用）。打开活塞，控制乙醇流速约每秒 1 滴，在柱顶放置一干燥加料漏斗，通过漏斗向柱内慢慢加入 6g 中性氧化铝（或将适量 95%乙醇与氧化铝先搅拌均匀，调成糊状，再倒入柱中），一边加料一边用套有橡皮管或橡胶塞的玻璃棒轻轻敲打柱身下部，使氧化铝均匀沉降，装填紧密。氧化铝全部加完以后，用滴管吸取溶剂洗下粘在管壁的吸附剂颗粒，待氧化铝不再沉降后，在其顶部加盖一层 0.5～1cm 厚的石英砂，并使砂面平整，关闭活塞。注意整个操作过程保持乙醇的恒定流速，不能使溶剂液面低于吸附剂的最上端。

2. 加样

开启活塞，让乙醇慢慢流下，当溶剂降至石英砂表面时，关闭活塞，用滴管沿管壁缓缓加入 10 滴混合物样品，打开活塞让样品进入柱内。当样品进入石英砂层，砂层表面刚好沥干时，立即用 0.5mL 95%乙醇洗下管壁残留的样品，重复 2～3 次，直至管壁洗净为止。待洗涤液进入石英砂层后，再在表面加入一层 95%乙醇，准备洗脱。

3. 洗脱分离

加入 95%乙醇进行洗脱，控制洗脱剂流速为每秒 1～2 滴。整个过程都应有洗脱剂覆盖吸附剂。由于次甲基蓝与氧化铝的作用较小首先向下移动，作用力较大的甲基橙则留在柱的上端，形成不同的色带（蓝色的次甲基蓝和黄色的甲基橙）。当次甲基蓝的蓝色色带快洗出时，更换接收瓶继续洗脱，直至滴出液无色为止。之后，将洗脱液改为蒸馏水，洗脱甲基橙，并接收黄色的流出液，直至滴出液无色为止。停止洗脱，分离完毕。

【注意事项】

（1）在整个装柱和洗脱操作过程中，不能使吸附剂表面的溶剂流干，否则会出现柱身干裂和气泡。

（2）在装吸附剂的过程中，应用质软的物体，如试管夹、洗耳球等轻轻敲击柱身，促使吸附剂装填紧密，排除气泡。最终应使吸附剂的上端平整，无凹凸面。

（3）在所有物料均已沉降前，要不停地轻叩色谱柱，这样可使柱顶形成一个较好的水平面。实际上，应将收集到的溶剂在柱内反复循环几次以保证沉降完全，并保证色谱柱被装得很紧。溶剂的往下流动有助于使吸附剂挤紧。

（4）洗脱时两色带不能交叉，否则组分之间不能完全的分离。

（5）分离结束后，应先让溶剂尽量流干，然后倒置，用洗耳球从活塞口向管内挤压空气，将吸附剂从柱顶挤压出。使用过的吸附剂倒入盆或桶里，切勿倒入水槽，以免堵塞水槽。

【思考题】

（1）吸附色谱的基本原理是什么？

（2）色谱柱的填料中留有气泡或装填不匀有什么不好？怎样才能避免？

（3）解释次甲基蓝比甲基橙先洗脱出来的原因。

3.8 氨基酸的薄层层析分离

【实验目的】

（1）学习纤维素薄层层析的操作方法。

（2）掌握分配层析的原理。

【实验原理】

以纤维素作为支持物，把它均匀地涂布在玻璃板上成一薄层，然后在此薄层上进行层析即为纤维素薄层层析。纤维素是一种惰性支持物，它与水有较强的亲和力而与有机溶剂亲和力较弱。层析时吸着在纤维素上的水是固定相，而展层溶剂是流动相。当欲被分离的各种物质在固定相和流动相中的分配系数不同时，它们就能被分离开。

$$\text{分配系数}(\alpha)=\frac{\text{物质在溶剂 I 中的浓度}}{\text{物质在溶剂 II 中的浓度}}$$

【实验试剂与仪器】

1. 试剂

（1）纤维素粉（层析用）或微晶型纤维素（层析用）；羧甲基纤维素钠（CMC）。

（2）层析溶剂系统：正丁醇（分析纯）∶冰乙酸（分析纯）∶水＝4∶1∶5（体积比）。

（3）显色剂：0.1%茚三酮-丙酮溶液。

（4）标准氨基酸溶液：色氨酸、亮氨酸、脯氨酸、赖氨酸以及四种氨基酸的混合样品分别以 0.01mol · L^{-1}盐酸配成 4mg · mL^{-1}的溶液。

2. 仪器

50mL 烧杯、10cm×20cm 玻璃板、22cm×22cm 层析缸、0.5mm 直径毛细管、喷雾器、研钵。

【实验步骤】

1. 制板

取少量羧甲基纤维素钠（约 12mg），加数毫升水在烧杯中搅动，使羧甲基纤维素钠溶解。称取纤维素粉或微晶型纤维素 5g 放入此烧杯内并把水补足至 13mL，充分搅匀（若是微晶型纤维素则要放在研钵中研磨均匀），把纤维素匀浆倒在洗净烘干的玻璃板上，倾斜玻璃板同时轻轻拍动此板，使纤维素均匀分布在玻璃板上，薄层厚度约 0.5mm。水平放置 5min，放入 100～110℃烘箱中，烘 30min。干燥纤维素薄板储存于干燥器内备用。

2. 点样

在纤维素薄板上距一端 15mm 处，用铅笔每隔 15mm 作一记号，共五点。用毛细管吸取样品，在记号处点样，样品点直径控制在 2mm 左右（不超过 3mm）。

3. 展层

将薄板有样品的一端浸入已存放展层溶剂的层析缸中，层析溶剂液面不能高于样品线。待展层溶剂走到距薄板顶端 0.5～1cm 时取出此薄板（1～2h），用铅笔在溶剂前沿处作一记号后放在 100℃烘箱中烘干。

4. 显色

将茚三酮-丙酮显色剂喷雾在板上，再在 65℃烘箱中烘数分钟，即可观察到紫红色的氨基酸斑点（其中脯氨酸例外，呈黄色斑点），用铅笔圈出氨基酸斑点。

【注意事项】

（1）纤维素匀浆需搅拌均匀，薄层厚度一致。

（2）羧甲基纤维素钠起黏合剂作用，它使纤维素粉能较牢固地黏附于玻璃板上，加入量过多会破坏纤维素薄层的毛细作用而使层析速度延缓，加的量过少则黏合不牢固，因此需加注意。

【实验结果】

计算各氨基酸的 R_f 值

$$R_f(\text{比移值})=\frac{\text{原点到层析点中心的距离}}{\text{原点到溶剂前沿的距离}}$$

在一定条件下，某种物质的 R_f 值是常数，R_f 值的大小与物质的结构、性质、溶剂系统、层析温度等因素有关。

【思考题】

（1）总结本实验的关键步骤。

（2）何谓 R_f 值？有何用处？影响 R_f 值的主要因素是什么？

3.9　果蔬中可溶性固形物含量的测定

【实验目的】

（1）了解阿贝折光仪的构造和折射率测定的基本原理。

（2）掌握用阿贝折光仪测定果蔬中可溶性固形物含量的测定方法。

【实验原理】

可溶性固形物是指液体或流体食品中所有溶解于水的化合物的总称，包括糖、酸、维生素、矿物质等。果蔬汁液中可溶性固形物含量与折射率在一定条件下（同一温度、压力）成正比例，故测定果蔬汁液的折射率，可求出果蔬汁液的浓度（含糖量的多少）。

蔗糖溶液的折射率随浓度增大而升高。通过测定折射率可以确定糖液的浓度及饮料、糖水罐头等食品的糖度，还可以测定以糖为主要成分的果汁、蜂蜜等食品的可溶性固形物的含量。

折光仪测定折射率的基本原理见 2.10.5。

值得注意的是：折光仪测得的只是可溶性固形物含量，含有不溶性固形物的样品，因固体粒子不能在折光仪上反映出它的折射率，因此不能用折光仪直接测出总固形物。对于番茄酱、果酱等个别食品，如果已通过实验编制了总固形物与可溶性固形物关系表，可先用折光仪测定可溶性固形物含量，即可查出总固形物的含量。

【实验试剂与仪器】

1. 试剂

丙酮、食品样品（果汁，苹果，果酱，葡萄干）。

2. 仪器

阿贝折光仪、恒温槽、高速组织捣碎机、分析天平、电炉、研钵、烧杯、玻璃棒、量筒、滴管。

【实验步骤】

1. 测试溶液的制备

（1）液体制品：如澄清果汁、糖液等，试样混匀后直接用于测定，浑浊制品用双层擦镜纸或纱布挤出汁液测定。

（2）新鲜果蔬、罐藏和冷冻制品：取试样的可食部分切碎、混匀（冷冻制品需预先解冻），称取 250g，准确至 0.1g，放入高速组织捣碎机捣碎，用两层擦镜纸或纱布挤出匀浆汁液测定。

（3）酱体制品：如果酱、果冻等，称取 25～50g，准确至 0.01g，放入预先称量的烧杯中，加入 100～150mL 蒸馏水，用玻璃棒搅匀，在电炉上加热至沸腾，轻沸 2～3min，放置冷却至室温，再次称量，准确至 0.01g，然后通过滤纸或布氏漏斗过滤，滤液供测定用。

（4）干制品：把试样可食部分切碎，混匀，称取 10～20g，准确至 0.01g，放入称量过的烧杯中，加入 5～10 倍蒸馏水，置沸水浴上浸提 30min，不时用玻璃棒搅动。取下烧杯，待冷却至室温，称量，准确至 0.01g，过滤。

2. 测定

（1）调节恒温水浴循环水温度在 20℃±0.5℃，使水流通过阿贝折光仪的恒温器。循环水也可在 15～25℃范围内调节，温度恒定不超过±0.5℃。

（2）用蒸馏水校准折光仪读数，在 20℃时将可溶性固形物调整至 0%；温度不在 20℃时，按附录 15 折光仪测定可溶性固形物温度校正表进行校正。

（3）将棱镜表面擦干后，滴加 2～3 滴待测样液于棱镜中央，立即闭合上下两块棱镜静置 1min，要求液体均匀无气泡并充满视野。

（4）对准光源，转动消色调节旋钮，使视野分成明暗两部分，再转动棱镜旋钮，使明暗分界线临在物镜的十字交叉点上，读取刻度尺上所示百分数，并记录测定时的温度。

（5）如阿贝折光仪读数标尺刻度为百分数，即可溶性固形物的含量，按附录 15 折光仪测定可溶性固形物温度校正表换算成 20℃时标准的可溶性固形物含量。

（6）如阿贝折光仪读数标尺刻度为折射率，可读出其折射率，然后按“折射率与可溶性固形物换算表”将折射率换算成可溶性固形物含量，再按附录 15 折光仪测定可溶性固形物温度校正表换算成20℃标准的可溶性固形物含量。

【注意事项】

(1) 若无恒温槽，测定时温度最好控制在20℃左右观测，尽可能缩小校正范围，同时，所得数据要加以校正，因为通常温度升高1℃，液态化合物折射率降低$3.5\times10^{-4}\sim5.5\times10^{-4}$。

(2) 同一个试验样品进行二次测定，二次测定的结果之差应不超过0.5%。如果测定的重现性已能满足上述要求，取两次测定的算术平均值作为结果。

(3) 每次擦拭镜面时，只许用擦镜纸轻擦，测试完毕，也要用丙酮洗净镜面，待干燥后才能闭合棱镜。

(4) 不能测量带有酸性、碱性或腐蚀性的液体。

【实验结果】

1. 数据记录

分别测定不同液体样品的可溶性固形物，同一试样取两个平行样测定，以其算术平均值作为测定结果，保留一位小数。表3.9.1为样品可溶性固形物含量数据记录表。

表3.9.1 样品可溶性固形物含量数据记录表

样品	可溶性固形物含量		平均值
	读数1	读数2	
1			
2			
3			
4			

2. 温度校正

测定温度不在20℃时，将读数校正为20℃标准温度下的可溶性固形物含量。

3. 计算公式

未经稀释的试样，温度校正后的读数即为试样的可溶性固形物含量。稀释过的试样，可溶性固形物的含量（X）按下式计算

$$X=\frac{D\times M_1}{M_0}$$

式中，D为测定液可溶性固形物含量，%（质量分数）；M_0为稀释前的样品质量，g；M_1为稀释后的样品质量，g。

【思考题】

(1) 测定有机化合物折射率的意义是什么？

(2) 折射率随什么因素而改变？测定某一物质的折射率时应注意哪些条件？

3.10 邻菲啰啉分光光度法测定水中铁的含量

【实验目的】

（1）掌握分光光度法测定铁的原理及方法。

（2）学会正确使用分光光度计。

【实验原理】

邻菲啰啉与 Fe^{2+} 生成稳定的红色络合物，其反应式如下

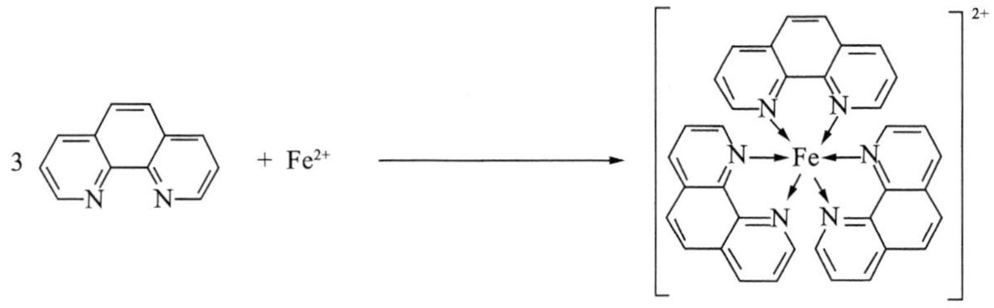

$$A=-\lg T=\lg \frac{I_0}{I}=\varepsilon lc$$

式中，A 为吸光度；ε 为吸收系数；c 为浓度。

红色络合物的最大吸收峰在 510nm 波长处，$\varepsilon=1.1\times10^4$。当铁以 Fe^{3+} 形式存在于溶液中时，可用盐酸羟胺或对苯二酚还原，于 pH3～9（一般控制 pH5～6）时显色。该法选择性高，40 倍铁含量的 Sn^{2+}、Al^{3+}、Ca^{2+}、Mg^{2+}、SiO^{2-}；20 倍铁含量的 Cr^{3+}、Mn^{2+}、PO_4^{3-}；5 倍铁含量的 Co^{2+}、Cu^{2+} 等不干扰测定。

【实验试剂与仪器】

1. 试剂

铁标准溶液［以 $NH_4Fe(SO_4)_2\cdot12H_2O$ 配制，Ⅰ号浓度为 $10^{-3}mol\cdot L^{-1}$，Ⅱ号浓度为 $100\mu g\cdot mL^{-1}$］；0.15％和 $10^{-3}mol\cdot L^{-1}$ 邻菲啰啉溶液（新鲜配制）；10％盐酸羟胺溶液（用时配制）；$1mol\cdot L^{-1}$ NaAc 溶液。

2. 仪器

722S 型分光光度计、1cm 及 2cm 玻璃比色皿。

【实验步骤】

1. 吸收曲线

取 3 支比色管，分别加入铁标准溶液Ⅰ0mL、1.0mL、2.0mL，10％盐酸羟胺溶液 1mL，0.15％邻菲啰啉溶液 2mL，$1mol\cdot L^{-1}$NaAc 5mL。每加入一种试剂后均应摇匀后再加另一种试剂。最后用水稀释到 50mL 刻度，摇匀。以试剂空白为参比，波长从 440～560nm，间隔 5nm 测定一次。选择最大吸收波长。

2. 标准曲线

取 6 支比色管，分别加入 100μg · mL^{-1} 的铁标准溶液 0mL、0.2mL、0.4mL、0.6mL、0.8mL、1.0mL，10%盐酸羟胺溶液 1mL，0.15%邻菲啰啉溶液 2mL，1mol · L^{-1} NaAc 5mL。每加入一种试剂后均应摇匀后再加另一种试剂。最后用水稀释到 50mL 刻度，摇匀。测定吸光度。

3. 试样中铁含量的测定

吸取未知样 2.0mL 于比色管中，加入 10%盐酸羟胺溶液 1mL，0.15%邻菲啰啉溶液 2mL，1mol · L^{-1}NaAc 5mL。每加入一种试剂后均应摇匀后再加另一种试剂。最后用水稀释到 50mL 刻度，摇匀。测定吸光度。

【注意事项】

（1）绘制吸收曲线时，改变波长时需要用参比溶液调节仪器透光率为 100%。

（2）在配制溶液的过程中不要随意改变加入试剂的顺序。

（3）使用比色皿时应注意：用手拿毛玻璃面，轻拿轻放，保护光洁面；比色皿需要洗涤；溶液量约为比色皿高度的 2/3；用滤纸轻擦去水再用擦镜纸擦拭光洁面；不得长期盛装腐蚀液，不得在电炉、火焰上加热，不得在烘箱中烘干。

【实验结果】

（1）以波长为横坐标，吸光度为纵坐标，绘制邻菲啰啉铁的吸收曲线，求出最大吸收波长。

（2）以吸光度为纵坐标，铁含量（μg · mL^{-1}）为横坐标，绘制标准曲线。

（3）由标准曲线求出相应的铁含量，并计算试样中的铁含量。

【思考题】

（1）用邻菲啰啉测定铁的反应条件是什么？

（2）本实验中哪些试剂加入量的体积要比较准确？哪些试剂则可不必？为什么？

（3）吸收曲线与标准曲线各有何实用意义？

（4）本实验所用参比溶液为试剂空白，而不用蒸馏水？为什么？

第四章　定量化学分析

4.1　酸碱滴定法测定混合碱中各组分的含量

【实验目的】

（1）学习双指示剂法测定混合碱中各组分含量的原理和方法。

（2）进一步熟悉滴定操作技术和正确判定滴定终点的方法。

【实验原理】

混合碱是指 Na_2CO_3 与 NaOH 或 Na_2CO_3 与 $NaHCO_3$ 的混合物，可采用“双指示剂法”进行测定。

若混合碱是 Na_2CO_3 与 $NaHCO_3$ 的混合物，先以酚酞作指示剂，用 HCl 标准溶液滴定至溶液刚好褪色，为第一化学计量点，此时 $NaHCO_3$ 不反应，而 Na_2CO_3 被中和至 $NaHCO_3$，其反应为

$HCl + Na_2CO_3 \text{══} NaHCO_3 + NaCl$　设第一终点用去标准酸溶液的体积为 V_1。

继续用甲基橙作指示剂，用 HCl 标准溶液滴定至溶液呈橙色，为第二化学计量点，此时，原有的 $NaHCO_3$ 和生成的 $NaHCO_3$ 均被 HCl 完全中和，其反应为

$HCl + NaHCO_{3(\text{原有})} \text{══} NaCl + H_2O + CO_2\uparrow$

$HCl + NaHCO_{3(\text{生成})} \text{══} NaCl + H_2O + CO_2\uparrow$　设第二终点用去标准溶液的体积为 V_2。

由反应式可知，在 Na_2CO_3 与 $NaHCO_3$ 共存的情况下，用双指示剂法滴定时，$V_2 > V_1$，且 Na_2CO_3 消耗标准酸的体积为 $2V_1$，$NaHCO_3$ 消耗标准酸的体积为（$V_2 - V_1$）。根据标准酸的浓度和所消耗的体积，可算出混合碱中 Na_2CO_3 和 $NaHCO_3$ 的含量。

若混合碱是 Na_2CO_3 与 NaOH 的混合物，以上述同样方法进行滴定，先以酚酞作指示剂，用 HCl 标准溶液滴定至溶液刚好褪色，第一化学计量点反应为

$HCl + NaOH \text{══} H_2O + NaCl$

$HCl + Na_2CO_3 \text{══} NaHCO_3 + NaCl$　设第一终点用去标准酸溶液的体积为 V_1。

继续用甲基橙作指示剂，用 HCl 标准溶液滴定至溶液呈橙色，为第二化学计量点，反应为

$HCl + NaHCO_{3(\text{生成})} \text{══} NaCl + H_2O + CO_2\uparrow$　设第二终点用去标准酸溶液的体积为 V_2。

可知 $V_2 < V_1$，且 Na_2CO_3 消耗标准酸的体积为 $2V_2$，NaOH 消耗标准酸的体积为（$V_1 - V_2$）。

同理，根据标准酸的浓度和所消耗的体积，可算出混合碱中 Na_2CO_3 和 NaOH 的含量。

由以上讨论可知，若混合碱是未知组分的试样，则可根据 V_1 与 V_2 的数据，确定试样由何种碱组成，从而算出试样中各组分的含量。

【实验试剂与仪器】

1. 试剂

$0.1mol \cdot L^{-1}$ HCl 标准溶液、0.2%甲基橙指示剂、0.2%酚酞指示剂。

2. 仪器

50mL 酸式滴定管、250mL 锥形瓶、100mL 烧杯、250mL 容量瓶。

【实验步骤】

1. 0.1mol · L^{-1} HCl 标准溶液的标定

准确称取无水 Na_2CO_3 固体 0.11～0.16g 于锥形瓶中，加 30mL 水振荡至完全溶解，加 2 滴甲基橙指示剂，用 HCl 溶液滴定至橙色，消耗 HCl 溶液的体积为 V。计算 HCl 标准溶液的浓度，平行操作三次。

2. 混合碱试样测定

准确称取试样 3g，于 100mL 烧杯中，加少量水使之溶解，转移至 250mL 容量瓶中，用水稀释、定容至刻度，摇匀备用。

平行移取三份 25.00mL 试样溶液于 250mL 锥形瓶中，加酚酞 2～3 滴，用盐酸溶液滴定至溶液由红色恰好褪至无色，记下所消耗 HCl 标准溶液的体积 V_1。再加入甲基橙指示剂 1～2 滴，继续用盐酸溶液滴定至溶液由黄色恰好变成橙色，消耗 HCl 的体积记为 V_2。

【实验结果】

1. HCl 标准溶液浓度的标定

$$c_{HCl}=\frac{m_{Na_2CO_3}\times 2000}{M_{Na_2CO_3}\times V_{HCl}}$$

式中，c_{HCl} 为 HCl 标准溶液的浓度，mol · L^{-1}；$m_{Na_2CO_3}$ 为称取 Na_2CO_3 基准物质的质量，g；$M_{Na_2CO_3}$ 为 Na_2CO_3 的摩尔质量，g · mol^{-1}；V_{HCl} 为滴定中消耗 HCl 标准溶液的体积，mL。

2. 混合碱试样测定

Na_2CO_3 与 $NaHCO_3$ 混合物的含量按下式计算

$$Na_2CO_3\text{ 的含量}=\frac{\frac{1}{2}\times c_{HCl}\times 2V_1\times M_{Na_2CO_3}}{m_s\times 1000}\times 100$$

$$NaHCO_3\text{ 的含量}=\frac{c_{HCl}(V_2-V_1)\times M_{NaHCO_3}}{m_s\times 1000}\times 100$$

Na_2CO_3 与 NaOH 混合物的含量按下式计算

$$Na_2CO_3\text{ 的含量}=\frac{\frac{1}{2}\times c_{HCl}\times 2V_2\times M_{Na_2CO_3}}{m_s\times 1000}\times 100$$

$$NaOH\text{ 的含量}=\frac{c_{HCl}(V_1-V_2)M_{NaOH}}{m_s\times 1000}\times 100$$

式中，c_{HCl} 为 HCl 标准溶液的浓度，mol · L^{-1}；$M_{Na_2CO_3}$ 为 Na_2CO_3 的摩尔质量，g · mol^{-1}；M_{NaHCO_3} 为 $NaHCO_3$ 的摩尔质量，g · mol^{-1}；M_{NaOH} 为 NaOH 的摩尔质量，g · mol^{-1}；V_1 为第一滴定终点消耗 HCl 标准溶液的体积，mL；V_2 为第二滴定终点消耗 HCl 标准溶液的体积，mL；m_s 为混合碱试样的质量，g。

【思考题】

（1）用双指示剂法测定混合碱组成的原理是什么？

(2) 采用双指示剂法测定混合碱，在同一份溶液测定，试判断下列 5 种情况下，混合碱中存在的成分是什么?

(A) $V_1=0$; $V_2>0$　(B) $V_1>0$; $V_2=0$　(C) $V_1>V_2$　(D) $V_1<V_2$　(E) $V_1=V_2$

4.2 自来水中总硬度的测定

【实验目的】

(1) 掌握直接配位滴定法的原理及其应用。

(2) 掌握水硬度的表示方法。

【实验原理】

水的硬度是指水沉淀肥皂的程度。肥皂沉淀主要是由水中的钙、镁离子引起的，此外，铁、铝、锰、锶、锌等金属离子也有同样的作用。总硬度可将上述各离子的浓度相加进行计算。此法准确，但比较烦琐，而且在一般情况下，钙、镁离子以外的其他金属离子的浓度都很低，所以多采用乙二胺四乙酸二钠盐（Na_2EDTA，用 $Na_2H_2Y \cdot 2H_2O$ 表示）测定钙、镁离子的总量，并经过换算，以每升水中 $CaCO_3$ 的质量表示。

EDTA 配位滴定法测定水的总硬度是国际、国内规定的标准分析方法，适用于生活饮用水（GB/T5750.4—2006)、饮用天然矿泉水（GB/T8538—2008)、锅炉用水和冷却水（GB/T 6909—2008）等水样总硬度的测定。

本实验在 pH=10 的 NH_3-NH_4Cl 缓冲溶液中，用铬黑 T 作指示剂，以 EDTA 标准溶液滴定至纯蓝色为终点。根据消耗 EDTA 的体积，即可算出总硬度值。

加入指示剂：$Mg+In \rightleftharpoons MgIn$（紫红色）

化学计量点前：$Ca+Y \rightleftharpoons CaY$

$Mg+Y \rightleftharpoons MgY$

化学计量点：$MgIn+Y \rightleftharpoons MgY+In$（蓝色）

由于铬黑 T 与钙离子配位较弱，终点时反应不能呈现明显的颜色转变，所以当水样中镁含量很少时，需加入已知量的镁盐，使滴定终点颜色转变清晰，在计算结果时，再减去加入的镁盐量，或者在缓冲溶液中加入少量 MgY，以保证明显的终点。

主要干扰元素铁、锰、铝、铜、镍、钴等金属离子使指示剂褪色或终点不明显。可用硫化钠和三乙醇胺掩蔽这些金属的干扰。

我国在生活饮用水和生活杂用水水质标准中，规定总硬度（以 $CaCO_3$ 计）不得超过 $450mg \cdot L^{-1}$。除了对生活饮用水和生活杂用水的总硬度有一定的要求之外，各种工业用水对总硬度也有不同的要求。因此，测定水的总硬度有很重要的实际意义。

【实验试剂与仪器】

1. 试剂

$0.01mol \cdot L^{-1}$ EDTA 标准溶液、NH_3-NH_4Cl 缓冲溶液、MgY 溶液；0.5%铬黑 T 指示剂、20%三乙醇胺溶液、2% Na_2S、(1∶1) HCl 溶液、$CaCO_3$（AR）。

2. 仪器

分析天平、50mL 酸式滴定管、100mL 烧杯、250mL 锥形瓶、25mL 和 100mL 移液管、250mL 容量瓶、玻璃棒、电炉。

【实验步骤】

1. EDTA 标准溶液的标定

（1）钙标准溶液的配制：准确称取 0.23～0.24g 基准 $CaCO_3$ 于 100mL 小烧杯中，以少量蒸馏水润湿，盖上表面皿，从烧杯嘴处往烧杯中缓慢加入 5mL（1∶1）HCl 溶液，使 $CaCO_3$ 全部溶解。加水 50mL，微沸几分钟以除去 CO_2。冷却后用水冲洗烧杯内壁和表面皿，定量转移 $CaCO_3$ 溶液于 250mL 容量瓶中，用水稀释至刻度，混匀，计算标准钙标准溶液的浓度。

（2）EDTA 标准溶液的标定：用移液管吸取 25.00mL 钙标准溶液于 250mL 锥形瓶中，加入 1 滴甲基红，用氨水中和钙标准溶液的 HCl，当溶液由红变黄即可。加 20mL 水和 10mL NH_3-NH_4Cl 缓冲溶液，再加入 5 滴铬黑 T 指示剂，用 EDTA 标准溶液滴定溶液由紫红色转变为纯蓝色即为终点。平行测定三份，根据消耗的 EDTA 标准溶液的体积，计算 EDTA 的准确浓度。

2. 样品的测定

用移液管移取 100.00mL 自来水于 250mL 锥形瓶中，加入 1～2 滴盐酸使试液酸化，煮沸数分钟以除去 CO_2。冷却后，加入 3mL 三乙醇胺溶液，5mL NH_3-NH_4Cl 缓冲溶液，1mL Na_2S 溶液以掩蔽重金属离子，再加入 5 滴铬黑 T 指示剂，立即用 EDTA 标准溶液滴定，当溶液由紫红色变为纯蓝色即为终点，平行测定三份。

【实验结果】

1. EDTA 标准溶液的标定

$$c_{EDTA}=\frac{\dfrac{W\times\dfrac{25}{250}}{M}\times 1000}{V}$$

式中，c_{EDTA}为 EDTA 标准溶液的浓度，$mol\cdot L^{-1}$；W 为称取 $CaCO_3$ 基准物质的质量，g；M 为 $CaCO_3$ 的摩尔质量，$g\cdot mol^{-1}$；V 为滴定中消耗 EDTA 标准溶液体积，mL。

2. 样品的测定

$$\rho_{CaCO_3}=\frac{V_1\times c_{EDTA}\times 100.09}{V}\times 1000$$

式中，ρ_{CaCO_3}为总硬度（以 $CaCO_3$ 计），$mg\cdot L^{-1}$；V_1 为滴定中消耗 EDTA 标准溶液的体积，mL；c_{EDTA}为 EDTA 标准溶液的浓度，$mol\cdot L^{-1}$；100.09 为与 1.00mL Na_2EDTA 标准溶液 $[c_{Na_2EDTA}=1.000mol\cdot L^{-1}]$ 相当的以毫克表示的总硬度（以 $CaCO_3$ 计）；V 为水样体积，mL。

【思考题】

（1）用钙标准溶液标定 EDTA 及测定水的总硬度时，吸取三份钙标准溶液或水样，同时加入氨缓溶液等其他试剂，然后逐份滴定，这样好不好？为什么？

（2）移取自来水水样于锥形瓶中以测定水中的总硬度，该锥形瓶预先是否要用蒸馏水润洗？为什么？

（3）当水样中钙含量很高而镁含量很低，以铬黑 T 为指示剂用 EDTA 标准溶液滴定时，为什么往往得不到敏锐的终点？可采用什么措施提高终点变色的敏锐性？

4.3 配位滴定法连续测定铅、铋混合溶液中 Pb^{2+}、Bi^{3+} 的含量

【实验目的】

（1）学习控制酸度法进行多种离子连续滴定的配位滴定分析方法。

（2）掌握二甲酚橙指示剂变色的原理即滴定终点的判断。

（3）了解缓冲溶液在配位滴定中的应用。

【实验原理】

混合离子的滴定常用控制酸度法、掩蔽法进行，可根据有关副反应系数论证对它们分别滴定的可能性。

Bi^{3+}、Pb^{2+} 均能与 EDTA 形成稳定的 1∶1 配合物，$\lg K$ 分别为 27.94 和 18.04。由于两者的 $\lg K$ 相差很大，故可利用酸效应控制不同的酸度，进行分别滴定。在 pH＝1 时滴定 Bi^{3+}，在 pH＝5～6 时滴定 Pb^{2+}。

在 Bi^{3+}-Pb^{2+} 混合溶液中，首先调节溶液的 pH＝1，以二甲酚橙为指示剂，Bi^{3+} 与指示剂形成紫红色配合物（Pb^{2+} 在此条件下不会与二甲酚橙形成有色配合物），用 EDTA 标准溶液滴定 Bi^{3+}，当溶液由紫红色恰变为黄色，即为滴定 Bi^{3+} 的终点。

在滴定 Bi^{3+} 后的溶液中，加入六亚甲基四胺溶液，调节溶液 pH＝5～6，此时 Pb^{2+} 与二甲酚橙形成紫红色配合物，溶液再次呈现紫红色，然后用 EDTA 标准溶液继续滴定，当溶液由紫红色恰转变为黄色时，即为滴定 Pb^{2+} 的终点。

【实验试剂与仪器】

1. 试剂

0.02mol·L^{-1} EDTA 标准溶液、0.2％二甲酚橙溶液、20％六亚甲基四胺溶液、锌片（AR）、（1∶1）HCl 溶液、Bi^{3+}-Pb^{2+} 混合溶液（含 Bi^{3+}，Pb^{2+} 各约 0.01mol·L^{-1}）：称取 48g $Bi(NO_3)_3$；33g $Pb(NO_3)_2$，移入 312mL HNO_3 的烧杯中，在电炉上微热溶解后，稀释至 10L。

2. 仪器

50mL 酸式滴定管、250mL 锥形瓶、100mL 烧杯、25mL 移液管、250mL 容量瓶。

【实验步骤】

1. EDTA 溶液浓度的标定

准确称取纯锌片 0.2g，置于 100mL 烧杯中，加 10mL 1∶1 盐酸，盖上表面皿，必要时水浴温热，使之完全溶解，用水洗表面皿及烧杯壁，将溶液转移于 250mL 容量瓶中，加水稀释

至刻度，摇匀。用移液管吸取 25.00mL 该锌标准溶液于 250mL 锥形瓶中，加入 1～2 滴二甲酚橙，逐滴加入 20%六次甲基四胺同时不断摇动，直至开始溶液呈现稳定的紫红色后，再过量 5mL。用 EDTA 标准溶液滴定溶液由紫红色变为亮黄色，即为终点。平行测定 3 份，记下所消耗的 EDTA 标准溶液的体积，计算 EDTA 标准溶液的浓度。

2. 样品的测定

Bi^{3+}-Pb^{2+}混合溶液的测定：用移液管移取 3 份 25.00mL Bi^{3+}-Pb^{2+}混合溶液于 250mL 锥形瓶中，加 1～2 滴二甲酚橙指示剂，用 EDTA 标准溶液滴定，当溶液由紫红色恰变为黄色，即为 Bi^{3+}的终点，根据消耗的 EDTA 体积，计算混合液中 Bi^{3+}的含量（以 $mg \cdot mL^{-1}$表示）。

在滴定 Bi^{3+}后的溶液中，滴加六亚甲基四胺溶液，至呈现稳定的紫红色后，再过量加入 5mL。此时溶液的 pH 为 5～6。用 EDTA 标准溶液滴定，当溶液由紫红色恰转变为黄色，即为终点。根据滴定消耗的 EDTA 体积，计算混合溶液中 Pb^{2+}的含量（以 $mg \cdot mL^{-1}$表示）。

【实验结果】

1. EDTA 标准溶液浓度的标定

$$c_{EDTA}=\frac{m_{Zn}\times\frac{25.00}{250.00}}{M_{Zn}}\times\frac{1000}{V_{EDTA}}$$

式中，c_{EDTA}为 EDTA 标准溶液的浓度，$mol \cdot L^{-1}$；m_{Zn} 为称取基准物质锌片的质量，g；M_{Zn} 为锌的摩尔质量，$g \cdot mol^{-1}$；V_{EDTA} 为滴定中消耗 EDTA 标准溶液的体积，mL。

2. 样品的测定

$$Bi^{3+}\text{的含量}=\frac{(cV)_{EDTA}\times M_{Bi^{3+}}}{25.00}$$

$$Pb^{2+}\text{的含量}=\frac{(cV)_{EDTA}\times M_{Pb^{2+}}}{25.00}$$

式中，c 为 EDTA 标准溶液的浓度，$mol \cdot L^{-1}$；V 为滴定中消耗 EDTA 标准溶液的体积，mL；$M_{Pb^{2+}}$ 为铅的摩尔质量，$g \cdot mol^{-1}$；$M_{Bi^{3+}}$ 为铋的摩尔质量，$g \cdot mol^{-1}$。

【思考题】

（1）如何通过控制体系的酸度实现 Bi^{3+}、Pb^{2+}的分别滴定？酸度过高、过低对测定有何影响？

（2）描述连续滴定 Bi^{3+}、Pb^{2+}过程中，锥形瓶中颜色变化的情形及颜色变化的原因。

4.4　间接碘量法测定铜盐中铜的含量

【实验目的】

（1）掌握 $Na_2S_2O_3$溶液的配制及标定要点。

（2）了解淀粉指示剂的作用原理。

（3）了解间接碘量法测定铜的原理。

（4）掌握以碘量法测定铜的操作过程。

【实验原理】

铜盐中铜的测定，一般采用碘量法。在弱酸溶液中，Cu^{2+}与过量的KI作用，生成CuI沉淀，同时析出I_2，反应式如下

$$2Cu^{2+}+4I^- \rightleftharpoons 2CuI\downarrow+I_2$$

$$2Cu^{2+}+5I^- \rightleftharpoons 2CuI\downarrow+I_3^-$$

析出的I_2以淀粉为指示剂，用$Na_2S_2O_3$标准溶液滴定，反应式如下

$$I_2+2S_2O_3^{2-} \rightleftharpoons 2I^-+S_4O_6^{2-}$$

Cu^{2+}与I^-之间的反应是可逆的，任何引起Cu^{2+}浓度减小（如形成配合物等）或引起CuI溶解度增加的因素均使反应不完全。加入过量KI，可使Cu^{2+}的还原趋于完全，但是，CuI沉淀强烈吸附I_3^-，又会使结果偏低。通常的办法是接近终点时加入硫氰酸盐，将CuI（$K_{sp}^{\ominus}=1.1\times10^{-12}$）转化为溶解度更小的CuSCN沉淀（$K_{sp}^{\ominus}=1.1\times10^{-15}$），把吸附的碘释放出来，使反应更为完全。即

$$CuI+SCN^- \rightleftharpoons CuSCN+I^-$$

硫氰酸盐应在接近终点时加入，否则SCN^-会还原大量存在的I_2，致使测定结果偏低。溶液的pH一般应控制在3.0～4.0。酸度过低，Cu^{2+}易水解，使反应不完全，结果偏低，且反应速率慢，终点拖长；酸度过高，则I^-被空气中的氧氧化为I_2（Cu^{2+}催化此反应），使结果偏高。

【实验试剂与仪器】

1. 试剂

20% KI、10% NH_4SCN溶液、$K_2Cr_2O_7$标准溶液、1mol·L^{-1} H_2SO_4、（1∶1）HCl、0.1mol·$L^{-1}$$Na_2S_2O_3$（称取25g $Na_2S_2O_3\cdot5H_2O$于烧杯中，加入300～500mL新煮沸经冷却的蒸馏水，溶解后，加入约0.1g Na_2CO_3，用新煮沸且冷却的蒸馏水稀释至1L，储存于棕色试剂瓶中，在暗处放置3～5d后标定）、0.5%淀粉溶液（称取0.5g可溶性淀粉，用少量水搅匀，加入100mL沸水，搅匀，若需放置，可加少量HgI_2或H_3BO_3做防腐剂）。

2. 仪器

50mL酸式滴定管、250mL锥形瓶、100mL烧杯、25mL移液管、250mL容量瓶。

【实验步骤】

1. $Na_2S_2O_3$标准溶液的标定

准确移取25.00mL $K_2Cr_2O_7$标准溶液于锥形瓶中，加入5mL 6mol·L^{-1} HCl溶液，5mL 20% KI溶液，摇匀放在暗处5min。待反应完全后，加入100mL蒸馏水，用待标定的$Na_2S_2O_3$溶液滴定至淡黄色，然后加入2mL 0.5%淀粉指示剂，继续滴定至溶液呈现亮绿色为终点。计算$Na_2S_2O_3$标准溶液的浓度。

2. 铜盐中铜含量的测定

准确称取铜试样5～6g，加入15mL 1mol·L^{-1} H_2SO_4溶液及30mL水溶解，将溶液定量转移于250mL容量瓶中，加水稀释至刻度，摇匀。用移液管吸取25.00mL该溶液于250mL

锥形瓶中，加入 10mL KI 溶液，用 0.1mol · L^{-1} $Na_2S_2O_3$ 溶液滴定至浅黄色。再加入 3mL 0.5%淀粉指示剂，继续滴定至浅蓝色，最后加入 10mL 10% NH_4SCN 溶液，继续滴定至蓝色消失即为终点，平行测定 3 份。根据滴定所消耗的 $Na_2S_2O_3$ 溶液的体积计算 Cu 的含量。

【实验结果】

1. $Na_2S_2O_3$ 标准溶液的标定

$$c_{Na_2S_2O_3} = \frac{6 \times (cV)_{K_2Cr_2O_7}}{V_{Na_2S_2O_3}}$$

式中，$c_{Na_2S_2O_3}$ 为 $Na_2S_2O_3$ 标准溶液的浓度，mol · L^{-1}；$c_{K_2Cr_2O_7}$ 为 $K_2Cr_2O_7$ 标准溶液的浓度，mol · L^{-1}；$V_{K_2Cr_2O_7}$ 为滴定中消耗 $K_2Cr_2O_7$ 标准溶液的体积，mL；$V_{Na_2S_2O_3}$ 为滴定中消耗 $Na_2S_2O_3$ 标准溶液的体积，mL。

2. 铜试样测定

$$铜的含量 = \frac{c_{Na_2S_2O_3} \times V_{Na_2S_2O_3} \times M_{Cu}}{m_s \times 1000 \times \frac{1}{10}} \times 100$$

式中，$c_{Na_2S_2O_3}$ 为 $Na_2S_2O_3$ 标准溶液的浓度，mol · L^{-1}；$V_{Na_2S_2O_3}$ 为 $Na_2S_2O_3$ 标准溶液的体积，mL；M_{Cu} 为铜的摩尔质量，g · mol^{-1}；m_s 为试样质量，g。

【思考题】

（1）已知 $E^{\ominus}_{Cu^{2+}/Cu^+} = 0.159V$，$E^{\ominus}_{I_3^-/I^-} = 0.545V$，为何本实验中 Cu^{2+} 却能使 I^- 离子氧化为 I_2？

（2）碘量法测定铜为什么要在弱酸性介质中进行？在用重铬酸钾标定 $Na_2S_2O_3$ 溶液时，先加入 5mL 6mol · L^{-1} 盐酸溶液，而用 $Na_2S_2O_3$ 溶液滴定时却要加入 100mL 蒸馏水稀释，为什么？

（3）标定 $Na_2S_2O_3$ 溶液的基准物质有哪些？以 $K_2Cr_2O_7$ 标准溶液标定 $Na_2S_2O_3$ 溶液时，终点的亮绿色是什么物质的颜色？

4.5　总糖及还原糖的测定

【实验目的】

（1）学习直接滴定法测定还原糖的原理，并掌握其测定的操作技术。

（2）通过对实验结果的分析，了解影响测定准确性的因素。

【实验原理】

将等量的斐林试剂甲液、乙液混合时，立即生成蓝色的氢氧化铜沉淀，这种沉淀与酒石酸钾钠反应，生成深蓝色的可溶性酒石酸钾钠铜配合物。此配合物与还原糖共热时，二价铜即被还原糖还原为一价的氧化亚铜沉淀，氧化亚铜与亚铁氰化钾反应，生成可溶性化合物，达到终点时，稍微过量的还原糖将蓝色的次甲基蓝还原成无色，溶液呈淡黄色而指示滴定终点。根据还原糖标准溶液标定斐林试剂相当于还原糖的质量，以及测定样品液所消耗的体积，计算还原糖含量。

【实验试剂与仪器】

1. 试剂

浓盐酸、斐林试剂甲液［称取 15g 分析纯硫酸铜（$CuSO_4 \cdot 5H_2O$）及 0.05g 次甲基蓝，溶于水中并稀释至 1000mL］、斐林试剂乙液（称取 50g 分析纯酒石酸钾钠、75g 氢氧化钠，溶于煮沸过的水中，再加入 5g 亚铁氰化钾，完全溶解后，用水稀释至 1000mL，储存于橡胶塞玻璃瓶中）、葡萄糖标准溶液（准确称取 1.0000g 的纯葡萄糖，并置于 96℃±2℃的干燥箱中干燥 2h 加水溶解后再加入 5mL 浓盐酸，并以水稀释至 1000mL，此溶液每毫升相当于 1.0mg 葡萄糖）、$3mol \cdot L^{-1}$ HCl、30% NaOH、甲基红。

2. 仪器

定糖滴定装置、250mL 锥形瓶（匹配的胶塞）、50mL 碱式滴定管、500W 电炉。

【实验步骤】

1. 样品处理

称取样品约 1g（精确至 100mg）加水溶解并转移至 250mL 容量瓶中，摇匀，加入 $3mol \cdot L^{-1}$ HCl 15mL，摇匀，置于 70℃水浴 30min，取出冷却，加入 2 滴甲基红，用 30%NaOH 中和（由红变黄），加水稀释至刻度。

2. 斐林试剂的标定

吸取 5.00mL 斐林试剂乙液及 5.00mL 斐林试剂甲液，置于 250mL 锥形瓶中，加水 10mL，加入玻璃珠 2 粒，从滴定管滴加约 9mL 葡萄糖标准溶液，摇匀，置于电炉上加热至沸（要求控制在 2min 内沸腾），然后趁热以每两秒 1 滴的速度继续滴加葡萄糖标准溶液，直至溶液蓝色刚好褪去，溶液呈淡黄色即为终点，记录消耗葡萄糖标准溶液的总体积。

同时平行操作 3 份，后滴定的葡萄糖标准溶液的体积应控制在 0.5～1.0mL，否则增加预加量，重新滴定。

$$A = c \cdot V$$

式中，A 为 10mL 斐林试剂相当于葡萄糖的质量，mg；c 为葡萄糖标准溶液的浓度，$mg \cdot mL^{-1}$；V 为标定时消耗葡萄糖标准溶液的总体积，mL。

3. 样品溶液预备滴定

吸取 5.00mL 斐林试剂乙液及 5.00mL 斐林试剂甲液，置于 250mL 锥形瓶中，加水 10mL，加入玻璃珠 2 粒，摇匀，在电炉上加热至沸，趁热以先快后慢的速度，从滴定管中滴加试样溶液，并保持溶液沸腾状态，待溶液颜色变浅时，以每两秒 1 滴的速度滴定，直至溶液蓝色刚好褪去，溶液呈淡黄色即为终点，记录样品溶液消耗的体积。当样液中还原糖浓度过高时应适当稀释，再进行测定，使每次滴定消耗样液的体积控制在与标定碱性酒石酸铜溶液时所消耗的还原糖标准溶液的体积相近，记录消耗样液的总体积，作为正式滴定参考用。

4. 样品溶液正式滴定

吸取 5.00mL 斐林试剂乙液及 5.00mL 斐林试剂甲液，置于 250mL 锥形瓶中，加水

10mL，加入玻璃珠 2 粒，从滴定管加入比预备测定体积少 1mL 的样品溶液至锥形瓶，摇匀，同上法滴定至终点。同法平行操作 3 份。

【注意事项】

（1）影响测定结果的主要操作因素是反应液碱度、热源强度、煮沸时间和滴定速度。

（2）滴定必须在沸腾条件下进行：一是可以加快还原糖与二价铜的反应速率；二是次甲基蓝变色反应是可逆的，还原型次甲基蓝遇空气中氧时又会被氧化为氧化型。此外，氧化亚铜也极不稳定，易被空气中氧所氧化。

保持反应液沸腾可防止空气进入，避免次甲基蓝和氧化亚铜被氧化而增加耗糖量。

（3）滴定时不能随意摇动锥形瓶，更不能把锥形瓶从热源上取下来滴定，以防空气进入反应液中。

（4）样品溶液预备滴定的目的。

一是本法对样品溶液中还原糖浓度有一定要求（0.1%左右），测定时样品溶液的消耗体积应与标定葡萄糖标准溶液时消耗的体积相近，通过预备滴定可了解样品溶液浓度是否合适，浓度过大或过小应加以调整，使预备滴定时消耗样液量在 10mL 左右。

二是通过预备滴定可知道样液大概消耗量，以便在正式测定时，预先加入比实际用量少 1mL 左右的样液，只留下 1mL 左右样液在续滴定时加入，以保证在 1min 内完成续滴定工作，提高测定的准确度。

（5）终点颜色的变化。次甲基蓝也是一种氧化剂，但在测定条件下氧化能力比 Cu^{2+} 弱，故还原糖先与 Cu^{2+} 反应，Cu^{2+} 完全反应后，稍过量的还原糖才与次甲基蓝指示剂反应，使之由蓝色变为无色，指示到达终点。放置片刻，溶液的颜色由无色变为蓝色。因为无色的次甲基蓝被空气中的氧氧化成蓝色的氧化型次甲基蓝，无需再滴定。

为消除氧化亚铜沉淀对滴定终点观察的干扰，在斐林试剂乙液中加入少量亚铁氰化钾，使之与 Cu_2O 生成可溶性的无色配合物，而不再析出红色沉淀，其反应如下

$$Cu_2O + K_4Fe(CN)_6 + H_2O \longrightarrow K_2Cu_2Fe(CN)_6 + 2KOH$$

（6）测定时先将反应所需样液的绝大部分加入到碱性酒石酸铜溶液中，与其共沸，仅留 1mL 左右由滴定方式加入，而不是全部由滴定方式加入，其目的是使绝大多数样液与碱性酒石酸铜在完全相同的条件下反应，减少因滴定操作带来的误差，提高测定精度。

【实验结果】

$$X = \frac{A}{m \times \frac{V}{250} \times 1000} \times 100$$

式中，X 为试样中还原糖的含量（以某种还原糖计），g · $100g^{-1}$；A 为斐林试剂（甲、乙液各 5mL）相当于某种还原糖的质量，mg；m 为样品的质量，g；V 为测定时平均消耗样品溶液的体积，mL。计算结果表示到小数点后一位。

【思考题】

（1）为什么要进行预备滴定？

（2）为什么滴定过程要保持沸腾？

（3）滴定至终点，蓝色消失，溶液呈红棕色，然后又重新变为蓝紫色，为什么？

4.6　药片中维生素 C 含量的测定

【实验目的】

（1）掌握碘标准溶液标定的方法。

（2）通过维生素 C 的测定掌握直接碘量法的原理、方法和过程。

【实验原理】

维生素 C 又称抗坏血酸，分子式为 $C_6H_8O_6$。维生素 C 具有还原性，可被 I_2定量氧化，因而可用 I_2标准溶液直接测定。其滴定反应式为

$$C_6H_8O_6+I_2 = C_6H_6O_6+2HI$$

用直接碘量法可测定药片、注射液、饮料、蔬菜、水果等的维生素 C 含量。

I_2微溶于水而易溶于 KI 溶液，但在稀的 KI 溶液中溶解得很慢，所以配制 I_2溶液时不能过早加水稀释，应先将 I_2和 KI 混合，用少量水充分研磨，溶解完全后再加水稀释。

I 与 KI 间存在如下平衡：$I_2+I^- = I_3^-$

游离 I_2容易挥发损失，这是影响碘溶液稳定性的原因之一。因此溶液中应维持适当过量的 I^-，以减少 I_2的挥发。空气能氧化 I^-，引起 I_2浓度增加，反应式为

$$4I^-+O_2+4H^+ = 2I_2+2H_2O$$

此氧化作用缓慢，但能被光、热及酸作用而加速，因此 I_2溶液应处于棕色瓶中置冷暗处保存。I_2能缓慢腐蚀橡胶和其他有机物，所以 I_2 应避免与这类物质接触。

由于维生素 C 的还原性很强，较容易被溶液和空气中的氧氧化，在碱性介质中这种氧化作用更强，因此滴定宜在酸性介质中进行，以减少副反应的发生。考虑到 I_2在强酸性中也易被氧化，故一般选在 pH 为 3～4 的弱酸性溶液中进行滴定。

【实验试剂与仪器】

1. 试剂

0.01mol·L^{-1} $Na_2S_2O_3$标准溶液、2mol·L^{-1} HAc、0.5%淀粉溶液、0.05mol·L^{-1} I_2标准溶液（3.3g I_2和 5g KI，置于研钵中加少量水，在通风橱中研磨。待 I_2全部溶解后，将溶液转入棕色试剂瓶中，加水稀释至 250mL，摇匀，放置暗处保存）、维生素 C 药片。

2. 仪器

50mL 酸式滴定管、250mL 锥形瓶、100mL 烧杯、25mL 移液管、10mL 量筒。

【实验步骤】

1. 0.05mol·L^{-1} I_2标准溶液的标定

用移液管移取 25.00mL $Na_2S_2O_3$标准溶液于 250mL 锥形瓶中，加入 50mL 蒸馏水，5mL 0.5%淀粉溶液，然后用 I_2溶液滴定至溶液呈浅蓝色，30s 内不褪色即为终点。平行测定 3 次，计算 I_2溶液的浓度。

2. 维生素 C 含量的测定

准确称取 2g 维生素 C 药片置于 100mL 烧杯中，加入新煮沸过的冷蒸馏水 50mL，将溶液定量转移于 250mL 容量瓶中，加水稀释至刻度，摇匀。用移液管吸取 25.00mL 该溶液于 250mL 锥形瓶中，加入 10mL 2mol · L^{-1} HAc，3mL 0.5%淀粉溶液，立即用 I_2标准溶液滴定至呈现稳定的蓝色即为终点。

记录消耗的 I_2标准溶液的体积，并重复 2～3 次。

【实验结果】

$$维生素C的含量 = \frac{c_{I_2} \cdot V_{I_2} \cdot M_{C_6H_8O_6}}{m_s} \times 100$$

式中，c_{I_2} 为 I_2标准溶液的浓度，mol · L^{-1}；V_{I_2} 为 I_2标准溶液的滴定体积，mL；$M_{C_6H_8O_6}$ 为维生素 C 的摩尔质量，g · mol^{-1}；m_s 为试样质量，g。

【思考题】

（1）在维生素 C 的测定液中，为什么要加入 2mol · L^{-1} HAc?

（2）溶解样品时，为什么要用新煮沸并放冷的蒸馏水?

4.7　食品中钙含量的测定

【实验目的】

（1）了解钙测定的意义和原理。

（2）掌握利用高锰酸钾滴定法测定钙的方法。

【实验原理】

样品灰化后，用盐酸溶解，加草酸铵溶液生成草酸钙沉淀。沉淀经洗涤后，溶解于稀硫酸中，游离出的草酸用高锰酸钾标准溶液滴定，$C_2O_4^{2-}$被氧化为 CO_2。生成的草酸和硫酸钙物质的量相等，从而计算出钙的含量。

$$CaCl_2 + (NH_4)_2C_2O_4 = CaC_2O_4 \downarrow + 2NH_4Cl$$

$$CaC_2O_4 + H_2SO_4 = CaSO_4 + H_2C_2O_4$$

$$5H_2C_2O_4 + 2KMnO_4 + 3H_2SO_4 = K_2SO_4 + 2MnSO_4 + 10CO_2 \uparrow + 8H_2O$$

当溶液中存在 $C_2O_4^{2-}$时，加入高锰酸钾，发生氧化还原反应，红色立即消失，$C_2O_4^{2-}$完全被氧化后，高锰酸钾的颜色不再消失，呈现微红色，即为滴定终点，可以测定钙的含量。

【实验试剂与仪器】

1. 试剂

20%HCl 溶液、20%HAc 溶液、20%NH_4OH 溶液、0.1%甲基红指示剂；4%（NH_4）$_2C_2O_4$ 溶液、2mol · L^{-1} H_2SO_4溶液、$Na_2C_2O_4$（AR）、高氯酸（AR）6mol · L^{-1} H_2SO_4、2% NH_4OH 溶液、0.02mol · L^{-1} $KMnO_4$标准溶液。

2. 仪器

50mL 酸式滴定管、250mL 锥形瓶、100mL 烧杯、25mL 移液管、250mL 容量瓶。

【实验步骤】

1. 0.02mol · L^{-1}高锰酸钾标准溶液的标定

准确称取 0.15～0.20g 已烘干的 $Na_2C_2O_4$ 于 250mL 锥形瓶中，加 40mL 水溶解，加入 10mL 6mol · L^{-1} H_2SO_4溶液，加热至 75～85℃，趁热用 $KMnO_4$标准溶液滴定至微红色不褪即为终点，记录所消耗 $KMnO_4$标准溶液的体积。平行测定 3 次。计算 $KMnO_4$标准溶液的浓度。

2. 样品处理

含钙量低的样品用干法灰化，含钙量高的样品用湿法消化。

(1) 干法灰化：精确称量 3～5g 固体样品，将盛有样品的坩埚放在电炉上小火加热炭化至无黑烟产生。将炭化好的坩埚慢慢移入高温炉（500～600℃），灼烧 2～5h，直至残留物呈灰白色为止。干法灰化后加入 20%HCl 5mL 置水浴锅上蒸干，再加入 20%HCl 5mL 溶解并移入 25 mL 容量瓶中，用热蒸馏水反复洗涤灰化容器，洗液并入容量瓶中，冷却后用蒸馏水定容。

(2) 湿法消化：称取样品 2～5g 于凯氏烧瓶中，加入 10mL 浓硫酸，置电炉上低温加热至黑色黏稠状，继续升温，滴加高氯酸 2mL，若溶液不透明，再加入 1～2mL 高氯酸，至溶液澄清透明后再加热 20min，冷却后移入 50mL 容量瓶定容。

3. 样品测定

准确吸取样液 5mL（含钙 1～10mg）移入 15mL 离心管中，加入甲基红 1 滴，4%草酸铵 2mL，20%乙酸 0.5mL，摇匀，用 20% NH_4OH 调至微蓝色，再用乙酸调至微红色。静置 1h，使沉淀完全析出，离心 15min 去上清液，并用滤纸吸干管内溶液，向离心管加少量 2% NH_4OH，用手指弹动离心管，使沉淀松动，再加入 10mL 2% NH_4OH，离心 20min 去上清液，向沉淀中加入 2mL 2mol · L^{-1}的硫酸，摇匀，于 70～80℃水浴中加热，将沉淀全部溶解，用 0.02mol · L^{-1}高锰酸钾滴定至微红色 30s 不褪色为终点，记录高锰酸钾标准溶液消耗量。

【实验结果】

1. 高锰酸钾标准溶液的标定

$$c_{KMnO_4} = \frac{2 \times m_{Na_2C_2O_4}}{5 \times V_{KMnO_4} \times M_{Na_2C_2O_4}}$$

式中，$m_{Na_2C_2O_4}$ 为 $Na_2C_2O_4$的质量，g；$M_{Na_2C_2O_4}$ 为 $Na_2C_2O_4$ 的摩尔质量，g · mol^{-1}；V_{KMnO_4} 为 $KMnO_4$滴定所耗的体积，mL；c_{KMnO_4} 为 $KMnO_4$标准溶液的浓度，mol · L^{-1}。

2. 钙含量的测定

$$钙含量（mg \cdot 100g^{-1}）= \frac{5c_{KMnO_4} \times V_{KMnO_4} \times M_{Ca}}{2m_s \times \dfrac{V_1}{V_2}} \times 100$$

式中，c_{KMnO_4} 为 $KMnO_4$标准溶液的浓度，mol · L^{-1}；V_{KMnO_4} 为 $KMnO_4$滴定所耗的体积，mL；V_1 为用于测定的样液体积，mL；V_2 为样液定容总体积，mL；m_s 为样品质量，g；M_{Ca} 为钙的摩尔质量，g · mol^{-1}。

【思考题】

溶解样品时用 HCl，而滴定时用 H_2SO_4溶解并控制酸度，这是为什么？

4.8　可溶性氯化物中氯含量的测定

【实验目的】

(1) 学会 $AgNO_3$标准溶液的配制和标定。

(2) 掌握可溶性氯化物中氯含量的测定方法。

【实验原理】

某些可溶性氯化物中氯含量的测定常采用莫尔法。此方法是在中性或弱碱性溶液中，以铬酸钾为指示剂，用硝酸银标准溶液进行滴定。由于氯化银的溶解度比铬酸银小，因此溶液中首先析出氯化银沉淀，当氯化银定量沉淀后，过量的硝酸银溶液与铬酸根生成砖红色铬酸银沉淀，指示到达终点。主要反应如下

$Ag^+ + Cl^- \longrightarrow AgCl\downarrow$ （白色）　　$K_{sp}=1.8\times10^{-10}$

$2Ag^+ + CrO_4^{2-} \longrightarrow Ag_2CrO_4\downarrow$ （砖红色）　　$K_{sp}=2.0\times10^{-12}$

滴定必须在中性或弱碱性溶液中进行，最适宜的 pH 范围为 6.5～10.5。如有铵盐存在，溶液的 pH 最好控制在 6.5～7.2。

指示剂的用量对滴定有影响，一般以 5×10^{-3} mol·L^{-1}为宜。凡是能与 Ag^+生成难溶性化合物或配合物的阴离子都干扰测定，如 PO_4^{3-}，AsO_4^{3-}，AsO_3^{3-}，S^{2-}，SO_3^{2-}，CO_3^{2-}，$C_2O_4^{2-}$等。其中 H_2S 可加热煮沸除去，将 SO_3^{2-} 氧化成 SO_4^{2-} 后不再干扰测定。大量的 Cu^{2+}，Ni^{2+}，Co^{2+}等有色离子将影响终点的观察。凡是能与 CrO_4^{2-} 指示剂生成难溶化合物的阳离子也干扰测定，如 Ba^{2+}、Pb^{2+}能与 CrO_4^- 分别生成 $BaCrO_4$和 $PbCrO_4$沉淀。Ba^{2+}的干扰可加入过量 Na_2SO_4消除。Al^{3+}，Fe^{3+}，Bi^{3+}，Sn^{4+}等高价金属离子在中性或弱碱性溶液中易水解产生沉淀，也不应存在。

【实验试剂与仪器】

1. 试剂

5%铬酸钾溶液、$AgNO_3$标准溶液、NaCl（GR）。

2. 仪器

50mL 酸式滴定管、100mL 容量瓶、250mL 锥形瓶、20mL 移液管、250mL 烧杯、10mL 量筒。

【实验步骤】

1. 0.05mol·L^{-1}硝酸银溶液的配制

称取 1.27g 硝酸银放入 250mL 烧杯中，加入少量蒸馏水溶解后，稀释至 150mL。

2. 硝酸银溶液的标定

准确称取经干燥的氯化钠（GR）1.2～1.4g 置于 100mL 烧杯中，用 30～50mL 蒸馏水溶解后，定量转入 250mL 容量瓶中，加水稀释至刻度，摇匀。用 25mL 移液管吸取此溶液两份，分别装入 250mL 锥形瓶中，加入 5%铬酸钾溶液 2～3 滴，在充分摇动下，用硝酸银溶液滴定至呈砖红色即为终点。

3. 试样测定

准确称取约 4g 试样置于烧杯中，加少量水溶解后定量地转移至 250mL 容量瓶中，用水稀释至刻度，摇匀。用 25mL 移液管吸取试液 3 份，分别置于 250mL 锥形瓶中，加 30mL 水，加入 5%铬酸钾溶液 2～3 滴，在充分摇动下，用硝酸银标准溶液滴定至溶液呈砖红色，即为终点。记录所用硝酸银溶液的体积。

【实验结果】

1. 硝酸银溶液的标定

$$c_{AgNO_3}=\frac{\frac{m_{NaCl}}{M_{NaCl}}\times\frac{25}{250}}{V_{AgNO_3}}\times 1000$$

式中，c_{AgNO_3} 为硝酸银标准溶液的浓度，mol · L^{-1}；m_{NaCl} 为称取氯化钠基准物质的质量，g；M_{NaCl} 为氯化钠的摩尔质量，g · mol^{-1}；V_{AgNO_3} 为滴定中消耗硝酸银标准溶液的体积，mL。

2. 试样测定

$$氯的含量=\frac{c_{AgNO_3}\cdot V_{AgNO_3}\times\frac{M_{Cl}}{1000}\times\frac{250}{25}}{m_S}\times 100$$

式中，c_{AgNO_3} 为硝酸银标准溶液的浓度，mol · L^{-1}；V_{AgNO_3} 为滴定中消耗硝酸银标准溶液的体积，mL；M_{Cl} 为氯的摩尔质量，g · mol^{-1}；m_S 为试样的质量，g。

【思考题】

（1）用莫尔法测定氯时，为什么溶液的 pH 应控制为 6.5～10.5?

（2）以铬酸钾作指示剂时，其浓度太大或太小对测定有何影响?

4.9　沉淀重量法测定氯化钡中钡含量

【实验目的】

（1）了解测定 $BaCl_2\cdot 2H_2O$ 中钡含量的原理和方法。

（2）掌握晶形沉淀的制备、过滤、洗涤、灼烧及恒重等基本操作技术。

【实验原理】

硫酸钡重量法，既可以用于测定 Ba^{2+}，也可用于测定 SO_4^{2-} 的含量。

称取一定量的 $BaCl_2\cdot 2H_2O$，用水溶解，加稀盐酸酸化，加热至微沸，在不断搅拌下，慢慢加入稀、热的硫酸，Ba^{2+}与SO_4^{2-}反应，形成晶形沉淀。沉淀经过陈化、过滤、洗涤、烘干、炭化、灰化灼烧后，以硫酸钡形式称量，可求出二水合氯化钡中钡含量。

Ba^{2+}可生成一系列微溶化合物，如碳酸钡、草酸钡、铬酸钡、磷酸钡、硫酸钡等，其中以硫酸钡溶解度最小，在100mL溶液中，100℃时溶解0.4mg，25℃时仅溶解0.25mg。当过量沉淀剂存在时，溶解度大为减小，可以忽略不计。

硫酸钡重量法一般在0.05mol·L^{-1}左右盐酸介质中进行沉淀，这是为了防止产生碳酸钡、磷酸氢钡以及氢氧化钡共沉淀。同时，适当提高酸度，增加硫酸钡在沉淀过程中的溶解度，以降低其相对过饱和度，有利于获得较好的晶形沉淀。

用硫酸钡重量法测定钡离子时，一般用稀硫酸作沉淀剂。为了使硫酸钡沉淀完全，硫酸必须过量。由于硫酸在高温下可挥发除去，故沉淀带下的硫酸不至于引起误差，因此沉淀剂可以过量50%～100%。如果用硫酸钡重量法测定硫酸根离子时，沉淀剂$BaCl_2$只允许过量20%～30%，因为$BaCl_2$灼烧时不易挥发除去。

$PbSO_4$、$SrSO_4$的溶解度均较小，Pb^{2+}、Sr^{2+}对钡的测定有干扰。硝酸根、高氯酸根、氯离子等阴离子和钾、钠、钙、铁等阳离子均可以引起共沉淀现象，故应严格掌握沉淀条件，减少共沉淀现象，以获得纯净的硫酸钡晶形沉淀。

【实验试剂与仪器】

1. 试剂

1mol·L^{-1}硫酸、0.1mol·L^{-1}硫酸、2mol·L^{-1}盐酸、2mol·L^{-1}硝酸、0.1mol·L^{-1}硝酸银、$BaCl_2 \cdot 2H_2O$（AR）。

2. 仪器

25mL瓷坩埚2个；中速定量滤纸；长颈玻璃漏斗；马弗炉；干燥器；250mL烧杯。

【实验步骤】

1. 称样及沉淀的制备

准确称取两份0.4～0.6g $BaCl_2 \cdot 2H_2O$试样，分别置于250mL烧杯中，加入约100mL水，3mL 2mol·L^{-1}盐酸溶液，搅拌溶解，加热至沸腾。

另取4mL 1mol·L^{-1}硫酸两份于两个100mL烧杯中，加水30mL。加热至近沸，趁热将硫酸溶液分别用小滴管逐滴地加入到两份热的钡盐溶液中，并用玻璃棒不断搅拌，直至两份硫酸溶液加完为止。待硫酸钡沉淀下沉后，于上层清液中加入1～2滴0.1mol·L^{-1}硫酸溶液，仔细观察沉淀是否完全。沉淀完全后，盖上表面皿（切勿将玻璃棒拿出杯外），放置过夜陈化。也可以将沉淀放在水浴或沙浴上，保温40min，陈化。

2. 沉淀的过滤和洗涤

按前述操作，用慢速或中速滤纸倾泻法过滤。用稀硫酸（用1mL 1mol·L^{-1}硫酸加100mL水配成）洗涤沉淀3～4次，每次约10mL。然后，将沉淀定量转移到滤纸上，并用折叠滤纸时撕下的小片滤纸擦拭杯壁，并将此小片滤纸放于漏斗中，再用稀硫酸洗涤4～6次，直至洗涤液中不含氯离子为止（检查方法：用表面皿收集少许滤液，加1滴2mol·L^{-1}硝酸酸化，加入2滴硝酸银，若无白色浑浊产生，表示氯离子已洗净）。

3. 空坩埚的恒重

将两个洁净的瓷坩埚放在800℃±20℃左右的马弗炉中灼烧至恒重。第一次灼烧40min，第二次后每次灼烧20min。

4. 沉淀的灼烧和恒重

将折叠好的沉淀滤纸包置于恒重的瓷坩埚中，经烘干、炭化、灰化后，在马弗炉中（800℃±20℃）灼烧1h。取出置于干燥器内冷却至室温，称量；第二次灼烧15～20min，冷却，称量，如此操作直至恒重。

【实验结果】

计算 $BaCl_2 \cdot 2H_2O$ 中钡的含量。

$$钡的含量 = \frac{m_{BaSO_4} \times \frac{M_{Ba}}{M_{BaSO_4}}}{m_S} \times 100$$

式中，m_{BaSO_4} 为硫酸钡灰分的质量，g；M_{BaSO_4} 为硫酸钡的摩尔质量，$g \cdot mol^{-1}$；M_{Ba} 为钡的摩尔质量，$g \cdot mol^{-1}$；m_S 为试样的质量，g。

【思考题】

（1）为什么要在热溶液中沉淀硫酸钡，但要在冷却后过滤？晶形沉淀为何要陈化？

（2）为什么要在稀热盐酸溶液中且不断搅拌下逐滴加入沉淀剂沉淀硫酸钡？盐酸加入太多有何影响？

（3）什么叫倾泻法过滤？洗涤沉淀时，为什么洗涤液或水都要少量多次？

（4）什么叫灼烧至恒重？

4.10 水泥中 SiO_2、Fe_2O_3、Al_2O_3、CaO 和 MgO 的分析测定

【实验目的】

（1）学习复杂物质分析的方法。

（2）掌握尿素均匀沉淀的分离技术。

【实验原理】

水泥主要由硅酸盐组成。按我国规定，水泥分为硅酸盐水泥（水泥熟料），普通硅酸盐水泥（普通水泥），矿渣硅酸盐水泥（矿渣水泥），火山灰硅酸盐水泥（火山灰水泥），粉煤灰硅酸盐水泥（煤灰水泥）等。水泥熟料是由水泥生料经1400℃以上的高温煅烧而成的。普通硅酸盐水泥由水泥熟料加入适量石膏而成，其成分与水泥熟料相似，可以按水泥熟料化学成分分析方法进行测定。

水泥熟料、未掺和混合材料的普通硅酸盐水泥、碱性矿渣水泥，可以采用酸分解法分析。不溶物含量较高的水泥熟料、酸性矿渣水泥、火山灰水泥等酸性氧化物较高的物质，可以采用碱熔融法。本实验采用的硅酸盐水泥，一般较易为酸分解。

SiO_2的测定可分成容量法和重量法。重量法又因使硅酸凝聚所用物质的不同分为硅酸干涸法、动物胶法、氯化铵法等，本实验采用氯化铵法。

将试样与7～8倍固体氯化铵混合后，再加盐酸溶液分解试样，硝酸氧化Fe^{2+}为Fe^{3+}。经沉淀分离、过滤洗涤后的$SiO_2 \cdot nH_2O$在瓷坩埚中于950℃灼烧至恒重。

本法较标准法约偏高0.2%。若改用铂坩埚在1100℃下灼烧恒重、经氢氟酸处理后，测定结果与标准法结果比较，误差小于0.1%。生产上SiO_2的快速分析常采用氟硅酸钾容量法。

如果不测定SiO_2，则试样经HCl溶液分解、硝酸氧化后，用均匀沉淀法使氢氧化铁、氢氧化铝与钙离子、镁离子分离。以磺基水杨酸为指示剂，用EDTA络合测定Fe；以PAN为指示剂，用硫酸铜标准溶液返滴定法测定Al；Fe、Al含量高时，对钙、镁离子测定有干扰。用尿素分离Fe、Al后，Ca^{2+}、Mg^{2+}是以GBHA或铬黑T为指示剂，用EDTA络合测定法测定。

若试样中含Ti时，则硫酸铜回滴法所测得的实际上是Al、Ti含量。若要测定TiO_2的含量可加入苦杏仁酸解蔽剂，TiY可成为Ti^{4+}，在用标准硫酸铜滴定释放的EDTA。如Ti含量较低时可用比色法测定。

【实验试剂与仪器】

1. 试剂

(1) 0.02mol·L^{-1} EDTA溶液：在台秤上称取4g EDTA，加100mL水溶解后，转移至塑料瓶中，稀释至500mL，摇匀，待标定。

(2) 0.02mol·L^{-1}铜标准溶液：准确称取0.3g纯铜加入3mL 6mol·L^{-1}盐酸溶液，滴加2～3滴双氧水，盖上表面皿，微沸溶解，继续加热赶去过氧化氢。冷却后转入250mL容量瓶中，用水稀释至刻度，摇匀。

(3) 20%溴甲酚绿指示剂：称取20g溴甲酚绿溶于100mL乙醇中。

(4) 10%磺基水杨酸指示剂：称取10g磺基水杨酸钠溶于100mL水中。

(5) 0.3%PAN指示剂：称取0.3g PAN溶于100mL乙醇中。

(6) 0.1%铬黑T指示剂：称取0.1g铬黑T溶于75mL三乙醇胺和25mL乙醇中；

(7) 0.04%GBHA指示剂：称取0.04g GBHA溶于100mL乙醇中。

(8) 氯乙酸-乙酸钠缓冲液（pH=2）：850mL 0.1mol·L^{-1}氯乙酸与500mL 1mol·L^{-1} NaAc混匀。

(9) 氯乙酸-乙酸钠缓冲液（pH=3.5）：250mL 2mol·L^{-1}氯乙酸与500mL 1mol·L^{-1} NaAc混匀。

(10) NaOH强缓冲液（pH=12.6）：10g NaOH与10g $Na_2B_4O_7 \cdot 10H_2O$（硼砂）溶于适量水中，稀释至1L。

(11) 氨水-氯化铵缓冲液（pH=10）：67g NH_4Cl溶于适量水中，加入520mL浓氨水，稀释至1L。

(12) NH_4Cl（固体）。

(13) (1∶1) 氨水。

(14) 20% NaOH。

(15) 0.1mol·L^{-1} $AgNO_3$。

（16）1% NH_4NO_3。

2. 仪器

50mL 酸式滴定管、250mL 锥形瓶、100mL 烧杯、25mL 移液管、10mL 量筒、表面皿、马弗炉、瓷坩埚、干燥器。

【实验步骤】

1. EDTA 溶液的标定

用移液管准确移取 10mL 铜标准溶液，加入 5mL 氯乙酸-乙酸钠缓冲溶液（pH＝3.5）和 35mL 水，加热至 80℃后，加入四滴 PAN 指示剂，趁热用 EDTA 滴定至红色变为绿色，即为终点，记下消耗 EDTA 溶液的体积，平行测定 3 次。计算 EDTA 溶液的浓度。

2. SiO_2的测定

准确称取 0.4g 试样，置于干燥的 50mL 烧杯中，加入 2.5～3g 固体氯化铵，用玻璃棒混匀，滴加浓盐酸溶液至试样全部润湿（一般需 2mL），并滴加 2～3 滴浓硝酸，摇匀。小心压碎块状物，盖上表面皿，置于沸水浴上，加热 10min，加热水约 40mL，搅拌，以溶解可溶性盐类。过滤，用热水洗涤烧杯和沉淀，直至滤液中无氯离子反应为止（用 $AgNO_3$检验），弃去滤液。

将沉淀连同滤纸放入已恒重的瓷坩埚中，低温干燥、炭化并灰化后，于 950℃灼烧 30min 取下，置于干燥器中冷却至室温，称量，直至恒重。计算试样中 SiO_2 的质量分数。

3. Fe_2O_3、Al_2O_3、CaO 和 MgO 的测定

1）溶样

准确称取约 2g 水泥试样于 250mL 烧杯中，加入 8g NH_4Cl，用一端平头的玻璃棒压碎块状物，仔细搅拌 20min。加入 12mL 浓 HCl 溶液，使试样全部湿润，再滴加浓硝酸 4～8 滴，摇匀，盖上表面皿，置于已预热的沙浴上加热 20～30min。直至无黑色或灰色的小颗粒为止。取下烧杯，稍冷后再加热水 40mL，搅拌使盐类溶解。冷却后，连同沉淀一起转移到 500mL 容量瓶中，用水稀释至刻度，摇匀后放置 1～2h，使其澄清。然后用洁净干燥的虹吸管吸取溶液于洁净干燥的 400mL 烧杯中保存，作为测定 Fe、Al、Ca、Mg 等元素之用。

2）Fe_2O_3和 Al_2O_3含量的测定

准确移取 25mL 试液于 250mL 锥形瓶中，加入 10 滴磺基水杨酸指示剂、10mL 氯乙酸-乙酸钠缓冲溶液（pH＝2），将溶液加热至 70℃，用 EDTA 标准溶液缓慢地滴定至由酒红色变为无色（终点时溶液温度应在 60℃左右），记下所消耗的 EDTA 体积。平行滴定 3 次。计算试样中 Fe_2O_3 含量。

于滴定铁后的溶液中，加入 1 滴溴甲酚绿，用（1∶1）氨水调至黄绿色，然后，加入 15.00mL 过量的 EDTA 标准溶液，加热煮沸 1min，加入 10mL 氯乙酸-乙酸钠缓冲溶液（pH＝3.5），4 滴 PAN 指示剂，用硫酸铜标准溶液滴定至茶红色即为终点。记下消耗的硫酸铜标准溶液的体积。平行滴定 3 次。计算试样中 Al_2O_3 含量。

3）CaO 和 MgO 含量的测定

由于铁、铝离子干扰钙、镁离子的测定，需将它们预先分离。为此，取试液 100mL 于 200mL 烧杯中，滴入（1∶1）氨水至红棕色沉淀生成时，再滴加 2mol · L^{-1} 盐酸溶液使沉淀刚好溶解。然后加入 25mL 尿素溶液，加热约 20min，不断搅拌，使 Fe^{3+}、Al^{3+}完全沉淀，趁热过滤，滤液用 250mL 烧杯承接，用 1% NH_4NO_3热水洗涤沉淀至无氯离子为止（用硝酸银

检验）。滤液冷却后，转移至 250mL 容量瓶中，稀释至刻度，摇匀。滤液用于测定 Cu^{2+}、Mg^{2+}。

用移液管移取 25mL 试液于 250mL 锥形瓶中，加入两滴 GBHA 指示剂，滴加 200g · L^{-1} NaOH 使溶液变为微红色后，加入 10mL pH=12.6 的 NaOH 强缓冲液和 20mL 水，用 EDTA 标准溶液滴至由红色变为亮黄色，即为终点。记下消耗的 EDTA 标准溶液体积。平行测定 3 次。计算试样中 CaO 含量。

在测定 CaO 后的溶液中，滴加 2mol · L^{-1} 盐酸溶液至溶液黄色褪去，此时 pH 约为 10，加入 15mL pH=10 的氨缓冲液，2 滴铬黑 T 指示剂，用 EDTA 标准溶液滴至由红色变为纯蓝色，即为终点。记下所消耗 EDTA 标准溶液的体积。平行测定 3 次。计算试样中 MgO 含量。

【实验结果】

1. 计算 EDTA 浓度

$$c_{EDTA} = \frac{W_{Cu} \times \frac{25}{250}}{M_{Cu}} \times \frac{1000}{V_{EDTA}}$$

式中，c_{EDTA} 为 EDTA 标准溶液的浓度，mol · L^{-1}；V_{EDTA} 为 EDTA 标准溶液的体积，L；M_{Cu} 为铜的摩尔质量，g · mol^{-1}；W_{Cu} 为铜标样质量，g。

2. 计算试样中 SiO_2 的质量分数

$$w_{SiO_2} = \frac{m_{SiO_2}}{m_s} \times 100\%$$

式中，w_{SiO_2} 为 SiO_2 的质量分数；m_{SiO_2} 为灰分 SiO_2 质量，g；m_s 为试样的质量，g。

3. 计算 Fe_2O_3 的质量分数

$$w_{Fe_2O_3} = \frac{\frac{1}{2} \times (cV)_{EDTA} \times M_{Fe_2O_3}}{m_s}$$

式中，$w_{Fe_2O_3}$ 为 Fe_2O_3 的质量分数；c_{EDTA} 为 EDTA 标准溶液的浓度，mol · L^{-1}；V_{EDTA} 为 EDTA 标准溶液滴定消耗的体积，L；$M_{Fe_2O_3}$ 为 Fe_2O_3 的摩尔质量，g · mol^{-1}；m_S 为试样的质量，g。

4. 计算 Al_2O_3 质量分数

$$w_{Al_2O_3} = \frac{\frac{1}{2}[(cV)_{EDTA} - (cV)_{CuSO_4}] \times M_{Al_2O_3}}{m_S}$$

式中，$w_{Al_2O_3}$ 为 Al_2O_3 的质量分数；c_{EDTA} 为 EDTA 标准溶液的浓度，mol · L^{-1}；V_{EDTA} 为 EDTA 标准溶液消耗的体积，L；c_{CuSO_4} 为硫酸铜标准溶液的浓度，mol · L^{-1}；V_{CuSO_4} 为硫酸铜标准溶液滴定消耗的体积，L；$M_{Al_2O_3}$ 为 Al_2O_3 的摩尔质量，g · mol^{-1}；m_S 为试样的质量，g。

5. 计算 CaO 的含量

$$\text{CaO 的含量} = \frac{(cV)_{EDTA} \times M_{CaO}}{m_S \times \frac{25.00}{250.00} \times 1000} \times 100$$

式中，c_{EDTA} 为 EDTA 标准溶液的浓度，mol · L^{-1}；V_{EDTA} 为 EDTA 标准溶液滴定消耗的体积，L；M_{CaO} 为 CaO 的摩尔质量，g · mol^{-1}；m_S 为试样的质量，g。

6. 计算 MgO 的含量

$$\text{MgO 的含量} = \frac{(cV)_{EDTA} \times M_{MgO}}{m_S \times \frac{25.00}{250.00} \times 1000} \times 100$$

式中，c_{EDTA} 为 EDTA 标准溶液的浓度，mol · L^{-1}；V_{EDTA} 为 EDTA 标准溶液滴定消耗的体积，L；M_{MgO} 为 MgO 的摩尔质量，g · mol^{-1}；m_S 为试样的质量，g。

【思考题】

(1) 在 Cu^{2+}、Mg^{2+}、Fe^{3+}、Al^{3+} 共存时，能否用 EDTA 标准溶液控制酸度法滴定 Fe^{3+}？滴定 Fe^{3+} 的介质酸度范围为多大?

(2) EDTA 滴定时，为什么采用回滴法?

(3) EDTA 滴定 Cu^{2+}、Mg^{2+} 时，怎么消除 Fe^{3+}、Al^{3+} 的干扰?

(4) EDTA 滴定 Cu^{2+}、Mg^{2+} 时，怎么利用 GBHA 指示剂的性质调节溶液 pH?

4.11　水样中化学需氧量的测定

【实验目的】

(1) 理解化学需氧量的基本概念。

(2) 掌握测定化学需氧量的原理和技术。

【实验原理】

化学需氧量（COD）是指在一定条件下，氧化 1L 水样中还原性物质所消耗的氧化剂的量，以氧 mg · L^{-1} 表示。水中的还原性物质，包括有机物和亚硝酸盐、亚铁盐、硫化物等无机物。通常污水中的有机物含量远远大于水中的无机还原物，因此可认为 COD 是有机污染物相对含量的综合指标之一，但只能反映能被氧化剂氧化的有机物。

测定废水的化学需氧量，我国规定用重铬酸钾法，其他方法有库仑滴定法、快速密闭催化消解法、氯气校正法等。

重铬酸钾法（COD_{Cr}）是在强酸性溶液中，准确加入过量的重铬酸钾标准溶液，并在强酸介质下以银盐作催化剂，经沸腾回流后，将水样中还原性物质氧化，过量的重铬酸钾以试亚铁灵作指示剂，用硫酸亚铁铵标准溶液滴定水样中未被还原的重铬酸钾，根据所消耗重铬酸钾标准溶液的量来计算水样的化学需氧量。

酸性重铬酸钾氧化性很强，可氧化大部分有机物，加入硫酸银作催化剂时，直链脂肪族化合物可有效地被氧化，而芳烃和吡啶难以被氧化，挥发性直链脂肪族化合物、苯等有机物存在于蒸气相，不能与氧化剂液体接触，氧化不明显。

该方法适用于各种类型的含 COD 值大于 30mg · L^{-1} 的水样，对未经稀释的水样的测定上限为 700mg · L^{-1}，超过水样稀释测定。当氯离子含量超过 1000mg · L^{-1} 时，COD 的最低允许值为 250mg · L^{-1}，低于此值结果的准确度就不可靠。

【实验试剂与仪器】

1. 试剂

(1) 0.2500mol · L^{-1} 重铬酸钾标准溶液：称取预先在 105℃ 干燥 2h 的基准或优质重铬酸钾 12.258g 溶于水中，移入 1000mL 容量瓶内，稀释至标线，摇匀。

(2) 试亚铁灵指示液：称取 1.485g 邻菲啰啉（$C_{12}H_8N_2 \cdot H_2O$）、0.695g 硫酸亚铁（$FeSO_4 \cdot 7H_2O$）溶于水中，稀释至 100mL，贮于棕色瓶内。

(3) 0.10mol・L^{-1}硫酸亚铁铵标准溶液：称取 39.5g 硫酸亚铁铵溶于水中，边搅拌边缓慢加入 20mL 浓硫酸，冷却后移入 1000mL 容量瓶中，加水稀释至标线，摇匀。临用前，用 0.2500mol・L^{-1}重铬酸钾标准溶液标定。

(4) 硫酸银-硫酸试剂：于 500mL 浓硫酸中加入 5g 硫酸银。放置 1～2d，不时摇动使其溶解，并混匀，使用前小心摇动。

(5) 硫酸汞（$HgSO_4$）：结晶或粉末（CP）。

(6) 硫酸（H_2SO_4）：ρ=1.84g・mL^{-1}。

(7) 防暴沸玻璃珠。

2. 仪器

250mL 全玻璃回流装置（如取水样在 30mL 以上，用 500mL 全玻璃回流装置）、电炉、25mL 或 50mL 酸式滴定管、250mL 锥形瓶、10mL 和 20mL 移液管、1000mL 容量瓶。

【实验步骤】

1. 硫酸亚铁铵标准溶液的标定

准确吸取 10.00mL 0.2500mol・L^{-1}重铬酸钾标准溶液于 250mL 锥形瓶中，加水稀释至约 100mL，缓慢加入 30mL 浓硫酸，混匀。冷却后，加入 3 滴（约 0.15mL）试亚铁灵指示剂，用 0.10mol・L^{-1}硫酸亚铁铵标准溶液滴定，溶液的颜色由黄色经蓝绿色变为红褐色，即为终点。记录下硫酸亚铁铵消耗的体积 V。平行测定 3 次。

2. 水样的测定

(1) 水样采集于玻璃瓶中，应尽快分析。如不能立即分析时，应加入浓硫酸至 pH<2，置 4℃下保存。但保存时间不多于 5d。采集水样的体积不得少于 100mL。

(2) 取 20.00mL 混合均匀的水样（或适量水样稀释至 20.00mL）置于 250mL 磨口回流锥形瓶中，准确加入 10.00mL 重铬酸钾标准溶液和几颗防暴沸玻璃珠或沸石，摇匀。连接磨口回流冷凝管，接通冷凝水。从冷凝管上端缓慢加入 30mL 硫酸银-硫酸试剂，以防止低沸点有机物的逸出，轻轻摇动锥形瓶使溶液混合均匀，自溶液开始沸腾起回流 2h。

(3) 冷却后，用 20～30mL 水自冷凝管上端冲洗冷凝管后，取下锥形瓶，再用水稀释至 140mL 左右。否则因酸度太大，滴定终点不明显。

(4) 溶液冷却至室温后，加入 3 滴试亚铁灵指示剂，用硫酸亚铁铵标准溶液滴定，溶液的颜色由黄色经蓝绿色变为红褐色，即为终点，记录下硫酸亚铁铵标准溶液消耗的体积 V_2。

3. 空白实验

测定水样的同时，取 20.00mL 蒸馏水代替水样，按同样操作步骤作空白试验。记录下滴定空白时硫酸亚铁铵标准溶液消耗的体积 V_1。

【注意事项】

(1) 本实验的主要干扰物为氯化物，可加入硫酸汞部分地除去，经回流后，氯离子可与硫酸汞结合成可溶性氯汞络合物。

(2) 对于化学需氧量小于 50mg·L^{-1}的水样，应改用 0.0250mol·L^{-1}重铬酸钾标准溶液。回滴时用 0.01mol·L^{-1}硫酸亚铁铵标准溶液。

(3) 水样加热回流后，溶液中重铬酸钾剩余量应为加入量的 1/5～4/5 为宜。

(4) 用邻苯二甲酸氢钾（$HOOCC_6H_4COOK$）标准溶液检查试剂的质量和操作技术时，由于每克邻苯二甲酸氢钾的理论 COD_{Cr}值为 1.176g，所以溶解 0.4251g 邻苯二甲酸氢钾于重蒸馏水中，转入 1000mL 容量瓶，用重蒸馏水稀释至标线，使之成为 500mg·L^{-1}的 COD_{Cr}标准溶液。用时新配。

【实验结果】

1. 硫酸亚铁铵标准溶液的标定

$$c=\frac{0.2500\times 10.00}{V}$$

式中，c 为硫酸亚铁铵标准溶液的浓度，mol·L^{-1}；V 为滴定时消耗的硫酸亚铁铵标准溶液的体积，mL。

2. 水样的测定

$$COD_{Cr}（O_2，mg\cdot L^{-1}）=\frac{c（V_1-V_2）\times 8000}{V_0}$$

式中，c 为硫酸亚铁铵标准溶液的浓度，mol·L^{-1}；V_1为空白试验所消耗的硫酸亚铁铵标准滴定溶液的体积，mL；V_2为滴定水样时所消耗的硫酸亚铁铵标准滴定溶液的体积，mL；V_0为水样的体积，mL；8000 为$\frac{1}{4}O_2$的摩尔质量以 mg·L^{-1}为单位的换算值。测定结果一般保留三位有效数字。

【思考题】

(1) 氯化物对 COD_{Cr}的测定有何影响？如何消除？

(2) 加硫酸银-硫酸试剂时，为何要从冷凝管上口缓慢加入？

(3) 在加热回流过程中，若溶液颜色变成蓝绿色该如何处理？为什么？

4.12　阳离子交换树脂交换容量的测定

【实验目的】

(1) 理解离子交换树脂交换容量的基本概念。

(2) 掌握酸碱滴定法测定强酸性阳离子交换树脂总交换容量的原理和技术。

【实验原理】

离子交换分离法是利用离子交换剂与溶液中的离子之间所发生的交换反应来进行分离的方法。离子交换剂可分为无机离子交换剂和有机离子交换剂两大类，有机离子交换剂常称为离子交换树脂。离子交换树脂是一种高分子聚合物，具有网状结构。在离子交换树脂的网状结构的骨架上，有许多可以与溶液中离子起交换作用的活性基团，如—SO_3H、

—COOH、=NOH 等。

交换容量是离子交换树脂的重要性能之一，它能定量地表示树脂交换能力的大小。离子交换树脂的交换容量是指每克干燥树脂或每毫升溶胀后的树脂所能交换的物质的量，用 $mmol \cdot g^{-1}$（干树脂）或 $mmol \cdot mL^{-1}$（湿树脂）表示。树脂的交换容量取决于网状骨架内所含有活性基团的数目。

交换容量可分为总交换容量和工作交换容量。总交换容量是树脂内所有可交换离子全部发生交换时的交换容量，也称为极限交换容量。工作交换容量是指在一定操作条件（离子浓度、溶液酸度等）实际所交换的容量，它的大小不是固定不变的，而是与溶液的离子浓度、树脂床的高度、流速、树脂粒度的大小，以及交换基团类型等因素有关。

本实验是用酸碱滴定法测定强酸性阳离子交换树脂的总交换容量。当一定量的氢型阳离子交换树脂 RH 与一定量过量的 NaOH 标准溶液混合，静态放置一定时间，达到平衡时

$$RH + NaOH = RNa + H_2O$$

用 HCl 标准溶液滴定过量的 NaOH，即可求出树脂的总交换容量。

【实验试剂与仪器】

1. 试剂

强酸性阳离子交换树脂 732 型、$0.1mol \cdot L^{-1}$ NaOH 标准溶液（标定同实验 3.2）、$0.1mol \cdot L^{-1}$ HCl 标准溶液（标定同实验 3.2）、$3mol \cdot L^{-1}$ HCl、0.2%酚酞乙醇溶液。

2. 仪器

分析天平、50mL 酸式滴定管、250mL 具塞锥形瓶、25mL 和 100mL 移液管。

【实验步骤】

1. 树脂的预处理

市售的阳离子交换树脂，一般为钠型（RNa），使用前须将树脂用酸处理，使它转变为氢型（RH）：

$$RNa + H^+ \longrightarrow RH + Na^+$$

称取 20g 阳离子交换树脂于烧杯中，加入 150mL $3mol \cdot L^{-1}$ HCl，搅拌，浸泡 1～2d。倾出上层 HCl 溶液（带黄色），换新鲜 $3mol \cdot L^{-1}$ HCl 100mL 再泡 1～2d，倾出上层 HCl 溶液。用蒸馏水漂洗树脂至中性，抽滤，即得到氢型阳离子交换树脂 RH。

2. 氢型树脂 RH 的干燥

将预处理好的树脂用滤纸压干后，装于培养皿中，在 105℃下烘干 1h，取出放置在干燥器中冷却至室温，称重得 m_1。然后再将树脂置于 105℃的烘箱中烘 0.5h，取出，冷却，称重得 m_2，直至恒重为止。

3. 静态交换平衡

准确称取上述烘干至恒重的树脂 1.0g（准确至 0.0001g），置于干燥的 250mL 具塞锥形瓶中，用移液管准确加入 $0.1mol \cdot L^{-1}$ NaOH 标准溶液 100.00mL，摇匀，将瓶塞盖严。要求树脂全部浸入溶液中，放置 24h，使之达到交换平衡。

4. 过量 NaOH 溶液的滴定

用移液管从具塞锥形瓶中准确移取 25.00mL 浸泡液（不得吸出树脂颗粒），置于 250mL

锥形瓶中，加入 2 滴酚酞指示剂，用 0.1mol · L^{-1} HCl 标准溶液滴定至红色刚好褪去，即为终点，记录消耗的 HCl 体积，平行滴定 3 份。

【注意事项】

所有用过的树脂回收在一个烧杯中，统一进行再生处理。

【实验结果】

树脂总交换容量 Q 计算公式如下

$$Q(\text{mmol} \cdot \text{g}^{-1}) = \frac{[(cV)_{\text{NaOH}} - (cV)_{\text{HCl}}] \times \frac{100}{25}}{\text{干树脂的质量 } m}$$

【思考题】

（1）试设计测定强碱性阴离子交换树脂交换容量的方法。

（2）离子交换柱的形状大小（柱高、柱内径大小）对分离效果有何影响？

（3）离子交换树脂可以反复使用吗？如何使树脂再生？

4.13 溶解氧的测定

【实验目的】

（1）理解溶解氧的基本概念。

（2）掌握碘量法测定溶解氧的原理和技术。

【实验原理】

溶解于水中的分子态氧称为溶解氧（DO）。溶解氧来源于大气中 21% 氧在水中的溶解、水生生物的新陈代谢等，其含量与大气压力、水温及含盐量等因素有关。清洁地表水溶解氧接近饱和；当有大量藻类繁殖时，由于光合作用溶解氧可能过饱和；当水体受到有机物质、无机还原性物质污染时，溶解氧下降，甚至趋于零，此时厌氧细菌繁殖活跃，水质恶化。水中溶解氧含量严重不足时，水生动植物会因缺氧而死亡，溶解氧是水生动植物的生命源泉。因此，溶解氧的变化在一定程度上反映了水体受污染的程度。

测定水中溶解氧（DO）的方法有多种，如 GB/T7489—1987 中的碘量法、GB11913—1989 中的电化学探头法、GB1576—2001 中的比色法等。其中碘量法因其方法易于操作、成本低等特点而被广泛应用。

碘量法是在水样中加入硫酸锰和碱性碘化钾，水中溶解氧将低价锰氧化成高价锰，生成四价锰的氢氧化物棕色沉淀。加酸后，氢氧化物沉淀溶解形成可溶性四价锰 $Mn(SO_4)_2$，$Mn(SO_4)_2$ 与碘离子反应释出与溶解氧量相当的游离碘，以淀粉作指示剂，用硫代硫酸钠标准溶液滴定释出碘，可计算溶解氧的含量。

$$MnSO_4 + 2NaOH = Mn(OH)_2 \downarrow (\text{白色}) + Na_2SO_4$$

$$2Mn(OH)_2 + O_2 = 2MnO(OH)_2 \downarrow (\text{棕色})$$

$$MnO(OH)_2 + 2H_2SO_4 = Mn(SO_4)_2 + 3H_2O$$

$$Mn(SO_4)_2 + 2KI = MnSO_4 + I_2 + K_2SO_4$$

$$2Na_2S_2O_3 + I_2 = Na_2S_4O_6 + 2NaI$$

易氧化的有机物，如丹宁酸、腐殖酸和木质素等会对测定产生干扰；可氧化的硫的化合物，如硫化物、硫脲，也产生干扰。当含有这类物质时，宜采用电化学探头法。如存在氧化物质或还原物质，需改进测定方法。

碘量法是测定水中溶解氧的基准方法。在没有干扰的情况下，此方法适用于各种溶解氧浓度大于 0.2mg·L^{-1}和小于氧的饱和浓度两倍（约 20mg·L^{-1}）的水样。

【实验试剂与仪器】

1. 试剂

（1）（1∶1）硫酸溶液：把 500mL 浓硫酸（H_2SO_4，ρ=1.84g·mL^{-1}）在不断搅拌下缓缓加入到 500mL 水中。

（2）（1∶5）硫酸溶液。

（3）48%二价硫酸锰溶液：称取 480g 硫酸锰（$MnSO_4\cdot 4H_2O$ 或 364g $MnSO_4\cdot H_2O$）溶于水中，稀释至 1000mL。过滤不澄清的溶液。此溶液加至酸化过的碘化钾溶液中，遇淀粉不得产生蓝色。

（4）碱性碘化钾溶液：称取 500g NaOH 溶于 300～400mL 水中，另称取 150g KI（或 135g NaI）溶于 200mL 水中，待 NaOH 溶液冷却后，将两溶液合并混匀，用水稀释至 1000mL。如有沉淀，静置 24h，倒出上层澄清液，贮于棕色瓶中。用橡皮塞塞紧，避光保存。此溶液酸化后，遇淀粉不得产生蓝色。

（5）1%淀粉溶液：称取 1g 可溶性淀粉，用少量水调成糊状，用刚煮沸的水冲稀至 100mL。冷却后，加入 0.1g 水杨酸或 0.4g $ZnCl_2$防腐。

（6）重铬酸钾 $c_{1/6K_2Cr_2O_7}=0.02500$mol·$L^{-1}$标准溶液：称取于 105～110℃烘干 2h 并冷却的 $K_2Cr_2O_7$ 1.2258g，溶于水中，转移至 1000mL 容量瓶中，用水稀释至刻线，摇匀。

（7）硫代硫酸钠 $c_{Na_2S_2O_3}\approx 0.025$mol·$L^{-1}$标准溶液：将 6.2g 五水合硫代硫酸钠（$Na_2S_2O_3\cdot 5H_2O$）溶解于新煮沸并冷却的水中，再加 0.2g 碳酸钠（Na_2CO_3），并稀释至 1000mL。溶液贮存于深色玻璃瓶中，在暗处放置 7～14d 后标定。

（8）碘化钾。

2. 仪器

250～300mL 溶解氧瓶、25mL 或 50mL 酸式滴定管、250mL 锥形瓶、2mL 吸量管、20mL 和 100mL 移液管。

【实验步骤】

1. 硫代硫酸钠标准溶液的标定

于 250mL 碘量瓶中，加入 100mL 水和 1g KI，用移液管吸取 10.00mL 0.02500mol·L^{-1} $K_2Cr_2O_7$标准溶液、5mL（1∶5）H_2SO_4溶液，盖上塞子，摇匀。置于暗处 5min，取出后用待标定的硫代硫酸钠溶液滴定至由棕色变为淡黄色时，加入 1mL 淀粉溶液，继续滴定至蓝色刚好褪去为止，记录消耗的硫代硫酸钠标准溶液的体积。平行测定 3 份。

2. 水样的测定

(1) 样品的采集：采集水样时，先用水样冲洗溶解氧瓶后，沿瓶壁直接注入水样或用虹吸法将细管插入溶解氧瓶底部，最后注满瓶子，并溢流出瓶容积的 1/3～1/2。要注意不使水样曝气或有气泡残存在溶解氧瓶中。

(2) 溶解氧的固定：取样后，在现场立即向盛有样品的溶解氧瓶中加入 1mL 二价硫酸锰溶液和 2mL 碱性碘化钾溶液。使用细尖头的吸量管，将试剂加到液面以下，小心盖上塞子，避免把空气泡带入。将溶解氧瓶上下颠倒转动几次，使瓶内的成分充分混合，静置沉淀最少 5min，然后再重新颠倒混合，保证混合均匀。

(3) 析出碘：确保所形成的沉淀物已沉降在溶解氧瓶下 1/3 部分。轻轻打开瓶塞，立即用吸量管插入液面下慢速加入 1.5mL（1∶1）硫酸溶液，盖紧瓶塞，摇动瓶子，直至沉淀物完全溶解，并且碘均匀分布。放置暗处静置 5min。

(4) 滴定：用移液管吸取 100.00mL 上述溶液于 250mL 锥形瓶中，用硫代硫酸钠标准溶液滴定至溶液呈淡黄色，加入 1mL 淀粉溶液，继续滴定至蓝色刚刚褪去，记录硫代硫酸钠标准溶液消耗的体积。平行做 2 份。

【注意事项】

(1) 当水样中含有亚硝酸盐时会干扰测定，可加入叠氮化钠（剧毒）使水中亚硝酸盐分解而消除干扰，其加入方法是预先将叠氮化钠加入碱性碘化钾溶液中。

(2) 如水样中含亚铁离子达 100～200mg · L^{-1}时，可加入 1mL 40%氟化钾溶液消除干扰。

(3) 如水样中含氧化性物质（如游离氯等），应预先加入相当量的硫代硫酸钠去除。

【实验结果】

1. 硫代硫酸钠标准溶液的标定

$$c=\frac{10.00\times 0.02500}{V}$$

式中，c 为硫代硫酸钠标准溶液的浓度，mol · L^{-1}；V 为滴定时消耗硫代硫酸钠的体积，mL。

2. 水样的测定

$$c_1=\frac{cV\times 8\times 1000}{V_{水}}$$

式中，c_1为水中溶解氧的浓度，mg · L^{-1}；c 为硫代硫酸钠标准溶液的浓度，mol · L^{-1}；V 为硫代硫酸钠标准溶液的滴定量，mL；$V_{水}$ 为水样的体积，mL；8 为氧（1/4O_2）的摩尔质量，g · mol^{-1}。

结果取一位小数。

【思考题】

(1) 取水样时溶解氧瓶内为什么不能含有气泡?

(2) 固定溶解氧时为什么要将吸量管插入液面下加入试剂?

(3) 标定 $Na_2S_2O_3$标准溶液的基准物质有哪些? 以 $K_2Cr_2O_7$标定 $Na_2S_2O_3$时终点蓝色褪去后，溶液呈什么颜色? 这是什么物质的颜色?

4.14 生活污水中氨氮的测定

【实验目的】

(1) 掌握水样中氨氮测定的预处理方法。

(2) 掌握用纳氏试剂分光光度法测定氨氮的原理和技术。

【实验原理】

氨氮以游离氨（NH_3）或铵盐（NH_4^+）的形式存在于水中，两者的组成比取决于水的 pH 和水温。当 pH 偏高时，游离氨的比例较高。反之，则铵盐的比例高，水温则相反。水中氨氮的来源主要为生活污水中含氮有机物在微生物作用下的分解产物、焦化废水和合成氨化肥厂工业废水，以及农田排水。氨氮对水体造成了污染，使鱼类死亡，或形成亚硝酸盐危害人类的健康。所以氨氮是评价水体污染和“自净”状况的重要指标。

在国外发达国家，采用流动注射技术测定水中的氨氮。我国采用纳氏试剂分光光度法测定（HJ 535—2009），该法适用于地表水、地下水、生活污水和工业废水中氨氮的测定。水样中含有悬浮物、余氯、钙镁等金属离子、硫化物和有机物时会产生干扰。在显色时加入适量的酒石酸钾钠溶液，可消除钙镁等金属离子的干扰；若水样浑浊或有颜色时可用预蒸馏法或絮凝沉淀法处理。

纳氏试剂分光光度法的测定原理是碘化汞和碘化钾的碱性溶液（纳氏试剂）与氨反应生成淡红棕色络合物，该络合物的吸光度与氨氮含量成正比，于波长 420nm 处测量吸光度，其检出限为0.025mg · L^{-1}。

【实验试剂与仪器】

1. 试剂

配制试剂用水均应为无氨水。

(1) 无氨水可选用下列方法之一进行制备：

①蒸馏法：每 1000mL 蒸馏水中，加 0.1mL 浓硫酸，在全玻璃蒸馏器中重蒸馏，弃去前 50mL 馏出液，然后将 800mL 馏出液收集在带磨口玻璃塞的玻璃瓶内。每升馏出液加 10g 强酸型阳离子交换树脂（氢型），以利于保存。

②离子交换法：使蒸馏水通过强酸型阳离子交换树脂（氢型）柱，将流出液收集在带磨口玻璃塞的玻璃瓶内。每升馏出液加 10g 同样的树脂。

(2) 1mol · L^{-1} HCl 溶液。

(3) 1mol · L^{-1} NaOH 溶液。

(4) 轻质氧化镁（MgO）：将氧化镁在 500℃下加热，以除去碳酸盐。

(5) 0.05%溴百里酚蓝指示剂：称取 0.05g 溴百里酚蓝于 50mL 水中，加入 10mL 无水乙醇，用水稀释至 100mL。

(6) 防暴沸玻璃珠。

(7) 吸收液：

①硼酸溶液：称取 20g 硼酸溶于水中，稀释至 1L。

②0.01mol·L^{-1}硫酸溶液。

（8）纳氏试剂：可选择下列方法之一制备。

①二氯化汞-碘化钾-氢氧化钾（$HgCl_2$-KI-KOH）溶液：称取 5.0g 碘化钾（KI）溶于约 10mL 水中，边搅拌边分次少量加入二氯化汞（$HgCl_2$）结晶粉末（约 2.5g），直到溶液呈深黄色或出现淡红色沉淀溶解缓慢时，充分搅拌混合，并改为滴加饱和二氯化汞溶液，当出现微量朱红色沉淀不再溶解时，停止滴加二氯化汞溶液。

另称取 15.0g 氢氧化钾（KOH），溶于 50mL 水中，冷却至室温后，将上述溶液徐徐注入氢氧化钾溶液中，用水稀释至 100mL，混匀。静置过夜将上清液移入聚乙烯瓶中，密塞保存。

②碘化汞-碘化钾-氢氧化钠（HgI_2-KI-NaOH）溶液：称取 16.0g 氢氧化钠（NaOH），溶于 50mL 水中，充分冷却至室温。

另称取 7.0g 碘化钾（KI）和 10.0g 碘化汞（HgI_2）溶于水中，然后将此溶液在搅拌下缓慢加入上述 50mL 氢氧化钠溶液中，用水稀释至 100mL，贮于聚乙烯瓶中，密塞保存。

（9）酒石酸钾钠溶液：称取 50g 酒石酸钾钠（$KNaC_4H_4O_6 \cdot 4H_2O$）溶于 100mL 水中，加热煮沸以除去氨，放冷，定容至 100mL。

（10）氨氮标准贮备溶液：称取 3.819g 经 100～105℃干燥 2h 的优级纯氯化铵（NH_4Cl）溶于水中，移入 1000mL 容量瓶中，稀释至标线。此溶液每毫升含 1.00mg 氨氮。

（11）氨氮标准使用溶液：移取 5.00mL 氨氮标准贮备液于 500mL 容量瓶中，用水稀释至标线。此溶液每毫升含 0.010mg 氨氮。

2. 仪器

带氮球的定氮蒸馏装置：500mL 凯氏烧瓶、氮球、直形冷凝管和导管；722S 型分光光度计；50mL 比色管；250mL 容量瓶。

【实验步骤】

1. 水样的采集与保存

水样采集在聚乙烯瓶或玻璃瓶内，要尽快分析。如需保存，应加硫酸使水样酸化至 pH<2，2～5℃下可保存 7d。

2. 水样预处理

取 250mL 水样（如氨氮含量较高，可取适量并加水至 250mL，使氨氮含量不超过 2.5mg），移入凯氏烧瓶中，加数滴溴百里酚蓝指示剂，用氢氧化钠溶液或盐酸溶液调整 pH 至 7 左右（溶液由无色到刚出现蓝色）。加入 0.25g 轻质氧化镁，并加入数粒玻璃珠，立即连接氮球和冷凝管，导管下端插入 50mL 硼酸吸收液液面下。加热蒸馏，使馏出液速率为 10mL·min^{-1}，待馏出液达 200mL 时，停止蒸馏，先用蒸馏水冲洗冷凝管，将馏出液转移到容量瓶中，冲洗烧杯 3～4 遍，定容至 250mL。

3. 标准曲线的绘制

在 8 支 50mL 比色管中，分别加入 0.0mL、0.50mL、1.00mL、2.00mL、4.00mL、6.00mL、8.00mL、10.0mL 氨氮标准使用溶液，加蒸馏水至标线，加 1.0mL 酒石酸钾钠溶液，混匀。加 1.5mL 纳氏试剂，混匀。放置 10min 后，在波长 420nm 处，用 20mm 比色皿，以蒸馏水为参比，测定吸光度。

4. 水样的测定

分取适量经蒸馏预处理定容后的馏出液，加入 50mL 比色管中，加一定量 $1mol \cdot L^{-1}$氢氧化钠溶液调节水样至中性，稀释至标线。按与标准曲线相同的步骤测量吸光度。

5. 空白试验

以无氨水代替水样，按与样品相同的步骤进行预处理和测定。

【注意事项】

（1）在蒸馏刚开始时，氨气蒸出速度较快，加热不能过快，否则造成水样暴沸，馏出液温度升高，氨吸收不完全。馏出液速率应保持在 $10mL \cdot min^{-1}$。

（2）蒸馏过程中。某些有机物可能与氨同时馏出，对测定仍有干扰，其中有些物质（如甲醛）可以在酸性条件（pH<1）下煮沸除去。

（3）纳氏试剂中碘化汞与碘化钾的比例，对显色反应的灵敏度有较大影响。静置后生成的沉淀应除去。

（4）试剂空白的吸光度应不超过 0.030（10mm 比色皿）。

【实验结果】

1. 绘制标准曲线

以标准溶液空白校正后的吸光度为纵坐标，以其对应氨氮含量（μg）为横坐标，绘制标准曲线。

2. 水样中氨氮浓度的计算

$$\rho_N = \frac{A_s - A_b - a}{b \times V}$$

式中，ρ_N为水样中氨氮的质量浓度，$mg \cdot L^{-1}$，以氮计；A_s为水样的吸光度；A_b为空白试验的吸光度；a 为标准曲线的截距；b 为标准曲线的斜率；V 为水样的体积，mL。

【思考题】

（1）为什么对水样要进行蒸馏预处理？

（2）蒸馏操作中为什么要将导管下端插入吸收液液面下？怎样避免发生倒吸？

（3）取适量经蒸馏预处理定容后的馏出液加入 50mL 比色管中进行比色测定，这个“适量”以什么为准？

第五章　化合物的制备

5.1　硫酸亚铁铵的制备

【实验目的】

（1）学习制备复盐的一种方法。

（2）练习无机制备中溶解、蒸发、结晶、过滤等基本操作。

（3）学习用目测比色法检验产品的质量等级。

【实验原理】

1. 硫酸亚铁铵的制备

硫酸亚铁铵 $(NH_4)_2Fe(SO_4)_2 \cdot 6H_2O$ 俗称摩尔盐，为浅绿色单斜晶体，易溶于水，难溶于乙醇。在空气中比一般的亚铁盐稳定，不易被氧化，因此在分析化学中有时被用作氧化还原滴定法的基准物。

由 $(NH_4)_2SO_4$、$FeSO_4$ 和硫酸亚铁铵在水中的溶解度数据可知，硫酸亚铁铵溶解度较小，所以，很容易从浓的 $FeSO_4$ 和 $(NH_4)_2SO_4$ 混合液中制得结晶的摩尔盐 $(NH_4)_2Fe(SO_4)_2 \cdot 6H_2O$。

本实验用金属铁与稀硫酸反应，得到硫酸亚铁溶液，反应式如下

$$Fe + H_2SO_4 = FeSO_4 + H_2 \uparrow$$

然后加入与硫酸亚铁等物质的量的硫酸铵，制成混合溶液。通过加热浓缩，冷却到室温，便可以得到以上两种盐等摩尔作用生成的、溶解度较小的硫酸亚铁铵复盐晶体，反应式如下

$$FeSO_4 + (NH_4)_2SO_4 + 6H_2O = FeSO_4 \cdot (NH_4)_2SO_4 \cdot 6H_2O$$

2. 目测比色法测定 Fe^{3+} 的含量

用目测比色法可半定量的判断产品中所含杂质的量。Fe^{3+} 能与 KSCN 生成血红色的配合物，反应式如下

$$Fe^{3+} + nSCN^- = [Fe(SCN)_n]^{3-n}$$

Fe^{3+} 越多，血红色越深。因此，称取一定量制备的硫酸亚铁铵晶体，在比色管中与 KSCN 溶液反应，制成待测溶液。将它所呈现的红色与含一定量 Fe^{3+} 所配制的标准溶液的红色进行比较，以确定产品的等级。

【实验试剂与仪器】

1. 试剂

$2mol \cdot L^{-1}$ HCl 溶液、$3mol \cdot L^{-1}$ H_2SO_4 溶液、10% Na_2CO_3 溶液、$1mol \cdot L^{-1}$ KSCN 溶液、$0.1000g \cdot L^{-1}$ Fe^{3+} 标准溶液、铁屑、硫酸铵（固体）、95%乙醇。

2. 仪器

台秤、酒精灯、铁架台及铁圈、石棉网、蒸发皿、烧杯、漏斗、量筒、表面皿、滤纸、25mL 比色管、比色管架、布氏漏斗及抽滤瓶、循环水真空泵、pH 试纸。

【实验步骤】

1. 硫酸亚铁铵的制备

1）铁屑表面油污的清除

称 2.0g 的铁屑于烧杯中，加入 10mL 10% Na_2CO_3溶液，小火加热约 10min 以除去铁屑表面的油污，用倾析法除去碱液，用去离子水把铁屑冲洗干净。

2）硫酸亚铁的制备

往盛有处理干净铁屑的烧杯中加入 15mL 3mol · L^{-1} H_2SO_4溶液，盖上表面皿，放在石棉网上用小火加热（或水浴加热），使铁屑和硫酸反应到不再有气泡冒出为止（约需 20min）。在加热的过程中应不时的加入去离子水，以补充反应过程中蒸发掉的水分，防止硫酸亚铁结晶出来。同时，还要补充 H_2SO_4溶液以维持反应体系的 pH 在 1 左右。趁热用普通漏斗过滤，滤液承接于洁净的烧杯中。将过滤出来的残渣用滤纸吸干后，称量，以确定反应的铁屑量，从而计算出溶液中硫酸亚铁的质量。

3）硫酸亚铁铵的制备

根据溶液中硫酸亚铁的量，按化学反应方程式进行计算，称取所需质量的硫酸铵，在室温下配制成饱和溶液，加入上述制得的硫酸亚铁溶液中。混合均匀后，用 3mol · L^{-1} H_2SO_4溶液调节反应体系的 pH 为 1～2，放在石棉网上用小火蒸发（或水浴蒸发）浓缩至溶液表面出现结晶薄膜为止。取下蒸发皿，静置冷却到室温。减压过滤，用少量的 95%乙醇洗去晶体表面的水分，抽干。把晶体转移到表面皿上晾干。称量，计算理论产量和产率。

2. 产品检验

1）Fe^{3+}标准溶液的配制（由实验室提供）

称取 0.2159g 的 $(NH_4)_2Fe(SO_4)_2 \cdot 6H_2O$ 溶于少量的去离子水中，加入 4mL 3mol · L^{-1} H_2SO_4，定量转移到 250mL 容量瓶中，稀释至刻度。此溶液为 0.1000g · L^{-1} Fe^{3+}标准溶液。

2）标准色阶的配制（由实验室提供）

分别取 0.1000g · L^{-1} Fe^{3+}标准溶液 0.50mL、1.00mL、2.00mL 于 25mL 比色管中，加入 2mL 2mol · L^{-1} HCl 和 1mL 1mol · L^{-1} KSCN 溶液，用去离子水稀释至刻度，摇匀，即配制成：(a) 含 Fe^{3+} 0.05mg · g^{-1}（符合一级试剂）；(b) 含 Fe^{3+} 0.10mg · g^{-1}（符合二级试剂）；(c) 含 Fe^{3+} 0.20mg · g^{-1}（符合三级试剂）系列标准色阶。

3）产品级别的确定

称取 1.0g 产品于 25mL 比色管中，用 15mL 不含氧去离子水（煮沸）溶解，再加入 2mL 2mol · L^{-1} HCl 和 1mL 1mol · L^{-1} KSCN 溶液，用不含氧去离子水稀释至刻度，摇匀，然后与标准色阶进行目测比色，确定产品的级别。

【注意事项】

(1) 所选取的铁屑不宜太大。

(2) 在制备 $FeSO_4$时，水浴加热的温度不要超过 80℃，以免反应过猛。

（3）在制备硫酸亚铁过程中，保持溶液 pH⩽1，确保铁屑与硫酸溶液的反应能不断进行。

（4）制备硫酸亚铁铵晶体时，溶液必须呈酸性，蒸发浓缩时不需要搅拌，不可浓缩至干。

（5）在检验产品中 Fe^{3+} 含量时，为防止 Fe^{2+} 被溶解在水中的氧气氧化，可将蒸馏水加热至沸腾，以赶出水中溶入的氧气。

【实验结果】

称量硫酸亚铁铵的质量，计算产率。

【思考题】

（1）为什么制备硫酸亚铁时，体系必须保持酸性？实验中怎样保证溶液的酸性？

（2）在蒸发硫酸亚铁铵时，为什么有时溶液会发黄？此时应怎样处理？

（3）在检验产品中含 Fe^{3+} 时，为什么要用不含氧的去离子水？如何制备不含氧的去离子水？

（4）减压过滤和目测比色操作应注意什么？

（5）为保证产品的产量和质量，在实验中应注意哪些问题？

5.2　三草酸合铁（Ⅲ）酸钾的制备和组成测定

【实验目的】

（1）掌握合成 $K_3Fe[(C_2O_4)_3]\cdot 3H_2O$ 的基本原理和操作技术。

（2）加深对铁（Ⅲ）和铁（Ⅱ）化合物性质的了解。

（3）掌握容量分析等基本操作。

【实验原理】

本实验以硫酸亚铁铵为原料，与草酸在酸性溶液中先制得草酸亚铁沉淀，然后再用草酸亚铁在草酸钾和草酸的存在下，以过氧化氢为氧化剂，得到铁（Ⅲ）草酸配合物。主要反应为

$$(NH_4)_2Fe(SO_4)_2+H_2C_2O_4+2H_2O \xlongequal{} FeC_2O_4\cdot 2H_2O\downarrow+(NH_4)_2SO_4+H_2SO_4$$

$$2FeC_2O_4\cdot 2H_2O+H_2O_2+3K_2C_2O_4+H_2C_2O_4 \xlongequal{} 2K_3[Fe(C_2O_4)_3]\cdot 3H_2O$$

改变溶剂极性并加少量盐析剂，可析出绿色单斜晶体纯的三草酸合铁（Ⅲ）酸钾。通过化学分析确定配离子的组成，方法为：草酸根含量的测定可用 $KMnO_4$ 标准溶液在酸性介质中滴定测得；Fe^{3+} 含量的测定可先用过量锌粉将其还原为 Fe^{2+}，然后再用 $KMnO_4$ 标准溶液滴定而测得。其反应式为

$$5C_2O_4^{2-}+2MnO_4^-+16H^+ \xlongequal{} 10CO_2\uparrow+2Mn^{2+}+8H_2O$$

$$5Fe^{2+}+MnO_4^-+8H^+ \xlongequal{} 5Fe^{3+}+Mn^{2+}+4H_2O$$

【实验试剂与仪器】

1. 试剂

$(NH_4)_2Fe(SO_4)_2\cdot 6H_2O$、1mol·L^{-1} H_2SO_4 溶液、$H_2C_2O_4$ 饱和溶液、$K_2C_2O_4$ 饱和溶

液、KCl（分析纯）、30％ KNO_3溶液、95％乙醇、乙醇-丙酮混合液（1∶1）、3％ H_2O_2、5％ $K_3[Fe(CN)_6]$溶液。

2. 仪器

100mL烧杯、25mL移液管、50mL和100mL容量瓶、250mL锥形瓶、分析天平、托盘天平、减压抽滤装置、电炉。

【实验步骤】

1. 三草酸合铁（Ⅲ）酸钾的制备

1）草酸亚铁的制备

称取5.0g硫酸亚铁铵固体放在100mL烧杯中，然后加15mL蒸馏水和5～6滴1mol·L^{-1} H_2SO_4，加热溶解后，再加入25mL草酸饱和溶液，加热搅拌至沸腾，然后迅速搅拌片刻，防止飞溅。停止加热，静置。待黄色晶体$FeC_2O_4·2H_2O$沉淀后倾析，弃去上层清液，加入20mL蒸馏水洗涤晶体，搅拌并温热，静置，弃去上层清液，即得黄色晶体草酸亚铁。

2）三草酸合铁（Ⅲ）酸钾的制备

往草酸亚铁沉淀中加入10mL饱和$K_2C_2O_4$溶液，40℃水浴加热，恒温下慢慢滴加3％的H_2O_2溶液20mL，沉淀变为深棕色。边加边搅拌，加完后将溶液加热至沸，然后加入20mL草酸饱和溶液，沉淀立即溶解，溶液转为绿色。趁热抽滤，滤液转入100mL烧杯中，加入95％的乙醇25mL，混匀后冷却，可以看到烧杯底部有晶体析出。为了加快结晶速度，可往其中滴加几滴KNO_3溶液。晶体完全析出后，抽滤，用乙醇-丙酮的混合液10mL淋洗滤饼，抽干混合液。将固体产品置于表面皿上，置暗处晾干，称重，计算产率。

2. 三草酸合铁（Ⅲ）酸钾组分的测定

1）$KMnO_4$溶液的标定

准确称取0.13～0.17g $Na_2C_2O_4$三份，分别置于250mL锥形瓶中，加水50mL使其溶解，加入10mL 3mol·L^{-1} H_2SO_4溶液，在水浴上加热到75～85℃，趁热用待标定的$KMnO_4$溶液滴定，开始时滴定速率应慢，待溶液中产生了Mn^{2+}后，滴定速率可适当加快，但仍需逐滴加入，滴定至溶液呈现微红色并持续30s内不褪色即为终点。根据每份滴定中$Na_2C_2O_4$的质量和消耗的$KMnO_4$溶液体积，计算出$KMnO_4$溶液的浓度。

2）草酸根含量的测定

将制得的$K_3[Fe(C_2O_4)_3]·3H_2O$在50～60℃于恒温干燥箱中干燥1h，在干燥器中冷却至室温，精确称取样品0.2～0.3g，放入250mL锥形瓶中，加入25mL水和5mL 1mol·L^{-1} H_2SO_4溶液，用标准$KMnO_4$溶液滴定。滴定时先滴入8mL左右的$KMnO_4$标准溶液，然后加热到75～85℃（不高于85℃），直至紫红色消失；再用标准$KMnO_4$滴定热溶液，直至微红色在30s内不消失。记下消耗$KMnO_4$标准溶液的总体积，计算$K_3[Fe(C_2O_4)_3]·3H_2O$中草酸根的质量分数，并换算成物质的量。滴定后的溶液保留待用。

3）铁含量的测定

在上述滴定过草酸根的溶液中加适量锌粉还原，至黄色消失。加热3min，使Fe^{3+}完全转变为Fe^{2+}，抽滤，用温水洗涤沉淀。滤液转入250mL锥形瓶中，再利用标准$KMnO_4$溶液滴定至微红色，计算$K_3[Fe(C_2O_4)_3]·3H_2O$中铁的质量分数，并换算成物质的量。

【注意事项】

(1) 水浴 40℃下加热，慢慢滴加 H_2O_2，防止 H_2O_2分解。

(2) 在抽滤过程中，勿用水冲洗黏附在烧杯和布氏滤斗上的绿色产品。

【实验结果】

称量三草酸合铁（Ⅲ）酸钾质量，计算产率。

三草酸合铁（Ⅲ）酸钾的组成：在 1mol 产品中含 $C_2O_4^{2-}$ ______ mol，Fe^{3+} ______ mol，该物质的化学式为______________。

【思考题】

(1) 能否用 $FeSO_4$代替硫酸亚铁铵来合成 $K_3[Fe(C_2O_4)_3]$？这时可否用 HNO_3代替H_2O_2作氧化剂？写出用 HNO_3作氧化剂的主要反应式。你认为用哪个作氧化剂更好？为什么？

(2) 在三草酸合铁（Ⅲ）酸钾的制备过程中，加入 15mL 饱和草酸溶液后，沉淀溶解，溶液转为绿色。若往此溶液中加入 25mL 95％乙醇或将此溶液过滤后往滤液中加入 25mL 95％的乙醇，现象有何不同？为什么？并说明对产品质量有何影响？

5.3 以铝箔、铝制饮料罐为原料制备氢氧化铝

【实验目的】

(1) 认识铝和氢氧化铝的两性。

(2) 练习和掌握无机制备中常用的基本操作。

(3) 通过由废铝制备氢氧化铝，了解废弃物资源化利用的意义。

【实验原理】

铝是活泼金属，延展性好，常作为铝牙膏皮、铝药膏皮、铝制器皿、铝饮料罐以及现代食品、香烟等内衬用的铝箔等。这些铝制废弃物如果被丢弃，不仅造成不可再生资源铝的浪费，还会引发环境污染问题，且大量的铝离子进入人体，还能毒害神经，甚至导致痴呆，威胁人类健康。我国每年有大量废弃的铝等待回收利用；大量铝废料可采用熔炼的方法回收成金属铝，零散铝制品可采用化学方法制成化学试剂 $Al(OH)_3$、$Al_2(SO_4)_3$等。

$Al(OH)_3$为白色沉淀，难溶于水（$K_{sp}=1.3\times10^{-33}$），为两性氢氧化物。氢氧化铝是用量最大和应用最广的无机阻燃添加剂，也常用作分析试剂、媒染剂，用于制药工业和铝盐制备等，用途广泛，应用量大。本实验用人们在生活中大量废弃的铝制品为原料，将其转变为 $Al(OH)_3$，达到废物回收利用的目的。

金属铝制备氢氧化铝方法较多，其中，采用铝酸盐法制备氢氧化铝方法简单、副反应较少。其原理为：金属铝与 NaOH 溶液反应，产生铝酸盐；在铝酸盐溶液中加入 NH_4HCO_3饱和溶液（或通入 CO_2），即有 $Al(OH)_3$沉淀；经减压过滤、洗涤、干燥后，得产品。反应为

$$2Al+2NaOH+2H_2O \xlongequal{} 2NaAlO_2+3H_2\uparrow$$

$$2NaAlO_2+NH_4HCO_3+2H_2O \xlongequal{} Na_2CO_3+2Al(OH)_3\downarrow+NH_3$$

【实验试剂与仪器】

1. 试剂

NaOH 固体、NH_4HCO_3固体、HCl（1∶1）溶液、氨水（1∶1）、锌标准溶液和 EDTA 标准溶液（0.02mol·L^{-1}，准确浓度均由实验室提供）、20%六亚甲基四胺溶液、二甲酚橙指示剂。

2. 仪器

台秤、烧杯、布氏漏斗、抽滤瓶、称量瓶、电子天平、酸式滴定管。

【实验步骤】

1. 偏铝酸钠的制备

在台秤上用 100mL 的烧杯快速称取固体 NaOH 1.0g，加 20mL 温水溶解。准确称取 0.7g 剪碎的易拉罐皮，于热水浴中分次将易拉罐皮加入装有 NaOH 溶液的烧杯中反应，直至不再有气体产生为止。待反应完毕后，趁热用普通漏斗过滤，并用少量水淋洗滤渣。

2. $Al(OH)_3$的生成

将上述偏铝酸钠溶液加热至沸，在不断搅拌下，将 75mL 饱和 NH_4HCO_3 溶液（自己配制，NH_4HCO_3溶解度见表 5.3.1）以细流状加入其中，逐渐有沉淀生成，并将沉淀搅拌 5min。静置澄清，检验沉淀是否完全，待沉淀完全后，用布氏漏斗减压过滤。

表 5.3.1　NH_4HCO_3溶解度

t/℃	0	10	20	30
溶解度/（g·100mL^{-1}水）	11.9	15.8	21.0	27.0

3. $Al(OH)_3$的洗涤

将 $Al(OH)_3$沉淀转入 400mL 烧杯中，加入 150mL 近沸的蒸馏水，在搅拌下加热 2～3min，静置澄清，倾出清液，重复上述操作两次。最后一次将沉淀移入布氏漏斗减压过滤，并用 100mL 近沸水洗涤（此时滤液 pH 为 7～8），抽干。将 $Al(OH)_3$移至表面皿上，放入烘箱中，在 80℃下烘干，冷却后称量，计算产率。

4. EDTA 反滴定法测定产品中铝含量

（1）准确称取 0.5g 左右产品，加入 1∶1 的 HCl 8mL，加水至 40mL，煮沸。冷却后过滤，并用水洗涤沉淀。收集溶液及洗涤液于 100mL 容量瓶中，用水稀释至标线，摇匀，制成试液。

（2）准确移取上述试液 5.00mL 于 250mL 锥形瓶中，加水至 25mL 左右。准确加入 0.02mol·L^{-1} EDTA 溶液 25.00mL，摇匀。加入二甲酚橙指示剂 2 滴。滴加 1∶1 的氨水至溶液恰呈紫红色，然后滴加 1∶1 的 HCl 2 滴。将溶液煮沸 3min 左右，冷却，加入 20%六亚甲基四胺溶液 10mL，使溶液 pH 为 5～6。再加入二甲酚橙指示剂 2 滴，用锌标准溶液滴至黄色突变为红色。根据 EDTA 加入量与锌标准溶液滴定体积，计算铝含量。

【注意事项】

（1）氢氧化铝生成过程需不停搅拌，停止加热后还需搅拌一会，以防溅出。

（2）NH_4HCO_3溶液的配制参见表 5.3.1 中 NH_4HCO_3溶解度。

（3）所制产品 $Al(OH)_3$ 应为白色无定形粉末，能溶于强酸、强碱，符合工业级标准。$Al(OH)_3$工业标准见表 5.3.2。

表 5.3.2　$Al(OH)_3$工业标准

项目	$Al(OH)_3$	H_2O	Cl^-	SO_4^{2-}
质量分数/%	≥98	≤1.2～1.8	≤0.2	≤0.1

【实验结果】

计算 $Al(OH)_3$产率及纯度，讨论提高产品质量和产率的措施。

【思考题】

（1）计算 $Al(OH)_3$沉淀完全时的 pH。

（2）欲得到纯净松散 $Al(OH)_3$的沉淀，合成中应注意哪些条件？

（3）怎样配制 75mL 饱和 NH_4HCO_3溶液？

（4）合成氢氧化铝时，如何检验沉淀是否完全？

（5）能否用 EDTA 直接滴定产品中的铝含量？为什么？

（6）若铝中含有少量铁杂质，在本实验中如何去除？

5.4　纳米 TiO_2的合成及光催化降解副品红溶液的研究

【实验目的】

（1）学习溶胶-凝胶法合成纳米 TiO_2的原理与合成方法。

（2）了解纳米 TiO_2的光催化机理，掌握分光光度仪的使用方法。

【实验原理】

溶胶-凝胶法就是用含高化学活性组分的化合物作前驱体，在液相下将这些原料均匀混合，并进行水解、缩合化学反应，在溶液中形成稳定的透明溶胶体系，溶胶经陈化胶粒间缓慢聚合，形成三维空间网络结构的凝胶，凝胶网络间充满了失去流动性的溶剂。凝胶经过干燥、烧结固化制备出纳米结构的材料。

本实验先将钛酸四丁酯溶于醇中，与少量的水发生水解反应，形成 Ti(OH)(OR) 单体，均匀分散于醇中的 Ti(OH)(OR) 单体随即发生缩聚反应，以—Ti—O—Ti—桥氧键的形式聚合成链，最终形成二维或三维网络的粒子簇，其反应方程如下

$$\text{水解}\ Ti(OR)_4 + H_2O \longrightarrow Ti(OR)_3(OH) + ROH$$

$$\text{缩聚}\ Ti(OR)_3(OH) + Ti(OR)_4 \longrightarrow Ti_2O(OR)_6 + ROH$$

$$2Ti(OR)_3(OH) \longrightarrow Ti_2O(OR)_6 + H_2O$$

由于水解、聚合作用几乎同时进行，使得最邻近的官能团尺寸上有若干种化学环境，因此聚合后的状态是很繁杂的。Ti 的醇盐水解、聚合完成后，所形成的微粒随机堆积，而且被周围很多的有机物和水包围着。最后，在干燥过程中和烧结初期，有机物和水不断挥发，生成

TiO_2微粒并结晶。

TiO_2光催化的基本原理如图 5.4.1 所示：当半导体氧化物纳米粒子受到大于带隙宽度能量的光子照射后，电子从价带跃迁到导带，产生了电子-空穴对，电子具有还原性，空穴具有氧化性，空穴与氧化物半导体纳米粒子表面的羟基（—OH）反应生成氧化性很高的羟基自由基（·OH），羟基自由基可以把许多难降解的有机物氧化降解为二氧化碳和水等无机物。例如，可以将酯类氧化成醇，醇再被氧化成酸，酸进一步被氧化成为二氧化碳和水。

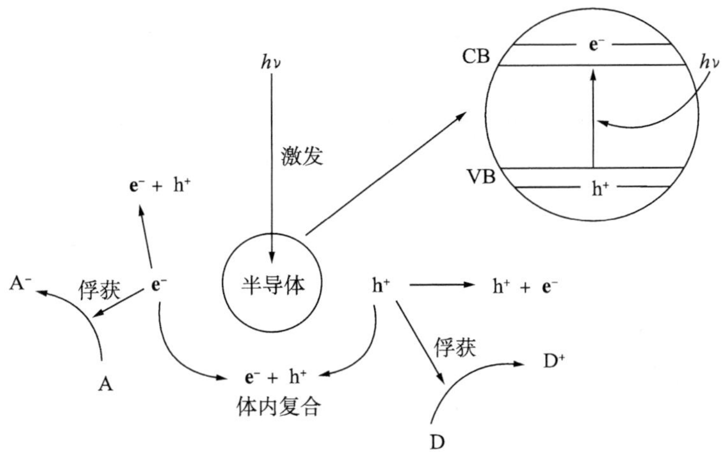

图 5.4.1　受光源照射时半导体内载流子的变化

【实验试剂与仪器】

1. 试剂

钛酸四丁酯、无水乙醇、去离子水、浓 HCl、副品红溶液。

2. 仪器

250mL 三口烧瓶、球形冷凝管、水浴锅、电动搅拌装置、磁力搅拌器、紫外灯、温度计、100mL 量筒、722S 分光光度计。

【实验步骤】

架好带有橡胶塞、温度计、三口烧瓶的搅拌装置。

钛酸四丁酯和无水乙醇按一定比例制成钛酸四丁酯-无水乙醇溶液，加入三口烧瓶中，剧烈搅拌下快速滴入少量浓 HCl，调节至所设定的 pH，然后以每 2s 滴加 1 滴的速度滴加去离子水，使得各组分的物质的量比为钛酸四丁酯：无水乙醇：去离子水＝1：X：4（X 为自己设定的醇量），滴毕，停止搅拌，静置几分钟后，形成乳白色半透明凝胶。100℃下真空干燥 1h，得到干凝胶粉末。研磨干凝胶，之后在马弗炉中 300℃或 400℃煅烧 3h，自然冷却后即得到纳米 TiO_2。

配制 $3mg \cdot L^{-1}$的副品红溶液，取 100mL 于烧杯中，加入 0.02g 纳米 TiO_2催化剂，放在紫外灯下开始搅拌并进行照射。每 20min 取一次样，测其吸光度。

【注意事项】

（1）注意器皿干燥。

（2）滴加去离子水注意匀速，否则成胶过快，不均匀。

【实验结果】

时间编号	钛醇比（1∶10、3∶10、5∶10）	pH（2、3、4、5、6）	烧结温度（300℃、400℃）		
时间编号	1（0min）	2（20min）	3（40min）	4（60min）	5（80min）
吸光度 1					
吸光度 2					
吸光度 3					
吸光度平均值					

注：（1）钛醇比、pH 和烧结温度填写自己所选择的条件。

（2）绘出时间-吸光度变化曲线。

【思考题】

（1）不同钛醇比对纳米 TiO_2 微粒的光催化性能有何影响？

（2）不同 pH 条件下制得的纳米 TiO_2 微粒的光催化性能有何不同？

（3）不同烧结温度对制备的纳米 TiO_2 光催化性能有何影响？

5.5　乙酰苯胺的合成

【实验目的】

（1）学习苯胺酰化反应的原理和操作。

（2）掌握重结晶法提纯固体有机物的操作技术。

【实验原理】

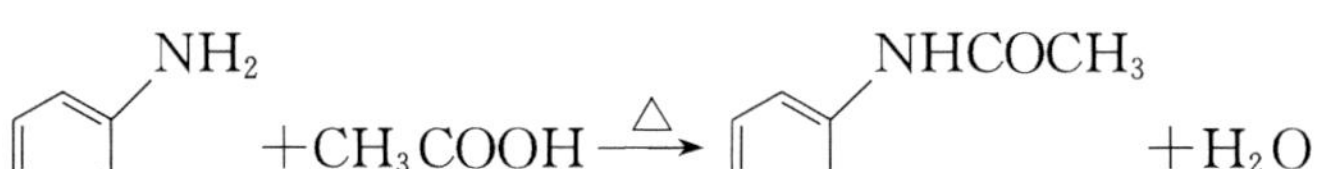

芳胺的酰化在有机合成中有着重要的作用。乙酰化反应常被用来“保护”伯胺和仲胺官能团，以降低芳胺对氧化反应的敏感性，使其不被反应试剂破坏。同时，氨基经酰化后，降低了氨基在亲电取代反应（特别是卤化）中的活化能力，使其由很强的第Ⅰ类定位基变成中等强度的第Ⅰ类定位，使反应由多元取代变为有用的一元取代。由于乙酰基的空间效应，往往选择性地生成对位取代产物。在某些情况下，酰化可以避免氨基与其他功能基或试剂（如 RCOCl，—SO_2Cl，HNO_2 等）之间发生不必要的反应。在合成的最后步骤，氨基很容易通过酰胺在酸或碱催化下水解重生。

乙酰苯胺可通过苯胺与冰乙酸、乙酸酐或乙酰氯等乙酰化试剂作用而制备。其中苯胺与乙酰氯反应最剧烈，反应中放出大量热，产生的氯化氢与苯胺反应生成苯胺盐酸盐。只有向反应体系中加入碱性比苯胺强的物质，如吡啶、三乙胺等试剂才能使苯胺游离出来，继续进行乙酰化反应。

乙酸酐作酰化剂与苯胺的反应也较快，生成乙酸。反应常伴有二乙酰胺［ArN（$COCH_3$）$_2$］

副产物的生成。但如果在乙酸-乙酸钠的缓冲溶液中进行酰化，可以得到高纯度的产物。

以冰乙酸作乙酰化试剂时，反应速率最慢。但用冰乙酸作酰化剂价格便宜、操作方便。本实验采用冰乙酸作乙酰化试剂。

【实验试剂与仪器】

1. 试剂

苯胺、冰乙酸、锌粉、活性炭等。主要试剂及产品的物理常数见表 5.5.1。

表 5.5.1　主要试剂及产物的物理常数

名称	相对分子质量	性状	相对密度 d_4^{20}	熔点/℃	沸点/℃	折射率 n_D^{20}	溶解度/（g·100mL⁻¹）		
							水	乙醇	乙醚
苯胺	93.13	无色液体	1.0217	−6.3	184.13	1.5863	3.6^{18}	混溶	混溶
冰乙酸	60.05	无色液体	1.0492	16.6	117.9	1.3716	混溶	混溶	混溶
乙酰苯胺	135.17	斜方晶体	1.219	114.3	304	—	见“注”	21^{20}	7^{25}

注：乙酰苯胺在水中的溶解度（g·100g^{-1}水）：0.46（20℃）；0.84（50℃）；3.45（80℃）；5.55（100℃）。

2. 仪器

100mL 圆底烧瓶、刺形分馏柱、温度计、重结晶装置、烧杯、布氏漏斗、抽滤瓶、循环水真空泵、玻璃棒、量筒等。

【实验步骤】

在 100mL 圆底烧瓶中，加入 5mL 苯胺、7.5mL 冰乙酸及少许锌粉（约 0.1g）。在圆底烧瓶上装上一短的刺形分馏柱，其上端装 150℃ 温度计。支管通过牛角管与接受瓶相连，以收集蒸出的水和乙酸。接受瓶外部用冷水浴冷却。实验装置如图 5.5.1 所示。

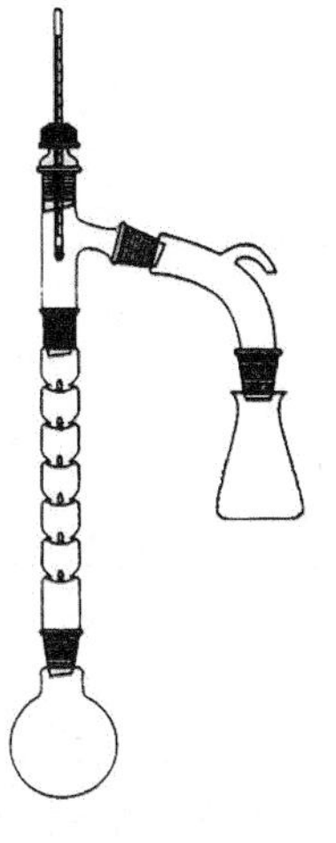

图 5.5.1　乙酰苯胺制备反应装置

将圆底烧瓶在石棉网上小火加热，使反应物保持微沸约 15min。逐渐升高温度，当温度计读数达到 100℃左右时，支管即有液体流出。维持温度在 100～110℃反应 40～60min，反应所生成的水（含少量乙酸）可完全蒸出（馏出液总体积约 4mL）。此时温度计读数下降或发生上下波动，表示反应已经完成，停止加热。

在搅拌下趁热将反应混合物倒入 100mL 冰水中，冷却后即有固体析出。抽滤析出的固体，并用少量冷水洗涤固体以除去残留的酸液，得粗产品。

将粗产品放入盛有 150mL 水的烧杯中，加热至沸腾。如果还有未溶解的油珠，可补加少量热水，直到油珠完全溶解为止。稍冷后，加入约 0.2g 粉末状的活性炭，用玻璃棒搅拌并煮沸 1～2min，趁热用事先预热好的布氏漏斗抽滤，并尽快将滤液转移到一个小烧杯中。冷却滤液，乙酰苯胺即呈无色片状晶体析出。抽滤上述溶液，并用少量冷水洗涤固体。产品放在表面皿上，烘干。

称量，计算产率，并测定熔点。

【注意事项】

(1) 分馏时，应检查分馏柱保温状况，反应温度保持在105℃左右。
(2) 调节温度控制馏出速度。
(3) 当温度计读数上下波动（或反应器中出现白雾）时，反应达到终点。
(4) 应以细流形式趁热倒出反应液，同时剧烈搅拌使粗乙酰苯胺分散析出。
(5) 重结晶时，要估计所得的粗乙酰苯胺量，根据其溶解度数据加水。
(6) 重结晶时要使油珠完全溶解。
(7) 需在100℃以下干燥乙酰苯胺。

【实验结果】

称量重结晶后所得的产品，计算产率。

【思考题】

(1) 实验中为什么要把柱顶温度控制在100～110℃？温度过高有什么不好？
(2) 在本实验中锌粉的作用是什么？
(3) 根据计算，反应完成时应产生几毫升水？为什么收集的液体，远多于理论量？
(4) 在重结晶时，必须注意哪几个方面才能使产品产率高、质量好？

5.6　正丁醚的制备

【实验目的】

(1) 掌握醇分子间脱水制备醚的反应原理和实验方法。
(2) 学习使用分水器及回流加热等实验操作。

【实验原理】

在实验室和工业上都采用正丁醇在浓硫酸催化剂存在下脱水制备正丁醚。在制备正丁醚时，由于原料正丁醇（沸点117.7℃）和产物正丁醚（沸点142℃）的沸点都较高，故可使反应在装有分水器的回流装置中进行，控制加热温度，并将生成的水或水的共沸物不断蒸出。虽然蒸出的水中会夹有正丁醇等有机物，但是由于正丁醇等在水中溶解度较小，相对密度又较水轻，浮于水层之上，因此借分水器可使绝大部分的正丁醇等自动连续的返回反应瓶中，而水则沉于分水器的下部，根据蒸出的水的体积，可以估计反应的进行程度。

主反应：

$$CH_3CH_2CH_2CH_2OH \xrightleftharpoons[135^\circ C]{H_2SO_4} (CH_3CH_2CHCH_2)_2O + H_2O$$

副反应：

$$CH_3CH_2CH_2CH_2OH \xrightleftharpoons[\triangle]{H_2SO_4} CH_3CH_2CH{=}CH_2 + H_2O$$

$$CH_3CH_2CH_2CH_2OH + H_2SO_4 \xrightarrow{\triangle} CH_3CH_2CH_2COOH + H_2O + SO_2\uparrow$$

【实验试剂与仪器】

1. 试剂

正丁醇、浓硫酸、5%氢氧化钠溶液、饱和氯化钙溶液、无水氯化钙。主要试剂及产品的物理常数见表 5.6.1。

表 5.6.1　主要试剂及产品的物理常数

名称	相对分子质量	性状	相对密度 d_4^{20}	熔点/℃	沸点/℃	折射率 n_D^{20}	溶解度/（g·100mL^{-1}）		
							水	乙醇	乙醚
正丁醇	74.12	无色液体	0.8094	−89.53	117.5	1.3993	9^{15}	混溶	混溶
正丁醚	130.23	无色液体	0.7689	−95.3	142	1.3992	<0.05	混溶	混溶

2. 仪器

250mL 三口烧瓶、分水器、回流冷凝管、温度计、蒸馏装置、分液漏斗。

反应装置如图 5.6.1 所示。

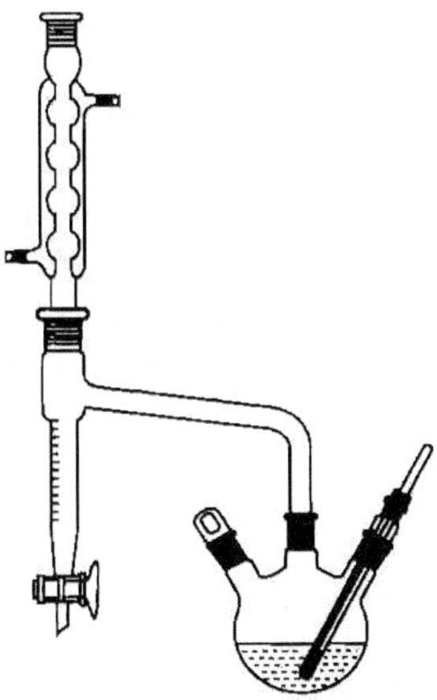

图 5.6.1　正丁醚制备装置

【实验步骤】

在 250mL 三口烧瓶中加入 31mL 正丁醇，将 5mL 浓硫酸慢慢加入并摇荡烧瓶使浓硫酸与正丁醇混合均匀，加几粒沸石。在烧瓶口上装分水器和温度计，分水器上端再连回流冷凝管。

分水器中可事先加入一定量的水（水的量可等于分水器的总容量减去反应完全时可能生成的水量）。将烧瓶放在石棉网上用小火加热，保持回流 1h。随着反应的进行，分水器中的水层不断增加，反应液的温度也逐渐上升。如果分水器中的水层超过了支管而流回烧瓶时，可打开旋塞放掉一部分水。当生成的水量到达 4.5～5mL，瓶中反应液温度到达 150℃左右时，停止加热。如果加热时间过长，溶液会变黑并有大量副产物丁烯生成。

将反应液冷却到室温后，倒入盛有 50mL 水的分液漏斗中，充分振摇，静置分层后弃去下层液体。上层粗产物依次用25mL水、15mL 5%氢氧化钠溶液、15mL水和15mL饱和氯化钙溶液洗涤。将粗产物转入干燥的小锥形瓶中，用1g无水氯化钙干燥。

干燥后的粗产物倒入30mL蒸馏烧瓶中（注意不要把氯化钙倒入）进行蒸馏，收集140～144℃的馏分。

称量，计算产率，并测定产物的折射率。

【注意事项】

（1）本实验利用恒沸混合物蒸馏方法将反应生成的水不断从反应物中除去。正丁醇、正丁醚和水可能生成几种恒沸混合物，这几种恒沸物的组成及沸点见表5.6.2。

表 5.6.2　几种恒沸物的组成及沸点

恒沸混合物		沸点/℃	组成/%		
			正丁醚	正丁醇	水
二元	正丁醇-水	93.0	—	55.5	45.5
	正丁醚-水	94.1	66.6	—	33.4
	正丁醇-正丁醚	117.6	17.5	82.5	—
三元	正丁醇-正丁醚-水	90.6	35.5	34.6	29.9

含水的恒沸混合物冷凝后分层，上层主要是正丁醇和正丁醚，下层主要是水。在反应过程中利用分水器使上层液体不断流回到反应器中。

（2）按反应式计算，生成水的量为3.0g。实际上分出水层的体积要略大于计算量，否则产率很低。

（3）控制好反应温度；浓硫酸与正丁醇混合时及加热时防止局部过热，碳化变黑。

（4）碱洗时，不要剧烈振荡分液漏斗，防止形成乳浊液。

（5）一定要洗涤除净粗产品中的正丁醇。

【实验结果】

称量正丁醚的质量，计算产率。测定正丁醚的折射率。

【思考题】

（1）制备乙醚和正丁醚在反应原理和实验操作上有什么不同？

（2）纯化操作中各步洗涤的目的是什么？

（3）能否用本实验的方法由乙醇和2-丁醇制备乙基仲丁基醚？你认为应用什么方法比较合适？

5.7　环己烯的制备

【实验目的】

（1）学习由环己醇酸催化下脱水制备环己烯的反应原理和方法。

（2）掌握分馏和分液的基本操作。

【实验原理】

实验室中通常可用浓硫酸或浓磷酸催化环己醇脱水制备环己烯。本实验是以浓磷酸作催化剂来制备环己烯的。纯环己烯为无色透明液体，沸点为 83℃，d_4^{20} 为 0.8102，n_D^{20} 为 1.4465。

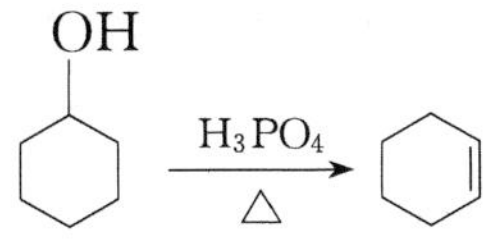

单分子的消去反应 EI 历程：

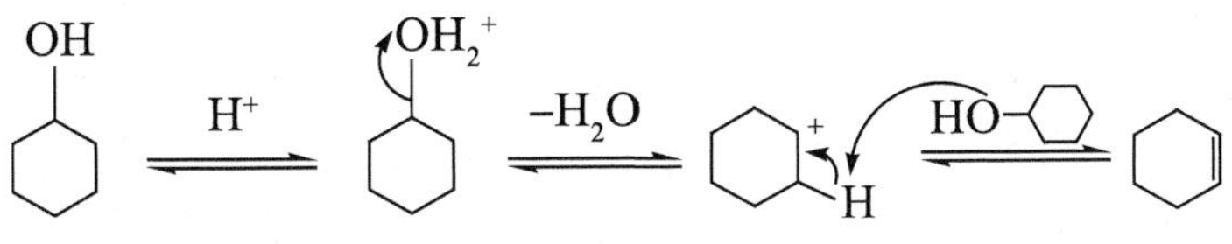

【实验试剂与仪器】

1. 试剂

环己醇、85％浓磷酸、饱和食盐水、无水氯化钙、5％的碳酸钠水溶液。

2. 仪器

50mL 圆底烧瓶、刺形分馏柱、温度计、直形冷凝管、锥形瓶、蒸馏装置。

【实验步骤】

在 50mL 干燥的圆底烧瓶中，放入 10mL 环己醇及 5mL 85％浓磷酸，充分摇荡使两种液体混合均匀。投入几粒沸石，按图 5.7.1 安装分馏装置。用小锥形瓶作接受器，置于碎冰浴里。

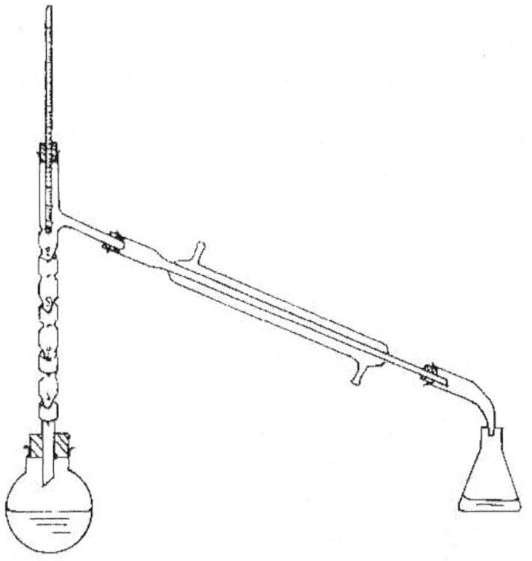

图 5.7.1　分馏装置

用小火慢慢加热混合物至沸腾，以较慢速度进行蒸馏并控制分馏柱顶部温度不超过 73℃。当无液体蒸出时，加大火焰，继续蒸馏。当温度计到达 85℃时，停止加热。蒸出液为环己烯和水的浑浊液。

小锥形瓶中的粗产物，移至分液漏斗中分出水层，有机相加入等体积的饱和食盐水，摇匀后静置待液体分层，分出水层。油层转移到干燥的小锥形瓶中，加入少量无水氯化钙干燥。必须待液体完全澄清透明后，才能进行蒸馏。

将干燥后的粗制环己烯在水浴上进行蒸馏，收集 82～85℃的馏分。所用的蒸馏装置必须是干燥的。

【注意事项】

（1）环己醇在常温下是黏稠状液体，因而若用量筒量取时应注意转移中的损失，环己醇与浓磷酸应充分混合，否则在加热过程中可能会局部碳化。

（2）最好用油浴加热，使反应受热均匀。由于反应中环己烯与水形成共沸物（沸点为

70.8℃，含水 10%)、环己醇与环己烯形成共沸物（沸点为 64.9℃，含环己醇 30.5%)、环己醇与水形成共沸物（沸点为 97.8℃，含水 80%）所以，在加热时温度不可过高，蒸馏速度不宜太快，以减少未反应的环己醇蒸出。

（3）水层应尽可能分离完全，否则将增加无水氯化钙的用量，使产物更多地被干燥剂吸附而导致损失，这里用无水氯化钙干燥较适合，因它还可除去少量环己醇。

【实验结果】

称量环己烯的质量，记录沸程，计算产率。测定蒸馏后环己烯的折射率。

【思考题】

（1）用浓磷酸作脱水剂比用浓硫酸作脱水剂有什么优点?

（2）如果你的实验产率太低，试分析主要是在哪些操作步骤中造成的损失。

（3）在粗制的环己烯中，加入饱和食盐水的目的何在?

（4）在蒸馏终止前，出现的阵阵白雾是什么?

5.8 正溴丁烷合成

【实验目的】

（1）掌握由正丁醇制备正溴丁烷的原理和方法。

（2）掌握带有吸收有害气体装置的回流加热操作和分液漏斗的使用方法。

【实验原理】

主反应：

$$NaBr + H_2SO_4 \xrightarrow{\triangle} HBr + NaHSO_4$$

$$CH_3CH_2CH_2CH_2OH + HBr \xrightarrow{\triangle} CH_3CH_2CH_2CH_2Br + H_2O$$

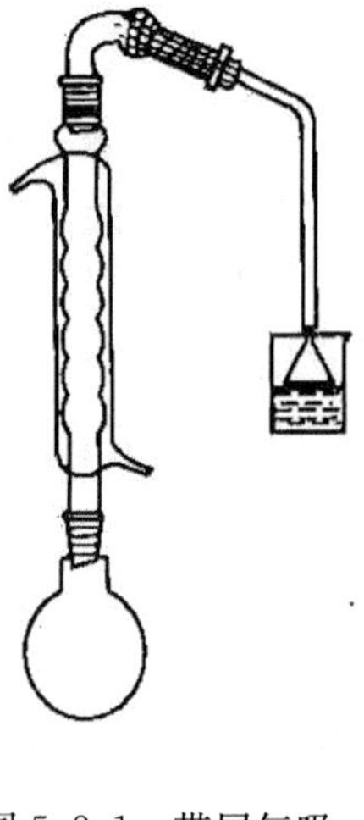

图 5.8.1 带尾气吸收的回流装置

副反应：

$$CH_3CH_2CH_2CH_2OH \xrightarrow[\triangle]{H_2SO_4} CH_3CH_2CH{=}CH_2 + H_2O$$

$$2n\text{-}C_4H_9OH \xrightarrow{\triangle} (n\text{-}C_4H_9)_2O + H_2O$$

$$2NaBr + 2H_2SO_4 \longrightarrow Br_2 + SO_2\uparrow + 2H_2O + Na_2SO_4$$

【实验试剂与仪器】

1. 试剂

正丁醇、无水溴化钠、浓硫酸、5%的氢氧化钠溶液、饱和碳酸氢钠溶液、无水氯化钙。主要试剂及产品的物理常数见表 5.8.1。

2. 仪器

100mL 圆底烧瓶、球形冷凝管、尾气吸收装置、蒸馏装置、分液漏斗。

表 5.8.1 主要试剂及产品的物理常数

名称	相对分子质量	性状	相对密度 d_4^{20}	熔点/℃	沸点/℃	折射率 n_D^{20}	溶解度/(g·100mL^{-1})		
							水	乙醇	乙醚
正丁醇	74.12	无色液体	0.809	−89.53	117.25	1.3993	9^{15}	混溶	混溶
正溴丁烷	137.0	无色液体	1.275	−112.4	101.6	1.4401	0.06	混溶	混溶
1-丁烯	84.16	无色气体	—	−185.4	−6.5	—	—	—	—
溴化钠	102.89	无色固体	3.203	747	1390	—	116	微溶	—
硫酸	98.07	无色液体	1.841	3.0	338	—	∞	∞	—
正丁醚	130.2	无色液体	0.7689	−95.3	142	1.3992	<0.05	混溶	混溶

【实验步骤】

在 100mL 圆底烧瓶上安装冷凝管，冷凝管的上口接上气体吸收装置，用 5%的氢氧化钠溶液作吸收剂。实验装置如图 5.8.1 所示。

在圆底烧瓶中加入 10mL 水，并小心加入 14mL 浓硫酸，边加边振摇，混合均匀后冷至室温，再依次加入 9.2mL 正丁醇和 13g 溴化钠，充分摇匀后加入几粒沸石，连上气体吸收装置。小火加热至沸腾，调节火焰使反应保持沸腾而又平稳地回流，并不时摇动烧瓶促使反应进行，回流 30～40min。待反应液冷却后，移去冷凝管，加上蒸馏弯头，改为蒸馏装置，蒸出粗产物正溴丁烷。

将馏出液移至分液漏斗中，加入等体积的水洗涤。有机相用等体积的浓硫酸洗涤，尽量分去硫酸层。有机相依次用等体积的水、饱和碳酸氢钠溶液和水洗涤后转入干燥的锥形瓶中。用 1～2g 无水氯化钙干燥，间歇摇动锥形瓶，直至液体清亮为止。

将干燥好的产物过滤到蒸馏瓶中，在石棉网上加热蒸馏，收集 99～103℃的馏分，产量为 7～8g。

称量，计算产率，并测定产物的折射率。

【注意事项】

(1) 掌握气体吸收装置的正确安装和使用。

(2) 浓硫酸要分批加入，混合均匀。

(3) 反应过程中要不时摇动烧瓶，或加入磁力搅拌，促使反应完全。

(4) 正溴丁烷是否蒸完，可以从下列几个方面判断：①蒸出液体是否由浑浊变为澄清；②蒸馏瓶中的上层油状物是否消失；③取一试管收集几滴馏出液，加水摇动观察有无油珠出现。如无，表示馏出液中已无有机物，蒸馏完成。

(5) 碱洗时，不要剧烈振荡分液漏斗，防止形成乳浊液。

(6) 洗后产物呈红色，可用少量的饱和亚硫酸氢钠水溶液洗涤以除去由于浓硫酸的氧化作用生成的游离溴。

【实验结果】

称量正溴丁烷的质量，计算产率。测定蒸馏后正溴丁烷的折射率。

【思考题】

(1) 反应后的粗产物中含有哪些杂质？各步洗涤的目的是什么？

（2）用分液漏斗时，正溴丁烷时而在上层，时而在下层，如不知道产物的密度时，可用什么简便的方法加以判别？

（3）为什么用饱和碳酸氢钠溶液洗涤前先要用水洗一次？

5.9 乙酸乙酯合成

【实验目的】

（1）学习有机酸直接酯化法合成酯的一般反应原理和方法。

（2）掌握回流、蒸馏操作和分液漏斗的使用。

【实验原理】

用直接酯化反应制备乙酸乙酯。

$$CH_3COOH + C_2H_5OH \xrightarrow[\triangle]{H_2SO_4} CH_2COOC_2H_5 + H_2O$$

【实验试剂与仪器】

1. 试剂

浓硫酸、95%乙醇、冰乙酸、饱和碳酸钠溶液、饱和氯化钙溶液、饱和食盐水、无水硫酸镁。主要试剂及产品的物理常数见表 5.9.1。

表 5.9.1 主要试剂及产品的物理常数

名称	相对分子质量	性状	折射率 n_D^{20}	相对密度 d_4^{20}	沸点/℃
乙醇	46.02	无色透明液体	1.3611	0.7893	78.5
冰乙酸	60.05	无色透明液体	1.3716	1.0492	117.9
乙酸乙酯	88.05	无色透明液体	1.3723	0.9003	77.1

2. 仪器

250mL 三口烧瓶、球形冷凝管、温度计、直形冷凝管、蒸馏头、尾接管、锥形瓶、滴液漏斗、分液漏斗、50mL 圆底烧瓶。

【实验步骤】

在 250mL 三口烧瓶中，加入 9mL 乙醇，在振摇下慢慢加入 12mL 浓硫酸混合均匀，加入几粒沸石，插入温度计控制反应温度，温度计水银球应插入液面以下。在滴液漏斗中加入冰乙酸、乙醇混合液（14mL 乙醇+14.3mL 冰乙酸），先向瓶内放入 3～4mL 混合液，滴液漏斗末端没入液面以下，距离瓶底 0.5～1cm。在缓慢加热的条件下（110～120℃）一边滴加剩余混合液一边蒸出粗产物（约 1.5h），滴加速度与粗产物蒸出速度大致相等。滴加完毕继续加热反应 10min 以上，温度升高到 130℃，直至不再有粗产物蒸出为止。

在振摇下缓慢向粗产物中加入饱和碳酸钠水溶液，直到不再有二氧化碳气体逸出并使有机相 pH 呈中性为止。将液体转入分液漏斗中，振摇后静置，分去水相，有机相用 10mL 饱和食盐水洗涤后，再每次用 10mL 饱和氯化钙洗涤两次。弃去下层液体，上层酯层转入干燥的锥形瓶，用无水硫酸镁干燥。

将干燥后的粗产品乙酸乙酯滤入 50mL 圆底烧瓶中，在水浴上进行蒸馏，收集 73～78℃馏分。测定产物折射率。

[注释]

酸催化条件下的酯化反应为可逆过程，本实验中采用的反应原理为通过移出反应产物的方法，使平衡向产物一方移动，以达到提高产率的目的。

乙酸乙酯、乙醇和水能形成一个三元共沸体系，沸点为 70.2℃，其共沸物组成为乙酸乙酯 82.6%，乙醇 8.4%和水 9.0%。

【注意事项】

(1) 进行反应时，应保持反应物的滴加速度和产物蒸出速度大体一致，否则收率较低。

(2) 反应温度不宜过高，否则会发生副反应，产生过多的副产物。

(3) 使用饱和食盐水洗涤是必要的，主要目的是除去残留的 CO_3^{2-}，以避免在使用 $CaCl_2$ 洗涤时产生 $CaCO_3$ 沉淀，而不易除去，影响操作。

【实验结果】

称量乙酸乙酯的质量，计算产率。测定蒸馏后乙酸乙酯的折射率。

【思考题】

(1) 该反应为可逆反应，如何促使反应向生成物一方转化？

(2) 一般的酯化反应，催化剂的用量仅用 3% (H_2SO_4)，而本实验使用了 12mL，为什么？

(3) 为什么要使用过量的醇，能否使用过量的酸？

(4) 能否用水替代饱和食盐水洗涤产品？

5.10　苯甲酸的合成

【实验目的】

(1) 学习氧化反应合成苯甲酸的原理和方法。

(2) 熟练地掌握回流、减压过滤等操作技术。

【实验原理】

制备芳香族羧酸的一个简便方法是将烷基芳族化合物氧化。在本实验中，用碱性 $KMnO_4$ 将甲苯氧化成苯甲酸。反应式如下

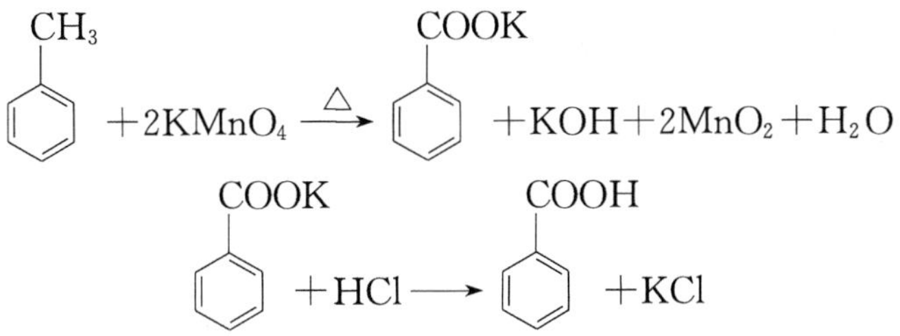

苯甲酸俗称安息香酸，因最初是由安息香胶制得的。苯甲酸为白色晶体，熔点为122.4℃，受热易升华，微溶于水、乙醇和乙醚中。苯甲酸是重要的有机合成原料，可用于制备染料、香料、药物等。苯甲酸及其钠盐有杀菌防腐作用，所以常用作食品和药液的防腐剂。

【实验试剂与仪器】

1. 试剂

甲苯、Na_2CO_3、$KMnO_4$、浓 HCl、刚果红试纸。主要试剂及产品的物理常数见表 5.10.1。

表 5.10.1 主要试剂及产品的物理常数

名称	相对分子质量	性状	相对密度 d_4^{20}	熔点/℃	沸点/℃	折射率 n_D^{20}	溶解度/（g·100mL^{-1}）		
							水	乙醇	乙醚
甲苯	92.15	无色液体	0.8669	−95	110.6	1.4961	不溶	混溶	混溶
苯甲酸	122.12	片状晶体	1.2659	122.4	249	1.504	—	46.6	66

2. 仪器

250mL 圆底烧瓶、球形冷凝管、酒精灯、布氏漏斗、抽滤瓶、循环水真空泵、烧杯。

【实验步骤】

在 250mL 圆底烧瓶中放入 2.7mL 甲苯，1.0g Na_2CO_3 和 100mL 水，装回流冷凝管，在石棉网上加热至沸腾。从冷凝管上口分批加入 8.5g 高锰酸钾；黏附在冷凝管内壁的高锰酸钾最后用 25mL 水冲洗入瓶内。继续煮沸并间歇摇动烧瓶，直到甲苯层几乎消失、回流液不再出现油珠（需 4～5h）。

将反应混合物趁热减压抽滤，用少量热水洗涤二氧化锰滤渣三次，每次尽量挤压掉滤渣中的水分。合并滤液和洗涤液（滤液如果呈紫色，可加入少量亚硫酸氢钠使紫色褪去，重新减压过滤），放在冰水浴冷却，然后用浓盐酸酸化（用刚果红试纸试验），至苯甲酸全部析出为止。

将析出的苯甲酸减压过滤，用少量冷水洗涤，挤压去水分。把制得的苯甲酸放在沸水浴上干燥。

为获得纯产物，可用水作为溶剂对粗苯甲酸进行重结晶或采用升华法精制。称重、计算产率。

【注意事项】

（1）氧化反应是放热反应，在具体操作时，必须严格控制反应条件和反应温度，不能使反应过于激烈。如果反应失控，将破坏产物、降低收率，甚至还有发生爆炸的危险。

（2）滤液如果呈紫色，可加入少量亚硫酸氢钠使紫色褪去，重新减压过滤，注意勿将亚硫酸氢钠加得过多。

（3）若用升华法精制，粗产品必须充分干燥。

【实验结果】

称量苯甲酸的质量并计算其产率。

【思考题】

(1) 在氧化反应中，影响苯甲酸产量的主要因素有哪些?

(2) 为什么要将反应物煮沸之后加入高锰酸钾? 为什么高锰酸钾要少量分批加入?

(3) 反应完毕后，如果滤液呈紫色，为什么要加亚硫酸氢钠?

5.11 肉桂酸的合成

【实验目的】

(1) 理解 Perkin 反应的反应机理并掌握如何利用此反应制备 α, β-不饱和芳香酸。

(2) 学习水蒸气蒸馏的操作方法。

(3) 熟练地掌握回流、热过滤、重结晶等基本操作。

【实验原理】

肉桂酸是生产冠心病药物“心可安”的重要中间体。其酯类衍生物是配制香精和食品香料的重要原料。它在农用塑料和感光树脂等精细化工产品的生产中也有着广泛的应用。本实验利用 Perkin 反应，将芳醛和羧酸酐混合后，在相应羧酸盐存在下加热，发生羟醛缩合反应，再脱水生成目标产物肉桂酸。实验中用碳酸钾代替乙酸钠，可以缩短反应时间。

$$H_3C\overset{\overset{\displaystyle O}{\|}}{C}—O—\overset{\overset{\displaystyle O}{\|}}{C}CH_3 + C_6H_5CHO \xrightarrow{K_2CO_3} C_6H_5CH{=}CHCOOH + CH_3COOH$$

【实验试剂与仪器】

1. 试剂

苯甲醛（新蒸）、乙酸酐（新蒸）、无水碳酸钾、10% NaOH 溶液、活性炭、刚果红试纸、浓盐酸。主要试剂及产品的物理常数见表 5.11.1。

表 5.11.1 主要试剂及产品的物理常数

名称	相对分子质量	性状	相对密度 d_4^{20}	熔点/℃	溶解度/（g · 100mL^{-1}）	
					水	乙醇
肉桂酸	148.16	无色晶体	1.248	133～134	0.06^{25}	22.03^{25}

2. 仪器

圆底烧瓶、球形冷凝管、电热套、铁架台（含铁夹）、水蒸气蒸馏装置（水蒸气发生器，安全管，水蒸气导管，T 形管，止水夹，直形冷凝管，接收管，锥形瓶）、滤纸、布氏漏斗、抽滤瓶、循环水真空泵、量筒、天平等。

【实验步骤】

在 250mL 三口烧瓶中加 5mL 新蒸馏的苯甲醛、14mL 蒸馏过的乙酸酐、7g 无水碳酸钾和几粒沸石，用电热套低电压加热使其回流 40～50min。

回流完毕后，向其中加入 50mL 水，10%NaOH，摇动烧瓶使固体溶解，使溶液呈微碱性（pH 为 8～9），用水蒸气蒸馏，直至馏出液无油珠后即可停止。

卸下水蒸气蒸馏装置，向烧瓶中加入约 1.0g 活性炭并用玻璃棒搅拌，之后用水泵抽滤。将滤液转移至干净的大烧杯中，待冷却后，在搅拌下往滤液中小心加入浓盐酸，至溶液呈酸性（pH 为 3～4，刚果红试纸刚好变蓝为止）。用冰水冷却，待白色结晶全部析出后，再次抽滤，即得粗产品，干燥，称量。

将粗产品用 1∶3 的乙醇-水溶液进行重结晶，溶液冷却后抽滤、洗涤、干燥、称重。

【注意事项】

（1）提纯苯甲醛，需先用碳酸钠溶液洗去苯甲酸，然后用无水硫酸镁干燥后重新蒸馏。

（2）无水碳酸钾需要新鲜熔焙。方法是将含水的 K_2CO_3 放入蒸发皿中加热，不断搅拌，使水分散，冷后用研钵研碎，放在干燥器中备用。

（3）乙酸酐是在试剂乙酸酐中加入五氧化二磷，回流 20min，再进行蒸馏收集。

（4）进行水蒸气蒸馏时，注意先打开止水夹，待加热到有水蒸气逸出后再关闭止水夹，进行蒸馏。蒸馏完毕，先打开止水夹，再停止加热。

【实验结果】

称量重结晶后肉桂酸的质量，计算产率。

【思考题】

（1）反应初始温度太高，如迅速加热至 180℃，会出现什么情况？

（2）如果与苯甲醛缩合的酸酐在 α-碳原子上只含有一个氢原子，那么将得到什么样的产物？试举一例。

（3）试写出苯甲醛与丙酸酐在无水碳酸钾存在下的反应方程式。

（4）实验中为什么要用新蒸馏的苯甲醛？否则，对结果有何影响？

5.12　苯乙酮的合成

【实验目的】

（1）通过制备苯乙酮，学习傅-克酰基化反应。

（2）掌握电磁搅拌器的使用方法。

（3）进一步熟练蒸馏、液体的干燥、萃取等操作。

【实验原理】

傅-克酰基化，是制备芳酮的主要方法。在无水三氯化铝的存在下，酰氯、酸酐与活泼的芳基化合物反应得到高产率的芳酮。

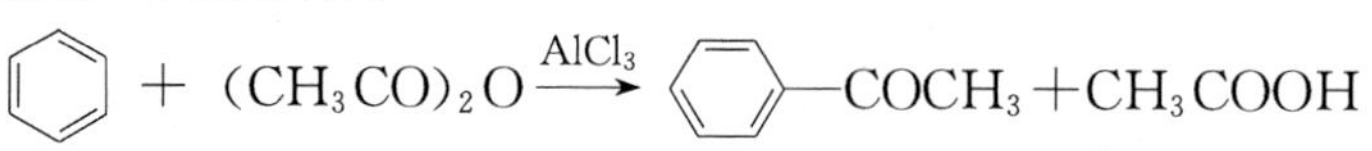

【实验试剂与仪器】

1. 试剂

乙酸酐、无水苯、无水三氯化铝、浓盐酸、苯、5%氢氧化钠溶液、无水硫酸镁。主要试剂及产品的物理常数见表 5.12.1。

表 5.12.1　主要试剂及产品的物理常数

名称	相对分子质量	性状	折射率 n_D^{20}	相对密度 d_4^{20}	熔点/℃	沸点/℃
苯乙酮	120.15	无色晶体或浅黄色油状液体，有像山楂的香气	1.5372	1.0281	20.5	202.0
乙酸酐	102.09	无色液体	1.3904	1.0820	−83.6	77.1
苯	78.11	无色液体	1.5011	0.8790	5.5	80.1

2. 仪器

50mL 干燥三口烧瓶、球形冷凝管、恒压滴液漏斗、温度计、干燥管、水浴锅、尾气吸收装置、分液漏斗。

【实验步骤】

在 50mL 干燥三口烧瓶中，快速加入 10g 无水 $AlCl_3$ 和 10mL 无水苯，并立即装上球形冷凝管及滴液漏斗，另一口插上温度计或用磨口塞塞住。在球形冷凝管上口接一氯化钙干燥管，干燥管与氯化氢吸收装置相连接。从滴液漏斗慢慢滴入 3mL（0.032mol）乙酸酐，开始少加几滴，待反应发生后再继续滴加，并不时振摇混合物。切勿使反应过于激烈，滴加速度以三口烧瓶微微发热为宜（10～15min）。

滴加完毕后在水浴上加热回流，至反应体系不再有氯化氢气体产生为止。待反应液冷却后，倒入装有 12.5mL 浓盐酸和 25g 碎冰的烧杯中分解（在通风橱中进行）。当固体完全溶解后，倒入分液漏斗中，分出有机相和水相，水相每次用 10mL 苯萃取两次，萃取液与有机相合并。依次用 5mL 5%NaOH 水溶液和 5mL 水各洗一次。有机层用无水硫酸镁干燥。

干燥后的粗产物在水浴上蒸出苯，回收，再在石棉网上蒸去残留的苯，当温度上升至 140℃左右时，停止加热，稍冷后改用空气冷凝管蒸馏。收集 198～202℃馏分。

【注意事项】

(1) 仪器及反应装置要干燥，以免吸水。
(2) $AlCl_3$要快速研碎，若大部分变黄则表明已水解，不可用。
(3) 要控制乙酸酐的滴加速度，勿使反应过于激烈。
(4) 蒸馏苯乙酮时，要防止散热，才能达到沸点。
(5) 本实验所用的化学药品均有一定的毒性，请尽量减少污染。

【实验结果】

称量苯乙酮的质量，计算产率。测定苯乙酮的折射率。

【思考题】

(1) 在苯乙酮的制备中，水和潮气对本实验有何影响？在仪器装置和操作中应注意哪些事项？
(2) 反应完成后，为什么要加入浓盐酸和冰水的混合液来分解产物？

(3) 在烷基化和酰基化反应中，$AlCl_3$的用量有何不同？为什么？本实验为什么要用过量的苯和 $AlCl_3$？

5.13 微波辐射合成对氨基苯磺酸

【实验目的】

(1) 了解微波辐射下合成对氨基苯磺酸的原理和方法。

(2) 掌握微波加热进行实验操作的技术。

【实验原理】

在室温下芳香胺与浓 H_2SO_4混合生成 *N*-磺基化合物，然后加热转化为对氨基苯磺酸，它在常法下加热反应需要几个小时。而用微波 10min 左右便能完成。反应式如下

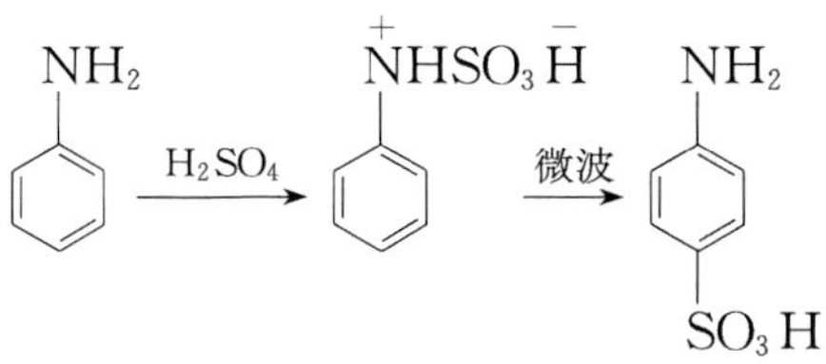

【实验试剂和仪器】

1. 试剂

苯胺（新蒸）、浓硫酸、10% NaOH 溶液、活性炭。主要试剂及产品的物理常数见表 5.13.1。

表 5.13.1 主要试剂及产品的物理常数

名称	相对分子质量	性状	折射率 n_D^{20}	相对密度 d_4^{20}	熔点/℃	沸点/℃	溶解度/（g · 100mL^{-1}）		
							水	醇	醚
苯胺	93.12	无色油状液体	1.5863	1.022	−6.1	184.4	3.6^{18}	∞	∞
对氨基苯磺酸	173.18	无色结晶	—	—	365	—	0.8^{10}	∞	∞

2. 仪器

25mL 圆底烧瓶、空气冷凝管、微波炉、减压抽滤装置。

【实验步骤】

在 25mL 圆底烧瓶中放入 2.8g 新蒸苯胺，分批加入 1.5mL 浓硫酸，并不断振摇。加完酸后将圆底烧瓶放入微波炉内装上空气冷凝管，并同时在微波炉内放入盛有 100mL 水的烧杯，火力调至低挡，持续 10min。关闭微波炉待稍冷，取出 1～2 滴烧瓶内混合物，加入 2mL 10% NaOH 溶液中，若得澄清的溶液，则认为反应完全，否则需继续加热。

反应完毕后，将反应液在不断搅拌下小心地趁热倒入盛有 20mL 冷水或碎冰的烧杯中。此时灰白色对氨基苯磺酸析出，冷却后抽滤，用少量水洗涤，然后用活性炭脱色，重结晶，可得到含两分子结晶水的对氨基苯磺酸，产量约为 4g。

【注意事项】

（1）由于加浓硫酸时，H_2SO_4与苯胺激烈反应生成苯胺硫酸盐，因此先要滴加，当H_2SO_4加至生成盐后需不断振摇，才可分批加入余下浓 H_2SO_4。

（2）用烧杯装 100mL 水置于微波炉中，可以分散微波能量，从而减少反应中因火力过猛而发生碳化。

（3）稍冷可以使未反应的苯胺冷凝下来，以免苯胺受热挥发而造成损失和中毒。

【实验结果】

称量对氨基苯磺酸的质量，计算产率。

【思考题】

（1）磺化的反应机理如何？经历的中间产物是什么？

（2）为什么微波辐射可以加速反应？

（3）制备对氨基苯磺酸的意义何在？

5.14　香豆素-3-羧酸的制备

【实验目的】

（1）学习利用 Knoevenagel 反应制备香豆素的原理和实验方法。

（2）了解酯水解法制羧酸。

【实验原理】

香豆素，又名香豆精、1，2-苯并吡喃酮，为顺式邻羟基肉桂酸的内酯。白色斜方晶体或结晶粉末，存在于许多天然植物中，它最早于 1820 年从香豆的种子中获得，也存在于薰衣草、桂皮的精油中。香豆素具有香茅草的香气，是重要的香料，常作为定香剂，可用于配制香水、花露水、香精等，也用于一些橡胶和塑料制品，其衍生物还可以用作农药、杀鼠剂、医药等。由于天然植物中香豆素含量很少，大多数是通过合成获得的。

1868 年，Perkin 采用邻羟基苯甲醛（水杨醛）与乙酸酐、乙酸钾一起加热制得了香豆素，该方法也被称为 Perkin 合成法。

Perkin 合成法具有反应时间长、反应温度高、产率有时不好等缺点。本实验以水杨醛和丙二酸二乙酯在六氢吡啶存在下发生 Knoevenagel 缩合反应制得香豆素-3-羧酸酯（溶点为 93℃），然后在碱性条件下水解制得目标产物。

反应式为

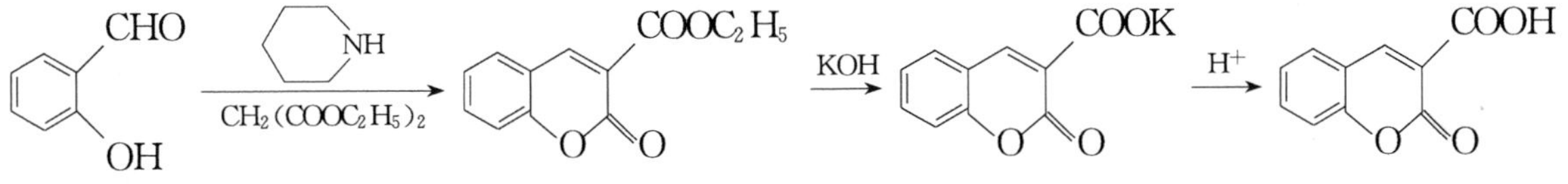

Knoevenagel 反应是在有机碱催化作用下促进羟醛缩合反应的方法。该法将 Perkin 法中的酸酐改为活泼亚甲基化合物，需要有一个或两个吸电子基团增加亚甲基氢的活泼性，同时，采

用碱性较弱的有机碱作为反应介质避免了醛的自身缩合，扩大了缩合反应的原料使用范围。

【实验试剂与仪器】

1. 试剂

水杨醛、丙二酸二乙酯、无水乙醇、六氢吡啶、冰乙酸、浓盐酸、氢氧化钾、无水氯化钙。主要试剂及产品的物理常数见表 5.14.1。

表 5.14.1 主要试剂及产品的物理常数

名称	相对分子质量	性状	相对密度 d_4^{20}	熔点/℃	溶解度/（g·100mL^{-1}）	
					水	醇
水杨醛	122.1	无色油状液体	1.146	−7	—	—
香豆素-3-羧酸	190.15	白色结晶	—	190	1.3^{37}	—

2. 仪器

25mL 圆底烧瓶；回流冷凝管；干燥管；锥形瓶；减压抽滤装置；熔点测定仪。

【实验步骤】

1. 香豆素-3-羧酸乙酯的制备

在 25mL 圆底烧瓶中依次加入 1mL 水杨醛、1.2mL 丙二酸二乙酯、5mL 无水乙醇和 0.1mL 六氢吡啶及一滴冰乙酸，在无水条件下加热回流 1.5h，待反应物稍冷后拿掉干燥管，从冷凝管顶端加入约 6mL 冷水，待结晶析出后抽滤，并用 1mL 被冰水冷却过的 50%乙醇洗两次，粗品可用 25%乙醇重结晶，干燥后得到香豆素-3-羧酸乙酯。

2. 香豆素-3-羧酸的制备

在 25mL 圆底烧瓶中加入之前制备的 0.8g 香豆素-3-羧酸乙酯、0.6g 氢氧化钾、4mL 无水乙醇和 2mL 水，加热回流约 15min。趁热将反应产物倒入 10mL 浓盐酸和 10mL 水的混合物中，立即有白色结晶析出，冰浴冷却后过滤，用少量冰水洗涤，干燥后的粗品约 1.6g，可用水重结晶。

【注意事项】

（1）实验中除了加六氢吡啶外，还加入少量冰乙酸，反应很可能是水杨醛先与六氢吡啶在酸催化下形成亚胺化合物，然后再与丙二酸二乙酯的负离子反应。

（2）用冰过的 50%乙醇洗涤可以减少酯在乙醇中的溶解。

【实验结果】

称量香豆素-3-羧酸乙酯的质量，计算产率。

称量香豆素-3-羧酸的质量，计算产率。

【思考题】

（1）试写出用水杨醛制香豆素-3-羧酸的反应机理。

（2）羧酸盐在酸化得羧酸沉淀析出的操作中应如何避免酸的损失，提高酸的产量？

5.15　超声波提取黄连素

【实验目的】

（1）学习从中草药中提取生物碱的原理和方法。

（2）掌握超声波提取天然有机物的方法。

【实验原理】

黄连为我国特产药材之一，有很强的抗菌力，对急性结膜炎、口疮、急性细菌性痢疾、急性肠胃炎等均有很好的疗效。黄连中含有多种生物碱，以黄连素（俗称小檗碱 Berberine）为主要有效成分，随野生和栽培及产地的不同，黄连中黄连素的含量为4%～10%。含黄连素的植物很多，如黄柏、三颗针、伏牛花、白屈菜、南天竹等均可作为提取黄连素的原料，但以黄连和黄柏中的含量较高。

黄连素是黄色针状晶体，微溶于水和乙醇，较易溶于热水和热乙醇中，几乎不溶于乙醚，黄连素存在三种互变异构体，但自然界多以季铵碱的形式存在。黄连素的盐酸盐、氢碘酸盐、硫酸盐、硝酸盐均难溶于冷水，易溶于热水，其各种盐的纯化都比较容易。

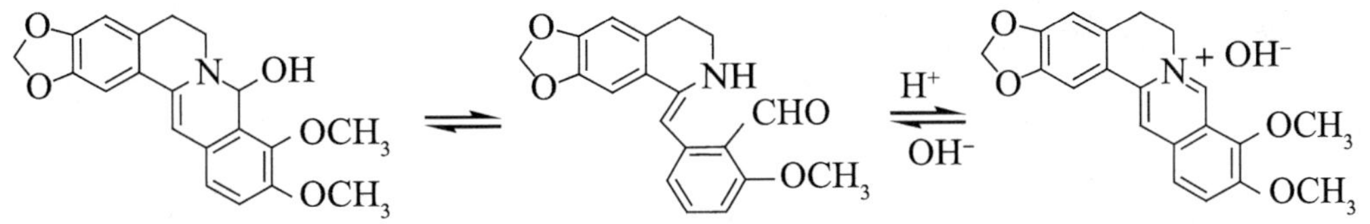

（醇式）　（醛式）　（季铵碱式）

【实验试剂与仪器】

1. 试剂

黄连、95%乙醇、浓盐酸、1%乙酸溶液。

2. 仪器

25mL 圆底烧瓶、超声波清洗器、回流冷凝管、减压蒸馏装置、减压抽滤装置。

【实验步骤】

称取 2g 磨细的中药黄连，放入 25mL 圆底烧瓶中，加入 10mL 乙醇，装上回流冷凝管，置于超声波清洗器内，超声波提取 30min，超声波清洗器内水温恒定在 70～75℃，冷却并静置浸泡 30min，抽滤，滤渣重复上述操作处理一次，合并两次所得滤液。

在水泵减压下蒸出乙醇，再加入1%乙酸溶液（6～8mL），加热溶解，趁热抽滤，除去不溶物，然后在滤液中滴加浓盐酸至溶液浑浊为止（约需 2mL），放置冷却即有黄色针状晶体析出。

抽滤，并用冰水洗涤晶体两次，再用丙酮洗涤一次，烘干后称重约为 0.2g。

【注意事项】

（1）本实验也可用索式提取器连续提取。

（2）得到纯净的黄连素晶体比较困难。将黄连素盐酸盐加热水至刚好溶解，煮沸，用石灰乳调节 pH 为 8.5～9.8，冷却后滤去杂质，滤液继续冷却到室温以下，即有针状体的黄连素析出，抽滤，将结晶在 50～60℃下干燥。

【实验结果】

称量黄连素的质量，计算收率。

【思考题】

（1）黄连素为何种生物碱类的化合物？

（2）为何要用石灰乳来调节 pH，用强碱氢氧化钾（钠）行不行？为什么？

5.16 乙酰水杨酸（阿司匹林）的制备

【实验目的】

（1）学习用乙酸酐作酰基化试剂酰化水杨酸制乙酰水杨酸的酯化方法。

（2）巩固重结晶，熔点测定，减压抽滤等基本操作。

（3）了解乙酰水杨酸的应用价值。

【实验原理】

乙酰水杨酸又称阿司匹林，具有解热镇痛和抗风湿等作用，是一种常用药物。

制备乙酰水杨酸常用的方法是将水杨酸与乙酸酐作用，通过乙酰化反应使水杨酸分子中酚羟基上的氢原子被乙酰基取代即生成乙酰水杨酸。为加快反应的速度，通常加少量浓硫酸或浓磷酸作催化剂。浓硫酸等能破坏水杨酸分子内羟基和羧基间形成的氢键，从而使酰化反应易于进行。其反应方程式如下

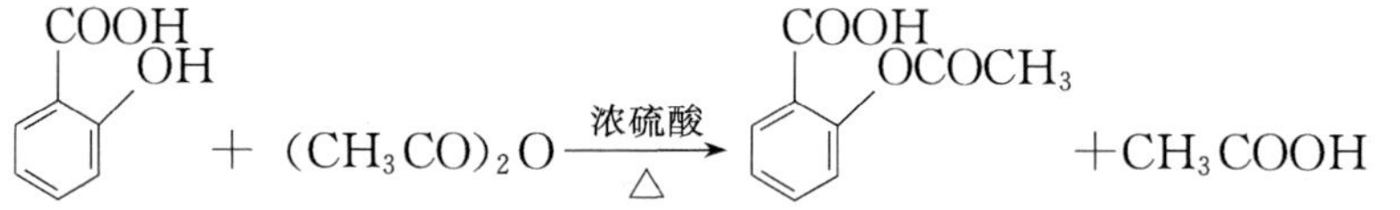

粗产物中，由于残留少量的副产物和未反应的原料以及反应时用的溶剂等杂质，需用乙醇-水的混合溶剂进行重结晶使之纯化。乙酰水杨酸的纯品为白色结晶，熔点为 134～135℃，无臭，微带酸味，微溶于冷水，易溶于醇、醚、氯仿等溶剂中。

【实验试剂与仪器】

1. 试剂

水杨酸、乙酸酐、浓硫酸、95%乙醇、饱和碳酸氢钠溶液、苯、石油醚、1%三氯化铁溶液、浓盐酸。主要试剂及产品的物理常数见表 5.16.1。

表 5.16.1　主要试剂及产品的物理常数

名称	相对分子质量	性状	熔点/℃	溶解度/（g·100mL^{-1}）		
				水	乙醇	乙醚
水杨酸	138.1	白色粉末	158	微溶	易溶	易溶
乙酰水杨酸	180.2	白色结晶	134～135	溶	溶于热水	微溶

2. 仪器

锥形瓶（100mL）、烧杯（50mL、100mL、250mL）、温度计（100℃）、量筒（10mL、50mL）、布氏漏斗、抽滤瓶、循环水真空泵、表面皿、玻璃棒、滤纸。

【实验步骤】

1. 合成

在天平上称取 4.0g（0.03mol）水杨酸放入 100mL 锥形瓶中，加入 10mL（0.1mol）乙酸酐，随后用滴管逐滴加入 10 滴浓硫酸，缓慢旋摇直至水杨酸全溶。然后将锥形瓶放在水浴上（80℃左右）温和加热 10min，注意温度不要过高。冷却至室温，即有乙酰水杨酸结晶析出，如无结晶析出，可用玻璃棒摩擦锥形瓶壁促使其结晶，或放入冰水中冷却使结晶产生。结晶析出后再加 50mL 水，继续在冰水中冷却，直至结晶完全析出。用布氏漏斗减压过滤，再用少量蒸馏水洗涤结晶，继续减压将溶剂尽量抽干。然后把结晶放在表面皿上，在空气中放置干燥，称量，并计算产率。

2. 提纯

将粗品放入 100mL 烧杯中，边搅拌边加入 25mL 饱和碳酸氢钠溶液，加完后继续搅拌几分钟，直至无二氧化碳气泡产生为止。用布氏漏斗过滤，并用 5～10mL 水冲洗漏斗，将滤液合并，浸入预先盛有 3～5mL 浓盐酸和 10mL 水的烧杯中，搅拌均匀，即有乙酰水杨酸沉淀开始析出。在冰浴中冷却，使结晶完全析出后，减压过滤，结晶用玻璃铲或干净玻璃塞压紧，尽量抽去滤液，再用冷水洗涤 2～3 次，抽去水分，将结晶移至表面皿上干燥，测定熔点并计算产率。

3. 重结晶

为了得到更纯的产品，可将上述结晶加入到少量热苯中，安装冷凝管在水浴上加热回流。如有不溶物出现，可用预热过的玻璃漏斗趁热过滤（注意避开火源，以免着火），待滤液冷至室温，此时应有结晶析出，如结晶很难析出时可加入少许石油醚摇匀，把混合溶液稍微在冰水中冷却（注意冷却温度不要低于 5℃，因苯的凝固点为 5℃）。减压过滤干燥，测定熔点。

4. 检验

取少量样品溶于 10 滴 95%的乙醇中，加入 1%的三氯化铁溶液 1～2 滴，观察颜色变化。如果溶液紫红色说明样品不纯，若无颜色说明样品纯度很高。

【注意事项】

（1）仪器要全部干燥，药品也要事先经干燥处理，乙酸酐要使用新蒸馏的，收集 139～140℃的馏分。

（2）乙酰水杨酸受热后易发生分解，因此重结晶时不宜长时间加热，控制水温，产品采取自然晾干。

（3）为了检验产品中是否还有水杨酸，利用水杨酸属酚类物质可与三氯化铁发生颜色反应的特点，用几粒结晶加入盛有 3mL 水的试管中，加入 1～2 滴 1% $FeCl_3$ 溶液，观察有无颜色反应（紫色）。

【实验结果】

称量粗乙酰水杨酸的质量，计算产率。

称量提纯后乙酰水杨酸的质量，计算产率，测定熔点。

【思考题】

（1）在进行水杨酸的乙酰化反应时，加入浓硫酸的目的是什么？

（2）纯化前后，两次三氯化铁呈色反应的检查结果说明什么问题？

（3）提高乙酰水杨酸产率的关键是什么？

（4）重结晶时，溶剂加得过多，有何不良后果？

5.17　扑热息痛的合成

【实验目的】

（1）通过实验，掌握扑热息痛的性状、特点和化学性质。

（2）掌握酰化反应的原理和分馏柱的作用及操作。

【实验原理】

扑热息痛系常用的解热镇痛药，临床上用于发热、头痛、神经痛、痛经等。化学名为 *N*-(4-羟基苯基)-乙酰胺［*N*-（4-Hydroxyphenyl）-acetamide］，又称醋氨酚（Acetaminophen）化学结构式为

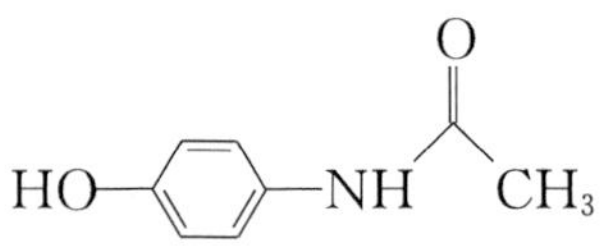

扑热息痛以对氨基酚为原料经醋酐酰化或乙酸酰化反应制得。但醋酐的价格较贵，生产成本较高。本实验采用冰乙酸为酰化剂。

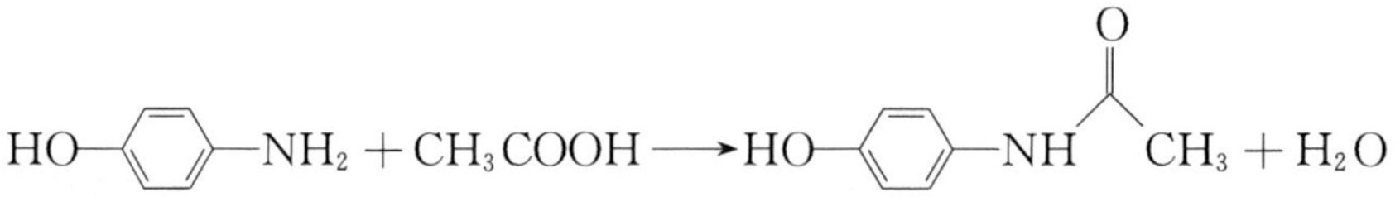

本品为白色结晶或结晶性粉末，易溶于热水或乙醇，溶于丙酮，微溶于水，溶点为 168～172℃。

【实验试剂与仪器】

1. 试剂

对氨基酚、冰乙酸、活性炭、亚硫酸钠。

2. 仪器

100mL 圆底烧瓶、刺形分馏柱、温度计、尾气接收装置、抽滤装置。

【实验步骤】

在 100mL 圆底烧瓶中加入 10.9g 对氨基酚，14mL 冰乙酸，装一短的刺形分馏柱，上端装一温度计，支管通过尾接管与接受器相连，接受器外部用冷水浴冷却。

将圆底烧瓶加热并搅拌，使反应物保持微沸状态回流 15min，然后逐渐升高温度，当温度计读数达到 90℃左右时，支管即有液体流出。维持温度在 90～100℃反应约 30min，生成的水及大部分乙酸已被蒸出，此时温度计读数下降，表示反应已经完成。

在搅拌下趁热将反应物倒入 40mL 冰水中，有白色固体析出，冷却后抽滤。于 100mL 锥形瓶中加入粗品，每克粗品用 5mL 纯水加热使溶解，稍冷后加入粗品质量 1%～2%的活性炭和 0.5g 亚硫酸钠，脱色 10min，趁热过滤，冷却，析出结晶，抽滤。干燥后得扑热息痛 9～11g，测定产品熔点。

【注意事项】

(1) 对氨基酚易氧化，使用前需要预处理。

(2) 反应物冷却后，固体产物立即析出，沾在瓶壁不易处理。故须趁热在搅动下倒入冷水中以除去过量的乙酸及未反应的对氨基酚。

(3) 脱色时加入亚硫酸钠的目的是防止产物的氧化。

【实验结果】

称量扑热息痛的质量，计算产率。测定重结晶后扑热息痛的熔点。

【思考题】

(1) 反应时为什么要控制分馏柱上端的温度在 90～100℃?

(2) 根据理论计算，反应完成时应产生几毫升水？为什么实际收集的液体远多于理论量?

(3) 用醋酐作酰化试剂与乙酸作酰化试剂的区别？反应中有什么副反应发生?

5.18　美沙拉秦的合成

【实验目的】

(1) 掌握硝化、还原反应原理。

(2) 熟悉硝化、还原反应的基本操作技能。

【实验原理】

美沙拉秦（5-氨基-2-羟基-苯甲酸）为抗慢性结肠炎仰氮磺吡啶（SASP）的活性成分，疗效与 SASP 相同，适用于因副作用和变态反应而不能使用 SASP 的患者，国外已广泛用于治疗溃疡性结肠炎。化学结构式如下

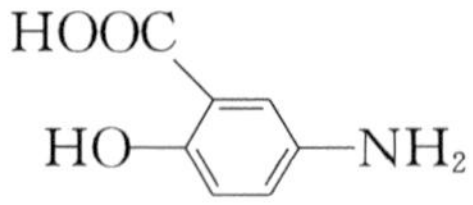

合成机理为

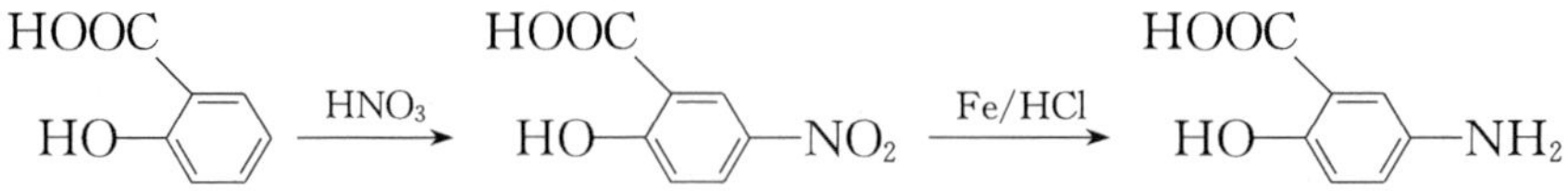

本品为灰白色结晶或结晶状粉末，微溶于冷水、乙醇。熔点为 280℃。

【实验试剂与仪器】

1. 试剂

水杨酸、浓硝酸、铁粉、40％氢氧化钠溶液、浓盐酸、40％硫酸、15％氨水。

2. 仪器

250mL 三口烧瓶、温度计、回流冷凝器、尾气吸收装置、滴液漏斗、搅拌装置、减压抽滤装置、电热套。

【实验步骤】

1. 5-硝基-2-羟基苯甲酸的制备（硝化）

在装有冷凝器（附有空气导管、安全瓶及碱性吸收池）、温度计和滴液漏斗的 250mL 三口烧瓶中，加入水杨酸 14g（0.1mol）、水 30mL，在电磁搅拌下，升温至 70℃，缓缓滴加浓硝酸 12mL，保持反应温度在 70～80℃，滴毕，继续保温反应 1h。将产物倒入 150mL 冰水中，放置 1h。抽滤，用水洗涤，得粗品，将粗品加入 150mL 水加热至沸腾，待产品全部溶解，热过滤，滤液充分冷却，抽滤，得淡黄结晶。

2. 美沙拉秦的合成（还原）

在装有电动搅拌器、冷凝管及温度计的 250mL 三口烧瓶中，加入水 60mL，升温至 60℃以上，加入浓盐酸 4.2mL，活化铁粉 4g（0.07mol），加热回流后，交替加入活化铁粉 6g（0.11mol）和 5-硝基-2-羟基苯甲酸 10g（0.56mol），加毕，继续保温搅拌 1h。反应毕，冷却至 80℃后，用 40％氢氧化钠溶液调至 pH 碱性，过滤，水洗，合并滤液和洗液。向其中加入保险粉 1.3g，搅拌，过滤，滤液用 40％硫酸调至 pH 2～3，析出固体，过滤，干燥，得固体粗品。向粗品中加水 100mL，浓硫酸 4.5mL 和活性炭少许，加热回流数分钟，趁热过滤，冷却，滤液用 15％氨水调至 pH 2～3，析出固体，过滤，水洗，干燥，得精品。

【注意事项】

（1）硝化反应是放热反应，滴加硝酸时，滴加速度要尽可能慢，同时电热套的电压应调节合适，以保持反应温度在 70～80℃为宜。

（2）铁粉活化的方法：将铁粉 10g，水 50mL，置 150mL 蒸发皿中，加浓盐酸 0.4mL，煮沸。用水以倾泻法洗至中性，置水中待用。

【实验结果】

称量 5-硝基-2-羟基苯甲酸的质量，计算产率。

称量美沙拉秦的质量，计算产率。

【思考题】

（1）写出硝化反应的机理。

（2）试述铁粉活化的目的。

5.19　安息香及其衍生物二苯乙二酮的合成

【实验目的】

（1）理解安息香缩合反应及安息香转化的基本原理。

（2）掌握以维生素 B_1 为催化剂合成安息香的实验原理和操作过程。

（3）了解连续合成反应的特点。

【实验原理】

绝大多数生化过程都是在特殊条件下进行的化学反应，酶的参与可以使反应更巧妙、更有效并且在更温和的条件下进行。维生素 B_1 又称硫胺素或噻胺（Thiamine），它是一种辅酶，作为生物化学反应的催化剂，在生命过程中起着重要的作用，主要是对 α-酮酸脱羧和形成偶姻（α-羟基酮）等酶促反应发挥辅酶的作用。其结构式如下

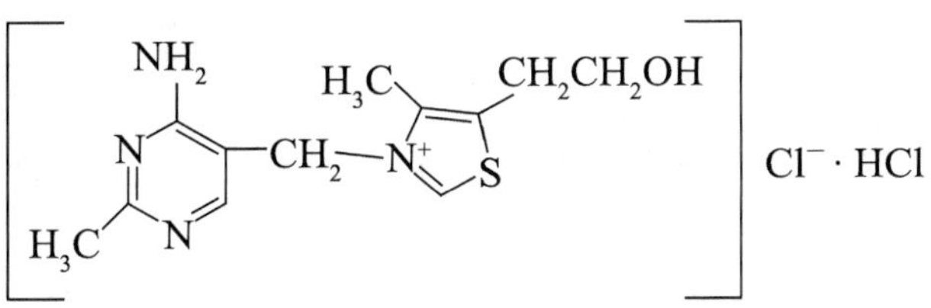

从化学角度来看，硫胺素分子中最主要的部分是噻唑环。噻唑环 C-2 上的质子由于受氮和硫原子的影响，具有明显的酸性，在碱的作用下质子容易被除去，产生的负碳离子作为催化反应中心，形成苯偶姻。

安息香的辅酶合成法就是以维生素 B_1 为催化剂合成安息香，其反应方程式为

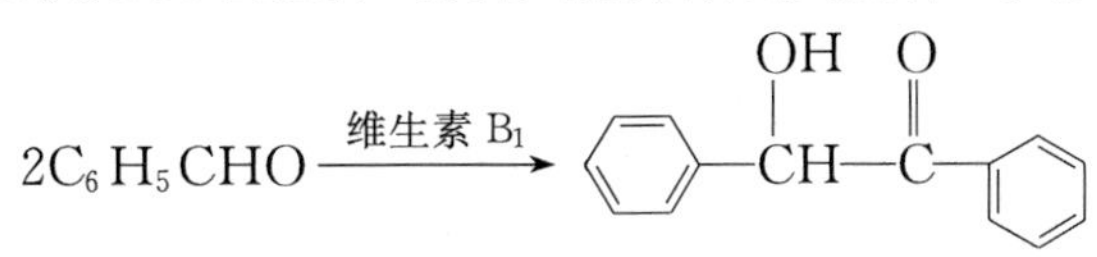

芳香醛在氰化钠（钾）作用下，分子间发生缩合反应生成 α-羟酮，称为安息香缩合反应。氰离子几乎是专一的催化剂。反应共同使用的溶剂是醇的水溶液。使用氰化四丁基铵作催化剂，则反应可在水中顺利进行。安息香缩合最典型、最简单的例子是苯甲醛的缩合反应。

$$2C_6H_5CHO \xrightarrow[C_2H_5OH/H_2O]{CN^-} C_6H_5-\underset{}{\overset{OH}{\overset{|}{C}}}H-\overset{O}{\overset{\|}{C}}-C_6H_5$$

这是一个碳负离子对羰基的亲核加成反应，氰化钠（钾）是反应的催化剂，其机理如下：

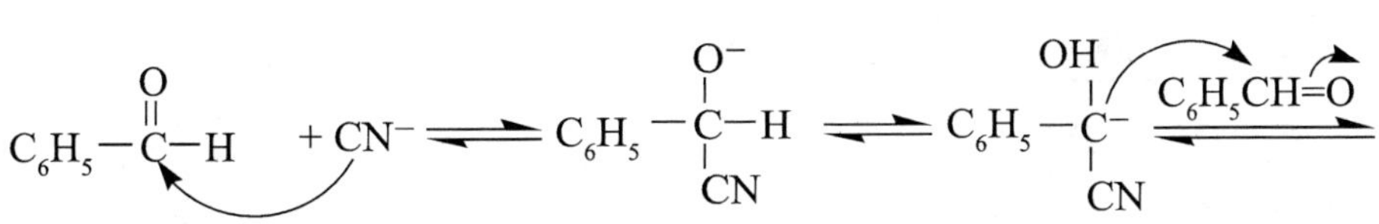

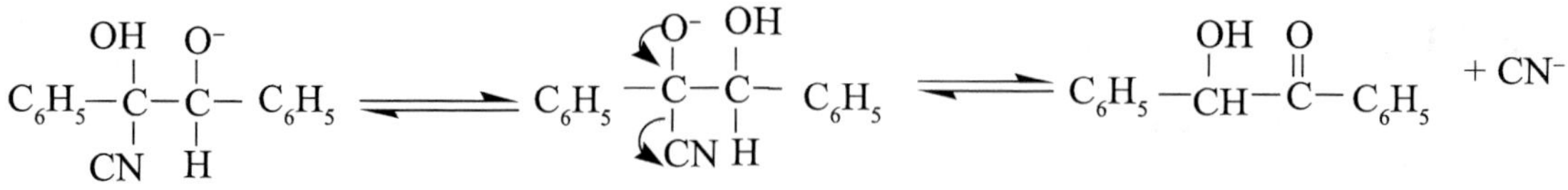

其他取代芳醛（如对甲基苯甲醛、对甲氧基苯甲醛和呋喃甲醛等）也可以发生类似的缩合，生成相应的对称性二芳基羟乙酮。

因为 NaCN 剧毒，本实验用维生素 B_1 作催化剂，代替 NaCN，其催化机理为

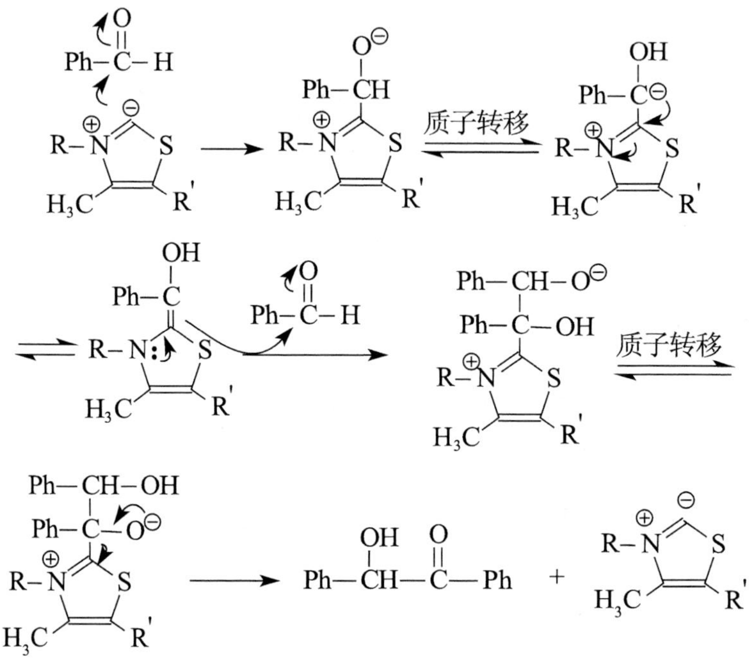

安息香可以被温和的氧化剂氧化生成 α-二酮。纯二苯乙二酮为黄色结晶，熔点为 95℃。

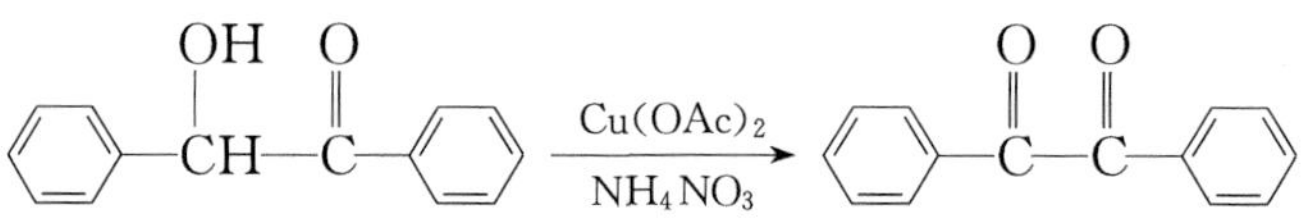

【实验试剂与仪器】

1. 试剂

苯甲醛（新蒸）、维生素 B_1（盐酸硫胺素）、95％乙醇、10％ NaOH 溶液、活性炭、冰块、安息香（自制）、硝酸铵、冰乙酸、2％乙酸铜溶液、75％乙醇。主要试剂及产品的物理常数见表 5.19.1。

表 5.19.1　主要试剂及产品的物理常数

名称	相对分子质量	性状	相对密度 d_4^{20}	熔点/℃	沸点/℃	溶解度/（$g \cdot 100mL^{-1}$）		
						水	乙醇	乙醚
苯甲醛	106.13	无色液体	1.0415	－26	178.1	0.3	混溶	混溶
安息香	212.25	白色片状	1.310	137	194	微溶（热）	溶解（热）	微溶

2. 仪器

100mL 圆底烧瓶、50mL 圆底烧瓶、回流冷凝管、抽滤装置、重结晶装置、锥形瓶、熔点

仪等。

【实验步骤】

1. 安息香的合成

在 100mL 圆底烧瓶中加入 2.0g 维生素 B_1（盐酸硫胺素），5mL 蒸馏水，15mL 95%乙醇，用塞子塞上瓶口，放在冰盐浴中冷却。用一支试管取 4mL 10% NaOH 溶液，也放在冰盐浴中冷却 10min。用小量筒取 10mL 新蒸苯甲醛，将冷透的 NaOH 溶液滴加入冰浴中的圆底烧瓶中，充分摇匀（pH=9～10），并立即将苯甲醛加入，加入沸石。温水浴中加热反应，水浴温度控制在 60～75℃（不能使反应物剧烈沸腾），80～90min（反应混合物呈橘黄或橘红色均相溶液）。

撤去水浴，待反应物冷却至室温，析出浅黄色结晶，再放入冰浴中冷却使之结晶完全（若出现油层，重新加热使其变成均相，再慢慢冷却结晶）。

用布氏漏斗抽滤收集粗产物，用 50mL 冷水分两次洗涤。称重，用 95%乙醇进行重结晶，如产物呈黄色，可用少量活性炭脱色。产品（白色晶体）于空气中晾干后，称重。

2. 二苯乙二酮的合成

在 50mL 圆底烧瓶中加入 4.3g 安息香（自制），12.5mL 冰乙酸、2.0g 粉状硝酸铵和 2.5mL 2%乙酸铜溶液，加入几粒沸石，装上回流冷凝管，缓慢加热并时加摇荡。当反应物溶解后，开始放出氮气，继续回流 1.5h 使反应完全。将反应混合物冷至 50～60℃，在搅拌下倾入 20mL 冰水中，析出二苯乙二酮结晶。抽滤，用冷水充分洗涤，尽量压干，粗产物干燥后为 3～3.5g，用 75%的乙醇水溶液重结晶。

【注意事项】

（1）维生素 B_1 受热易变质，将失去催化作用。应放于冰箱内保存，使用时取出，用后及时放回冰箱中。

（2）苯甲醛极易被空气中的氧所氧化，如发现实验中所使用的苯甲醛有固体物苯甲酸存在，则必须重新蒸馏后使用。

（3）2%乙酸铜可用下述方法制备：溶解 2.5g 一水合硫酸铜于 100mL 10%乙酸水溶液中，充分搅拌后滤去碱性铜盐的沉淀。

【实验结果】

称量安息香的质量，计算产率，测定熔点。

称量二苯乙二酮的质量，计算产率，测定熔点。

【思考题】

（1）安息香缩合、羟醛缩合、歧化反应有何不同？

（2）为什么加入苯甲醛后，反应混合物的 pH 要保持 11 左右？溶液 pH 过低有什么不好？

第六章　物性参数测定

6.1　燃烧热的测定

【实验目的】

（1）测定萘的燃烧热，了解恒容燃烧热和恒压燃烧热的区别和联系。

（2）了解氧弹式热量计中主要部件的作用，掌握量热实验技术。

（3）学会应用图解法校正温度改变值。

【实验原理】

燃烧热：1mol 物质完全燃烧时所放出的热量，有时也用单位质量物质完全燃烧时所放出的热量表示。恒容条件下测得的燃烧热称为恒容燃烧热（Q_V），$Q_V=\Delta U$。恒压条件下测得的燃烧热为恒压燃烧热（Q_p），$Q_p=\Delta H$。若把参加反应的气体和生成的气体作为理想气体处理，则存在如下关系式：$Q_p=Q_V+\Delta nRT$。

在本实验中，物质在氧弹中燃烧，燃烧前后体积没变，因而测得的是恒容燃烧热 Q_V，而通常我们未指明具体是恒压还是恒容时均指的是恒压燃烧热 Q_p。

当物质在氧弹中燃烧结束并达到热平衡后，容器中的水和氧弹本身的吸热等于氧弹中物质燃烧所放出的热。即

$$C\cdot\Delta T=m_1Q_1+m_2Q_2 \tag{6.1.1}$$

式中，C 为体系的总热容，$J\cdot ℃^{-1}$；ΔT 为热交换前后的温度差，℃；m_1 为完全燃烧之燃烧物的质量，g；m_2 为燃烧消耗的点火丝的质量，g；Q_1 为燃烧物的恒容燃烧热，$J\cdot g^{-1}$；Q_2 为点火丝的燃烧热，$J\cdot g^{-1}$。

由式（6.1.1）可知，我们可先用已知燃烧热值的苯甲酸，求出量热体系的总热容 C 后，再用相同方法对其他物质进行测定，测出温升 $\Delta T=T_2-T_1$，代入式（6.1.1），即可求得其燃烧热。

本实验所用主要仪器为绝热式热量计，其构造如图 6.1.1 所示，其核心部件为氧弹，其构造如图 6.1.2 所示。

严格地讲，热量计不可能是绝对绝热的，在燃烧后升温阶段，系统和环境间难免要发生热交换，而且搅拌机还会发热，搅拌机的叶片与水的摩擦也会有少量热生成，因而温度计读得的温差并非真实温差，因此必须进行校正，常用的校正法为雷诺法。

用雷诺法校正温差具体方法为：将燃烧前后观察所得的一系列水温和时间关系作图，得一曲线，如图 6.1.3 和图 6.1.4 所示。

在图 6.1.3 中，H 点意味着燃烧开始，热传入介质；D 点为观察到的最高温度值；从相当于室温的 J 点作水平线交曲线于 I，过 I 点作垂线 ab，再将 FH 线和 GD 线延长并分别交 ab 线于 A、C 两点，其间的温度差值即为经过校正的 ΔT。图 6.1.3 中 AA' 为开始燃烧到温度上

升至室温这一段时间 Δt_1 内，由环境辐射和搅拌引进的能量所造成的升温，故应予扣除。CC' 为由室温升到最高点 D 这一段时间 Δt_2 内，热量计向环境的热漏造成的温度降低，计算时必须考虑在内（计入）。故可认为，A、C 两点的差值较客观地表示了样品燃烧引起的升温数值。

在某些情况下，热量计的绝热性能良好，热漏很小，而搅拌器功率较大，不断引进的能量使得曲线不出现极高温度点，如图 6.1.4 所示，校正方法相似（双扣除）。

作标准物质苯甲酸和待测物燃烧的雷诺温度校正后，由 ΔT 计算体系的热容量 C 和待测物的恒容燃烧热 Q_V，并进而计算出待测物的恒压燃烧热 Q_p。

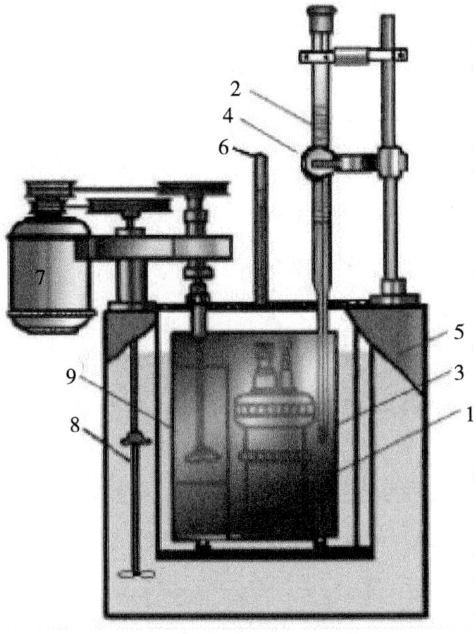

图 6.1.1　绝热式热量计构造简图

1. 氧弹；2. 贝克曼温度计；3. 内筒；4. 放大镜；5. 恒温水夹套；6. 水夹套温度计；7. 搅拌电机；8. 水夹套搅拌器；9. 内筒搅拌器

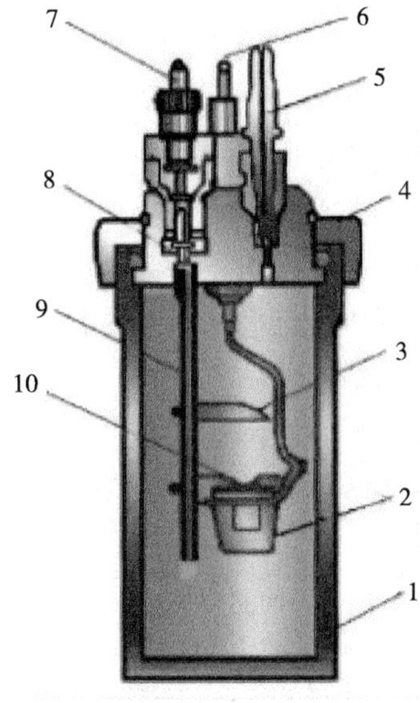

图 6.1.2　氧弹的基本构造简图

1. 弹体；2. 金属坩埚；3. 火焰挡板；4. 弹盖；5. 排气孔；6、7. 点火电极；8. 透气孔；9. 接线柱；10. 点火丝

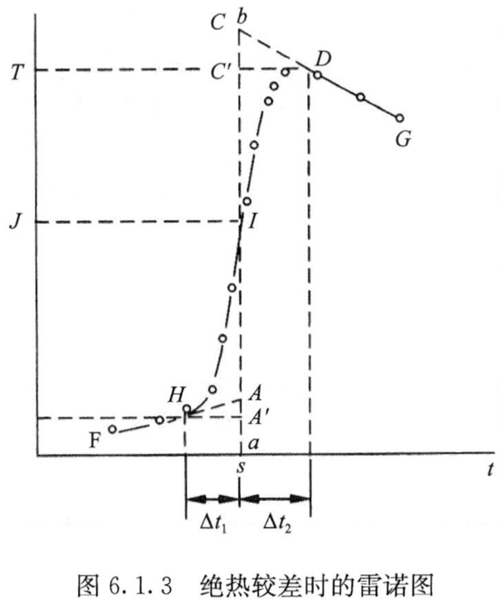

图 6.1.3　绝热较差时的雷诺图

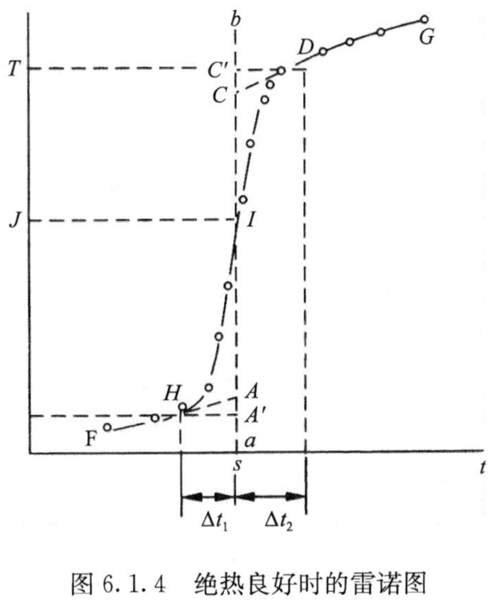

图 6.1.4　绝热良好时的雷诺图

【实验试剂与仪器】

1. 试剂

苯甲酸（AR）、萘（AR）、引燃专用丝。

2. 仪器

氧弹热量计、1000 mL 容量瓶、氧气钢瓶、氧气减压阀、压片机、镊子。

【实验步骤】

1. 热量计热容的测定

1）压片

从压片机中抽出上模和中模，将中模（平面）一面朝上，将上模放在中模上，用药匙取 0.7～1.0g 苯甲酸（燃烧热为$-26410J \cdot g^{-1}$），加入上模中。将手柄下的小锤插入上模中，加压，压紧后，抽出小锤，将下模移开，中模会自动掉出，再次插入小锤于上模加压，药片被压出。注意压片前后应将压片机擦干净。

2）称量

分别将压好的片和剪好的点火丝用分析天平精确称量并记录。

3）接点火丝

将称好的点火丝弯成 U 字形，再将其两端固定在氧弹上盖下端的两个电极上，点火丝切勿接触坩埚，以防短路，U 字形底部一定要与药片充分接触。然后将氧弹上盖放在下座上拧紧。

4）充氧

接上氧气导管，用扳手拧紧。旋转氧气瓶减压阀手柄，使氧气表的分压显示表为 2MPa，充气时间为 10s，然后按相反方向旋转减压阀手柄关闭氧气，拧开氧气导管的螺栓。

5）装氧弹

打开氧弹热量计上盖，把盛水桶安装在固定位置。将氧弹放入水桶中，将量好的 3000mL 水放入水桶中，插上电极，盖好外盖，放好温度传感器。

6）点火及温度测量

打开电源开关，按下“搅拌”按钮，然后每半分钟记录一次温度值（次数显示为 01 时开始记录），直到显示次数为 10 时立即按下“点火”按钮。仔细观察温度上升的情况，如点火 2～3min后仍没有出现明显的温度上升的情况，则说明点火失败，需重做前述实验步骤。若温升正常（点火 2～3min 后出现了明显的温度上升情况），则让仪器再连续自动记录 20～25 次温度值（需 10～13min）后按“结束”按钮，最后再按下“数据”按钮回放第 11 次（对应点火后 01 次）之后的各个对应温度值并记录到实验表格中。

7）称量残余点火丝质量

停止搅拌，取下温度传感器，打开热量计外盖，取出氧弹，拔出点火电极连接线，用泄压冒泄压，打开氧弹，用镊子取出未燃烧完的点火丝，准确称量其质量并记录到实验表格中。

2. 测定萘的燃烧热

粗称约 0.6g 萘，重复上述操作。

3. 清洗仪器并整理实验台

【注意事项】

（1）试样在氧弹中燃烧产生的压强最高可达 100 多个大气压。因此在使用后应将氧弹内部擦干净，以免引起弹壁腐蚀，减小其强度。

（2）氧弹、量热容器、搅拌器在使用完毕后，应用干布擦去水迹，保持表面清洁干燥。

（3）氧气遇油脂会爆炸。因此氧气减压器、氧弹以及氧气通过的各个部件，各连接部分不允许有油污，更不允许使用润滑油。如发现油垢，应用乙醚或其他有机溶剂清洗干净。

（4）坩埚在每次使用后，必须清洗和除去碳化物，并用纱布清除黏着的污点。

【实验结果】

（1）绘出温度与时间曲线，用作图法求真实温差。由式（6.1.1）算出体系的总热容 C。

（2）用同样的方法求萘燃烧的真实温差，并计算萘恒容燃烧热 Q_V。

（3）计算萘的恒压燃烧热 Q_p。

【思考题】

（1）在本实验装置中哪些是体系？哪些是环境？体系与环境通过哪些方式进行热交换？如何进行校正？

（2）对混合物或未知物燃烧热的测定，能否用本实验所用方法测得其 Q_p 值？为什么？

（3）在燃烧热测定实验中，哪些因素容易造成误差。

6.2　凝固点降低法测定相对分子质量

【实验目的】

（1）掌握凝固点降低法测定相对分子质量的方法。

（2）通过实验进一步理解稀溶液理论。

（3）掌握贝克曼温度计的使用。

【实验原理】

含非挥发性溶质的二组分稀溶液（当溶剂与溶质不生成固溶体时）的凝固点将低于纯溶剂的凝固点，这是稀溶液的依数性质之一。当指定了溶剂的种类和数量后，凝固点降低值取决于所含溶质分子的数目，即溶剂的凝固点降低值与溶液的浓度成正比。以方程式表示这一规律则有

$$\Delta T = T_f - T = K_f m \tag{6.2.1}$$

式中，T_f为溶剂的凝固点，K；T 为溶液的凝固点，K；K_f为质量摩尔凝固点降低常数，简称为凝固点降低常数，$K \cdot kg \cdot mol^{-1}$；$m$ 为溶质的质量摩尔浓度，$mol \cdot kg^{-1}$。

这就是稀溶液的凝固点降低公式。因为 m 可表示为

$$m = \frac{G/M}{W} \times 1000 \tag{6.2.2}$$

式中，M 为溶质的摩尔质量，$g \cdot mol^{-1}$；G 为溶质的质量，g；W 表示溶剂的质量，g。故式（6.2.1）可以改为

$$M = K_f \frac{1000G}{\Delta T \cdot W} \tag{6.2.3}$$

如已知溶剂的 K_f 值。则可通过实验求出 ΔT 值。利用式（6.2.3）求溶质的相对分子质量。

需要注意，如果溶质在溶液中发生解离或缔合等情况，则不能简单地用式（6.2.3）加以计算。当溶液浓度稍高时，已不是稀溶液，致使测得的相对分子质量随浓度的不同而变化。为了获得比较准确的相对分子质量数据，常用外推法，即以式（6.2.3）中所求得的相对分子质量为纵坐标，以溶液浓度为横坐标作图，外推至浓度为零而求得较准确的相对分子质量数值。

显然，在本实验中，全部实验操作归结为凝固点的精确测量。所谓凝固点是指在一定压力下，固液两相平衡共存的温度。理论上，在恒压下对单组分体系只要两相平衡共存就可达到这个温度。但实际上，只有固相充分分散到液相中，也就是固液两相的接触面相当大时，平衡才能达到。例如，将冷冻管放到冰浴后温度不断降低，达到凝固点后，由于固相是逐渐析出的，当凝固热放出速度小于冷却速度时，温度还可能不断下降，因而使凝固点的确定较为困难。为此，可先使液体过冷，然后突然搅拌。这样，固相骤然析出就形成了大量微小结晶，保证了两相的充分接触。同时，液体的温度也因凝固热的放出开始回升，一直达到凝固点，保持一段时间的恒定温度，然后又开始下降，如图 6.2.1（a）所示，从而使凝固点的测定变得容易进行了。纯溶剂的凝固点相当于步冷曲线中的水平部分所指的温度。

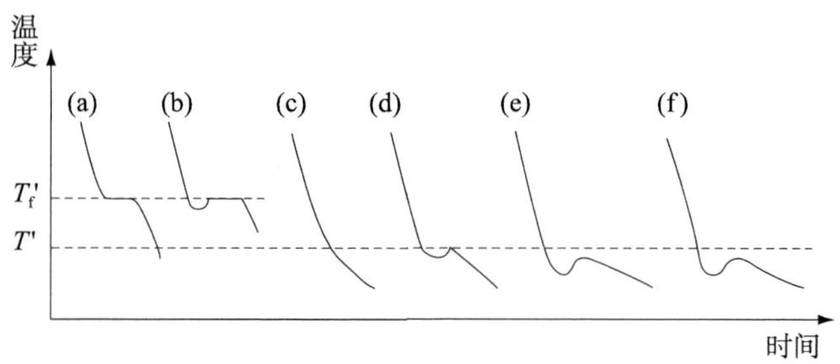

图 6.2.1　步冷曲线

溶液的步冷曲线与纯溶剂的步冷曲线不同，如图 6.2.1（b）所示，即当析出固相，温度回升到平衡温度后，不能保持一恒定值。因为部分溶剂凝固后，剩余溶液的浓度逐渐增大，平衡温度也要逐渐下降。如果溶液的过冷程度不大，可以将温度回升的最高值作为溶液的凝固点。若过冷太甚，凝固的溶剂过多，溶液的浓度变化过大，所得凝固点偏低，必将影响测定结果，如图 6.2.1（c）所示。因此，实验操作中必须注意掌握体系的过冷程度。

通常测定凝固点的方法是将溶液逐渐步冷，但冷却到凝固点，并不析出晶体，往往成为过冷溶液。然后由于搅拌或加入晶种促使溶剂结晶，由结晶放出的凝固热，使体系温度回升，当放热与散热达到平衡时，温度不再改变。此固、液两相共存的平衡温度即为溶液的凝固点，如图 6.2.1（d）所示。但过冷太厉害或寒剂温度过低，则凝固热抵偿不了散热，此时温度不能上升到凝固点，在温度低于凝固点时完全凝固，就得不到正确的凝固点，如图 6.2.1（e），（f）所示。从相律看，溶剂与溶液的步冷曲线形状不同。对纯溶剂两相共存时，条件自由度为 0，步冷曲线出现水平线段。对溶液两相共存时，其条件自由度等于 1，温度仍可下降，但由于溶

剂凝固时放出凝固热，使温度回升，但回升到最高点又开始下降，所以步冷曲线不出现水平线段。由于溶剂析出后，剩余溶液浓度变大，显然回升的最高温度不是原浓度溶液的凝固点，严格的做法是应作步冷曲线，并加以校正。但由于步冷曲线不易测出，而真正的平衡浓度又难于直接测定，实验总是用稀溶液，并控制条件使其晶体析出量很少，所以以起始浓度代替平衡浓度，对测定结果不会产生显著影响。

本实验采用环己烷作溶剂，萘作溶质，用连续记录时间-温度法（步冷曲线法），作图外推确定凝固点。

【实验试剂与仪器】

1. 试剂

环己烷（AR）；萘（AR）。

2. 仪器

相对分子质量测定仪、数字贝克曼温度计、分析天平、温度计（0～50℃）、1000mL 烧杯、压片机、20mL 移液管、洗耳球、放大镜、秒表。

【实验步骤】

1. 寒剂温度的调节

取自来水注入冰浴槽中（水量以注满浴槽体积 2/3 为宜），然后加入冰屑以保持水温在 3～3.5℃。在实验过程中不断搅拌，使寒剂保持此温度范围。

2. 纯溶剂凝固点的测定

凝固点测定实验装置如图 6.2.2 所示。用移液管取 40mL 环己烷（溶剂量的多少以贝克曼温度计水银球全部浸入为准）注入冷冻管中，并把冷冻管插入作为空气浴的外套管中（注意：勿使冷冻管外壁与外套管壁相接触），均匀缓慢地上下移动搅棒（勿拉过液面，约每 2s 一次），注意温度的变化。当温度降低至 7℃，开动停表，每 20s 记录温度一次，并改为快速搅拌（以

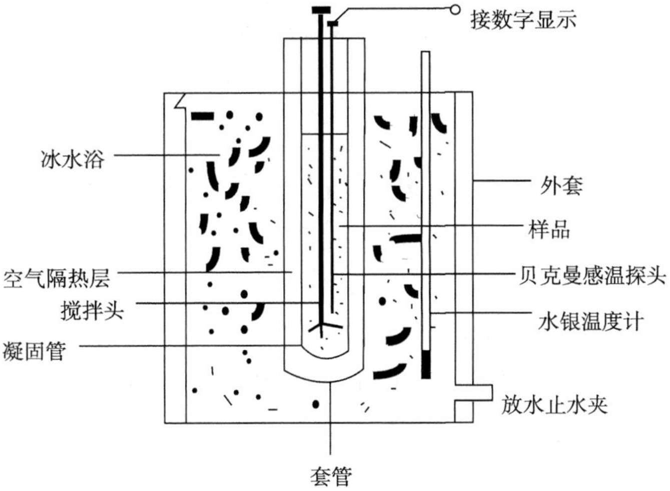

图 6.2.2　凝固点测定实验装置图

搅棒下端擦管底)，幅度要尽可能的小，达到凝固点后每 2～3min 记录一次，记录 8 个温度即可停止，读数最好精确到 0.002℃。做完一次以后，取出冷冻管，用手温热之，使析出的结晶全部融化，重复测定三次，每次之差不超过 0.006℃，三次平均值作为环己烷的凝固点。

3. 溶液凝固点的测定

取出冷冻管，温热之，使溶剂结晶融化。用压片机制成每片重为 0.100～0.150g 的萘片，精确称量至 0.002g。由加样口投入冷冻管内的溶剂中。防止黏着于管壁、温度计或搅拌器上。待溶质全部溶解后，依上述操作步骤测定溶液的近似凝固点及精确凝固点，重复三次，取其平均值，再加第二片，按同样的方法，测另一浓度之凝固点。

【注意事项】

(1) 搅拌速度的控制是做好本实验的关键，每次测定应按要求的速度搅拌，并且测溶剂与溶液凝固点时搅拌条件要完全一致。

(2) 寒剂温度对实验结果也有很大影响，过高会导致冷却太慢，过低则测不出正确的凝固点。

(3) 为了减少过冷度，可加入少量晶种，每次加入晶种大小应尽量一致。

【实验结果】

(1) 列表记录实验数据和室温，大气压。

(2) 由式 (6.2.3) 计算萘的相对分子质量。用式 $d_t=0.7971-0.8879\times10^{-3}t$，计算温度 t 时环己烷的密度。由密度计算溶剂质量 W。用 ΔT、W 值按式 (6.2.3) 计算出相对分子质量。

(3) 计算理论值和计算值的误差，并讨论误差产生的原因。

【思考题】

(1) 凝固点降低法测相对分子质量的公式在什么条件下才能适用？

(2) 为什么要先测近似凝固点？根据什么原则考虑加入溶质的量？太多或太少影响如何？

(3) 当溶质在溶液中有离解、缔合和生成络合物的情况时，对相对分子质量测定值的影响如何？

6.3 异丙醇-环己烷双液系相图

【实验目的】

(1) 绘制常压下异丙醇-环己烷双液系的沸点-组成图，确定其恒沸组成及恒沸温度。

(2) 熟悉阿贝折光仪的使用方法，掌握用折射率确定二元液体组成的方法。

【实验原理】

在常温下，两种液态物质以任意比例相互溶解所组成的体系称为完全互溶双液系。在恒定压力下，表示溶液沸点与组成关系的图称为沸点-组成图，即所谓的相图。完全互溶双液系恒定压力下的沸点-组成图（图 6.3.1）可分为三类：溶液沸点介于两纯组分沸点之间［图 6.3.1 (a)］；

溶液存在最高沸点［图 6.3.1（b）］；溶液存在最低沸点［图 6.3.1（c）］。

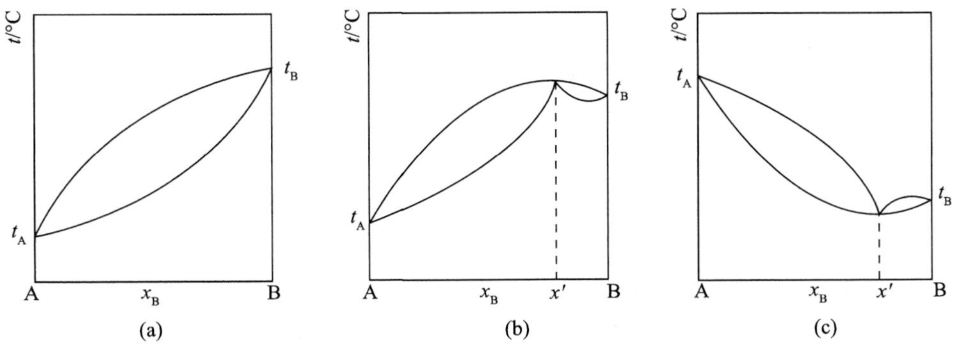

图 6.3.1　完全互溶双液系恒定压力下的沸点-组成图

图 6.3.1（b）和图 6.3.1（c）类体系被称为具有恒沸点的双液系。它与图 6.3.1（a）类的根本区别在于体系处于恒沸点时气、液两相的组成相同。因而也就不能像图 6.3.1（a）类那样通过反复蒸馏而使双液系的两个组分完全分离。对图 6.3.1（b）和图 6.3.1（c）类体系的溶液进行简单的反复蒸馏只能获得某一纯组分和组成为恒沸点相应组成的混合物。如要获得两纯组分，需采取其他方法。体系的最低或最高恒沸点即为恒沸温度，恒沸温度对应的组成为恒沸组成。异丙醇-环己烷双液系属于具有最低恒沸点一类的体系。

为了绘制沸点-组成图，可采取不同的方法。例如，取该体系不同组成的溶液，用化学分析方法分析沸腾时该组成的气、液组成，从而绘制出完整的相图。可以想象，对于不同的体系要用不同的化学分析方法来确定其组成，这种方法是很繁杂的。特别是对于一些体系还无法建立起精确、有效的化学分析方法，其相图的绘制就更为困难。物理学的方法为物理化学的实验手段提供了方便的条件，如光学方法。

在本实验中的折射率的测定，就是一种间接获取组成的办法。它具有简捷、准确的特点。

本实验就是利用回流及分析的方法来绘制相图。取不同组成的溶液在沸点测定仪中回流，测定其沸点及气、液相组成。沸点数据可直接由温度计获得；气、液相组成可通过测其折射率，然后由组成-折射率曲线中最后确定。

【实验试剂与仪器】

1. 试剂

异丙醇（AR）、环己烷（AR）。

2. 仪器

沸点测定仪（图 6.3.2）、阿贝折光仪（包括恒温装置）、移液管（1mL、10mL、25mL）、吸液管、温度计（50～100℃）。

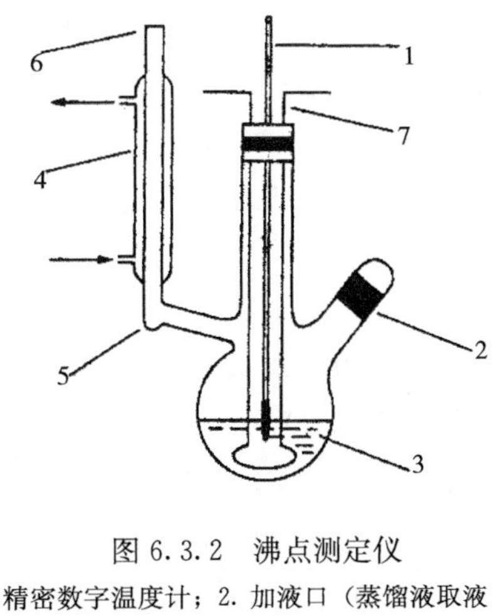

图 6.3.2　沸点测定仪

1. 精密数字温度计；2. 加液口（蒸馏液取液口）；3. 蒸馏液（液相组成）；4. 冷凝管；5. 蒸发液（气相组成）；6. 蒸发液取液口；7. 电阻丝（连接 WLS 数字恒流电源）

【实验步骤】

1. 已知浓度溶液折射率的测定

配制异丙醇和环己烷的混合溶液，使环己烷摩尔分数分别为 0.0、0.2、0.4、0.6、0.8、

1.0，在 25℃下，逐次用阿贝折光仪测定其折射率。绘制组成-折射率的标准曲线。

2. 溶液沸点及气、液相组成的测定

（1）取 25mL 异丙醇置于沸点测定仪的蒸馏瓶内。按图 6.3.2 连接好沸点测定仪。打开回流冷却水，使液体加热至沸腾。沸腾后，调节电压和冷却水流量使蒸气在冷凝管中回流高度保持在 2cm 左右，回流并观察温度计的变化，待温度恒定，记下沸腾温度，记下露颈温度停止加热，测定并记录露颈长度。充分冷却后，用吸液管分别从冷凝管上端的分馏液取样口及加液口取样，用阿贝折光仪（阿贝折光仪的原型及操作方法见 2.10.5）。分别测定气相冷凝液和液相的折射率。按上述操作步骤分别测定加入环己烷为 1mL、2mL、3mL、4mL、5mL、10mL 时各液体的沸点，露颈温度，露颈长度及气相冷凝液和液相折射率。

（2）将蒸馏瓶内的溶液倒入回收瓶中，并用环己烷清洗蒸馏瓶。然后取 25mL 环己烷注入蒸馏瓶内，按操作步骤（1）进行。以后分别加入异丙醇 0.4mL、0.5mL、0.6mL、1mL、2mL、8mL，测定其沸点，露颈温度，露颈长度及气相冷凝液和液相折射率。

【注意事项】

（1）为防止液体过热，可加入小块沸石。

（2）因每份样品体系成分不能保持恒定，因此平衡温度会略有变化，特别是两液体组成相差较大，变化更为明显，因此每加入一次样品后只要待液体沸腾，正常回流 1～2min 即可取样测定，不宜等待时间过长。

（3）测定气、液两相的折射率时，要迅速，否则溶液挥发。

（4）避免交叉污染。

（5）酒精灯火力不能调得太大，否则蒸气来不及冷凝直接挥发，遇着明火即燃。

（6）升温恒定，达到沸点温度后，注意灭掉酒精灯，否则取气、液两相样品时，其蒸气遇着明火易燃。

【实验结果】

（1）数据记录。列表记录异丙醇-环己烷标准溶液室温条件下的浓度和折射率，以及溶液沸点、露颈温度、露颈长度、折射率及组成。记录室温、大气压。

（2）绘制室温时异丙醇-环己烷标准溶液的组成-折射率关系曲线。

（3）对所测的沸点值进行校正并列表表示。

压力校正：$\Delta t_{压} = \dfrac{(273.15 + t_A)}{10} \cdot \dfrac{(100 \times 10^3 - p)}{100 \times 10^3}$

式中，t_A为实验测定沸点，℃；p 为实验室压力，Pa。

实验中，温度计部分水银柱露在容器外，需对露颈部分进行校正。

温度露颈校正：$\Delta t_{露颈} = 1.6 \times 10^{-4} h(t_A - t_B)$

式中，t_A同上，t_B为实验测定的露颈温度，℃；h 为实验测定的露颈长度，cm。

系统校正后沸点：$t_{沸} = t_A + \Delta t_{压} + \Delta t_{露颈}$

（4）利用组成-折射率关系曲线所确定的气、液相组成，以及校正后的各组成下的沸点等数据绘制沸点-组成图，确定该体系的恒沸温度与恒沸组成。

【思考题】

（1）操作步骤中，在加入不同数量的各组分时，如发生了微小的偏差，对相图的绘制有无影响？为什么？

（2）折射率的测定为什么要在恒定温度下进行？

（3）影响实验精度的因素之一是回流的好坏，如何使回流进行得好？它的标志是什么？

（4）对应某一组成测定沸点及气相冷凝液和液相折射率，如因某种原因缺少其中某一个数据，应如何处理？它对相图的绘制是否有影响？

（5）由所得相图，讨论某一组成的溶液在简单蒸馏中的分离情况。

6.4　甲基红的酸离解平衡常数的测定

【实验目的】

（1）测定甲基红的酸离解平衡常数。

（2）掌握 722S 型分光光度计和 pHS-2 型 pH 计的使用方法。

【实验原理】

甲基红是一种弱酸型的染料指示剂，具有酸（HMR）和碱（MR^-）两种形式，它在溶液中部分电离，在碱性溶液中呈黄色，酸性溶液中呈红色。在酸性溶液中它以两种离子形式存在：

简单地写成：　酸式（HMR）$\rightleftharpoons$碱式（MR^-）$+H^+$

其离解平衡常数：

$$K=\frac{[H^+][MR^-]}{[HMR]} \tag{6.4.1}$$

$$pK=pH-\lg\frac{[MR^-]}{[HMR]} \tag{6.4.2}$$

由于 HMR 和 MR^- 两者在可见光谱范围内具有强的吸收峰，溶液离子强度的变化对它的酸离解平衡常数没有显著的影响，而且在简单 CH_3COOH-CH_3COONa 缓冲体系中就很容易使颜色在 pH=4～6 范围内改变，因此比值［MR^-］/［HMR］可用分光光度法测定而求得。

对化学反应平衡体系，分光光度计测得的吸光度包括各物质的贡献，由朗伯-比尔定律，可知

$$A=\varepsilon lc \tag{6.4.3}$$

当 c 单位为 $mol\cdot L^{-1}$，l 的单位为 cm 时，ε 为摩尔吸收系数。由此可推知甲基红溶液中总的吸光度为

$$A_A=\varepsilon_{A,HMR}[HMR]l+\varepsilon_{A,MR^-}[MR^-]l \tag{6.4.4}$$

$$A_B=\varepsilon_{B,HMR}[HMR]l+\varepsilon_{B,MR^-}[MR^-]l \tag{6.4.5}$$

A_A、A_B分别为在 HMR 和 MR^- 的最大吸收波长处所测得的总的吸光度。$\varepsilon_{A,HMR}$、ε_{A,MR^-}和 $\varepsilon_{B,HMR}$、ε_{B,MR^-}分别为在波长 λ_A 和 λ_B 下的摩尔吸收系数。各物质的摩尔吸收系数值可由作图法求得。例如，首先配制出 pH≈2 的具有各种浓度的甲基红酸性溶液，在波长 λ_A 分别测定各溶液的吸光度 A，作 A-c 图，得到一条通过原点的直线。由直线斜率可求得 $\varepsilon_{A,HMR}$ 值，其余摩

尔吸收系数求法类同，从而求出［MR^-］与［HMR］的相对量。再测得溶液 pH 最后按式（6.4.2）求 K 值。

【实验试剂与仪器】

1. 试剂

甲基红贮备液（0.5g 晶体甲基红溶于 300mL 95%的乙醇中，用蒸馏水稀释至 500mL）、标准甲基红溶液（取 8mL 贮备液加 50mL 乙醇稀释至 100mL）、pH 为 6.84 的标准缓冲溶液、0.04mol · L^{-1} CH_3COONa 溶液、0.01mol · L^{-1} CH_3COONa 溶液、0.1mol · L^{-1} HCl 溶液、0.01mol · L^{-1} HCl 溶液、0.02mol · L^{-1} CH_3COOH 溶液 。

2. 仪器

722S 型分光光度计、pHS-2 型 pH 计、100mL 容量瓶、10mL 移液管、100mL 烧杯。

【实验步骤】

1. 测定甲基红酸式（HMR）和碱式（MR^-）的最大吸收波长

测定下述两种甲基红总浓度相等的溶液的吸光度随波长的变化，即可找出最大吸收波长。

第一份溶液（A）：取 10mL 标准甲基红溶液，加 10mL 0.1mol · L^{-1}的 HCl，稀释至 100mL。此溶液的 pH 大约为 2，此时的甲基红以 HMR 存在。

第二份溶液（B）：取 10mL 标准甲基红溶液和 25mL 0.04 mol · L^{-1} CH_3COONa 溶液稀释至 100mL，此溶液的 pH 大约为 8，此时甲基红完全以 MR^-存在。取部分 A 液和 B 液分别放在 1cm 的比色皿内，在 350～600nm 每隔 10nm 测定它们相对于水的吸光度。找出最大吸收波长 λ_A和 λ_B。

2. 检验 HMR 和 MR^-是否符合朗伯-比耳定律，并测定它们在 λ_A、λ_B下的摩尔吸收系数

取部分 A 液和 B 液，分别各用 0.01 mol · L^{-1}的 HCl 和 CH_3COONa 稀释至原溶液的 0.75、0.5、0.25 倍，和原溶液组成一系列待测液，在 λ_A、λ_B 下测定这些溶液相对于水的吸光度。由吸光度对溶液浓度作图，并计算两波长下甲基红 HMR 和 MR^- 的 $\varepsilon_{A,HMR}$、ε_{A,MR^-} 和 $\varepsilon_{B,HMR}$、ε_{B,MR^-}。

3. 求不同 pH 下 HMR 和 MR^-的相对量

在 4 个 100mL 容量瓶中分别加入 10mL 标准甲基红溶液和 25mL 0.04mol · L^{-1} 的 CH_3COONa 溶液，并分别加入 50mL、25mL、10mL、5mL 的 0.02mol · L^{-1}的 CH_3COOH，然后用蒸馏水定容。测定两波长下各溶液的吸光度 A_A、A_B，用 pH 计测量溶液的 pH。

由于吸光度是 HMR 和 MR^-的总贡献，所以溶液中 HMR 和 MR^-的相对量用式（6.4.4）和式（6.4.5）求得。再代入式（6.4.2），可计算出甲基红的酸离解平衡常数 K。

【实验结果】

（1）作 A-λ 图，找出甲基红酸式（HMR）和碱式（MR^-）的最大吸收波长 λ_A和 λ_B。

（2）由作图法求甲基红 HMR 和 MR^-在 λ_A和 λ_B下的 $\varepsilon_{A,HMR}$、ε_{A,MR^-}、$\varepsilon_{B,HMR}$、ε_{B,MR^-}。

（3）计算甲基红离解平衡常数 K。

【思考题】

(1) 在本实验中，温度对实验有何影响？采取什么措施可以减少这种影响？
(2) 为什么要用相对浓度？为什么可以用相对浓度？
(3) 在吸光度测定中，应该怎样选择比色皿？

6.5　络合物组成和稳定常数的测定

【实验目的】

(1) 用分光光度法测定络合物的组成及稳定常数，并掌握其测定原理和方法。
(2) 掌握 722S 分光光度计的使用。
(3) 掌握等摩尔连续递变法测定络合物的组成及稀释法测定络合物的稳定常数的方法。

【实验原理】

溶液中金属离子 M 和配位体 L 形成 ML_n 络合物。其反应式为

$$M+nL \rightleftharpoons ML_n$$

当达到络合平衡时

$$K=\frac{[ML_n]}{[M][L]^n} \tag{6.5.1}$$

式中，K 为络合物稳定常数；[M] 为金属离子浓度；[L] 为配位体浓度；$[ML_n]$ 为络合物浓度。

在维持金属离子和配位体浓度之和[M]+[L]不变的条件下，改变[M]和[L]，则当[L]/[M]$=n$ 时，络合物浓度达到最大。

在一个波长下，络合物$[ML_n]$有强烈吸收，而金属离子 M 和配位体 L 几乎不吸收，则可用分光光度法测定络合物组成及络合物稳定常数。

在维持[M]+[L]不变的条件下，配制一系列溶液。测定[M]=0，[L]=0 及[L]/[M]居中间数值的三种溶液的 A-λ 数据，找出[L]/[M]有最大吸收，而[M]、[L]几乎不吸收的波长 λ 值，则该 λ 值接近于络合物$[ML_n]$的最大吸收波长。然后固定在该波长下，测定一系列的[M]/([M]+[L]) 组成溶液的吸光度 A，作 A-[M]/([M]+[L]) 的曲线图，则曲线必存在着极大值，而极大值所对应的溶液组成就是络合物的组成。但是由于金属离子 M 及配位体 L 实际存在着一定程度的吸收，因此，所观察到的吸光度 A 并不是完全由络合物 ML_n 的吸收所引起的，必须加以校正，其校正方法如下：

在吸光度 A-[M]/([M]+[L]) 的曲线图上，过[M]=0 及[L]=0 的两点作直线 MN，则直线上所表示的不同组成的吸光度数值可认为是由于[M]及[L]的吸收所引起的。因此，校正后的吸光度 A' 应等于曲线上的吸光度数值减去相应组成下直线上的吸光度数值。即 $A'=A-A_{校}$。最后作校正后的吸光度 A'-[M]/([M]+[L])的曲线，该曲线极大值所对应的组成才是络合物的实际组成。设 x_M 为曲线极大值所对应的组成，即

$$x_M=\frac{[M]}{[M]+[L]} \tag{6.5.2}$$

则配位数为

$$n=\frac{[L]}{[M]}=\frac{1-x_M}{x_M} \tag{6.5.3}$$

当络合物组成已经确定之后就可以根据下述方法确定络合物稳定常数。

设开始时金属离子[M]和配位体[L]浓度分别为 a、b，而达到络合平衡时络合物浓度为 c，则

$$K=\frac{c}{(a-c)(b-nc)^n} \tag{6.5.4}$$

由于吸光度已经通过上述方法进行校正，因此可以认为校正后溶液吸光度正比于络合物的浓度。如果在两个不同的[M]+[L]总浓度下，作两条吸光度对[M]/([M]+[L])的曲线。在这两条曲线上找出吸光度相同的两点，即在 A' 约为 0.3 处，作横轴的平行线 AB 交曲线Ⅰ、Ⅱ于 C、D 两点，此两点所对应的溶液的络合物浓度[ML_n]应相同。设对应于两条曲线的起始金属离子浓度[M]及配位体浓度[L]分别为 a_1、b_1；a_2、b_2。

$$K=\frac{c}{(a_1-c)(b_1-nc)^n}=\frac{c}{(a_2-c)(b_2-nc)^n} \tag{6.5.5}$$

解上述方程可得到 c，然后可计算络合物稳定常数 K。

【实验试剂与仪器】

1. 试剂

pH 为 4.6 的缓冲溶液（每升溶液含有 100g 乙酸铵及 100mL 冰乙酸溶液）、0.005mol · L^{-1}“试钛灵”溶液（1，2-二羟基苯-3，5 二磺酸钠）、0.005mol · L^{-1}硫酸铁铵溶液。

2. 仪器

722S 型分光光度计、pHS-2 型 pH 计、50mL 容量瓶、100mL 烧杯。

【实验步骤】

1. 缓冲溶液的配制

按 1L 溶液含有 100g 乙酸铵及 100mL 冰乙酸的方法配制乙酸-乙酸铵缓冲溶液 250mL。

2. 待测样品的配制

（1）用 0.005mol · L^{-1}硫酸铁铵溶液和 0.005mol · L^{-1}“试钛灵”溶液按表 6.5.1 制备 11 个待测溶液样品，然后依次将各样品加水稀释至 100mL。

表 6.5.1 样品溶液的配制

溶液编号	1	2	3	4	5	6	7	8	9	10	11
加入 Fe^{3+}溶液的体积/mL	0	1	2	3	4	5	6	7	8	9	10
加入“试钛灵”溶液的体积/mL	10	9	8	7	6	5	4	3	2	1	0
缓冲溶液的体积/mL	25	25	25	25	25	25	25	25	25	25	25

（2）把 0.005mol · L^{-1} 硫酸铁铵溶液及 0.005mol · L^{-1}“试钛灵”溶液分别稀释至 0.0025mol · L^{-1}，然后按表 6.5.1 制备第二组待测溶液样品。

3. 溶液 pH 的测定

测定上述溶液 pH（不必所有溶液 pH 都测定，只选取其中任一样品即可）。

4. 络合物的最大吸收波长 λ_m 的测定

用 1cm 比色皿测络合物的最大吸收波长 λ_m。以蒸馏水为空白，用 6 号液测定其吸收曲线，即测定不同波长下的吸光度 A，找出最大吸光度所对应的波长 λ_m。在此波长下，1 号和 11 号溶液的吸光度应接近于零。在每次改变波长时，必须重新调分光光度计的零点。

5. 样品溶液吸光度的测定

测定第一组和第二组溶液在 λ_m 下的吸光度。

【实验结果】

(1) 作两组溶液的吸光度 A-[M]/([M]+[L])的图。

(2) 对 A 进行校正，求出校正后的各吸光度 A'。

(3) 作两组溶液的 A'-[M]/([M]+[L])图。

(4) 从上图 $A' \approx 0.3$ 处，作平行线交两曲线于两点。作两点所对应的溶液组成（即求出 a_1、b_1、a_2、b_2 的值）。

(5) 从 A'-[M]/([M]+[L])曲线的最高点所对应的 x_m，求出络合物的 n 值。

(6) 根据 $K = \dfrac{c}{(a_1 - c)(b_1 - nc)^n} = \dfrac{c}{(a_2 - c)(b_2 - nc)^n}$ 求出 c 的数值。

(7) 据式 (6.5.4) 计算络合物稳定常数 K。

【思考题】

(1) 为什么只有作维持[M]+[L]不变条件下改变[M]及[L]，使[L]/[M]=n 时络合物浓度才达到最大？

(2) 在两个([M]+[L])总浓度下作出吸光度对[M]/([M]+[L])的两条曲线，为什么在这两条曲线上吸光度相同的两点所对应的络合物浓度相同？

(3) 使用分光光度计时应注意什么？

6.6　化学平衡常数及分配系数的测定

【实验目的】

(1) 测定反应 $KI + I_2 \rightleftharpoons KI_3$ 的平衡常数及碘在四氯化碳和水中的分配系数。

(2) 了解分配系数，掌握平衡常数和分配系数的测定方法。

【实验原理】

在定温定压下，碘和碘化钾在水溶液中建立如下平衡

$$KI + I_2 \rightleftharpoons KI_3 \tag{6.6.1}$$

为了测定平衡常数，应在不扰动平衡状态的条件下，测定平衡组成。在本实验中，当上述平衡建立时，若用 $Na_2S_2O_3$ 标准溶液来滴定溶液中 I_2 的浓度，则随着 I_2 的消耗，平衡将向左移动，使 KI_3 继续分解，而最终只能测得溶液中 I_2 和 KI_3 的总量。为了解决这个问题，可在上述溶液中加入 CCl_4，然后充分振荡（KI 和 KI_3 不溶于 CCl_4），当温度和压力一定时，上述化学平

衡及 I_2 在 CCl_4 层和水层的分配平衡同时建立。测得 CCl_4 层中 I_2 的浓度，即可根据分配系数求得水层中 I_2 的浓度。

设水层中 KI_3 和 I_2 的总浓度为 b，KI 的初始浓度为 c，CCl_4 层 I_2 的浓度为 a'，I_2 在水层及 CCl_4 的分配系数为 R，实验测得分配系数 R 及 CCl_4 层中 I_2 浓度 a' 后，则即可求水层 I_2 浓度 a。再根据已知条件及实验中测得的 b，即可计算出式（6.6.2）的实验平衡常数 K。

$$K=\frac{KI_3}{[KI][I_2]}=\frac{b-a}{[c-(b-a)][a]} \tag{6.6.2}$$

K 是实验平衡常数，标准平衡常数 $K^{\ominus}$ 的表达式应为

$$K^{\ominus}=\frac{\frac{[KI_3]}{c^{\ominus}}}{\frac{[KI]}{c^{\ominus}}\frac{[I_2]}{c^{\ominus}}} \tag{6.6.3}$$

为了计算简化，用实验平衡常数 K 代替标准平衡常数 $K^{\ominus}$。

滴定反应：$I_2+2Na_2S_2O_3 = Na_2S_4O_6+2NaI$

【实验试剂与仪器】

1. 试剂

0.02mol · L^{-1} $Na_2S_2O_3$ 标准溶液、0.1mol · L^{-1} KI 标准溶液、CCl_4、I_2 的 CCl_4 饱和溶液；淀粉（质量分数为 1%）溶液。

2. 仪器

恒温槽、500mL 碘量瓶、100mL 移液管、50mL 移液管、10mL 移液管、5mL 移液管、200mL 烧杯、250mL 锥形瓶、50mL 碱式滴定管、洗耳球、量筒（250、50、20、10mL）。

【实验步骤】

1. 样液制备

样液按实验数据记录表 6.6.1 将溶液配于碘量瓶中。

2. 分配平衡操作

将配好的溶液置于 25℃的恒温槽内，每隔 10min 取出振荡一次，约经 1h 达分配平衡后，按列表数据取样进行样品分析。

3. 样品分析

分析水层时，用 $Na_2S_2O_3$ 滴至淡黄色，再加 1mL 淀粉溶液作指示剂，然后仔细滴至蓝色恰好消失。

取 CCl_4 层时，用洗耳球使移液管尖端鼓泡通过水层进入 CCl_4 层，以免水进入移液管中，在锥形瓶中先加 5～10mL 水，3 滴淀粉溶液，然后将 CCl_4 层试样放入锥形瓶中。滴定过程中必须充分振荡，以使 CCl_4 层中的 I_2 进入水层（为使 I_2 迅速进入水层，滴定时可加入少量 KI 溶液）。小心地滴至水层蓝色消失，CCl_4 层不再出现红色。每组实验应平行测定三次取平均值。

CCl_4 是毒性较大的化学试剂，滴定后和未用完的 CCl_4 层样品应全部倒入回收瓶中，不得倒入水池或废液桶内。

【注意事项】

（1）I_2在CCl_4层和H_2O层浓度的准确测定是本实验的关键，其分配系数R由1号样品I_2在两相中达分配平衡时，各相浓度之比求出，即

$$R=\frac{[I_2]_{H_2O}}{[I_2]_{CCl_4}}。$$

（2）本实验得出的实验平衡常数为

$$K=\frac{(K_1+K_2)}{2}。$$

【实验结果】

实验数据记录及处理如表6.6.1所示。

表6.6.1　实验数据记录表

<table>
<tr><td colspan="3">实验编号</td><td>1</td><td>2</td><td>3</td></tr>
<tr><td rowspan="4">混合液组成/mL</td><td colspan="2">H_2O</td><td>200</td><td>50</td><td>0</td></tr>
<tr><td colspan="2">I_2的CCl_4饱和溶液</td><td>25</td><td>20</td><td>25</td></tr>
<tr><td colspan="2">KI溶液</td><td>0</td><td>50</td><td>100</td></tr>
<tr><td colspan="2">CCl_4</td><td>0</td><td>5</td><td>0</td></tr>
<tr><td rowspan="2">分析取样体积/mL</td><td colspan="2">CCl_4层</td><td>5</td><td>5</td><td>5</td></tr>
<tr><td colspan="2">H_2O层</td><td>50</td><td>10</td><td>10</td></tr>
<tr><td rowspan="8">滴定时消耗
$Na_2S_2O_3$的体积/mL</td><td rowspan="4">CCl_4层</td><td>V_1</td><td></td><td></td><td></td></tr>
<tr><td>V_2</td><td></td><td></td><td></td></tr>
<tr><td>V_3</td><td></td><td></td><td></td></tr>
<tr><td>平均</td><td></td><td></td><td></td></tr>
<tr><td rowspan="4">H_2O层</td><td>V_1</td><td></td><td></td><td></td></tr>
<tr><td>V_2</td><td></td><td></td><td></td></tr>
<tr><td>V_3</td><td></td><td></td><td></td></tr>
<tr><td>平均</td><td></td><td></td><td></td></tr>
<tr><td colspan="3" rowspan="2"></td><td rowspan="2">$R=$</td><td>$K_1=$</td><td>$K_2=$</td></tr>
<tr><td colspan="2">$K=$</td></tr>
</table>

【思考题】

（1）配1，2，3号各溶液进行实验的目的何在？根据你的实验结果判断反应是否已达平衡？

（2）测定四氯化碳层中的碘浓度时，应注意什么？

（3）测定平衡常数及分配系数为什么要求恒温？

6.7 乙酸乙酯皂化化学反应的速率常数及活化能

【实验目的】

(1) 通过电导法测定乙酸乙酯皂化反应速率常数。

(2) 求反应的活化能。

(3) 进一步理解二级反应的特点。

【实验原理】

乙酸乙酯皂化反应是个二级反应。其反应为

$$CH_3COOC_2H_5+OH^- \longrightarrow CH_3COO^- + C_2H_5OH$$

设				
$t=0$ 时	c_0	c_0	0	0
$t=t$ 时	(c_0-x)	(c_0-x)	x	x
$t\to\infty$时	0	0	$x\to c_0$	$x\to c_0$

其速率方程式可表示为

$$\frac{dx}{dt}=k\,(c_0-x)^2$$

式中，c_0为反应物的初始浓度；x 为 t 时刻生成物的浓度；k 为二级反应的速率常数。

积分得

$$k=\frac{1}{t}\,\frac{x}{c_0(c_0-x)} \tag{6.7.1}$$

以 $\frac{x}{c_0-x}$ 对 t 作图，若所得为一条直线，则证明是二级反应，并可以从直线的斜率求出 k。

乙酸乙酯皂化反应中，参加导电的离子有 OH^-、Na^+ 和 CH_3COO^-，由于反应是很稀的水溶液，可认为 CH_3COONa 全部电离，因此，反应前后 Na^+的浓度不变，随着反应的进行仅仅是导电能力很强的 OH^-逐渐被导电能力弱的 CH_3COO^-所取代，致使溶液的电导逐渐减小。因此，可用电导率仪测量皂化反应进程中电导率随时间的变化，从而达到“跟踪”反应物浓度随时间变化的目的。

令 G_0 为 $t=0$ 时溶液的电导，G_t为时间 t 时混合溶液的电导，G_∞ 为 $t=\infty$（反应完毕）时溶液的电导。则稀溶液中，电导值的减少量与 CH_3COO^-浓度成正比，设 B 为比例常数，

则　$t=t$ 时

$$x=x \qquad x=B\,(G_0-G_t).$$

$t=\infty$时，x 趋近 c_0，则

$$c_0=B(G_0-G_\infty) \qquad c_0-x=B(G_t-G_\infty).$$

将 x 和 c_0-x 代入式（6.7.1），整理后得

$$G_t=\frac{1}{c_0k}\cdot\frac{G_0-G_t}{t}+G_\infty. \tag{6.7.2}$$

因此，只要测得不同时间溶液的电导值 G_t和起始溶液的电导值 G_0，然后以 G_t对 $\frac{G_0-G_t}{t}$ 作图应得一直线，直线的斜率为 $\frac{1}{c_0k}$，由此便可求出某温度下的反应速率常数 k 值。由电导与

电导率的关系式，将 $G_t=\kappa_t\dfrac{A}{l}$，$G_0=\kappa_0\dfrac{A}{l}$，$G_\infty=\kappa_\infty\dfrac{A}{l}$ 代入式（6.7.2）得

$$\kappa_t=\frac{1}{c_0\kappa}\cdot\frac{\kappa_0-\kappa_t}{t}+\kappa_\infty \tag{6.7.3}$$

因此，通过实验测定不同时间溶液的电导率 κ_t 和起始溶液的电导率 κ_0，然后以 κ_t 对 $\dfrac{\kappa_0-\kappa_t}{t}$ 作图为一直线，由直线的斜率即可求出反应速率常数 κ，再由两个不同温度下测得的速率常数 $\kappa_{(T_1)}$、$\kappa_{(T_2)}$，按阿伦尼乌斯公式可以计算出该反应的活化能 E_a

$$E_a=R\left(\frac{T_2T_1}{T_2-T_1}\right)\ln\frac{\kappa_{(T_2)}}{\kappa_{(T_1)}} \tag{6.7.4}$$

【实验试剂与仪器】

1. 试剂

0.0200mol · L^{-1}的 NaOH 溶液、0.0200mol · L^{-1}的乙酸乙酯溶液、电导水。

2. 仪器

电导率仪（附 DJS-1 型铂黑电极）、恒温槽、10mL 移液管、电导池。

【实验步骤】

1. 调节恒温槽

将恒温槽的温度调至（30.0±0.1)℃。

2. 溶液起始电导率 κ_0 的测定

用移液管分别取 10mL 0.0200mol · L^{-1}的 NaOH 溶液和同数量的电导水，加到洁净干燥的叉型管电导池中混合均匀后，倒出少量溶液洗涤电极，恒温约 10min，并轻轻摇动数次，然后将电极插入溶液中，测定溶液电导率，直至不变为止，此数值即为 κ_0。

3. 反应时电导率 κ_t 的测定

在叉型电导池的直支管中用移液管移取 10mL 0.0200mol · L^{-1}的 $CH_3COOC_2H_5$ 溶液，侧支管中用另一只移液管取 10mL 0.0200mol · L^{-1}的 NaOH 溶液，把洗净的电极插入直支管中，恒温 10min，在恒温槽中将叉型电导池中溶液混合均匀，同时按下“计时”键开始计时，当反应进行到 4min 时，测定溶液的电导率 κ_t，并在 6min、8min、10min、12min、15min、20min、25min、30min、35min、40min 时各测电导率一次，记下 κ_t 和对应的时间 t。

4. 另一温度下 κ_0 和 κ_t 的测定

调节恒温槽温度为（40.0±0.1)℃。重复上述步骤 3、4，测定另一温度下的 κ_0 和 κ_t。但在测定 κ_t 时，按反应进行 4min、6min、8min、10min、12min、15min、18min、21min、24min、27min、30min 时测其电导率。实验结束后，关闭电源，取出电极，用电导水洗净并置于电导水中保存待用。

【实验结果】

温度：________℃　　　κ_0：________ s · m^{-1}

(1) 分别列出两个温度下不同时间 t 的 κ_t 及 $\dfrac{\kappa_0-\kappa_t}{t}$。

(2) 分别以两个温度下的 κ_t 对 $\dfrac{\kappa_0-\kappa_t}{t}$ 作图得两直线，由直线斜率可分别求出两个温度下

的反应速率常数 $\kappa_{(T_1)}$ 和 $\kappa_{(T_2)}$ 。

（3）按阿伦尼乌斯公式可以计算出该反应的活化能 E_a。

【思考题】

（1）为何本实验要在恒温条件下进行，而且乙酸乙酯和氢氧化钠溶液在混合前还要预先加热?

（2）反应级数只能通过实验来确定，如何从实验结果来验证乙酸乙酯皂化反应为二级反应?

（3）如果氢氧化钠和乙酸乙酯溶液均为浓溶液，能否用此方法求 k 值？为什么?

6.8 蔗糖水解反应速率常数的测定

【实验目的】

（1）根据物质的光学性质，用测旋光度的方法测定蔗糖水溶液在酸催化作用下的反应速率常数和半衰期。

（2）了解该反应的反应物浓度与旋光度之间的关系及一级反应的动力学特征。

（3）了解旋光仪的基本原理，掌握其使用方法及在化学反应动力学测定中的应用。

【实验原理】

蔗糖在水中水解成葡萄糖与果糖的反应为

$$\underset{\text{蔗糖}}{C_{12}H_{22}O_{11}} + H_2O \xrightarrow{H^+} \underset{\text{葡萄糖}}{C_6H_{12}O_6} + \underset{\text{果糖}}{C_6H_{12}O_6}$$

它是一个二级反应，在纯水中此反应的速率极慢，通常需要在 H^+ 催化作用下进行。由于反应时水是大量存在的，尽管有部分水分子参加了反应，仍可近似地认为整个反应过程中水的浓度是恒定的，而且 H^+ 是催化剂，其浓度也保持不变。因此，蔗糖水解反应可视为一级反应。

一级反应的速率方程为

$$-\frac{dc}{dt}=kc \tag{6.8.1}$$

式中，c 为时间 t 时反应物的浓度；k 为反应速率常数。对式（6.8.1）积分可得

$$\ln c = -kt + \ln c_0 \tag{6.8.2}$$

式中，c_0 为反应开始时反应物的浓度。当 $c=\frac{1}{2}c_0$ 时，反应所需的时间可用 $t_{1/2}$ 表示，即反应半衰期

$$t_{1/2}=\frac{\ln 2}{k}=\frac{0.693}{k} \tag{6.8.3}$$

从式（6.8.2）可看出，在不同时间测定反应物的相应浓度，并以 $\ln c$ 对 t 作图，可得一直线，由直线斜率即可求得反应速率常数 k。然而，反应在不断进行，要快速分析出反应物的浓度比较困难，但与反应物和产物浓度有定量关系的某些物理量（如物质的旋光度）却很容易快

速测出，因此，可通过物理量的测量来代替浓度的测量。因蔗糖及其水解产物葡萄糖和果糖都含不对称的碳原子，都具有旋光性，但旋光能力不同，故可利用体系在反应过程中旋光度的变化来度量反应过程。

测量物质旋光度的仪器称为旋光仪。溶液的旋光度与溶液中所含旋光物质的旋光能力、溶剂性质、溶液浓度、样品管长度、光源波长及温度等均有关系。当其他条件固定时，旋光度 α 与反应物浓度 c 呈线性关系，即

$$\alpha=\beta c \tag{6.8.4}$$

式中，比例常数 β 与物质的旋光能力、溶剂性质、样品管长度、温度等有关。当波长、溶剂及温度一定时，溶液的旋光度与浓度、样品长度成正比，即

$$\alpha=[\alpha]_{\mathrm{D}}^{20}\frac{lc}{100} \tag{6.8.5}$$

式中，比例常数 $[\alpha]_{\mathrm{D}}^{20}$ 称为比旋光度，可用来度量物质的旋光能力，右上角的“20”表示实验时温度为 20℃，D 是指钠灯光源 D 线的波长（589nm）；l 为样品管长度，dm；c 为浓度，$g\cdot 100mL^{-1}$。

反应物蔗糖为右旋物质，比旋光度 $[\alpha]_{\mathrm{D}}^{20}=66.65°$；生成物中葡萄糖也是右旋物质，$[\alpha]_{\mathrm{D}}^{20}=52.5°$；果糖是左旋物质，$[\alpha]_{\mathrm{D}}^{20}=-91.9°$。由于蔗糖的水解能进行到底，并且果糖的左旋远大于葡萄糖的右旋，因此随着反应进行，系统的右旋角不断减小，反应至某一瞬间，系统的旋光度可恰好等于零，而后就变成左旋，直至蔗糖水解完全，这时左旋角达到最大值 α_∞。故可以利用系统在反应进程中旋光度的变化来度量反应的进程。

设系统最初的旋光度为

$$\alpha_0=\beta_{反}c_0 \qquad (t=0，蔗糖尚未水解) \tag{6.8.6}$$

系统最终的旋光度为

$$\alpha_\infty=\beta_{产}c_0 \qquad (t=\infty，蔗糖已完全水解) \tag{6.8.7}$$

式（6.8.6）和式（6.8.7）中，$\beta_{反}$ 和 $\beta_{产}$ 分别为反应物与产物的比例常数。

当时间为 t 时，蔗糖浓度为 c，此时旋光度为 α_t，即

$$\alpha_t=\beta_{反}c_0+\beta_{产}(c_0-c) \tag{6.8.8}$$

由式（6.8.6）、式（6.8.7）和式（6.8.8）联立可得

$$c_0=\frac{\alpha_0-\alpha_\infty}{\beta_{反}-\beta_{产}}=\beta'(\alpha_0-\alpha_\infty) \tag{6.8.9}$$

$$c=\frac{\alpha_t-\alpha_\infty}{\beta_{反}-\beta_{产}}=\beta'(\alpha_t-\alpha_\infty) \tag{6.8.10}$$

将式（6.8.9）和式（6.8.10）代入式（6.8.2）即得

$$\ln(\alpha_t-\alpha_\infty)=-kt+\ln(\alpha_0-\alpha_\infty) \tag{6.8.11}$$

本实验就是用旋光仪测定蔗糖水解过程中的 α_t、α_∞ 值，由式（6.8.11）可以看出如以 $\ln(\alpha_t-\alpha_\infty)$ 对 t 作图可得一直线，由直线的斜率即可求得反应速率常数 k，由截距可得到 α_0。

【实验试剂与仪器】

1. 试剂

$4mol\cdot L^{-1}$ HCl 溶液、蔗糖（AR）。

2. 仪器

WXG-4 型圆盘旋光仪、50mL 容量瓶、100mL 锥形瓶、25mL 移液管、100mL 烧杯。

【实验步骤】

1. 仪器装置

了解旋光仪的构造、原理，掌握使用方法，见 2.10.4。

2. 旋光仪的零点校正

蒸馏水为非旋光物质，可以用来校正旋光仪的零点（即 $\alpha=0$ 时仪器对应的刻度）。校正时，先洗净样品管，将管的一端加上盖子，并由另一端向管内灌满蒸馏水，在上面形成一凸面，然后盖上玻璃片和套盖，玻璃片紧贴于旋光管，此时管内不应该有气泡存在。但必须注意在旋紧套盖时，一手握住管上的金属鼓轮，另一手旋套盖，不能用力过猛，以免玻璃片压碎。然后用滤纸将管外的水擦干，再用擦镜纸将样品管两端的玻璃片擦净，放入旋光仪的光路中。打开旋光仪电源开关，调节目镜使视野清晰，然后旋转检偏镜，使整个视野的光亮度一致时，作为读数点（注意：在暗视野下进行测定）。记下刻度盘读数。重复操作三次，取其平均值，此即为旋光仪的零点。

3. 蔗糖水解过程中 α_t 的测定

在小烧杯内称取 10g 蔗糖，用少量蒸馏水溶解，使蔗糖完全溶解（若溶液浑浊，则需要过滤），转入 50mL 容量瓶中，稀释至刻度。用移液管移取 25mL 蔗糖溶液注入 100mL 干燥的锥形瓶中，再用另一支移液管移取 25mL 4mol·L^{-1} HCl 溶液加入到该锥形瓶中，并在 HCl 溶液加入一半时开始计时作为反应的开始时刻，不断振荡摇匀，迅速取少量混合液清洗旋光管二次，然后以此混合液注满旋光管，盖好玻璃片旋紧套盖（检查是否漏气、有气泡），擦净旋光管及两端玻璃片，立刻置于旋光仪中盖上槽盖。测量各时间 t 时溶液的旋光度 α_t，测定时要迅速准确。当整个视野的光亮度一致时，先记下时间再读取旋光度数值。时间间隔为 5min、10min、15min、20min、30min、40min、50min、60min……直至旋光度为负值为止，并记录实验温度（室温）。

4. α_∞ 的测定

为了得到反应终了时的旋光度 α_∞，将步骤 3 中的混合液保留好，48h 后重新恒温观测其旋光度，此值即为 α_∞。也可将剩余的混合液置于 50～60℃的水浴中温热 40min，以加速水解反应，然后冷却至实验温度。按上述操作，测其旋光度，在 10～15min，读取 5～7 个数据，如在测量误差范围，取其平均值，即为 α_∞ 值。

【注意事项】

（1）注意保护钠光灯，测到 30min 后，每次测量间隔时应将钠光灯熄灭，下次测量前 5min 再打开钠光灯。

（2）反应速率与温度有关，因此在整个测量过程中应保持温度的恒定。为防止旋光仪发热而影响旋光管内反应系统的温度，最好每次测定后，将旋光管移出旋光仪。

（3）在测量蔗糖水解速率前，应熟练地使用旋光仪，以保证在测量时能正确准确地读数。

（4）旋光管管盖旋紧至不漏水即可，太紧容易损坏旋光管。旋光管管中不能有气泡存在。

（5）实验完毕，一定要将旋光管清洗干净，以免酸对旋光管的腐蚀。

【实验结果】

（1）将不同时间 t 的 α_t、（$\alpha_t-\alpha_\infty$）、ln（$\alpha_t-\alpha_\infty$）等数值列表表示。

（2）以 ln（$\alpha_t-\alpha_\infty$）对 t 作图，由所得直线的斜率求 k 值，由截距求 α_0。

（3）计算蔗糖水解反应的半衰期。

【思考题】

（1）蔗糖水解反应的速率与哪些因素有关？其反应速率常数又与哪些因素有关？

（2）配制蔗糖溶液时称量不够准确，对测量结果是否有影响？

（3）在混合蔗糖溶液和盐酸溶液时，是将盐酸加到蔗糖溶液里去，可否将蔗糖溶液加到盐酸溶液中去？为什么？

（4）实验中，用蒸馏水来校正旋光仪的零点，试问在蔗糖水解反应过程中所测的旋光度 α_t，是否必须要进行零点校正？

（5）在测量蔗糖盐酸水溶液时刻 t 对应的旋光度 α_t时，能否像测纯水的旋光度那样，重复测三次后，取平均值？

6.9　丙酮碘化反应速率常数的测定

【实验目的】

（1）利用分光光度计测定酸催化时丙酮碘化反应的反应级数、速率常数及活化能。

（2）进一步掌握分光光度计的使用方法。

【实验原理】

酸催化的丙酮碘化反应是一个复杂反应，初始阶段的反应为

$$CH_3COCH_3+I_2\xrightarrow{H^+}CH_3COCH_2I+H^++I^-$$

H^+ 离子是反应的催化剂，因丙酮碘化反应本身有 H^+ 生成，所以这是一个自动催化反应。又因反应并不停留在生成一元碘化丙酮上，反应还继续下去。所以应选择适当的反应条件测定初始阶段的反应速率。其速率方程可表示为

$$\frac{dc_E}{d_t}=\frac{-dc_A}{d_t}=\frac{-dc_{I_2}}{d_t}=kc_A^p c_{I_2}^q c_{H^+}^r \qquad (6.9.1)$$

式中，c_E、c_A、c_{I_2}、c_{H^+} 分别为碘化丙酮、丙酮、碘、盐酸的浓度，mol · L^{-1}；k 为速率常数；p、q、r 分别为丙酮、碘和氢离子的反应级数。

如反应物碘是少量的，而丙酮和酸对碘是过量的，则反应在碘完全消耗以前，丙酮和酸的浓度可认为基本保持不变，此时只发生碘的一元取代反应。实验证实在酸的浓度较低和碘的量较少的实验条件下丙酮碘化反应对碘是零级反应，即 q 为零。由于反应速率与碘的浓度的大小无关（除非在很高的酸度下），因而反应直到碘全部消耗之前，反应速率将是常数。即

$$v=\frac{dc_E}{d_t}=kc_A^p c_{H^+}^r=\text{常数} \qquad (6.9.2)$$

对上式积分后可得

$$c_E = kc_A^p c_{H^+}^r t + C \tag{6.9.3}$$

式中，C 是积分常数。由于 $\frac{dc_E}{d_t} = \frac{-dc_{I_2}}{d_t}$，所以可由 c_{I_2} 的变化求得 c_E 的变化，并可由 c_{I_2} 对时间 t 作图，求得反应速率。

因碘溶液在可见光区 500nm 处对光有较强的吸收，而在此波长处盐酸、丙酮、碘化丙酮和碘化钾溶液几乎没有吸收，所以可采用分光光度法直接跟踪碘浓度的变化，从而测量反应的进程。

按朗伯-比耳定律在一定波长下，吸光度 A 与碘浓度 c_{I_2} 有

$$A = \varepsilon l c_{I_2} \tag{6.9.4}$$

对同一比色皿，l 为定值，式中 εl 可通过对已知浓度的碘溶液的测量来求得。将通过蒸馏水时的光强定为透光率 100%，然后测量通过溶液时透光率 T 则有

$$\varepsilon l = \frac{\lg 100 - \lg T}{c_{I_2}} \tag{6.9.5}$$

进一步整理后得

$$\lg T = k(\varepsilon l) c_A^p c_{H^+}^r t + B \tag{6.9.6}$$

由上式可知，$\lg T$ 对时间 t 作图，通过其斜率 m 可求得反应速率。即

$$m = k(\varepsilon l) c_A^p c_{H^+}^r \qquad v = m/\varepsilon l$$

为了确定反应级数 p，至少需进行两次实验，用脚注数字分别表示各次实验。当丙酮初始浓度不同，而氢离子、碘的初始浓度分别相同时，即

$c_{A_2} = wc_{A_1}$，$c_{I_2^2} = c_{I_2^1}$，$c_{H_2^+} = c_{H_1^+}$ 则有

$$\frac{v_2}{v_1} = \frac{kc_{A_2}^p c_{I_2^2}^q c_{H_2^+}^r}{kc_{A_1}^p c_{I_2^1}^q c_{H_1^+}^r} = \frac{kc_{A_2}^p}{kc_{A_1}^p} = w^p \tag{6.9.7}$$

$$\lg \frac{v_2}{v_1} = p \lg w \tag{6.9.8}$$

$$p = \lg \frac{v_2}{v_1} / \lg w \tag{6.9.9}$$

同理，当丙酮、碘的初始浓度分别相同而酸的浓度不同时，即

$c_{A_3} = wc_{A_1}$，$c_{I_2^3} = c_{I_2^1}$，$c_{H_3^+} = wc_{H_1^+}$ 则有

$$r = \lg \frac{v_3}{v_1} / \lg w \tag{6.9.10}$$

又，$c_{A_4} = c_{A_1}$，$c_{H_4^+} = c_{H_1^+}$，$c_{I_2^4} = xc_{I_2^1}$ 则有

$$q = \lg \frac{v_4}{v_1} / \lg x \tag{6.9.11}$$

从而作四次实验，可求得反应级数 p、r、q。

由两个温度的反应速率常数 k_1 与 k_2，据阿伦尼乌斯关系式可以估算反应的活化能

$$E = 2.303R \frac{T_1 T_2}{T_2 - T_1} \lg \frac{k_2}{k_1} \tag{6.9.12}$$

【实验试剂与仪器】

1. 试剂

0.01mol·L^{-1}的标准碘溶液（含2%KI）、1mol·L^{-1}的标准HCl溶液、2mol·L^{-1}的标准丙酮溶液。

2. 仪器

722S型分光光度计、超级恒温槽、50mL容量瓶、5mL和10mL移液管。

【实验步骤】

1. 调节分光光度计

将分光光度计对波长调到500nm处，然后将恒温用的恒温夹套接恒温槽输出的恒温水，并放入暗箱中，把恒温槽调到25℃。

2. “0”点和“100”点的调节

将装有蒸馏水的比色皿（光径长为10mm或20mm）放到恒温夹套内。将样品室盖打开，调节零位调节器，准确调到透光率为零。然后盖上样品室盖，调节光量调节器使透光率为“100”。反复调整“0”点和“100”点。

3. εl值的测定

在50mL容量瓶中配制0.001 mol·L^{-1}碘溶液。用少量的碘溶液洗比色皿二次，再注入0.001mol·L^{-1}碘溶液，测其透光率T，更换碘溶液再重复测定二次取其平均值，求εl值。

4. 丙酮碘化反应的速度常数的测定

用移液管分别吸取0.01mol·L^{-1}标准碘溶液10mL、10mL、10mL、5mL。注入已编号（1～4号）的4只干净的50mL容量瓶中，分别向1～4号容量瓶内加入1mol·L^{-1}的标准HCl溶液5mL、5mL、10mL、5mL，再分别注入适量的蒸馏水盖上瓶盖，置于恒温槽中恒温。再取50mL干净的容量瓶，取少量2mol·L^{-1}标准丙酮溶液清洗二次，然后注入约50mL标准丙酮溶液，置于恒温槽中恒温。再取50mL干净的容量瓶装满蒸馏水置于恒温槽中恒温。恒温10～15min后，用移液管取已恒温的丙酮溶液10mL迅速加入1号容量瓶，当丙酮溶液加到一半时开动停表计时。用已恒温的蒸馏水将此混合液稀释至刻度，迅速摇匀，用此混合溶液将干净的比色皿清洗多次，然后把此溶液注入比色皿，测定不同时间的透光率。每隔2min测定一次，直到取得10～12个数据为止。在测定过程中，用蒸馏水多次校正透光率“0”点和“100”点。

然后用移液管分别取5mL、10mL、10mL的标准丙酮溶液（已恒温的），分别注入2号、3号、4号容量瓶，用上述方法分别测定不同浓度的溶液在不同时间的透光率。每个样品测量前都需对分光光度计作空白校正。

上述溶液的配制如表6.9.1所示。

表 6.9.1　溶液浓度配制表

容量瓶号	加入标准碘溶液的体积/mL	加入标准 HCl 溶液的体积/mL	加入标准丙酮溶液的体积/mL	加入蒸馏水的体积/mL
1	10	5	10	25
2	10	5	5	30
3	10	10	10	20
4	5	5	10	30

在 35℃下，重复上述实验。由于级数已经确定，取两个不同的条件测定，以获取 35℃的 k 的平均值。但在 35℃下测定时记录间隔设置为 1min。

【注意事项】

（1）溶液的酸度应较低，碘的浓度较小。
（2）c_{H^+}、c_{I_2} 的配制需要准确。
（3）溶液的混合及装入比色皿要迅速进行。
（4）在实验过程中温度应保持恒定。

【实验结果】

恒温温度：
（1）计算 εl 值。
（2）用表格列出混合液的 t、T、$\lg T$。
（3）计算混合溶液的丙酮、盐酸、碘的浓度。
（4）用表中数据作 $\lg T$-t 图，求出斜率 m。
（5）计算反应分级数。
（6）计算反应速率常数 k 值（令 $p=r=1$，$q=0$）。
（7）利用 25℃及 35℃的 k 值，计算丙酮碘化反应的活化能 E_a。

【思考题】

（1）在本实验中将丙酮溶液加入含有碘、盐酸的容量瓶时并不立即开始计时，而注入比色皿时才开始计时，这样做是否可以？为什么？
（2）影响本实验结果精确度的主要因素有哪些？

6.10　电极制备及电池电动势的测定

【实验目的】

（1）学会铜电极、锌电极的制备和处理方法。
（2）掌握电位差计的测量原理和测定电池电动势的方法。
（3）加深对原电池、电极电位等概念的理解。

【实验原理】

原电池是化学能转变为电能的装置，电池由正、负两个电极组成，电池的电动势等于两个电极电位的差值。

$$E=E_{+}-E_{-}$$

式中，E_{+}为正极的电极电位；E_{-}为负极的电极电位。

以 Cu-Zn 电池为例，电池符号

$$Zn\ (s)\ |\ ZnSO_4\ (a_{Zn^{2+}})\ \|\ CuSO_4\ (a_{Cu^{2+}})\ |\ Cu\ (s)$$

负极反应为

$$Zn \longrightarrow Zn^{2+}+2e^{-}$$

正极反应为

$$Cu^{2+}+2e^{-} \longrightarrow Cu$$

电池中总的反应为

$$Zn+Cu^{2+} \longrightarrow Zn^{2+}+Cu$$

Zn 电极的电极电位为

$$E_{Zn^{2+}/Zn}=E^{\ominus}_{Zn^{2+}/Zn}-\frac{RT}{2F}\ln\frac{a_{Zn}}{a_{Zn^{2+}}}$$

Cu 电极的电极电位为

$$E_{Cu^{2+}/Cu}=E^{\ominus}_{Cu^{2+}/Cu}-\frac{RT}{2F}\ln\frac{a_{Cu}}{a_{Cu^{2+}}}$$

所以 Cu-Zn 电池的电动势为

$$E=E_{Cu^{2+}/Cu}-E_{Zn^{2+}/Zn}=E^{\ominus}_{Cu^{2+}/Cu}-E^{\ominus}_{Zn^{2+}/Zn}-\frac{RT}{2F}\ln\frac{a_{Cu}a_{Zn^{2+}}}{a_{Cu^{2+}}a_{Zn}}$$

$$=E^{\ominus}-\frac{RT}{2F}\ln\frac{a_{Cu}a_{Zn^{2+}}}{a_{Cu^{2+}}a_{Zn}}$$

纯固体的活度为 1，即

$$a_{Cu}=a_{Zn}=1$$

所以

$$E=E^{\ominus}-\frac{RT}{2F}\ln\frac{a_{Zn^{2+}}}{a_{Cu^{2+}}}\ 。$$

在一定温度下，电极电位的大小决定于电极的性质和溶液中有关离子的活度。由于电极电位的绝对值不能测量，在电化学中，通常将标准氢电极的电极电位定为零，其他电极的电极电位值是与标准氢电极比较而得到的相对值。由于使用标准氢电极条件要求苛刻，而实际中常用电位稳定的可逆电极作为参比电极来代替，如甘汞电极、银-氯化银电极等。这些电极的标准电极电位值已精确测出，在物理化学手册中可以查到。

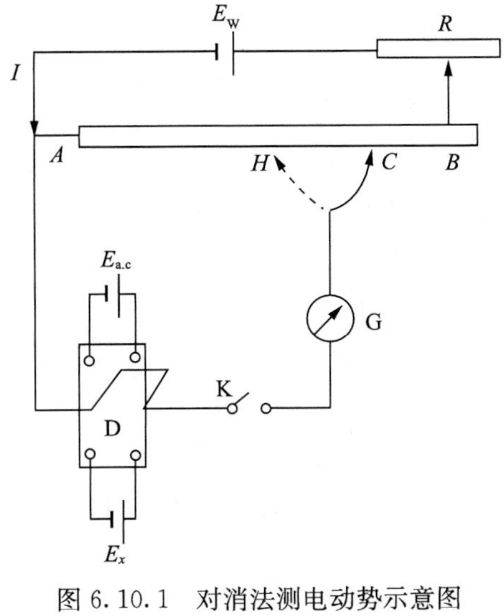

图 6.10.1　对消法测电动势示意图

电池电动势不能用伏特计直接测量。因为当把伏特计与电池接通后，由于电池放电，不断发生化学变化，电池中溶液的浓度将不断改变，因而电动势值也会发生变化。另一方面，电池本身存在内电阻，所以伏特计所量出的只是两极上的电位降，而不是电池的电动势。只有在没有电流通过时的电位降才是电池真正的电动势。电位差计是可以利用对消法原理进行电位差测量的仪器，即能在电池无电流（或极小电流）通过时，测得其两极的电位差。其原理如图 6.10.1 所示，图中 AB 为均匀的电阻丝，工作电池 E_w 与 AB 构成一个通路，在 AB 线上产生了均匀的电位降。D 是双臂电钥，当 D 向下时与待测电池 E_x 相通，待测电池的负极与工作电池的负极并联，正极则经过检流计 G 接到滑动接头 C 上，这样就等于在电池的外电路上加上一个方向相反的电位差，它的大小由滑动点的位置来决定。移动滑动点的位置就会找到某一点（如 C 点），当电钥闭合时，检流计中没有电流通过，此时电池的电动势恰好和 AC 线段所代表的电位差在数值上相等而方向相反。为了求得 AC 线段的电位差，可以将 D 向上扳至与标准电池相接，标准电池的电动势是已知的，而且保持恒定，设为 E'，用同样方法可以找出另一点 H，使检流计中没有电流通过，AH 线段的电位差就等于 E'。因为电位差与电阻线的长度成正比，故待测电池的电动势为 $E_x = E'\dfrac{AC}{AH}$。调整工作回路中的 R，可使电流控制在所要求的大小，使 AB 上的电位降达到我们所要求的量程范围。

另外，当两种电极的不同电解质溶液接触时，在溶液的界面上总有液体接界电位存在。在电动势测量时常应用“盐桥”使原来产生显著液体接界电位的两种溶液彼此不直接接界，降低液体接界电位到毫伏数量级以下。用得较多的盐桥有 KCl（饱和溶液）、KNO_3、NH_4NO_3 等溶液。

【实验试剂与仪器】

1. 试剂

0.1000mol · L^{-1} 硫酸锌溶液、0.1000mol · L^{-1} 硫酸铜溶液、3mol · L^{-1} 稀硫酸溶液、6mol · L^{-1} 硝酸溶液、镀铜溶液（100mL 水中溶解 15g $CuSO_4 \cdot 5H_2O$、5g H_2SO_4、5g CH_3COOH）、纯汞、硝酸亚汞溶液（饱和）。

2. 仪器

电位差计、直流稳压电源、检流计、标准电池、铜电极、锌电极、铜片、电极架、镊子、50mL 烧杯。

【实验步骤】

1. 电极制备

（1）锌电极：先用稀硫酸（约 3mol · L^{-1}）洗净锌电极表面的氧化物，再用蒸馏水淋洗，然后浸入饱和硝酸亚汞溶液中 3～5s，用镊子夹住一小团清洁的湿棉花轻轻擦拭电极，使锌电极表面上有一层均匀的汞齐，再用蒸馏水冲洗干净（用过的棉花不要随便乱丢，应投入指定的有盖广口瓶内，以便统一处理）把处理好的电极插入清洁的电极管内，并塞紧。将电极管的虹吸管口浸入盛有 0.1000mol · L^{-1} $ZnSO_4$ 溶液的小烧杯内，用针筒自支管抽气，将溶液吸入电极管直至浸没电极略高一点，停止抽气，旋紧螺旋夹。电极装好后虹吸管内（包括管口）不能有气泡，也不能有漏液现象。

（2）铜电极：先用稀硝酸（约 6mol · L^{-1}）洗净铜电极表面的氧化物，再用蒸馏水淋洗，然后把它作为阴极，另取一块纯铜片作为阳极，在镀铜溶液内进行电镀。其装置如图 6.10.2 所示。电镀的条件是：电流密度为 25mA · cm^{-2} 左右，电镀时间为 30～40min。

(3) 甘汞电极：甘汞电极的制备方法一般有研磨法和电解法两种。本实验采用电解法。首先，在电极管中装入纯汞，汞的量要使汞面达到电极管的粗管部分以使汞有较大的表面。插入铂丝电极（铂丝电极需全部插入汞中），并吸入饱和 KCl 溶液。将电极管按图 6.10.3 以另一铂丝电极为阴极进行通电，控制电流到铂丝电极上有气泡逸出即可。通电时间约 30min，使汞面上镀一薄层甘汞。随后取下电极管，以饱和 KCl 溶液轻轻冲几次，再装满即为饱和 KCl 甘汞电极。其他浓度的甘汞电极亦可按同法制备，但 KCl 溶液的浓度需相应变化。此外，市场上有各种规格的甘汞电极商品出售，可根据实际需要选用。

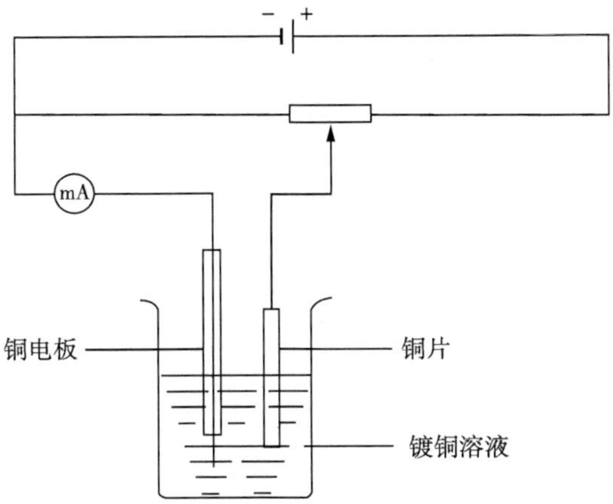

图 6.10.2　电镀铜装置

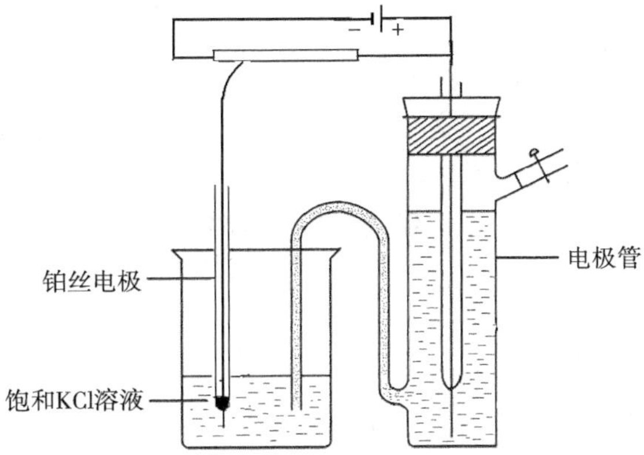

图 6.10.3　电镀法制备甘汞电极

2. 电池电动势的测量

(1) 按规定接好电位差计的测量电池电动势线路。

(2) 以饱和 KCl 溶液为盐桥按图 6.10.4 所示，分别将上面制备好的电极组成电池，并接入电位差计的测量端，测量其电动势。这些电池有：

① Zn | $ZnSO_4$ (0.1000mol · L^{-1}) ‖ KCl（饱和） | Hg_2Cl_2，Hg

② Hg，Hg_2Cl_2 | KCl（饱和） ‖ $CuSO_4$ (0.1000mol · L^{-1}) | Cu

③ Zn | $ZnSO_4$ (0.1000mol · L^{-1}) ‖ $CuSO_4$ (0.1000mol · L^{-1}) | Cu

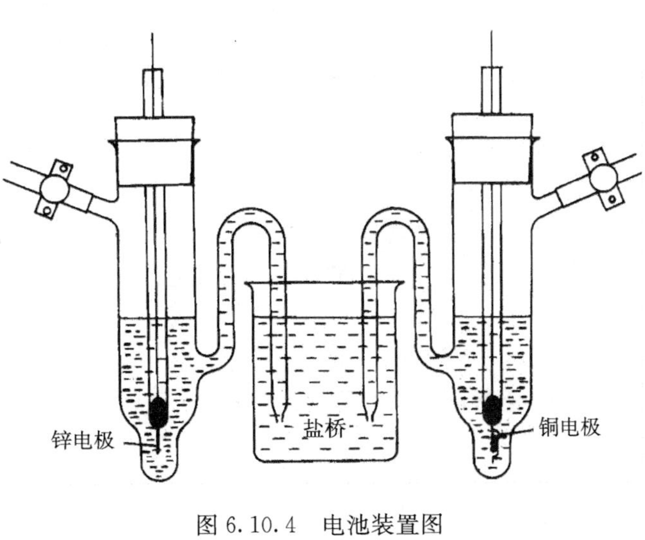

图 6.10.4　电池装置图

【注意事项】

(1) 标准电池使用时要正确连接正、负极；标准电池不能倒置；不能直接用万用电表测量其电动势；标准电池不能做电源使用，测量时间必须短暂，以免电流过大而损坏电池。

(2) 连接线路时，切勿将正、负极接反。

(3) 铜电极镀铜时，电流密度不能过大，否则析出的铜呈松散状。

(4) 实验中的废液、废物不能直接倒入下水道，而应倒入废液桶，以便集中处理。

【实验结果】

(1) 记录上列三组电池的电动势测定值。

(2) 计算室温时饱和甘汞电极的电极电位：

$E_{甘}=0.2412-6.61\times10^{-4}(t-25)-1.75\times10^{-6}(t-25)^2-9.16\times10^{-10}(t-25)^3$。

(3) 计算下列电池电动势的理论值并与测量值相比较，计算出相对误差。

$Zn\,|\,ZnSO_4\,(0.1000mol\cdot L^{-1})\,\|\,CuSO_4\,(0.1000mol\cdot L^{-1})\,|\,Cu$

(4) 根据下列电池电动势的实验值，分别计算锌的电极电位及铜的电极电位：

$Zn\,|\,ZnSO_4\,(0.1000mol\cdot L^{-1})\,\|\,KCl$（饱和）$|\,Hg_2Cl_2\,|\,Hg$

$Hg\,|\,Hg_2Cl_2\,|\,KCl$（饱和）$\|\,CuSO_4\,(0.1000mol\cdot L^{-1})\,|\,Cu$

已知在25℃时 $0.1000mol\cdot L^{-1}$ $CuSO_4$溶液中铜离子的平均离子活度系数为0.16，$0.1000mol\cdot L^{-1}$ $ZnSO_4$溶液中锌离子的平均离子活度系数为0.15。根据上面所得的铜电极和锌电极的电极电位，计算铜电极和锌电极的标准电极电位。并与物理化学数据手册上所列的标准电极电位数据进行比较。

【思考题】

(1) 为什么不能用伏特计测量电池电动势?

(2) 对消法测量电池电动势的主要原理是什么?

(3) 电位差计测量电动势过程中若检流计光点总往一个方向偏转，这可能是什么原因?

6.11　电导法测定难溶盐溶解度

【实验目的】

(1) 通过对难溶盐电导率的测定，计算其溶解度。

(2) 掌握用电导率仪测定电导率的原理和方法。

【实验原理】

对于电解质溶液，常用电导表示其导电能力的大小。电导 G 是电阻 R 的倒数，即

$$G=\frac{1}{R} \tag{6.11.1}$$

电导的单位是S（西门子）或 Ω^{-1}。

根据物理学知识，电导与导体的面积 A 成正比，与导体的长度 l 成反比，即

$$G=\kappa\left(\frac{A}{l}\right) \tag{6.11.2}$$

式中，κ 为电导率或比电导，其意义是面积为 $1m^2$、相距为 1m 的立方导体的电导，单位为 $S \cdot m^{-1}$。

摩尔电导率 Λ_m 是指含有 1mol 电解质的溶液，置于相距为单位距离的电导池的两个平行电极之间所具有的电导，单位为 $S \cdot m^2 \cdot mol^{-1}$。它与电导率的关系为

$$\Lambda_m=\frac{\kappa}{c} \tag{6.11.3}$$

式中，c 为电解质溶液的浓度，单位为 $mol \cdot m^{-3}$。

当溶液的浓度逐渐降低时，由于溶液中离子间的相互作用力减弱，所以摩尔电导率逐渐增大。科尔劳施（F. Kohlrausch）根据实验得出强电解质稀溶液的摩尔电导率 Λ_m 与浓度 c 有如下关系

$$\Lambda_m=\Lambda_m^\infty-A\sqrt{c} \tag{6.11.4}$$

式中，A 为经验常数；Λ_m^∞ 为电解质溶液在浓度 $c\approx 0$ 时的摩尔电导率，称为无限稀释摩尔电导率。

当溶液处于无限稀释时，离子间相互影响可以忽略不计。所以可认为每一种离子都是独立运动的，与溶液中其他离子的性质无关，则此时溶液的摩尔电导率可看作为独立的正、负离子的摩尔电导率之和

$$\Lambda_m^\infty=\Lambda_{m,+}^\infty+\Lambda_{m,-}^\infty \tag{6.11.5}$$

溶液的电导率一般用电导率仪配以电导池测定，电导池又称为电导电极。常用两片固定在玻璃上的平行电极组成电导池，浸入待测的电解质溶液中测定其电导，故将 l/A 称为电导池常数，用 K_{cell} 表示，由式（6.11.2）得

$$\kappa=GK_{cell} \tag{6.11.6}$$

为测得溶液的电导率，必须知道电导池常数 K_{cell}。电导池常数一般用已知电导率的溶液标定，常用的溶液是各种标准浓度的 KCl 溶液。

使用电导率仪时，只需将电导池浸入标准 KCl 溶液中，由已知电导率数值标定出电导池常数，然后洗净电极后，将电导池浸入待测溶液即可直接测得该溶液的电导率。

本实验是测定 $PbSO_4$ 的溶解度。首先测定 $PbSO_4$ 饱和溶液的电导率，因溶液极稀，必须从 $\kappa_{溶液}$ 中减去水的电导率 κ_{H_2O}，即

$$\kappa_{PbSO_4}=\kappa_{溶液}-\kappa_{H_2O} \tag{6.11.7}$$

由式（6.11.3）得

$$\Lambda_{PbSO_4}=\frac{\kappa_{PbSO_4}}{c} \tag{6.11.8}$$

式中，c 是 $PbSO_4$ 难溶盐饱和溶液的浓度，单位为 $mol \cdot m^{-3}$。由于溶液极稀，Λ_m 可视为 Λ_m^∞，因此

$$c=\frac{\kappa_{PbSO_4}}{\Lambda_{PbSO_4}^\infty} \tag{6.11.9}$$

$PbSO_4$ 的无限稀释摩尔电导 $\Lambda_{PbSO_4}^\infty$ 可以根据离子独立移动定律由 $\Lambda_{m,\frac{1}{2}Pb^{2+}}^\infty$ 和 $\Lambda_{m,\frac{1}{2}SO_4^{2-}}^\infty$ 求得。因为温度对溶液的电导率有影响，本实验应在恒温下进行。

电导的测定不仅可以用来测定难溶盐的溶解度，还可以用来测定弱电解质的电离度和电离常数、盐的水解度等。

【实验试剂与仪器】

1. 试剂

0.01mol·L^{-1} KCl、$PbSO_4$（AR）。

2. 仪器

DDS-309$^+$电导率仪、恒温槽、DJS-1（光亮）电导电极、100mL 烧杯、250mL 锥形瓶。

【实验步骤】

1. 调节恒温槽温度

调节恒温槽温度至 25℃或其他合适温度。

2. 测定电导池常数

用少量 0.01mol·L^{-1} KCl 溶液淋洗电极两次，将电极插入盛有适量 0.01mol·L^{-1} KCl 溶液的小烧杯中，液面应高于电极铂片 2cm 以上。将小烧杯放入恒温槽内，10min 后测定电导池常数，然后换溶液再测两次，求其平均值。

3. 测定 $PbSO_4$溶液的电导率

将约 1g 固体 $PbSO_4$放入 250mL 锥形瓶中，加入约 100mL 电导水，加热至沸腾。倒掉清液，以除去可溶性杂质。按同法重复两次。再加入约 100mL 电导水，加热至沸腾，使之充分溶解。然后放在恒温槽中，恒温 20min，使固体沉淀，将上层溶液倒入一干燥的小烧杯中，恒温后测其电导率，然后换溶液再测两次，求其平均值。

4. 测定电导水的电导率

取约 100mL 电导水放入一干燥的小烧杯中，恒温后测其电导率，然后换电导水再测两次，求其平均值。

【注意事项】

（1）电极易破碎，要轻拿轻放。

（2）测试中，从甲溶液转换到乙溶液时，电极和烧杯先用蒸馏水清洗后，再用乙溶液润洗；不能用滤纸擦拭电极。溶液的浓度对电导影响很大，一定要用被测溶液多次荡洗电极和烧杯，保证被测溶液的浓度不变。

（3）把电极插入被测液后（铂片必须完全浸入溶液中），轻轻摇动被测液，以便反复冲洗电极表面，保证电极表面溶液浓度与主体溶液浓度一致，并静置 2～3min 后再测电导率。

（4）电极使用完毕后，用蒸馏水洗净。

（5）硫酸铅要充分煮沸，除去其中可溶性杂质，否则硫酸铅溶解度的测定值将偏大。

【实验结果】

计算 $PbSO_4$的溶解度，并将所测数据与计算结果列表表示。

【思考题】

（1）什么是溶液的电导率、摩尔电导率？与温度的关系如何？

（2）什么是电导池常数？为什么要测定电导池常数？如何测定？

6.12　循环伏安法判断 $K_3Fe(CN)_6$ 电极过程的可逆性

【实验目的】

（1）了解可逆扩散波和可逆吸附波的循环伏安图的特性。

（2）学习和掌握循环伏安法的原理和实验技术。

【实验原理】

循环伏安法是用途最广泛的研究电活性物质的电化学分析方法，在电化学、无机化学、有机化学、生物化学等领域得到了广泛的应用。由于它能在很宽的电位范围内迅速观察研究对象的氧化还原行为，因此电化学研究中常常首先进行的是循环伏安行为研究。

循环伏安法是在固定面积的工作电极和参比电极之间加上对称的三角波扫描电压（图 6.12.1），记录工作电极上得到的电流与施加电位的关系曲线，即循环伏安图（图 6.12.2）。在三角波的前半部，电极上若发生还原反应（阴极过程），记录到一个峰形的阴极波；而在三角波的后半部，电极上则发生的是氧化反应（阳极过程），记录到一个峰形的阳极波。一次三角波电压扫描，电极上完成了一个氧化还原循环。从循环伏安图的波形、氧化还原峰电流的数值及其比值、峰电位等可以判断电极反应的可逆性。对于可逆的电极反应，$i_{pa} \approx i_{pc}$。

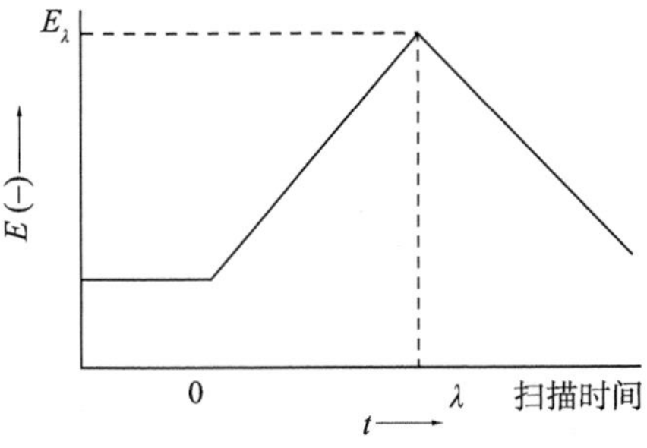

图 6.12.1　三角波扫描电压

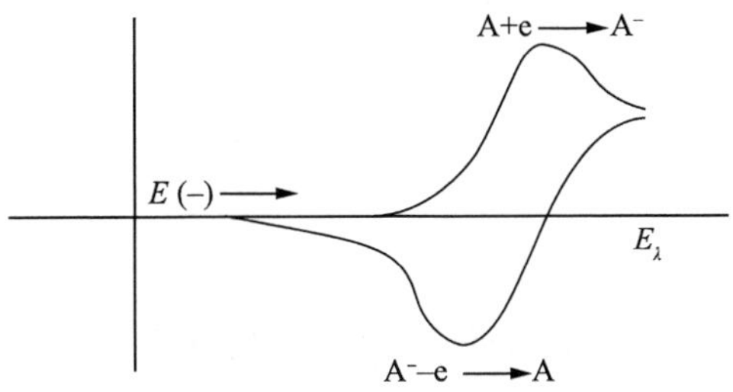

图 6.12.2　循环伏安图

电极反应的可逆性主要取决于电极反应速率常数的大小，还与电位扫描速率有关。

25 ℃时，对于可逆扩散波，峰电流 i_p（A）

$$i_p = (2.69 \times 10^5) n^{3/2} A D_0^{1/2} v^{1/2} C_0 \tag{6.12.1}$$

式中，A 为电极的有效面积，cm^2；D_0 为反应物的扩散系数，$cm^2 \cdot s^{-1}$；n 为电极反应的电子转移数；v 为扫描速率，$V \cdot s^{-1}$；C_0 为反应物的浓度，$mol \cdot L^{-1}$。

对于反应物吸附在电极上的可逆吸附波，理论上其循环伏安图上下左右对称，峰电流降至基线，其峰电流可表示为

$$i_p = \frac{(nF)^2}{4RT} A \Gamma v \tag{6.12.2}$$

式中，Γ 为电活性物在电极上的吸附量，$mol \cdot cm^{-2}$；A 为电极面积，cm^2；v 为扫描速率，$V \cdot s^{-1}$。可见，峰电流与 v 成正比，而不是扩散波中所见到的与 $v^{\frac{1}{2}}$ 成正比。

因而，对于一个电活性物质，要判断其电极反应是否可逆，首先需要根据峰电流和扫描速

率的关系判断所得到的伏安图是扩散波还是吸附波，然后再根据相应的判据进行判断。

与汞电极相比，物质在固体电极上伏安行为的重现性差，其原因与固体电极的表面状态直接有关，因而了解固体电极表面处理的方法和衡量电极表面被净化的程度，以及测算电极有效表面积的方法，是十分重要的。一般对这类问题要根据固体电极材料的不同而采取适当的方法。

对于碳电极，一般以 $Fe(CN)_6^{3-/4-}$ 的氧化还原行为做电化学探针。首先，固体电极表面的第一步处理是进行机械研磨、抛光至镜面程度。通常用于抛光电极的材料有金钢砂、CeO_2、ZrO_2、MgO 和 α-Al_2O_3 粉及其抛光液。抛光时总是按抛光剂粒度降低的顺序依次进行研磨，如对新的电极表面先经金钢砂纸粗研和细磨后，再用一定粒度的 α-Al_2O_3 粉在抛光布上进行抛光。抛光后先洗去表面污物，再移入超声水浴中清洗，每次 2～3min，重复三次，直至清洗干净（若需要，可用乙醇、稀酸和水彻底洗涤），得到一个平滑光洁的、新鲜的电极表面。将处理好的碳电极放入含一定浓度的 $K_3Fe(CN)_6$ 和支持电解质的水溶液中，观察其伏安曲线。如得到如图 6.12.3 所示的曲线，其阴、阳极峰对称，两峰的电流值相等（$i_{pc}/i_{pa}=1$），峰电位差 ΔE_p 约为 70mV（理论值约 60mV，由于 IR 降的影响，实际测量值还与电极面积的大小有关），即说明电极表面已处理好，否则需重新抛光，直到达到要求。

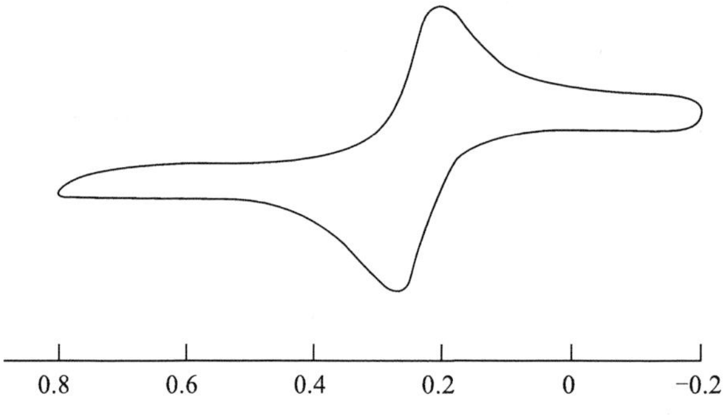

图 6.12.3　1.0×10^{-3} mol · L^{-1}　$K_3Fe(CN)_6$（含 0.1mol · L^{-1} KCl，$v=0.05$ V · s^{-1}）循环伏安图

本实验拟通过研究电活性物质 $K_3Fe(CN)_6$ 在不同扫描速率下在玻碳电极上的电化学响应，了解可逆扩散波和可逆吸附波的性质。

铁氰化钾离子 $[Fe(CN_6)]^{3-}$ 与亚铁氰化钾离子 $[Fe(CN_6)]^{4-}$ 氧化还原电对的标准电极电位为

$$[Fe(CN_6)]^{3-}+e^- = [Fe(CN_6)]^{4-} \qquad \varphi^{\ominus}=0.36V\ (vs.\ NHE)$$

在一定扫描速率下，从起始电位（−0.2V）正向扫描到转折电位（+0.8V）期间，溶液中 $[Fe(CN_6)]^{4-}$ 被氧化生成 $[Fe(CN_6)]^{3-}$，产生氧化电流；当负向扫描从转折电位（+0.8V）变到原起始电位（−0.2V）期间，在指示电极表面生成的 $[Fe(CN_6)]^{3-}$ 被还原生成 $[Fe(CN_6)]^{4-}$，产生还原电流。为了使液相传质过程只受扩散控制，应在加入电解质和溶液处于静止下进行电解。在 0.1mol · L^{-1} NaCl 溶液中 $K_3Fe(CN)_6$ 的扩散系数为 0.63×10^{-5} cm · s^{-1}。由于溶液中的溶解氧具有电活性，应通入惰性气体除去。

【实验试剂与仪器】

1. 试剂

5.0×10^{-3} mol · L^{-1} 铁氰化钾标准溶液（含 0.1mol · L^{-1} KNO_3）、无水乙醇（AR）、Al_2O_3

粉、麂皮、氮气。

2. 仪器

CHI 660d 电化学系统：玻碳电极（d=4mm）为工作电极、饱和甘汞电极为参比电极、铂丝电极为辅助电极；100mL 容量瓶、10mL 烧杯、玻棒。

【实验步骤】

1. 电极的预处理

将玻碳电极在麂皮上用 Al_2O_3 粉将电极表面抛光后，用蒸馏水清洗干净，分别用去离子水和无水乙醇超声处理 3～5min，待用。工作电极表面必须仔细清洗，否则严重影响循环伏安图图形。

2. $K_3Fe(CN)_6$ 溶液的循环伏安图

在电解池（10mL 玻璃烧杯）中放入 5.0×10^{-3} mol·L^{-1} $K_3Fe(CN)_6$ 溶液（含 0.1mol·L^{-1} KNO_3）溶液，通入氮气 5min，插入铂丝辅助电极、玻碳工作电极和饱和甘汞参比电极。开启电化学系统及计算机电源开关，启动电化学程序，在“实验”菜单中选择“实验方法”，选择“循环伏安法”，点“确定”，设置实验参数：起始电位（+0.8V）；终止电位（−0.2V）；静止时间（2s）；扫描速率（0.02V/s）；灵敏度（$1.0\times e^{-4}$）；循环次数（1），点“确定”。点击 Run 开始扫描，将实验图存盘后，观察循环伏安图，记录氧化还原峰电位 E_{pc}、E_{pa} 及峰电流 i_{pc}、i_{pa}；

3. 考察峰电流与扫描速率的关系

使用上述溶液，分别以扫描速率为 0.05、0.1、0.2V/s（其他实验条件同上）分别记录从 −0.2～+0.8V 扫描的循环伏安图，记录峰电流和峰电位。将四个循环伏安图叠加，打印。

【注意事项】

（1）实验前电极表面要处理干净。

（2）扫描过程保持电解质溶液静止。

【实验结果】

（1）从以上所作的循环伏安图上分别求出 E_{pc}，E_{pa}，ΔE_p，i_{pc}，i_{pa}，i_{pc}/i_{pa} 等参数，并列表表示。

（2）绘制 $K_3Fe(CN)_6$ 的氧化还原峰电流 i_{pc}、i_{pa} 分别与 $v^{1/2}$ 的关系曲线，并计算所使用的玻碳电极的有效面积［所用参数：电子转移数 $n=1$，$K_3Fe(CN)_6$ 的扩散系数 $D_0=7.6\times10^{-6}$ cm^2/s，25℃］。

（3）从以上数据及有关曲线判断 $K_3Fe(CN)_6$ 电极反应的可逆性。

【思考题】

（1）从循环伏安图可以测定哪些电极反应的参数？从这些参数如何判断电极反应的可逆性？

（2）如何判断玻碳电极表面处理的程度？

6.13 极化曲线的测定及应用

【实验目的】

(1) 掌握用恒电位法测定金属极化曲线的原理和方法。

(2) 了解极化曲线的意义和应用。

(3) 测量金属在硫酸中的钝化行为。

【实验原理】

为了探索电极过程的机理及影响电极过程的各种因素，必须对电极过程进行研究，而在该研究过程中极化曲线的测定是重要的方法之一。在研究可逆电池的电动势和电池反应时电极上几乎没有电流通过，每个电极或电池反应都是在无限接近于平衡下进行的，因此电极反应是可逆的。当有电流通过电池时，则电极的平衡状态被破坏，此时电极反应处于不可逆状态，随着电极上电流密度的增加，电极反应的不可逆程度也随之增大。在有电流通过电极时，由于电极反应的不可逆而使电极电位偏离平衡值的现象称为电极的极化。根据实验测出的数据来描述电流密度与电极电位之间关系的曲线称为极化曲线，如图 6.13.1 所示。

当电极电位高于热力学平衡电位时，金属作为阳极将发生下面电化学溶解过程

$$M \longrightarrow M^{n+} + ne^- \tag{6.13.1}$$

当金属上超电位不大时，阳极溶解过程的速率随电极电位增大而逐渐增大，这是金属的正常溶解。但当电极电位增大到某一数值时，其溶解速率达到最大，而后随着电极电位的继续增大，阳极溶解速率反而大幅度降低，这种现象称为金属的钝化现象。

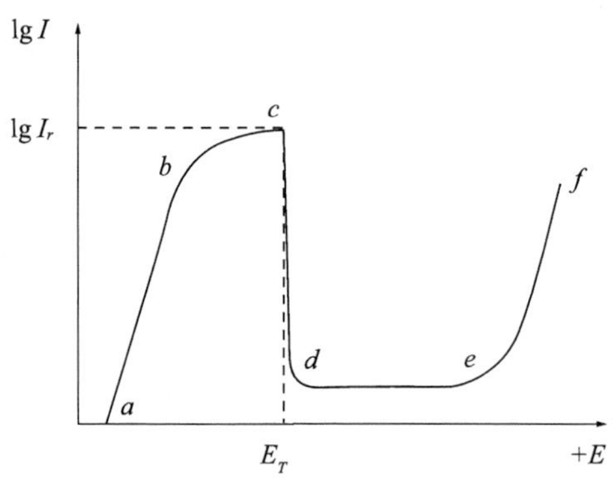

图 6.13.1 金属极化曲线

ac. 活性溶解区；*c*. 临界钝化点；*cd*. 过渡钝化区；*de*. 稳定钝化区；*ef*. 超（过）钝化区

研究金属的阳极溶解及钝化过程通常采用控制电位法。对于大多数金属来说，其阳极极化曲线大都具有如图 6.13.1 所示的形式。从恒电位法测定的极化曲线可以看出，它有一个“负坡度”区域的特点。具有这种特点的极化曲线是无法用控制电流的方法测定的，因为同一个电流，可能相应于几个不同的电极电位，因而在控制电流极化时，体系的电极电位可能发生振荡现象，即电极电位将处于一种不稳定状态。

控制电位技术测得的阳极极化曲线（图 6.13.1）通常分为四个区域。图 6.13.1 曲线表

明，电位从 a 点开始上升（即电位向正方向移动），电流密度也随之增加，从 a 点到 c 点的电位范围称金属活性溶解区。此区域内的线段是金属的正常阳极溶解，铁以二价形式进入溶液，a 点称为金属的自然腐蚀电位。电位超过 c 点以后，电流密度迅速减至很小，这是因为在金属表面上生成了一层电阻高、耐腐蚀的钝化膜。从 c 点到 d 点称为过渡钝化区，是由活化态到钝化态的转变过程，c 点所对应的电位称为致钝电位，其对应的电流密度 I 称为致钝电流密度。到达 d 点以后，电位再继续上升，电流仍保持在一个基本不变的很小的数值上，从 d 点到 e 点的电位范围称为稳定钝化区。在此区域内由于金属的表面状态发生了变化，使金属的溶解速率降低到最小值，与之对应的电流密度很小，基本上不随电位的变化而改变。此时的电流密度称为维持钝化的电流密度，其数值几乎与电位变化无关。电位升到 e 点时，电流又随电位的上升而增大。从 e 点到 f 点的电位范围称为超（过）钝化区。

目前，对金属钝化现象已进行了大量的研究工作。影响金属钝化过程及钝化性质的因素，可归纳为以下几点：

（1）溶液的组成。在中性溶液中，金属一般比较容易钝化，而在酸性或某些碱性的溶液中，则不易钝化；溶液中卤素离子（特别是 Cl^-）的存在，能明显地阻止金属的钝化；溶液中存在某些具有氧化性的阴离子（如 CrO_2^{4-}）则可以促进金属的钝化。

（2）金属的化学组成和结构。各种纯金属的钝化能力不尽相同，例如铁、镍、铬三种金属的钝化能力为铬＞镍＞铁。因此，添加铬、镍可以提高钢铁的钝化能力及钝化的稳定性。

（3）外界因素（如温度、搅拌等）。一般来说，温度升高以及搅拌加剧，可以推迟或防止钝化过程的发生，这与离子扩散有关。

极化曲线的测量有如下几种方法：

（1）恒电位法：控制电位方法测量阳极极化曲线，一般采用三电极体系——研究电极、辅助电极和参比电极。该方法是将研究电极的电位恒定地维持在所需值，然后测量对应电位下的电流。由于电极表面状态在未建立稳定状态之前，电流会随时间而变化，因此实际测量时又有稳态技术和动态技术的区别。

①稳态技术：将电极电位较长时间地维持在某一恒定值，测量该电位下电流的稳定值。如此逐个测量各个电极电位的稳定电流值，即可得到完整的极化曲线。

②动态技术：控制电极电位以一定的速率连续地扫描，记录相应电极电位下瞬时电流值，以瞬时电流值与相应的电极电位作图，得到阳极极化曲线。所采用的电极电位扫描速率需要根据体系的性质选定。一般来说，电极表面建立稳态的速率越慢，电极电位扫描速率越慢，这样才能使测定的动态极化曲线与使用稳态技术接近。

比较上述两种测量方法，稳态技术测量结果虽较接近稳态值，但测量的时间较长，而动态技术测量结果距稳态值相对较差，但测量的时间较短，所以在实际工作中，常采用动态技术来进行测量。

（2）恒电流法：将研究电极的电流恒定在某定值下，测量其对应的电极电位，得到的极化曲线。恒电流法所得到的阳极极化曲线只能近似地估计被测电极的临界钝化电位，不能完全描绘出金属的溶解和钝化的实际过程。

金属钝化现象，在实际中有很多应用。金属处于钝化状态，这对于防止金属的腐蚀和在电解中保护不溶性的阳极是极为重要的。而在另一些情况下，钝化现象却十分有害。如在化学电源、电镀中的可溶性阳极等，则应尽量防止阳极钝化现象的发生。

【实验试剂与仪器】

1. 试剂

2.0mol · L^{-1} $(NH_4)_2CO_3$溶液、0.5mol · L^{-1}硫酸溶液（含有 5.0×10^{-3}mol · L^{-1} KCl）、饱和 KCl 溶液、丙酮（AR）、石蜡（AR）、金相砂纸。

2. 仪器

CHI660d 电化学分析仪、电解池、铂丝辅助电极、饱和甘汞参比电极、碳钢工作电极（铁钉）、超声波清洗器、玻璃管。

【实验步骤】

1. 电极处理

用金相砂纸将铁电极表面打磨平整光亮，放在丙酮中除去油污，留下 1cm^2面积，用石蜡涂抹剩余面积。用蒸馏水清洗后滤纸吸干。擦干后放入已洗净并装有 2.0mol · L^{-1} $(NH_4)_2CO_3$溶液的电解池中。每次测量前都需要重复此步骤，电极处理得好坏对测量结果影响很大。

2. 测量极化曲线

（1）打开 CHI660d 工作站的窗口。

（2）将三电极分别插入电极夹的三个小孔中，使电极进入电解质溶液中。将 CHI660d 工作站的绿色夹头夹 Fe 电极，红色夹头夹 Pt 片电极，白色夹头夹参比电极。

（3）测定开路电位。点击【T】选中对话框中【开路电位-时间】实验技术，点击【OK】。点击【Parameters】选择参数，也可用仪器默认值，点击【OK】。点击【▶】开始实验，测得的开路电位即为电极的自腐蚀电位 E。

（4）开路电位稳定后，测电极极化曲线。点击【T】选中对话框中【线性扫描循环伏安】实验技术，点击【OK】为使 Fe 电极的阴极极化、阳极极化、钝化、过钝化全部表示出来。初始电位（Init E）设为“－1.0V”，终态电位（FinaL E）设为“1.1V”，扫描速率（Scan Rate）设为“0.01V/s”，初始电位下的极化时间（Quiet Time）设为 200s，灵敏度（Sensivitivty）设为“自动”，其他可用仪器默认值，极化曲线自动画出。

重复上述步骤进行测量，每次测量前必须用金相砂纸打磨工作电极并清洗干净。

（5）实验完毕，清洗电极、电解池，将仪器恢复原位，桌面擦拭干净。

【注意事项】

（1）测定前仔细了解仪器的使用方法。

（2）电极表面一定要处理平整、光亮、干净，不能有点蚀孔。

【实验结果】

（1）根据仪器所给定数据绘制极化曲线并打印，求出碳钢电极在 $(NH_4)_2CO_3$溶液中的自腐蚀电位、钝化电流密度及钝化电位范围。

（2）绘制出极化曲线上的四个区域并说明电位范围，分析极化曲线。

【思考题】

（1）比较恒电位法和恒电流法所得到的极化曲线有何异同？说明原因。

（2）测定阳极极化曲线为什么要用恒电位法？

（3）做好本实验的关键是什么？

6.14　膨润土比表面积的测定

【实验目的】

（1）掌握用次甲基蓝溶液法测定膨润土饱和吸附量与比表面积。

（2）了解朗伯谬尔（Langmuir）单分子层吸附理论及溶液法测定比表面积的基本原理。

【实验原理】

溶液的吸附可用于测定固体颗粒比表面积。大多数固体颗粒，对一定浓度的次甲基蓝溶液的吸附是单分子层吸附，符合 Langmuir 吸附理论。

Langmuir 吸附理论的基本假设是：固体颗粒表面是均匀的，被吸附分子间的作用力互不影响；分子在其表的吸附是单分子层，固体表面一旦被吸附质覆盖就不能被再吸附其他分子。在吸附平衡时，吸附与脱附达动态平衡。吸附平衡前，吸附速率与固体表面的空白成正比，解吸速率与覆盖度成正比。

设固体颗粒表面的吸附总数为 N，覆盖度为 θ，溶液中吸附质的浓度为 c，根据上述假设有

吸附速率：　$r_{吸}=k_1N(1-\theta)c$　（k_1为吸附速率常数）

脱附速率：　$r_{脱}=k_{-1}N\theta$　（k_{-1}为脱附速率常数）

当吸附平衡时：$r_{吸}=r_{脱}$　即 $k_1N(1-\theta)c=k_{-1}N\theta$

由此得出

$$\theta=\frac{Kc}{1+Kc} \tag{6.14.1}$$

式中，$K=\frac{k_1}{k_{-1}}$，称为吸附平衡常数，其值决定于吸附剂和吸附质的性质与温度，值越大，吸附剂的吸附能力就越强。若用 Γ_e 表示浓度 c 时达吸附平衡时的吸附量，以 Γ_∞ 表示全部吸附位被占据时单分子层的吸附量，即饱和吸附量，则有 $\theta=\frac{\Gamma_e}{\Gamma_\infty}$，代入式（6.14.1），整理得

$$\frac{c}{\Gamma_e}=\frac{1}{\Gamma_\infty K}+\frac{1}{\Gamma_\infty}c \tag{6.14.2}$$

作 c/Γ_e-c 图，从直线斜率可求出 Γ_∞。若每个吸附质分子在吸附剂上所占据面积为 σ_A，则吸附剂的比表面积可按下式计算

$$S=\Gamma_\infty L\sigma_A \tag{6.14.3}$$

式中，S 为吸附剂的比表面积，L 为阿伏伽德罗常数。次甲基蓝相对分子质量 M 为 319.85，在固体表面的吸附有三种取向，即平面、侧面与端基取向。膨润土的基本结构为两层硅氧（Si—O）四面体中间夹一层铝氧（Al—O）八面体，分子较大的次甲基蓝主要以静电与离子交

换，以端基取向吸附在膨润土的表面，次甲基蓝的端基吸附投影面积为 $\sigma_A = 39 \times 10^{-20} m^2$ 。

本实验中，分光光度计在 665nm 分析测定次甲基蓝溶液的浓度。

【实验试剂与仪器】

1. 试剂

0.1%次甲基蓝标准溶液贮备液、膨润土若干。

2. 仪器

恒温水浴振荡器、722S 型分光光度计、离心机、250mL 带塞磨口锥形瓶、移液管、100mL 容量瓶。

【实验步骤】

1. 实验准备

膨润土置于瓷坩埚中，放入 200℃马弗炉中干燥 2h，然后置于干燥器中备用。

称取 0.500g 次甲基蓝于 500mL 容量瓶中，用水稀释至刻度，配成 0.1%的次甲基蓝贮备液备用。

2. 吸收曲线

将浓度为 4μg/mL 的次甲基蓝溶液，用 722S 型分光光度计在 500～700nm 范围，每间隔 10nm，测定吸光度 A，作出 A-λ 曲线，即吸收曲线，最大波长为分析波长。

3. 标准曲线

分别准确移取 0.1mL、0.2mL、0.3mL、0.4mL、0.5mL、0.6mL 浓度为 1000mg · L^{-1} 的贮备液于 100mL 容量瓶中，用蒸馏水稀释至刻度，用 722S 分光光度计在最大吸收波长测定吸光度 A，作出 A-c 曲线，即标准曲线。

4. 吸附实验

取 6 个 250mL 锥形瓶，分别准确加入 50mg 左右膨润土和 1.0、1.5、2.0、2.5、3.0、3.5mL 浓度为 1000mg/L 的次甲基蓝贮备液，并稀释至 100mL，各初始浓度 $c_{0,i}$ 分别为 10、15、20、25、30、35μg/mL，置于恒温振荡器（25℃）振荡 1h，达吸附平衡。离心取上清液，于 1cm 比色皿中，用 722S 分光光度计在最大吸收波长测定吸光度 A，用标准曲线方程求出对应浓度 $c_{e,i}$（若上清液吸光度超出标准曲线的吸光度值范围，需稀释测吸光度 A 后换算成对应上清液浓度）。按下列公式计算平衡吸附量 $\Gamma_{e,i}$

$$\Gamma_{e,i}(\text{mg/g}) = \frac{(c_{0,i} - c_i)V \times 1000}{m} \tag{6.14.4}$$

式中，V 为吸附溶液的体积，mL；m 为加入吸附剂的质量，g。

【注意事项】

（1）吸附平衡时，需离心取上清液，膨润土在上清液中的存在，影响吸光度 A 的准确测定。

（2）若上清液中浓度过高，吸光度 A 超出标准曲线的吸光度范围，需准确稀释一定倍数后，测吸光度 A，再换成对应浓度 c_i。

【实验结果】

实验数据记录与处理见表 6.14.1。

表 6.14.1　实验数据记录表

编号	1	2	3	4	5	6
$c_{0,i}$/ (μg · mL^{-1})	10	15	20	25	30	35
$c_{e,i}$/ (μg · mL^{-1})						
m_i/mg						
$\Gamma_{e,i}$ / (mg · g^{-1})						
$\frac{c_{0,i}}{\Gamma_{e,i}}$						

作 $c_{0,i}/\Gamma_{e,i}$ -c 图，从直线斜率可求出 Γ_∞（mg · g^{-1}），Γ_∞（mg · g^{-1}）/$M\times1000$ 换算成 Γ'_∞(mol · g^{-1})，由 $S=\Gamma'_\infty L\sigma_A$，求出 S（m^2 · g^{-1}）。

【思考题】

（1）膨润土投加量对于吸附平衡浓度的测定有什么影响，该如何控制？

（2）实验结果受哪些因素影响较大，该如何控制？

6.15　溶液表面张力的测定及等温吸附

【实验目的】

（1）掌握最大泡压法测定表面张力的原理和技术。

（2）测定不同浓度正丁醇水溶液的表面张力，计算表面吸附量和正丁醇分子的横截面积。

（3）了解表面张力的性质，表面张力和吸附的关系。

【实验原理】

处于液体表面的分子，由于受到不平衡的力的作用而具有表面张力。表面张力的定义是在一定温度、压力下，垂直于单位长度的边界、与表面相切并指向液体方向的力（也就是使表面收缩的力），单位为 N · m^{-1}。液体的表面张力与温度有关，温度越高，表面张力越小。到达临界温度时，液体与气体不分，表面张力趋近于零。

纯物质表面层的组成与内部的组成相同，因此纯液体降低表面自由能的唯一途径是尽可能缩小其表面积。对于溶液，由于溶质能使溶剂表面张力发生变化，因此可以调节溶质在表面的浓度来降低表面自由能。根据能量最低原则，溶质能降低溶剂的表面张力时，表面层中溶质的浓度比溶液内部的大，反之，溶质使溶剂的表面张力升高时，它在表面层中的浓度比在内部的浓度低，这种溶质在表面的浓度与溶液内部的浓度不同的现象称为溶液的表面吸附。

在指定的温度和压力下，溶质的吸附量与溶液的表面张力及溶液的浓度之间的关系遵循吉

布斯（Gibbs）吸附方程

$$\Gamma = -\frac{c_2}{RT}\left(\frac{\mathrm{d}\gamma}{\mathrm{d}c_2}\right)_T \tag{6.15.1}$$

式中，Γ 为表面吸附量，$mol \cdot m^{-2}$；γ 为表面张力，$N \cdot m^{-1}$；c_2 为溶质的浓度，$mol \cdot m^{-3}$；T 为热力学温度，K；R 为摩尔气体常数，$R=8.314J \cdot mol^{-1} \cdot K^{-1}$。$\left(\frac{\mathrm{d}\gamma}{\mathrm{d}c_2}\right)$ 表示在一定温度下表面张力随浓度的改变率。若 $\left(\frac{\mathrm{d}\gamma}{\mathrm{d}c_2}\right)<0$，$\Gamma>0$，称为正吸附，这时溶质的加入使表面张力下降，随溶液浓度的增加，表面张力降低，这类物质称为表面活性物质。反之，$\left(\frac{\mathrm{d}\gamma}{\mathrm{d}c_2}\right)>0$，$\Gamma<0$，为负吸附，这时溶质的加入使表面张力上升，随溶液浓度的增加，表面张力升高，这类物质为非表面活性物质。人们感兴趣的是表面活性物质，这类物质具有不对称性结构，由极性的亲水基团部分和非极性的疏水基团部分构成。在水溶液表面，极性部分指向液体内部，非极性部分指向空气，表面活性物质分子在溶液表面排列情况随溶液浓度不同而异。如图 6.15.1 所示，当浓度很小时，分子平躺在液面上，如图 6.15.1（a）所示；浓度增大时，分子排列如图 6.15.1（b）所示；当浓度增加到一定程度时，被吸附分子占据了所有表面，形成饱和吸附层如图 6.15.1（c）所示。

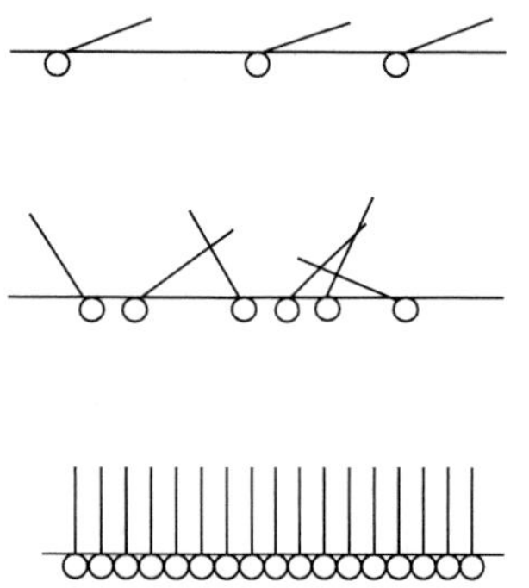

图 6.15.1　被吸附分子在溶液表面上的排列

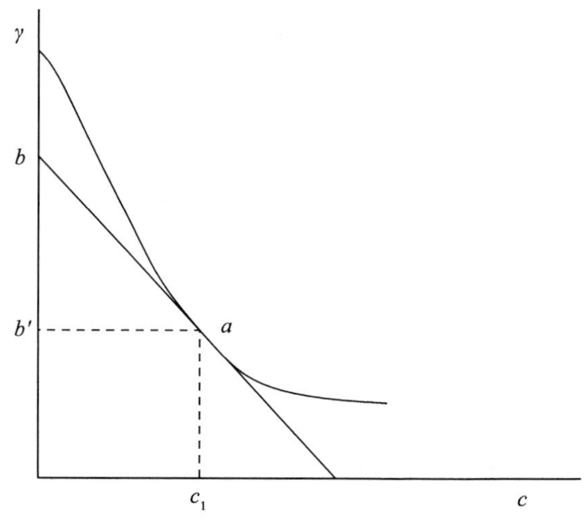

图 6.15.2　表面张力和浓度的关系

由实验测出不同浓度 c 对应的表面张力 γ 的值，作 γ-c 曲线，如图 6.15.2 所示。在该曲线上任取一点 a，通过 a 点作曲线的切线，以及平行于横坐标的直线，分别交纵坐标于 b、b'，令 $bb'=Z$，则 $Z=-c\left(\frac{\mathrm{d}\gamma}{\mathrm{d}c_2}\right)_T$，代入吉布斯（Gibbs）吸附方程，$\Gamma=\frac{Z}{RT}$；在 γ-c 曲线上取不同点，就可以得到不同的 Z 值，从而可以求出不同浓度下的吸附量。

吸附量与浓度之间的关系可以用 Langmuir 等温吸附方程式表示

$$\Gamma = \Gamma_\infty \frac{Kc}{1+Kc} \tag{6.15.2}$$

式中，Γ_∞ 为饱和吸附量，K 为经验常数，c 为吸附平衡时溶液本体的浓度。式（6.15.2）可以改写成如下形式

$$\frac{c}{\Gamma}=\frac{1}{\Gamma_\infty}c+\frac{1}{K\Gamma_\infty} \tag{6.15.3}$$

以 c/Γ 对 c 作图可得到一条直线，其斜率的倒数为 Γ_∞。

如果以 N 代表 $1m^2$ 表面上的分子数，则得：$N=\Gamma_\infty L$，L 为阿伏伽德罗（Avogadro）常数，则每个分子的截面积 A_S（m^2）为

$$A_S=\frac{1}{\Gamma_\infty L} \tag{6.15.4}$$

本实验用最大气泡压力法测定表面张力。仪器装置如图 6.15.3 所示。其基本原理是：使毛细管下端与溶液液面接触，当毛细管上端与大气连通时，减小液面上方的气压，毛细管下端将形成气泡，气泡形成半球形时其曲率半径与毛细管半径 R 相等，曲率半径达最小值，这时附加压力达最大值

$$\Delta p_{max}=\frac{2\gamma}{R}\text{ 或 }\gamma=\frac{R}{2}\Delta p_{max} \tag{6.15.5}$$

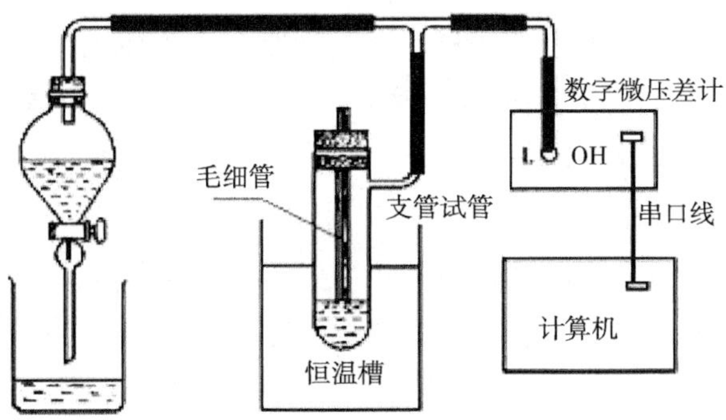

图 6.15.3　最大气泡压力法表面张力测定装置

实际测量时，使毛细管端刚好与液面接触，则可忽略气泡鼓泡所需克服的静压力，这样就可直接用式（6.15.5）计算溶液的表面张力。

由于毛细管的半径较小，直接测量 R 误差较大。在实验中，使用同一支毛细管和压差计，$R/2$ 为常数（仪器常数），用 K' 表示，即

$$\gamma=\frac{R}{2}\Delta p_{max}=K'\Delta p_{max} \tag{6.15.6}$$

通常用一个已知表面张力的液体（如水、甘油等）作为参考液体，在相同的实验条件下，测得相应最大压力差，可以测得仪器常数 K'。

【实验试剂与仪器】

1. 试剂

正丁醇（CP）。

2. 仪器

恒温槽装置、数字微压差计（或 U 形管压差计）、250mL 滴液漏斗、Φ25cm×20cm 支管试管、毛细管、250mL 烧杯、T 形管。

【实验步骤】

1. 调节恒温槽温度

将恒温槽温度调节至25℃或其他合适温度。

2. 仪器常数的测定

(1) 在已洗净的支管试管中装入适量的蒸馏水，使毛细管与液面恰好相切，支管试管放入恒温槽中恒温8～10min，注意支管试管要垂直。然后将支管试管如图6.15.3所示接入系统，检查系统不漏气，胶管内不得有水，然后开始做实验。

(2) 在滴液瓶中盛入自来水，打开泄压阀开关，系统采零后，关闭泄压阀开关。此时，将滴液瓶的滴液开关缓慢打开放水，使体系的压力降低，精密数字压力计显示一定数值时，关闭滴液瓶的开关。若2～3min精密数字压力计数字不变，则说明体系不漏气，可以进行实验。

(3) 缓慢打开滴液瓶的滴液开关，控制流速使精密数字微压差计显示值逐个递减，使气泡从毛细管平稳脱出（每分钟8～12个气泡），当气泡刚脱离毛细管管端破裂的一瞬间，记录精密数字微压差计上显示压力值，连续读取三次，取其平均值，作为最大压力差Δp_{max}（注：压力值为负值，是把当前大气压作为零）。

3. 待测样品表面张力的测定

(1) 配制$1mol \cdot mL^{-1}$正丁醇溶液，装入50mL碱式滴定管中，取该浓度的正丁醇溶液2.50、5.00、10.00、15.00、20.00、25.00、30.00、40.00、60.00、80.00mL于100mL容量瓶中，稀释至刻度。

(2) 用待测溶液洗净支管试管和毛细管后，操作方法同前，将配好的正丁醇溶液从稀到浓依次装入待测样品，测定10个待测样品气泡缓慢逸出时的最大压力差Δp_{max}，读三次，取平均值。

【注意事项】

(1) 测定时毛细管及支管试管应洗涤干净，清洗后玻璃以不挂水珠为好。从毛细管口脱出的气泡每次应为一个，即间断脱出。

(2) 毛细管端口一定要刚好垂直接触液面，不能离开液面，但亦不可深插。

【实验结果】

(1) 以蒸馏水测量最大压力差Δp_{max}，按式（6.15.6）计算仪器常数K'。

(2) 将正丁醇不同的浓度c（$mol \cdot L^{-1}$）、相应的最大压力差Δp_{max}（Pa）、γ（$N \cdot m^{-1}$），以及其平均值等数值列表表示，并作γ-c图，曲线要光滑。

(3) 在γ-c光滑曲线上取6～7个点（例如，浓度为0.03、0.05、0.10、0.15、0.20、0.30、0.40、0.45$mol \cdot L^{-1}$），分别作切线，求出Z值。

(4) 由$\Gamma = Z/RT$计算不同浓度下的吸附量Γ和c/Γ，并将不同浓度溶液的Z、Γ和c/Γ等数值列表表示。

(5) 作c/Γ-c图，由直线斜率求出Γ_∞（$mol \cdot m^{-2}$），并按式（6.15.4）计算出正丁醇分子的截面积A_S（nm^2）。

【思考题】

(1) 表面张力为什么必须在恒温槽中进行测定，温度变化对表面张力有何影响，为什么？

(2) 毛细管末端为何必须调节的恰与液面相切？如果毛细管末端插入到溶液内部进行测量行吗？为什么？

(3) 在毛细管口所形成的气泡什么时候半径最小？

(4) 最大气泡压力法测定表面张力时为什么要读最大压力差？如果气泡逸出得很快，或几个气泡一齐逸出，对实验结果有无影响？

6.16 电导法测定表面活性剂的临界胶束浓度

【实验目的】

(1) 掌握电导法测定离子型表面活性剂临界胶束浓度的方法。

(2) 了解表面活性剂的结构、性质及胶束形成原理。

(3) 了解表面活性剂临界胶束浓度测定的几种方法。

【实验原理】

表面活性剂分子是两亲分子，具有亲水和亲油基团。把表面活性剂加入水中时，亲水基团进入水中，亲油基团朝向空气，并随着表面活性剂加入量增多，会在水相液面形成单分子层排布，以降低溶液表面能；表面吸附饱和后，继续增加表面活性剂的浓度，其非极性部分会自相结合，形成聚集体，使憎水基向里、亲水基向外。这种多分子聚集体称为胶束。随着亲水基和浓度的不同，形成的胶束可呈现棒状、层状或球状等多种形状。这种开始形成胶束的最低浓度称为临界胶束浓度（CMC）。

在临界胶束浓度点上，由于溶液的结构改变导致其物理及化学性质（如表面张力、电导、渗透压、浊度、光学性质等）同浓度的关系曲线出现明显的转折，如图 6.16.1 所示。表面活

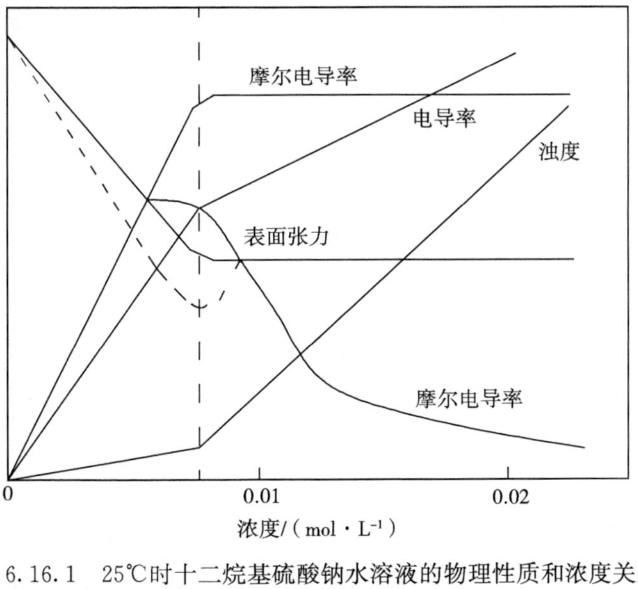

图 6.16.1 25℃时十二烷基硫酸钠水溶液的物理性质和浓度关系

性剂溶液，其浓度只有在稍高于临界胶束浓度时，才能充分发挥其作用（润湿作用、乳化作用、洗涤作用、发泡作用等），故临界胶束浓度是表面活性剂活性大小的重要指标。因此，测定临界胶束浓度，掌握影响临界胶束浓度的因素，对于深入研究表面活性剂的物理化学性质是至关重要的。

表面活性剂临界胶束浓度的数值，原则上可利用表面活性剂溶液在临界胶束浓度时溶液物理化学性质的突变来进行测定。但是由于各种性质随浓度的变化率不同，溶液性质本身的差异以及测定方法的难易繁简，因此各种方法的实用性也不一样。常用的有表面张力法、电导法、染料法、增溶作用法、光散射法等。其中表面张力法和电导法比较简便准确。表面张力法除了可求得临界胶束浓度之外，还可以求出表面吸附等温线，此法还有一个优点，就是无论对于高表面活性还是低表面活性的表面活性剂，其临界胶束浓度的测定都具有相似的灵敏度，此法不受无机盐的干扰，也适合于非离子表面活性剂。电导法是个经典方法，简便可靠，只限于离子型表面活性剂，此法对于有较高活性的表面活性剂准确性高，但过量无机盐存在会降低测定灵敏度，因此配制溶液应该用电导水。

本实验利用 DDS-309$^+$ 型电导率仪测定不同浓度的十二烷基硫酸钠水溶液的电导率（也可换算成摩尔电导率），并以电导率（或摩尔电导率）对浓度作图，从图中的转折点即可求得临界胶束浓度，如图 6.16.2 和图 6.16.3 所示。

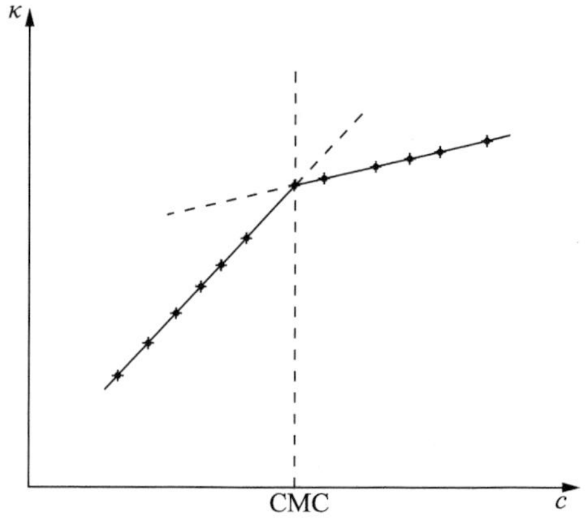

图 6.16.2 十二烷基硫酸钠水溶液电导率与浓度的关系

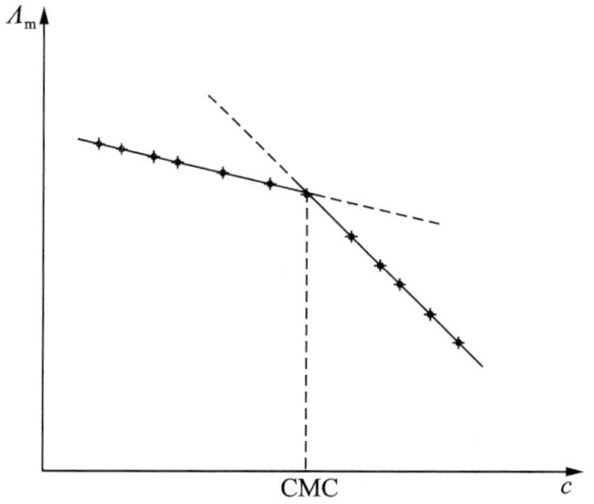

图 6.16.3 十二烷基硫酸钠水溶液摩尔电导率与浓度的关系

【实验试剂与仪器】

1. 试剂

0.01mol · L^{-1} KCl、十二烷基硫酸钠（AR）。

2. 仪器

DDS-309$^+$ 型电导率仪、恒温槽、DJS-1（铂黑）电导电极；100mL 烧杯；100mL 容量瓶。

【实验步骤】

1. 配制溶液

取十二烷基硫酸钠在 80℃烘干 3h，用电导水或重蒸馏水准确配制 0.002、0.004、0.006、0.007、0.008、0.009、0.010、0.012、0.014、0.016、0.018、0.020mol · L^{-1}的十二烷基硫

酸钠溶液各 100mL。

2. 调节恒温槽温度

调节恒温槽温度至 40℃或其他合适温度。

3. 测定电导池常数

用 0.01mol · L^{-1} KCl 标准溶液标定电导池常数，测三次，取平均值。

4. 测定不同浓度表面活性剂溶液的电导率

用 DDS-309^{+}型电导率仪从稀到浓分别测定上述各溶液的电导率值。用待测溶液荡洗电导电极和烧杯三次以上，各溶液测定时必须恒温 10min，每个溶液的电导率测三次，取平均值。

【注意事项】

（1）稀释十二烷基硫酸钠溶液时，应防止剧烈振摇，产生大量气泡影响测定。

（2）把电极插入被测液后（铂片必须完全浸入溶液中），轻轻摇动被测液，以便反复冲洗电极表面，保证电极表面溶液浓度与主体溶液浓度一致，并静置 2～3min 后再测电导率。

（3）测定时，用待测溶液荡洗电导池、并淋洗电极三次以上。

（4）作图时应分别对图中转折点前后的数据进行线性拟合，找出两条直线，这两条直线的相交点对应的浓度才是所求的水溶性表面活性剂的临界胶束浓度。

（5）临界胶束浓度有一定的范围。

【实验结果】

将十二烷基硫酸钠不同的浓度 c、相应的电导率及其平均值等数值列表表示，并作出电导率（或摩尔电导率）与浓度的关系图，从图中转折点处找出十二烷基硫酸钠的临界胶束浓度。

文献值：40℃，$C_{12}H_{25}SO_4Na$ 的临界胶束浓度为 8.7×10^{-3}mol · L^{-1}。

【思考题】

（1）若要知道所测得的临界胶束浓度是否准确，可用什么实验方法验证？

（2）溶解的表面活性剂分子与胶束之间的平衡同温度和浓度有关，其关系式可表示为：$\frac{\mathrm{d}\ln c_{\mathrm{CMC}}}{\mathrm{d}T}=-\frac{\Delta H}{2RT^2}$，试问如何测出其热效应 ΔH 值？

（3）非离子型表面活性剂能否用本实验方法测定临界胶束浓度？为什么？若不能，则可用何种方法测定？

（4）实验中影响临界胶束浓度的因素有哪些？

6.17　$Fe(OH)_3$胶体的制备及电泳

【实验目的】

（1）了解水解法制备 $Fe(OH)_3$溶胶的方法及溶胶的纯化方法。

（2）观察溶胶电泳现象，测定电泳速率，掌握电泳法测定 $Fe(OH)_3$溶胶的电动电位的方法。

【实验原理】

胶体溶液（溶胶）是分散相线度为1～100nm的高分散多相体系。溶胶的制备方法可分为分散法和凝聚法。分散法是用适当方法把较大的物质颗粒变为胶粒大小的质点；凝聚法是先制成难溶物的分子（或离子）的过饱和溶液，再使之相互结合成胶粒而得到溶胶。$Fe(OH)_3$溶胶的制备采用的是凝聚法，即通过化学反应使产物呈过饱和状态，然后胶粒再结合成溶胶。制成的胶体系统中常有其他杂质存在，而影响其稳定性，因此必须纯化。常用的纯化方法是半透膜渗析法，半透膜孔径大小可允许电解质通过而胶粒则通不过，达到提纯的目的。本实验用热水渗析是为了提高渗析效率，保证纯化效果。在胶体的分散体系中，由于胶粒本身电离，或胶粒向分散介质选择地吸附一定量的离子，以及胶粒与分散质之间相互摩擦生电，使得几乎所有的胶体颗粒都带一定量的电荷。由于整个胶体分散系统呈电中性，因而在胶粒四周的分散介质中，必定具有电量相同而符号相反的对应离子存在。因此胶粒表面和介质间就形成一定的电位差。紧密层与扩散层间交界处称为滑移面（或stern面），显然称为溶剂化层，它与胶粒一起运动，由溶剂化层界面到均匀液相内部的那一微观段为滑动面，从滑动面到本体间存在的电位差称为ζ电位。ζ电位越大，胶体体系越稳定，因此ζ电位大小是衡量胶体稳定性的重要参数。

在电场中，这些荷电的胶粒与分散介质间会发生相对运动。若分散介质不动，胶粒向阳极或阴极（视胶粒荷负电或正电而定）移动，称为电泳。显然，胶粒在电场中的移动速率，和ζ电位的大小有关，所以ζ电位也称为电动电位。溶胶的聚结不稳定性和它们的ζ电位大小有关。所以无论制备胶体或破坏胶体，通常都需要先了解有关胶体的ζ电位。

原则上，任何一种胶体的电动现象（电泳、电渗、流动电位和沉降电位），都可以用来测定ζ电位，但最方便的方法则是通过电泳现象来测定。

电泳法又分为两类，即宏观法和微观法。宏观法是观测胶体溶液与另一不含胶粒的无色导电溶液的界面在电场中的移动速率。微观法则是直接观察单个胶粒在电场中的泳动速率。对高度分散的溶胶［如$Fe(OH)_3$溶胶］或过浓的溶胶，不易观察个别粒子的运动，只能用宏观法。对于颜色太淡或浓度过稀的溶胶，则适宜用微观法。本实验采用宏观法。也就是通过观察溶胶与另一种不含胶粒的导电液体（辅助液）的界面在电场中的移动速率来测定电动电位。辅助液的选择对界面移动法十分重要，因为ζ电位对辅助液成分十分敏感，最好是用该胶体的渗析液。一般可选用KCl溶液，因为K^+与Cl^-的迁移速率基本相同。同时，还要求辅助液的电导率与溶胶一致，避免因界面处电场强度的突变造成两臂界面移动速率不等产生界面模糊。电动电位ζ与胶粒的性质、介质成分及胶体的浓度有关。

在指定条件下，ζ的数值可根据亥姆霍兹方程式计算

$$\zeta = 300^2 \cdot \frac{K\pi\eta}{\varepsilon} \cdot \frac{u}{U/l} \tag{6.17.1}$$

式中，K为与胶粒形状有关的常数（对于球形胶粒$K=6$，棒形胶粒$K=4$，本实验中均按棒形胶粒看待）；η为分散介质的黏度，Pa·s，不同温度下水的绝对黏度请参阅本书附录13；ε为介电常数，当分散介质为水时，在温度293.15K时，$\varepsilon=81$；U为加于电泳测定管两端的电压，V；l是两电极间的距离，cm；u是电泳速率，cm/s。

在本方法中，电泳速率u可借观察在t内电泳测定管中胶体溶液界面在电场作用下移动距离l'（cm）后，由$u=\frac{l'}{t}$求出。式（6.17.1）又可以表示为

$$\zeta=\frac{4\pi\eta}{\varepsilon}\cdot\frac{l'/t}{U/l}\cdot 300^2 \tag{6.17.2}$$

式中，l'、t、U、l 值均可以由实验求得；ε、η 可以从手册中查到，据此可以算出胶粒的 ζ 电位。

必须注意，由式 $u=\frac{l'}{t}$ 所表示的电泳速率是随外加电压及两极间距 l 的变化而变化的，一般文献中所记载的胶体电泳速率是指单位电位梯度下的，即由式 $\frac{l'/t}{U/l}$ 所求得的胶粒电泳速率。

【实验试剂与仪器】

1. 试剂

$0.02\mathrm{mol\cdot L^{-1}}$ KCl 溶液、1% $AgNO_3$、1% KSCN、10% $FeCl_3$ 溶液、乙醇和乙醚混合溶剂（$V_{乙醇}:V_{乙醚}=1:3$）、火棉胶。

2. 仪器

电泳仪（DY-1 型）或 0～300V 直流稳压电源、停表、电泳测定管、漏斗、电导率仪（DDS-11A 型）、烧杯（100mL、250mL、800mL）、250mL 锥形瓶。

【实验步骤】

1. 氢氧化铁溶胶的制备与纯化

1）用水解法制备 $Fe(OH)_3$ 溶胶

在 250mL 烧杯中加 100mL 蒸馏水，加热至沸。慢慢地滴入 10% $FeCl_3$溶液 5～10mL 并不断搅拌，加完后，继续沸腾 5min，即可得到红棕色的 $Fe(OH)_3$溶胶，在溶液冷却时，反应要逆向进行，因此所得的 $Fe(OH)_3$ 水溶胶必须进行渗析处理。

2）渗析半透膜的制备

火棉胶（硝化纤维）6 份，乙醇和乙醚混合溶剂 4 份，制得 6%火棉胶溶液。乙醇和乙醚比例不同制得的膜的孔径不同，根据需要配制。本实验采用细孔，即 $V_{乙醇}:V_{乙醚}=1:3$（1∶1 为粗孔，1∶2 为中孔）。在一个内壁洁净、干燥的 250mL 锥形瓶中，加入约 10mL 火棉胶液，小心转动锥形瓶，使火棉胶液黏附在锥形瓶内壁上形成均匀薄层，倾出多余的火棉胶于回收瓶中。此时锥形瓶仍需倒置，并不断旋转，待剩余的火棉胶流尽，使瓶中的乙醚蒸发至已闻不出气味为止（此时用手轻触火棉胶膜，已不黏手）。然后再往瓶中注满水，浸泡 10min。倒出瓶中的水，小心用手分开膜与瓶壁的间隙。慢慢注水于夹层中，使膜脱离瓶壁，轻轻取出，在膜袋中注入水，观察是否有漏洞，如有小漏洞，可将此洞周围擦干，用玻璃棒蘸沾火胶棉补之。本实验要求将膜袋灌水而悬空，袋中的水应能逐渐渗出，渗出速度不小于 $4\mathrm{mL\cdot h^{-1}}$，否则不符合要求而需重新制备。

制备的半透膜袋，不用时需在水中保存，否则袋发脆易裂，且渗析能力显著降低。

3）用热渗析法纯化 $Fe(OH)_3$溶胶

将水解法制得的 $Fe(OH)_3$溶胶置于火棉胶半透膜内，用线拴住袋口，置于 800mL 的清洁烧杯内。在烧杯内加蒸馏水约 300mL。保持温度为 60～70℃，进行热渗析。每半小时换一次水，并取 1mL 水检验其中 Cl^- 及 Fe^{3+}（分别用 1% $AgNO_3$及 1% KSCN 溶液进行检验），直至不能检查出 Cl^- 及 Fe^{3+} 为止。将纯化过的 $Fe(OH)_3$溶胶移置于 250mL 的清洁干燥的试剂瓶中，放置一段时间进行老化，老化后的$Fe(OH)_3$溶胶可供电泳等实验使用。

2. KCl 辅助液的配制

将渗析好的 $Fe(OH)_3$溶胶冷至室温，用电导率仪测定 $Fe(OH)_3$溶胶的电导率，然后用 0.1mol・L^{-1} KCl 溶液和蒸馏水配制与溶胶电导率相同的辅助液。

3. 电泳速率的测定

将电极浸入稀 HNO_3 溶液中数秒，然后用蒸馏水、0.02mol・L^{-1} KCl 溶液依次洗净，滤纸拭干后备用。将待测胶体溶液 $Fe(OH)_3$由小漏斗加入电泳测定管（预先需洗净、烘干）底部至适当地方（可与电极下端保持 3cm 左右的距离），然后用滴管缓慢向电泳测定管的左右两臂加 0.02mol・L^{-1} KCl 辅助液，要沿着管壁徐徐加入以免弄浑界面，使 0.02mol・L^{-1} KCl 辅助液与溶胶间形成一个非常清晰的界面（液面之间不能有气泡，并且界面应分明，否则不能继续实验），U 形管左右两臂的 0.02mol・L^{-1}KCl 溶液量要相同。轻轻将电极插入液面，左右深度相等（电极浸入溶液 1cm 左右），记下溶胶界面的位置（图 6.17.1）。两铂电极接 E=50V 的直流电，打开开关，同时开始计时，记录时间 t=30min，到时间后关掉电源，记下负极处胶体液面上升的位置，测定出胶粒移动的距离 d。沿 U 形管中心线量出两电极间的导电距离 L，此数值测量 3～4 次，取平均值。改变电极电压为 80V，重复实验。

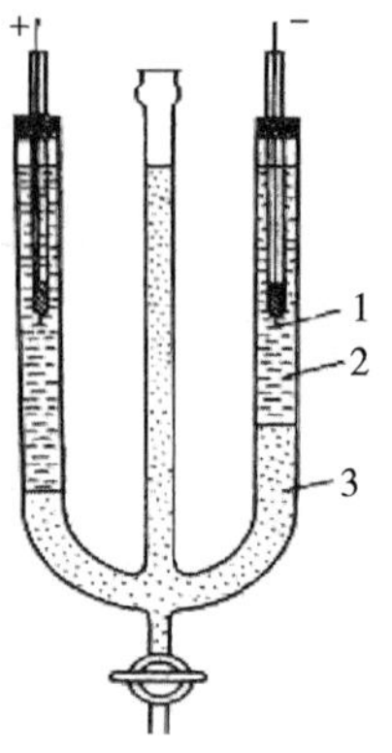

图 6.17.1　U 形电泳管

1. Pt 电极；2. 0.02mol・L^{-1} KCl 溶液；3. $Fe(OH)_3$溶胶

实验结束后，拆去电源，洗净电泳仪，然后在其中加入蒸馏水，存放待用。

【注意事项】

（1）本实验对仪器的干净程度要求很高，否则可能发生胶体凝聚，导致毛细管堵塞。故一定要将仪器清洗干净，以免其他离子干扰。

（2）制备 $Fe(OH)_3$ 溶胶时，一定要缓慢向沸水中逐滴加入 $FeCl_3$溶液，并不断搅拌，否则，得到的胶体颗粒太大，稳定性差。

（3）在制备半透膜时，加水的时间应适中，如加水过早，因胶膜中的溶剂还未完全挥发掉，胶膜呈乳白色，强度差不能用。如加水过迟，则胶膜变干、脆，不易取出且易破。

（4）渗析时应控制水温，经常搅动渗析液，勤换渗析液。这样制备得到的胶粒小、均匀，胶粒周围反离子分布趋于合理，基本形成热力学稳定态，所得的 ζ 电位准确，重复性好。

（5）渗析后的溶胶必须与辅助液在大致相同的温度（室温），以保证两者所测的电导率一致。

（6）灌装 KCl 溶液时要小心，勿搅动溶胶与 KCl 溶液的界面，以免引起界面模糊，必须做到 KCl 辅助液与溶胶液面有明显清晰的界面。

（7）注意胶体所带的电荷，不要将电极接错。观察界面移动时，应由同一个人观察，从而减小误差。量取两电极的距离时，要沿电泳管的中心线量取，电极间距的测量要尽量准确。

【实验结果】

（1）列表记录实验数据及室温，大气压。

（2）根据公式 $\frac{l'/t}{U/l}$ 计算电泳的速率并列表表示。

（3）根据式（6.17.2）计算胶粒的 ζ 电位。

（4）根据胶体界面移动的方向说明胶粒带何种电荷。

【思考题】

（1）要准确测定胶体的电泳速率必须注意哪些问题？

（2）本实验中所用的稀 KCl 溶液的电导为什么必须和所测溶胶的电导尽量接近？

6.18　黏度法测定高聚物的相对分子质量

【实验目的】

（1）测定聚乙烯醇的相对分子质量。

（2）掌握三管乌贝路德（Ubbelohde）黏度计测定黏度的原理和方法。

【实验原理】

相对分子质量是表征化合物特性的基本参数之一，但高聚物相对分子质量大小不一，参差不齐，一般在 $10^3 \sim 10^7$，其相对分子质量是指统计平均相对分子质量。测定高聚物相对分子质量的方法很多，对线形高聚物，各方法适用的范围见表 6.18.1。

表 6.18.1　线形高聚物测定方法和相应相对分子质量范围

测定方法	适用相对分子质量范围
端基分析法	$<3\times10^4$
沸点升高，凝固点降低，等温蒸馏法	$<3\times10^4$
渗透压法	$10^4 \sim 10^6$
光散射法	$10^4 \sim 10^7$
超离心沉降及扩散法	$10^4 \sim 10^7$
黏度法	$10^4 \sim 10^7$

上述方法除端基分析法和黏度法外，都需要较复杂的仪器设备和操作技术。而黏度法设备简单，操作方便，实验结果有相当高的准确度，因此，用溶液黏度法测高聚物相对分子质量，是目前应用得较广泛的方法。但黏度法不是测定相对分子质量的绝对方法，因为此法中所用的特性黏度与相对分子质量的经验方程是要用其他方法来确定的。高聚物不同，溶剂不同，相对分子质量范围不同，就要用不同的经验方程式。

高聚物在稀溶液中的黏度，主要反映了液体在流动时存在着内摩擦。在测定高聚物溶液黏度求相对分子质量时，常用到表 6.18.2 中的一些名词。

表 6.18.2 常用名词及其物理意义

名词与符号	物理意义
纯溶剂黏度 η_0	溶剂分子与溶剂分子间的内摩擦表现出来的黏度
溶液黏度 η	溶剂分子与溶剂分子之间、高分子与高分子之间和高分子与溶剂分子之间，三者内摩擦的综合表现
相对黏度 η_r	$\eta_r=\eta/\eta_0$ 溶液黏度对溶剂黏度的相对值
增比黏度 η_{sp}	$\eta_{sp}=(\eta-\eta_0)/\eta_0=\eta/\eta_0-1=\eta_r-1$ 高分子与高分子之间，纯溶剂与高分子之间的内摩擦效应
比浓黏度 η_{sp}/c	单位浓度下所显示出的黏度
特性黏度 $[\eta]$	反映高分子与溶剂分子之间的内摩擦

如果高聚物分子的相对分子质量越大，则它与溶剂间的接触表面也越大，摩擦就大，表现出的特性黏度也大。特性黏度和相对分子质量之间的经验关系式为

$$[\eta]=K\overline{M}^{\alpha} \tag{6.18.1}$$

式中，$\overline{M}$ 为相对分子质量，用黏度法求得的相对分子质量，简称黏均相对分子质量；K 为比例常数；α 是与分子形状有关的经验参数。K 和 α 值与温度、聚合物、溶剂性质有关，也和相对分子质量大小有关。K 值受温度的影响较明显，而 α 值主要取决于高分子线团在某温度下，某溶剂中舒展的程度。如在良性溶剂中，则线团舒展，当线团在溶剂中流过时，溶剂可全部或大部穿透线团，线团上每个链段与溶剂发生摩擦的机会增加，对同样大小的高聚物分子而言，摩擦增加就使 $[\eta]$ 增大，所以 α 就大，其值接近于 1。相反，如在不良溶剂中，线团紧缩，使线团链段与溶剂发生摩擦机会减小，$[\eta]$ 变小，所以 α 就小，在极限的情况下，已被实验结果证实 α 接近于 0.5。所以通常 α 介于 0.5～1。K 和 α 的数值只能通过其他绝对方法确定（如渗透压法、光散射法等）。而从黏度法只能测定得 $[\eta]$。通过式（6.18.1）计算聚合物的相对分子质量。可在文献中查得，聚乙烯醇水溶液在 25℃时，$\alpha=0.76$、$K=2.0\times10^{-2}$；在 30℃时，$\alpha=0.64$、$K=6.66\times10^{-2}$，浓度单位为 $g\cdot mL^{-1}$。

在无限稀释条件下

$$\lim_{c\to 0}\frac{\eta_{sp}}{c}=\lim_{c\to 0}\frac{\ln\eta_r}{c}=[\eta] \tag{6.18.2}$$

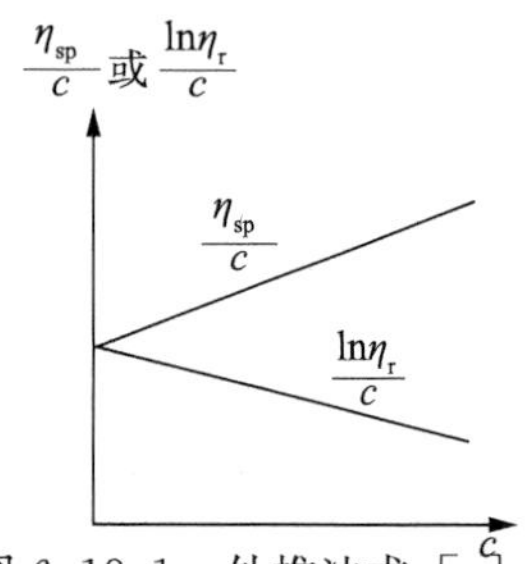

图 6.18.1 外推法求 $[\eta]$ 值

因此我们获得 $[\eta]$ 的方法有两种：一种是以 η_{sp}/c 对 c 作图，外推到 $c\to0$ 的截距值；另一种是以 $\ln\eta_r/c$ 对 c 作图，也外推到 $c\to0$ 的截距值，如图 6.18.1 所示，两条线应会合于一点，这也可检验实验的可靠性。一般这两条直线的方程表达式为

$$\frac{\eta_{sp}}{c}=[\eta]+K'[\eta]^2c \tag{6.18.3}$$

$$\frac{\ln\eta_r}{c}=[\eta]-\beta[\eta]^2c \tag{6.18.4}$$

测定液体黏度的方法，主要可分成三类：

（1）用毛细管黏度计测定液体在毛细管里的流出时间；

（2）用落球式黏度计测定圆球在液体里的下落速度；

（3）用旋转式黏度计测定液体与同心轴圆柱体相对转动的情况。

在测定高聚物分子的特性黏度时，以毛细管流出法的黏度计最为方便。

若液体在毛细管黏度计中，因重力作用流出时，遵循泊肃叶（Poiseuile）定律

$$\frac{\eta}{\rho}=\frac{\pi hgr^4t}{8lV}-m\frac{V}{8\pi lt} \tag{6.18.5}$$

式中，η 为液体的黏度；ρ 为液体的密度；l 为毛细管的长度；r 为毛细管的半径；t 为流出的时间；h 为流过毛细管液体的平均液柱高度；V 为流经毛细管的液体体积；m 为毛细管末端校正的参数（一般在 $r/l \ll 1$ 时，可以取 $m=1$）。

对于某一支指定的黏度计而言，式（6.18.5）可以写成下式

$$\frac{\eta}{\rho}=At-\frac{B}{t} \tag{6.18.6}$$

式中，$B<1$，当流出的时间 t 在 2min 左右（大于 100s），该项（亦称动能校正项）可以忽略。又因通常测定是在稀溶液中进行（$c<1\times10^{-2}\mathrm{g\cdot mL^{-1}}$），所以溶液的密度和溶剂的密度近似相等，因此可将 η_r 写成

$$\eta_r=\frac{\eta}{\eta_0}=\frac{t}{t_0} \tag{6.18.7}$$

式中，t 为溶液的流出时间；t_0 为纯溶剂的流出时间。所以，通过测定溶剂和溶液在毛细管中的流出时间，从式（6.18.7）求得 η_r，再由图 6.18.1 求得 $[\eta]$。

【实验试剂与仪器】

1. 试剂

0.5％聚乙烯醇溶液。

2. 仪器

恒温槽、乌贝路德黏度计（图 6.18.2）、5mL 和 10mL 移液管、秒表、洗耳球、螺旋夹、橡皮管（约 5cm 长）。

【实验步骤】

1. 洗涤黏度计

先用洗液将黏度计洗净，再用自来水、蒸馏水分别冲洗几次，每次都要注意反复流洗毛细管部分，洗好后烘干备用。

2. 调节恒温槽温度

调节恒温槽温度至 30℃或其他合适温度，在黏度计的 B 管和 C 管上都套上橡皮管，然后将其垂直放入恒温槽，使水面完全浸没 G 球。

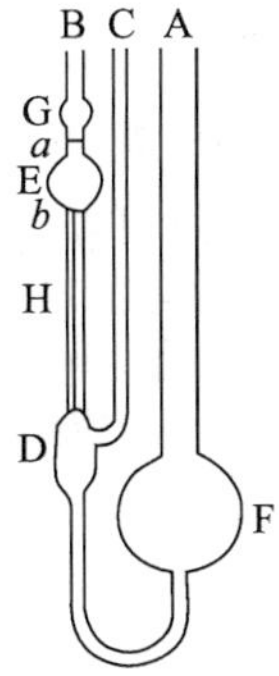

图 6.18.2　三管乌氏黏度计

3. 溶液流出时间的测定

用移液管吸取已知浓度的聚乙烯醇溶液 15mL，由 A 管注入黏度计中，浓度记为 c_1，恒温 10min，进行测定。测定方法如下：将 C 管用夹子夹紧使之不通大气，在 B 管用洗耳球将溶液从 F 球经 D 球、毛细管、E 球抽至 G 球 2/3 处，解去夹子，让 C 管接通大气，此时 D 球内的溶液即回入 F 球，使毛细管以上的液体悬空。毛细管以上的液体下落，当液面流经 a 刻度时，立即按秒表开始计时间，当液面降至 b 刻度时，再按秒表，测得刻度 a、b 之间的液体流经毛细管所需时间。重复这一操作至少三次，它们间相差不大于 0.3s，取三次的平均值为 t_1。

然后分四次由 A 管用移液管分别加入 5mL 蒸馏水，将溶液稀释，使溶液浓度分别为 c_2、

c_3、c_4、c_5，用同法测定每个浓度溶液流经毛细管的时间 t_2、t_3、t_4、t_5。每个浓度均测三次，取平均值。应注意每次加入蒸馏水后，均将 C 管用夹子夹紧，在 B 管用洗耳球将溶液反复抽吸至 G 球几次，使黏度计内溶液各处的浓度相等。

4. 溶剂流出时间的测定

倒出黏度计中的溶液，先用自来水冲洗黏度计多次，然后用蒸馏水洗三次，每洗一次，都要将水流经毛细管，特别要注意把毛细管洗干净。用移液管取蒸馏水 20mL 由 A 管注入黏度计中，用同样方法测定溶剂流出的时间 t_0，测三次，取平均值。

实验完毕后，黏度计一定要用蒸馏水洗干净。

【注意事项】

（1）黏度计必须洁净，高聚物溶液中若有絮状物不能将它移入黏度计中。

（2）本实验溶液的稀释是直接在黏度计中进行的，因此每加入一次溶剂进行稀释时必须混合均匀，并抽洗 E 球和 G 球。

（3）实验过程中恒温槽的温度要恒定，溶液每次稀释恒温后才能测量。

（4）黏度计要垂直放置。实验过程中不要振动黏度计。

【实验结果】

（1）将溶液不同的浓度 c、相应的流出时间 t，以及不同浓度溶液的 η_r、η_{sp}、η_{sp}/c、$\ln\eta_r/c$ 等数值列表表示。

（2）作 η_{sp}/c-c 和 $\ln\eta_r/c$-c 图，并外推到 $c\to 0$，求出 $[\eta]$。

（3）由式（6.18.1）计算聚乙烯醇的黏均相对分子质量。

【思考题】

（1）乌贝路德黏度计中支管 C 有何作用？除去支管 C 是否可测定黏度？

（2）黏度计的毛细管太粗或太细有什么缺点？

（3）若把溶液带到了乳胶管内，对结果有何影响？

（4）测蒸馏水的流出时间时，加蒸馏水的量是否要准确测量？

第七章　仪 器 分 析

7.1　混合样中乙酸乙酯含量的测定——气相色谱分析

【实验目的】

(1) 了解气相色谱分析的原理。

(2) 掌握气相色谱分析操作技术。

(3) 学会运用气相色谱定性分析和运用内标法定量分析。

【实验原理】

在气相色谱分析中，当试样中所有组分不能全部出峰，或只要求测定试样中某个或某几个组分时，可用内标法定量分析

$$w_j = \frac{m_s \cdot f'_i A_i}{m \cdot A_s} \times 100\% \tag{7.7.1}$$

$$f'_i = \frac{A_s \cdot m_i}{A_i \cdot m_s} \tag{7.7.2}$$

式中，A_s为内标物质的峰面积；f'_i为相对质量校正因子；m_s为内标物质的质量；m 为试样质量；w_j为待测组分的质量分数；A_i为待测组分的峰面积；m_i为待测物质的质量。

【实验试剂与仪器】

1. 试剂

苯、丙酮、乙酸甲酯、乙酸乙酯（均为 AR）。

2. 仪器

GC-7890Ⅱ型气相色谱仪、N2000 双通道色谱工作站、10μL 以下微量注射器。

【实验步骤】

1. 色谱条件

检测器：热导池检测器	层析室温度：80℃
桥电流：120mA	检测室温度：100℃
载气：H_2	出口温度：110℃
载气流量：35mL·min^{-1}	汽化室温度：110℃

色谱柱：2m×4mm 不锈钢柱，15%邻苯二甲酸二壬酯固定液涂在 0.17～0.25mm 的 6201 载体上（根据实验具体情况标明选用的型号）。

2. 定性分析

(1) 分别用微量注射器吸取乙酸甲酯、乙酸乙酯和苯的标准物 1.0μL 进样，并测定各自

的保留时间。

(2) 分别用微量注射器吸取上述 3 种标准物的混合液及未知样品 2.0μL 进样，并测定各峰的保留时间。

(3) 用在同一条件下所得的各标准物的保留时间和未知样品中各峰的保留时间加以比较，确定样品中所含的组分。

3. 相对质量校正因子的测定

(1) 内标物溶液的配制：取一干净带橡皮塞的小称量瓶，准确称出其质量，然后注入 1mL 待测组分（乙酸乙酯）的标准物，称出其准确质量，2 次质量之差即为被测组分的质量 m_i。用同样的方法，再注入内标物（苯）1mL，称出其准确质量，与上次称重之差即为内标物的质量 m_s。

(2) 校正因子的测定：将上述配好的内标物溶液混合均匀，然后取 2.0μL 进样，并测定各峰峰面积（A_i及A_s），计算出 f'_i。

4. 样品的测定

(1) 样品溶液的制备：用上述方法准确称取由乙酸甲酯、乙酸乙酯各 1mL 配成的样品质量为 m(g)，然后注入 1mL 苯作内标物，并称出其内标物质量 m'_s。

(2) 样品的测定：将上述配好的样品溶液混合均匀后，取 2.0μL 进样，并测定乙酸乙酯及内标物苯的峰面积（A'_i及A'_s）。

【注意事项】

使用热导池检测器时，开机时应先开载气，后开电源。而实验完毕后，要先关电源，稍后再关载气。

【实验结果】

根据上述实验所得的数据，按下式计算样品中乙酸乙酯的质量分数，并与理论值比较算出相对误差。

$$\text{乙酸乙酯的质量分数} = \frac{A'_i \cdot m'_s}{A'_s \cdot m} \times f'_i \times 100\%$$

$$f'_i = \frac{m'_i \cdot A_s}{m'_s \cdot A_i}$$

【思考题】

(1) 在同一操作条件下为什么可用保留时间来鉴定未知物?

(2) 用内标法计算为什么要用校正因子？它的物理意义是什么?

(3) 为什么启动仪器时，要先通载气，后通电源？而实验完毕后，为什么要先关电源，稍后再关载气?

7.2 气相色谱中最佳载气流速的测定

【实验目的】

(1) 学习测定并绘制色谱柱柱效与载气流速的关系曲线，确定最佳载气流速。

（2）掌握计算板高方程中 A、B、C 三常数的方法。

【实验原理】

利用气相色谱法完成给定物质对的分离，主要取决于色谱峰间的相对距离及色谱峰的扩宽程度，前者与固定相的选择有关，后者是柱子的情况及操作条件的结果，与柱效有关。柱效能指标用理论塔板数 n 表示，而将每一塔板高度对应的柱长用 H 表示，称为理论塔板高度，它们之间有如下关系

$$H=\frac{L}{n} \tag{7.2.1}$$

显然，柱效越高，n 值越大，H 则越小。理论塔板数 n 仅仅是一个估算柱效能的理论概念，并不能用作柱分离能力的绝对量度。

因此，只能够将它用来比较类似（或标准）的柱子，衡量它们的装填情况。n 可用式（7.2.2）从色谱图上求得

$$n=5.54\times\left(\frac{t_R}{Y_{\frac{1}{2}}}\right)^2 \tag{7.2.2}$$

式中，t_R 为样品的保留时间，$Y_{1/2}$ 为色谱峰的半峰宽度。

在色谱系统中，进样系统（气化室的体积、温度以及进样时的速度和进样量）、检测器的池体积、柱子的性能将影响理论塔板数。

柱子的性能对柱效的影响，可以用板高方程表示：

$$H=A+\frac{B}{\bar{u}}+C\bar{u} \tag{7.2.3}$$

式中，$\bar{u}$ 为流动相的平均线速度；A、B、C 为常数，分别代表涡流扩散项、分子扩散项系数、传质阻力项系数。

从式（7.2.3）可以看出，涡流扩散项 A 与载气流速无关，它取决于柱子的装填等因素。然而分子扩散项（或纵向扩散项）和传质阻力项与流速 $\bar{u}$ 有关，若采用合适的载气流速可以提高柱效，减少谱带的扩宽。测定不同流速时对应的理论塔板高度，以 H 对 $\bar{u}$ 作图，可得到如图 7.2.1 所示曲线。从图中可以看出，塔板高度最小［H（最小）］时，所对应的流速为最佳流速［$\bar{u}$（最佳）］。当已知 A，B，C 三常数时，$\bar{u}$（最佳）和 H（最小）可通过微分板高方程求得，即

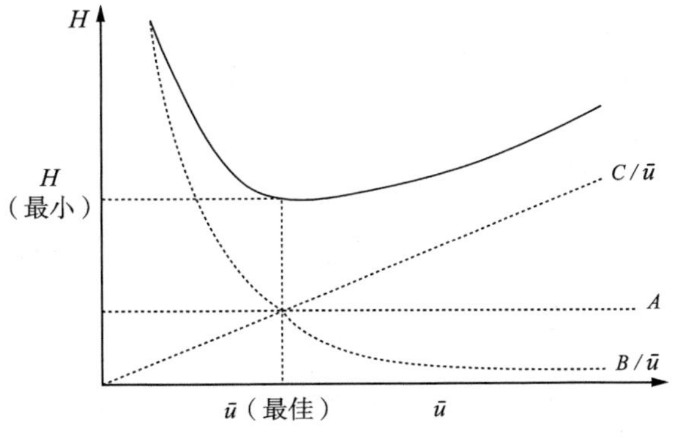

图 7.2.1　H 与 A、B、C 三常数的关系

$$\frac{dH}{du}=-\frac{B}{\bar{u}^2}+C=0 \tag{7.2.4}$$

$$\bar{u}(\text{最佳})=\sqrt{\frac{B}{C}} \tag{7.2.5}$$

$$H(\text{最小})=A+2\sqrt{BC} \tag{7.2.6}$$

【实验试剂与仪器】

1. 试剂

正己烷（AR）。

2. 仪器

GC-7890Ⅱ型气相色谱仪、热导池检测器、有减压阀的氢气钢瓶、秒表、皂膜流量计、10μL注射器、色谱柱［柱长2m，内径2～4mm，6201担体上涂渍邻苯二甲酸二壬脂（100∶15）固定液］。

【实验步骤】

1. 色谱条件

检测器：热导池检测器　　层析室温度：85～90℃

桥电流：120mA　　检测室温度：100～120℃

载气：H_2　　汽化室温度：120～140℃

载气流量：25～35mL·min^{-1}

色谱柱：2m×4mm不锈钢柱，15%邻苯二甲酸二壬酯固定液涂在0.25～0.17mm的6201载体上（根据实验具体情况标明选用的型号）。

2. 柱后流速的计算

挤压皂膜流量计下端的橡皮泡，使形成皂膜被入口的气流携带沿管移动，用秒表记下皂膜移动10mL体积所花的时间，计算载气的体积流速（mL·min^{-1}）。

3. 不同载气流速的测定

在30、35、40、45、60、75mL·min^{-1}6种不同载气流速下，分别注入20～50μL空气和0.2μL正己烷，各两次，记录它们的对应死时间t_M和保留时间t_R（注意：为了让气体的流速稳定，每次改变流速后，需等几分钟，再进行测定）。

【注意事项】

测定一定载气流量下的空气的t_M和正己烷的t_R时必须严格保持实验条件一致。

【实验结果】

（1）用式（7.2.7）计算6种不同条件下的线性流速

$$\bar{u}=\frac{L}{t_M} \tag{7.2.7}$$

（2）用式（7.2.2）计算6种条件下的理论塔板数n，并求得对应的理论塔板高度H。

（3）以H对$\bar{u}$作图，确定最佳流速$\bar{u}$作为后面实验的参考数据。

（4）选择3对H-$\bar{u}$数据，根据式（7.2.3）计算板高方程中的A，B，C三个常数。

（5）用式（7.2.5）和式（7.2.6）计算$\bar{u}$（最佳）和H（最小），将其与实验值比较。

【思考题】

（1）某烃获得$Y_{1/2}$＝0.609，t_R＝0.92min的色谱峰。试计算该柱的理论塔板数n；当柱长

$L=10$m 时，计算理论塔板高度 H。

（2）当增加溶质在载气中的扩散系数时，对 H-$\bar{u}$ 图中的纵向扩散曲线有何影响？

（3）在分离 A，B，C 和 D 4 种烃的混合物时，采用根据 A 组分测得的最佳流速操作，试问这个流速对其他 3 种组分也获得 H（最小）吗？说明理由。

（4）如果增加柱温，$\bar{u}$（最佳）将增加还是降低？试解释原因。

7.3 气相色谱法测定酚类组分的分析

【实验目的】

（1）进一步熟悉气相色谱分析原理及进样操作技术。

（2）掌握运用气相色谱法分析废水中的酚类物质组分的方法与技术。

【实验原理】

气相色谱法能对含酚浓度 1mg·L^{-1}以上的废水中简单酚类组分进行分析。其中难分离的异构体及多元酚分析，可以通过选择色谱柱或通过制备衍生物解决。

【实验材料与仪器】

1. 试剂

高纯度氮气、高纯度氢气、无酚高纯水、色谱纯级酚类化合物（酚、邻二甲酚、对二甲酚、邻二氯酚、间二氯酚、对二氯酚等）。

2. 仪器

GC-14 型气相色谱仪、N2000 双通道色谱工作站、微量注射器。

【实验步骤】

1. 色谱条件

色谱柱：毛细柱 AT-Se-30 0.25mm×30m×1μm；柱温：114～118℃；

检测器：氢火焰离子化检测器，温度 250℃；汽化温度：300℃；

载气：N_2流速 30mL·min^{-1}；氢气：流速 30mL·min^{-1}；

空气：流速 500mL·min^{-1}。

2. 操作步骤

（1）标准溶液的配制：配单一标准溶液及混合标准溶液，先配制每种组分浓度为 1000.0mg·L^{-1}的贮备液，再稀释成 100.0、10.0、1.0mg·L^{-1}的标准溶液；混合标准溶液中各组分的浓度分别为 100.0、10.0、1.0mg·L^{-1}。

（2）保留时间的测定：在相同的色谱条件下，分别将单一组分标准溶液注入，测定每种组分的保留时间，并求出每种组分对苯酚的相对保留时间（以苯酚为 1），以此进行定性的分析。

（3）响应值的测定：在相同的浓度范围和相同色谱条件下，测出每种组分的色谱峰面积，

然后求出每种组分的响应值及每组分对苯酚响应值比率，公式如下

$$响应值=\frac{某组分的浓度（mg \cdot L）}{某组分的峰面积（mm^2）}$$

$$响应值比率=\frac{某组分浓度（mg \cdot L^{-1}）}{某组分的峰面积（mm^2）}\Big/\frac{苯酚浓度（mg \cdot L^{-1}）}{苯酚峰面积（mm^2）}$$

（4）水样的测定：根据预先选择好的进样量及色谱仪的灵敏度范围，重复进样 3 次，求得每种组分的平均峰面积。

【注意事项】

（1）实验涉及氢气等可燃气体，应严格检漏，避免气体泄漏，并保持室内良好通风。

（2）熟悉仪器，严格执行仪器操作规程，进样应迅速准确。

【实验结果】

$$c_i = A_i \times \frac{c_{酚}}{A_{酚}} \times K_i \tag{7.3.1}$$

式中，c_i 为待测组分 i 的浓度，$mg \cdot L^{-1}$；A_i 为待测组分 i 的峰面积，mm^2；$c_{酚}$ 为苯酚的浓度，$mg \cdot L^{-1}$；$A_{酚}$ 为苯酚的峰面积，mm^2；K_i 为组分 i 的响应值比率。

【思考题】

（1）气相色谱的定量分析方法有哪些，每种方法的应用条件是什么？

（2）本实验为什么需要配制不同浓度的标准溶液测定响应值比率？

（3）当废水中酚类组分含量低于 $1mg \cdot L^{-1}$（本实验检出限）时，能否采用本实验方法分析？

7.4　白酒中甲醇含量的测定（气相色谱法）

【实验目的】

（1）掌握气相色谱仪的使用方法。

（2）掌握气相色谱的分离、定性、定量方法。

【实验原理】

色谱法（chromatography）又称“色谱分析”，是一种分离和分析方法。气相色谱法（gas chromatography，简称 GC）是以气体作为流动相，将欲分离、分析的样品从色谱柱一端加入后，由于混合物中各组分的性质不同，与固定相作用的程度也有所不同，因而组分在固定相和流动相之间的分配系数有差别，当组分在两相中反复多次进行分配并随流动相向前移动时，各组分在固定相中滞留时间不同，分配系数小的组分在固定相中停留的时间短，能较快地从色谱柱末端流出，反之，流出较慢，从而使各组分先后流出色谱柱而得到分离。

各种组分在给定的色谱柱上都有确定的保留时间，可以作为定性指标，即通过比较已知纯物质和未知组分的保留时间定性。如待测组分的保留值与在相同色谱条件下测得的已知纯物质

的保留时间相同，则可以初步认为它们是同一种物质。由于两种组分在同一色谱柱上可能有相同的保留时间，只用一根色谱柱定性，结果不可靠。可采用另一根极性不同的色谱柱进行定性，比较未知组分和已知纯物质在两根色谱柱上的保留时间，如果都具有相同的保留时间，即可认为未知组分与已知纯物质为同一种物质。

定量分析有多种方法，本实验采用外标法。

【实验试剂与仪器】

1. 试剂

甲醇（色谱纯）、无水乙醇（色谱纯）、白酒。

2. 仪器

GC-7980Ⅱ型气相色谱仪、填充色谱柱、5μL 微量注射器。

【实验步骤】

1. 色谱条件

汽化室温度：150℃；

载气：氮气，流量为 $30mL \cdot min^{-1}$；

色谱柱温度：120℃；

氢火焰检测器温度：150℃；

燃气：氢气，流速为 $30mL \cdot min^{-1}$；

辅助气：空气，流速为 $500mL \cdot min^{-1}$。

2. 操作步骤

（1）启动计算机及色谱工作站，建立或调用一个方法。

（2）标准溶液的配制：用 60% 的乙醇分别配制 0.00%、0.01%、0.05%、0.10%、0.50%、1.00%的甲醇溶液。

（3）用微量进样器进 2μL 纯甲醇，记录出峰时间及峰面积。

（4）用各甲醇标准样及白酒试样重复操作（3），记下各甲醇标准样和试样的峰面积。

（5）作峰面积-甲醇含量标准曲线，求出白酒中甲醇的含量。

【注意事项】

（1）严格按照气相色谱仪器的操作程序使用仪器。

（2）采用外标法进行定量分析时，要求进样量一定要准确。

【实验结果】

（1）标准曲线的绘制。

（2）由标准曲线求出相应的甲醇含量，并计算试样中的甲醇含量。

【思考题】

（1）强极性样品最好选用什么类型的色谱柱分离？

（2）在弱极性色谱柱中，甲醇、水、乙醇的出峰顺序是什么？

（3）柱箱、进样器和检测器等各项温度选定的依据是什么？

7.5 用反相液相色谱法分离芳香烃

【实验目的】

（1）学习高效液相色谱仪的操作。

（2）了解反相液相色谱法分离非极性化合物的基本原理。

（3）掌握用反相液相色谱法分离芳香烃类化合物。

【实验原理】

高效液相色谱法是重要的液相色谱法，它选用颗粒很细的高效固定相，采用高压泵输送流动相，分离、定性及定量全部分析过程都通过仪器来完成。除了有快速、高效的特点外，它能分离沸点高、相对分子质量大、热稳定性差的试样。

根据使用的固定相及分离原理不同，一般将高效液相色谱法分为分配色谱、吸附色谱、离子交换色谱和空间排斥色谱等。

在分配色谱中，组分在色谱柱上的保留程度取决于它们在固定相和流动相之间的分配系数 K，即

$$K=\frac{\text{组分在固定相中的浓度}}{\text{组分在流动相中的浓度}}$$

显然，K 越大，组分在固定相上的停留时间越长，固定相与流动相间的极性差值也越大。因此，相应出现了流动相为非极性而固定相为极性物质的正相色谱法和以流动相为极性而固定相为非极性物质的反相液相色谱法。目前，应用最广的固定相是通过化学反应的方法将固定液键合到硅胶表面上，即所谓的键合固定相。若将正构烷烃等非极性物质（如 n-C_{18}烷）键合到硅胶基质上，以极性溶剂（如甲醇和水）为流动相，则可分离非极性或弱极性的化合物。据此，采用反相液相色谱法可分离烷基苯类化合物。

【实验试剂与仪器】

1. 试剂

苯、甲苯、n-丙基苯、n-丁基苯（均为 AR）、80％甲醇＋20％水流动相（使用前超声波脱气）、未知样品。

2. 试剂

高效液相色谱仪、UV（254nm）检测器、色谱柱（250mm×4.6mm，n-C_{18}柱；20μL 注射器）。

【实验步骤】

1. 色谱条件

柱温：室温；

流动相流速 1.3mL · min^{-1}；

UV 检测器灵敏度调到 0.32～0.64 AUFS。

2. 操作步骤

(1) 用流动相溶液(80%甲醇+20%水)配制浓度为10mg·mL^{-1}的标准样品。

(2) 在教师指导下,按上述色谱条件操作色谱仪。

(3) 待记录仪基线稳定后,分别进苯、甲苯、*n*-丙基苯,*n*-丁基苯标准样20μL;进样同时,按标记钮(MARKER)。

(4) 获得4种标准的色谱图后,按步骤(3)进未知试样20μL,记录色谱图。

【注意事项】

用20μL的定量管,进样量为20μL时,进入到定量管的样品量应大于20μL。

【实验结果】

(1) 测定每一标准样的保留距离(进样标记至色谱峰顶间的距离,用时间表示)。

(2) 测定未知试样中每一个峰的保留距离,与标准样色谱图比较,标出未知试样中每一个峰代表什么化合物。

(3) 用标准峰的峰面积,估算未知试样中相应化合物的含量。

【思考题】

(1) 解释未知试样中各组分的洗脱顺序。

(2) 在本实验的色谱柱中,苯甲酸是强保留还是弱保留?为什么?

7.6 电位滴定法测定氯、碘离子浓度及AgI和AgCl的K_{sp}

【实验目的】

(1) 掌握电位滴定法测量离子浓度的一般原理。

(2) 学会用电位滴定法测定难溶盐的溶度积常数。

【实验原理】

当银丝电极插入含有Ag^+的溶液时,其电极反应的能斯特响应可表示为

$$E = E^{\ominus}_{(Ag^+,Ag)} + \frac{RT}{nF}\ln a_{(Ag^+)} \tag{7.6.1}$$

如果与一参比电极组成电池可表示为

$$E(电池) = K + E^{\ominus}_{(Ag^+,Ag)} + \frac{RT}{nF}\ln a_{(Ag^+)} - E(参比) + E_j \tag{7.6.2}$$

进一步简化为

$$E(电池) = K + \frac{RT}{nF}\ln r_{(Ag^+)} \cdot [Ag^+] \tag{7.6.3}$$

式中包括$E^{\ominus}_{(Ag^+,Ag)}$,E(参比),E_j和$r_{(Ag^+)}$常数项。银电极不仅可指示溶液中Ag^+的浓度变化,而且也能指示与Ag^+反应的阴离子的浓度变化。例如,卤素离子。

本实验利用卤素阴离子(I^-、Cl^-)与银离子生成沉淀的溶度积K_{sp}非常小,在化学计量

点附近发生电位突跃，从而通过测量电池电动势的变化来确定滴定终点。在终点时

$$[Ag^+] = [X^-] = \sqrt{K_{sp}} \tag{7.6.4}$$

其中 X^- 为 Cl^-、I^-，代入终点时的滴定电池方程，得

$$E = K' + S\lg\sqrt{K_{sp}} \tag{7.6.5}$$

用该式即可计算出被滴定物质难溶盐的 K_{sp}。而式中 K' 和 S 值可利用第二终点之后过量的 $[Ag^+]$ 与 E（电池）关系作图求得，由直线的截距确定 K'，斜率确定 S。

通常的电位滴定使用甘汞或 AgCl/Ag 参比电极，由于它们的盐桥中含有的氯离子会渗漏于溶液中，不适合在这个实验中使用，故可选用双盐桥饱和甘汞电极。

【实验试剂与仪器】

1. 试剂

$Ba(NO_3)_2$（固体）、6mol · L^{-1} 硝酸、试样溶液（其中含 Cl^- 和 I^- 分别都为 0.05mol · L^{-1} 左右）、0.1mol · L^{-1} 硝酸银标准溶液［溶解 8.5g $AgNO_3$ 于 500mL 去离子水中，将溶液转入棕色试剂瓶中置暗处保存。准确称取 1.461g 基准 NaCl，置于小烧杯中，用去离子水溶解后转入 250mL 容量瓶中，加水稀释至刻度，摇匀。准确移取 25.00mL NaCl 标准溶液于锥形瓶中，加 25mL 水，加 1mL15% K_2CrO_4，在不断摇动下，用 $AgNO_3$ 溶液滴定至呈现砖红色即为终点。根据 NaCl 标准溶液浓度和滴定中所消耗的 $AgNO_3$ 体积（mL），计算 $AgNO_3$ 的浓度］。

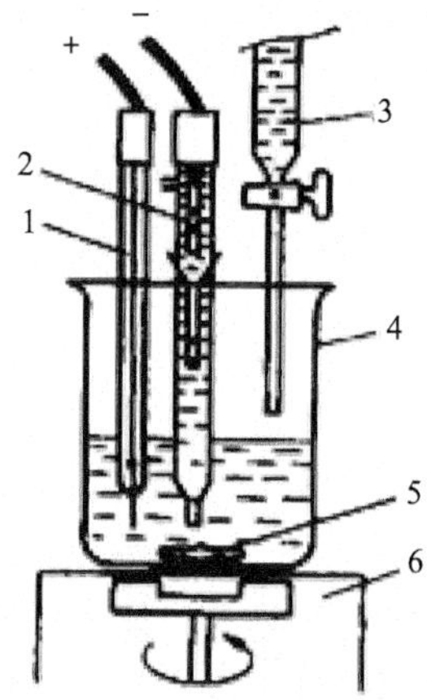

图 7.6.1 电位滴定装置

1. 银电极；2. 双盐桥饱和甘汞电极；3. 滴定管；4. 滴定池（100mL 烧杯）；5. 搅拌子；6. 磁力搅拌器

2. 仪器

pH/mV 计、磁力搅拌器、银电极、双液接饱和甘汞电极。

【实验步骤】

1. 电位滴定装置的安装

清洗和准备银电极，双盐桥饱和甘汞电极，并按图 7.6.1 安装仪器。

2. 滴定溶液的准备

用移液管取 20.00mL 的 Cl^-、I^- 混合试样溶液于 100mL 烧杯中，再加约 30mL 水，加几滴 6mol · L^{-1} 硝酸和约 0.5g $Ba(NO_3)_2$ 固体。将此烧杯放在磁力搅拌器上，放入搅拌磁子，然后将清洗后的银电极和参比电极插入溶液。滴定管应装在烧杯上方适当位置，便于滴定操作。

3. 滴定

(1) 开动搅拌器，溶液应稳定而缓慢地转动。开始每次加入滴定剂 1.0mL，待电位稳定后，读取其值和相应滴定剂体积记录在表格里。随着电位差的增大，减少每次加入滴定剂的量。当电位差值变化迅速，即接近滴定终点时，每次加入 0.1mL 滴定剂。第一终点过后，电位读数变化变缓，就增大每次加入滴定剂量，接近第二终点时，按前述操作进行。

(2) 重复测定 2 次。每次的电极、烧杯及搅拌磁子都要清洗干净。

【注意事项】

不能直接使用甘汞电极，要正确使用双液接饱和甘汞电极。

【实验结果】

（1）按表 7.6.1 格式记录和处理数据：

表 7.6.1 实验数据记录格式

滴入 $AgNO_3$ 的体积 V/mL	电位 E/mV	ΔE /mV	ΔV /mL	$\Delta E/\Delta V$ /（mV·mL^{-1}）	平均体积 $\bar{V}$/mL	$\Delta\left(\frac{\Delta E}{\Delta V}\right)$	$\frac{\Delta^2 E}{\Delta V^2}$
⋮ ⋮							

（2）作 E-V，$\Delta E/\Delta V$-V，$\Delta^2 E/\Delta V^2$-V 滴定曲线。

（3）求试样溶液中 Cl^- 和 I^- 的质量浓度（mg·L^{-1}）。

（4）根据实验数据计算 AgI 和 AgCl 的 K_{sp}。

【思考题】

（1）在滴定试液中加入 $Ba(NO_3)_2$ 的目的是什么？

（2）如果试液中 Cl^- 和 I^- 的浓度相同，当 AgCl 开始沉淀时，AgI 还有百分之几没有沉淀？

（3）如果有 1.0mol·L^{-1} 氨与 Cl^- 和 I^- 共存于滴定试液中，将会对上述滴定产生什么样的影响？

7.7 离子选择电极法测定天然水中的 F^-

【实验目的】

（1）掌握电位法的基本原理。

（2）学会使用离子选择电极的测量方法和数据处理方法。

【实验原理】

氟离子选择电极是以氟化镧单晶片位敏感膜的电位法指示电极，对溶液中的氟离子具有良好的选择性。氟电极与饱和甘汞电极组成的电池可表示为

$$Hg|Hg_2Cl_2|KCl\text{（饱和）}\|F^-\text{（试液）}|LaF_3\left|\left(\frac{10^{-3}\text{mol/l NaF}}{10^{-1}\text{mol/l NaCl}}\right)\right|AgCl,\ Ag$$

$$\begin{aligned} E\text{（电池）} &= E_{(F^-)} - E_{(SCE)} = k - \frac{RT}{F}\ln\alpha_{(F^-,外)} - E_{(SCE)} \\ &= K - \frac{RT}{F}\ln\alpha_{(F^-,外)} \\ &= K - 0.059\lg\alpha_{(F^-,外)} \end{aligned} \quad (7.7.1)$$

式中，0.059 为 25℃时电极的理论响应斜率，其他符号具有通常意义。

用离子选择电极测量的是溶液中离子的活度，而通常定量分析需要测量的是离子的浓度，而不是活度，所以必须控制试液的离子强度，如果测量试液的离子强度维持一定，则上述方程可表示为

$$E(\text{电池}) = K - 0.059\lg c_{F^-} \tag{7.7.2}$$

用氟离子选择电极测量 F^- 时，最适宜 pH 范围为 5.5～6.5。pH 过低，易形成 HF_2^-，影响 F^- 的活度；pH 过高，易引起单晶膜中 La^{3+} 的水解，形成 $La(OH)_3$，影响电极的响应。故通常用 pH6 的柠檬酸盐缓冲溶液来控制溶液的 pH。柠檬酸盐还可消除 Al^{3+}、Fe^{3+} 的干扰。

【实验试剂与仪器】

1. 试剂

0.100mol · L^{-1}、1.0×10^{-3} mol · L^{-1} 氟离子标准溶液；0.5mol · L^{-1} 柠檬酸钠缓冲溶液（用 1∶1 盐酸中和至 pH≈6）。

2. 仪器

离子计或 pH/mV 计、磁力搅拌器、氟离子选择电极、饱和甘汞电极。

【实验步骤】

1. 开机准备及预热仪器

将氟离子选择电极和饱和甘汞电极分别与离子计或 pH/mV 计相接，开启仪器电源开关，预热仪器。

2. 清洗电极

取去离子水 50～60mL 至 100mL 烧杯中，放入搅拌磁子，插入氟离子选择电极和饱和甘汞电极。开启搅拌器，2～3min 后，若读数小于 340mV，则更换去离子水，继续清洗，直到读数大于 340mV。

3. 工作曲线法

1）标准溶液的配制及测定

准确取 5.0mL　0.100mol · L^{-1} 的氟离子标准溶液于 50mL 容量瓶中，加入 0.5mol · L^{-1} 的柠檬酸钠缓冲溶液 5.0mL，用去离子水稀释至刻度，摇匀。用逐级稀释法配成浓度为 10^{-2}、10^{-3}、10^{-4}、10^{-5}、10^{-6} mol · L^{-1} 的一组标准溶液。

将标准溶液分别倒出部分于塑料烧杯中，读取稳定的电位值（或一直搅拌，待读数稳定后，读取电位值）。按顺序从低浓度至高浓度依次测量，每次测量 1 份试液，无需清洗电极，只需用滤纸沾去电极上的水珠，测量结果列表记录。

2）水样的测定

取水样 25.0mL，置于 50mL 容量瓶中，加入 0.5mol · L^{-1} 柠檬酸钠缓冲溶液 5.0mL，用去离子水稀释至刻度并摇匀。倒出部分于塑料烧杯中，放入搅拌磁子，插入干净的电极进行测定，读取稳定电位值。

4. 一次标准溶液加入法

准确移取水样 25.0mL 置于 100mL 干的烧杯中，加入 0.5mol · L^{-1} 的柠檬酸钠溶液 5.0mL,去离子水 20.0mL。放入搅拌磁子，插入干净的电极，搅拌 1min，停止搅拌，读取稳定的电位值（或一直搅拌，读取稳定的电位值）。再加入 1.0×10^{-3} mol · L^{-1} 氟离子标准溶液 1.00mL。同样测定出稳定的电位值。记录下两次测定的电位值，计算出其误差值（$\Delta E = E_1 - E_2$）。

【注意事项】

使用氟离子选择电极测定标准溶液时，从低浓度到高浓度可不清洗电极，测定样品时必须清洗电极。

【实验结果】

（1）用系列标准溶液的数据，在坐标纸上绘制 $E\text{-lg}c_{\text{F}^-}$ 曲线。

（2）根据水样测得电位值，在校正曲线上查到其对应的浓度，计算水样中氟离子的含量（以 mg/L 计）。

（3）根据步骤“4. 一次标准溶液加入法”所得的 ΔE 和从校正曲线上计算得到的电极响应斜率 S 代入下述反方程得

$$c_x = \frac{c_s V_s}{V_x + V_s}(10^{\Delta E/S} - 1)^{-1} \tag{7.7.3}$$

计算水样中氟离子的含量。式中 c_s 和 V_s 分别为标准溶液的浓度和体积。c_x 和 V_x 分别为试样的氟离子浓度和体积。

【思考题】

（1）氟离子选择电极在使用时应注意哪些问题？

（2）为什么要清洗氟离子选择电极，使其响应电位值高于 340mV？

（3）柠檬酸盐在测量溶液中起哪些作用？

7.8 单扫描极谱法同时测定铅和镉

【实验目的】

（1）熟悉单扫描极谱法的基本原理和特点。

（2）熟悉极谱仪的使用方法。

【实验原理】

单扫描极谱法是为克服经典极谱法的不足而发展起来的快速电分析技术之一。我国制造的 JP-303 型极谱分析仪的基本电路示意图如图 7.8.1 所示。而单扫描极谱图如图 7.8.2 所示。该极谱仪具有测量灵敏度高，操作方便、简单等特点。

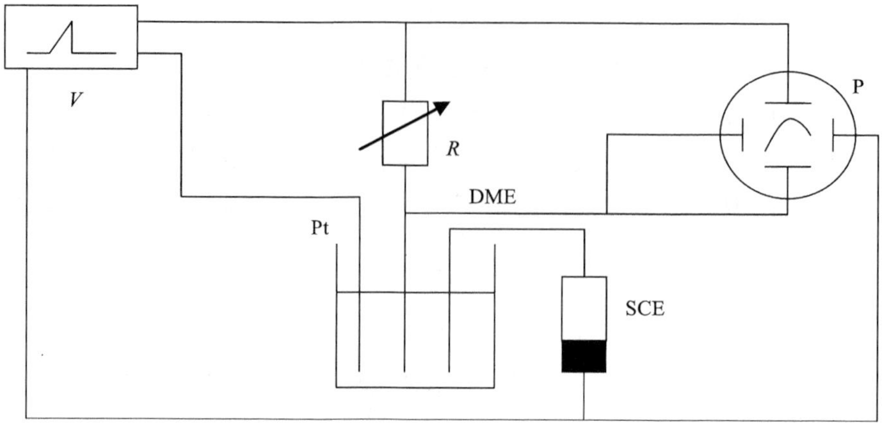

图 7.8.1　单扫描极谱仪的基本电路

V. 极化电压；*R*. 可调电阻；P. 信号记录；DME. 滴汞电极；SCE. 甘汞电极；Pt. 辅助电极

单扫描极谱法与经典极谱法的主要不同之处是：①扫描速率不同，经典极谱法比较慢，约为 0.2V · min^{-1}；而单扫描极谱法比较快，一般大于 0.2V · s^{-1}。②施加极化电压的方式和记录谱图方法不同，经典极谱法极化电压加在连续滴落的多滴汞上才完成一个极谱图；而单扫描极谱法仅施加在一滴汞的生长后期 1～2s 瞬间内完成一个极谱图。③前者采用笔录式记录法，而后者采用计算机进行数据处理，或阴极射线示波管法。④定量分析依据的电流方程不同，经典极谱法服从尤考维奇方程，而单扫描极谱法服从 Randles-Sevcik 方程。

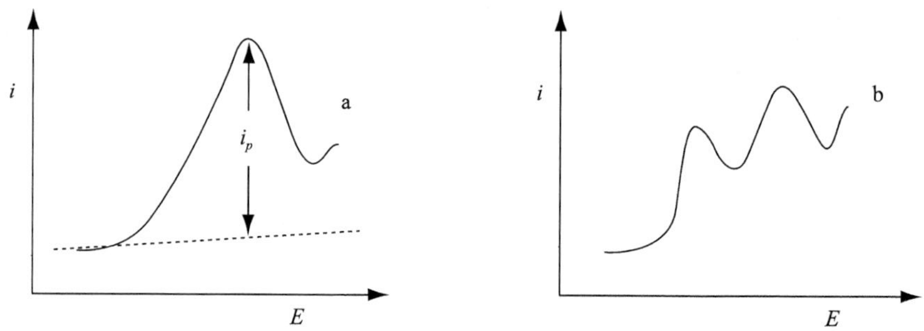

(a)一种物质还原波　　(b) 两种物质还原波

图 7.8.2　单扫描极谱图

对可逆电极反应过程，在极谱仪上峰电流 i_p 可表示为

$$i_p = 2.69 \times 10^2 n^{\frac{3}{2}} D^{\frac{1}{2}} v^{\frac{1}{2}} Ac \tag{7.8.1}$$

而对滴汞电极，由于电极面积不断变化，其大小为可表示为

$$A = 0.85 m^{\frac{2}{3}} t^{\frac{2}{3}} \tag{7.8.2}$$

代入式（7.8.1）中，即为单扫描极谱法滴汞电极上的电流方程

$$i_p = 2.29 \times 10^2 n^{\frac{3}{2}} m^{\frac{2}{3}} t^{\frac{2}{3}} D^{\frac{1}{2}} v^{\frac{1}{2}} c \tag{7.8.3}$$

式中，i_p 为峰电流，A；n 为电子转移数；m 为滴汞流速，mg · s^{-1}；t 为汞滴生长至电流峰出现的时间，s；D 为扩散系数，cm^2/s；v 为扫描速率，V · s^{-1}；c 为被测物质浓度，mol · L^{-1}。

在约 2.5mol · L^{-1} HCl 介质中，Pb^{2+} 和 Cd^{2+} 均能在滴汞电极上产生良好可逆极谱波。波峰电位分别在 −0.48V 和 −0.70V 左右（vs. SCE）。用常规和导数都可同时测定铅、镉。

【实验试剂与仪器】

1. 试剂

1.00×10^{-2} mol · L^{-1}铅离子标准溶液、1.00×10^{-2} mol · L^{-1}镉离子标准溶液、6mol · L^{-1}盐酸溶液、0.5%明胶溶液、氮气。

2. 仪器

JP-303 型极谱仪。

【实验步骤】

1. 溶液的配制

准确移取水样 20.0mL 置于 50mL 容量瓶中，加入 6mol · L^{-1}盐酸溶液 10mL，0.5%明胶溶液 1.0mL，用二次蒸馏水稀释至刻度，摇匀，备用。

2. 铅、镉峰电位及电流测定

（1）移取上述溶液 10.0mL 置于小烧杯中，于极谱仪上常规方式以−0.3V 为起始电位开始扫描，测量铅、镉的峰电流和峰电位。改用导数方式，测量其峰高度。

（2）在上述测量溶液中，分别加入 1.00×10^{-2} mol · L^{-1}镉离子和 1.00×10^{-2} mol · L^{-1}铅离子标准溶液各 0.2mL，搅匀后测量阴极化常规波峰电流和峰电位，导数波波高。

3. 通氮气后的铅、镉峰电位及电流测定

再取上述试液 10.0mL 置于小烧杯中，通氮气 10min，按实验步骤 2 进行测量。

【注意事项】

实验过程中注意不能遗漏汞，如发生漏汞要及时处理。

【实验结果】

（1）用表格形式列出所测量的数据。

（2）根据峰电位数据，计算铅和镉的 $E^{\ominus'}$ 值。

（3）按下述标准加入法公式

$$c=\frac{c_sV_sh}{H(V+V_s)-hV} \tag{7.8.4}$$

计算水样中铅和镉的浓度。式中，c 为被测物质在试样中的浓度；V 为试样体积，c_s和 V_s分别为加入标准溶液的浓度和体积；h 和 H 分别为加入标准溶液前、后的波峰高度。

【思考题】

（1）通氮气和不通氮气测量结果有何差别？溶解氧是否影响铅、镉的极谱法测定？

（2）阴极化和阳极化方式测出的铅和镉的 i_{pa}/i_{pc}是多少？请对所测量结果给出合理解释。

（3）单扫描极谱的主要特点是什么？导数波方式测量有何优点？

（4）是否可采用其他的底液（如磺基水杨酸，抗坏血酸，碘化钾）？

7.9 溶出伏安法测定水中微量铅和镉

【实验目的】

（1）熟悉溶出伏安法的基本原理。

（2）掌握汞膜电极的使用方法。

（3）了解一些新技术在溶出伏安法中的应用。

【实验原理】

溶出伏安法的测定包含两个基本过程，即首先将工作电极控制在某一条件下，使被测物质在电极上富集，然后施加线性变化电压于工作电极上，使被富集的物质溶出，同时记录电流（或者电流的某个关系函数）与电极电位的关系曲线，根据溶出峰电流（或者电流函数）的大小来确定被测物质的含量。

溶出伏安法主要分为阳极溶出伏安法、阴极溶出伏安法和吸附溶出伏安法。本实验采用阳极溶出伏安法测定水中的 Pb（Ⅱ）、Cd（Ⅱ），其中两个过程可表示为

$$M^{2+}\ (Pb^{2+}、Cd^{2+}) + 2e^- + Hg \xrightarrow{\text{富集、溶出}} M\ (Hg)$$

本法是用玻碳电极为工作电极，采用同位镀汞膜测定技术。这种方法是将分析溶液中加入一定量的汞盐［通常是 $10^{-5} \sim 10^{-4}$ mol · L^{-1} $Hg(NO_3)_2$］，在被测物质所加电压下富集时，汞与被测物质同时在玻碳电极的表面上析出形成汞膜（汞齐）。然后在反向电位扫描时，被测物质从汞中“溶出”，而产生“溶出”电流峰。

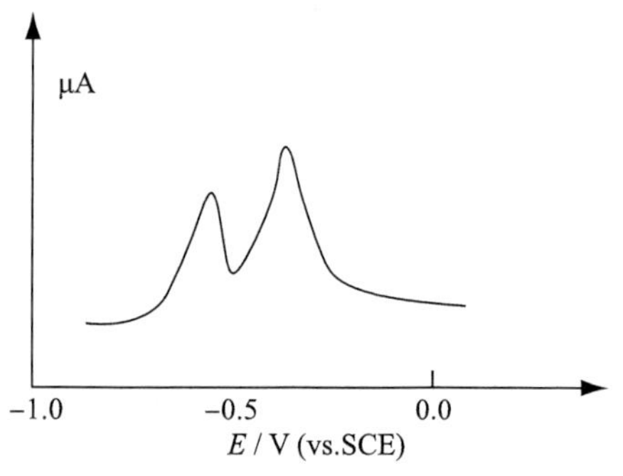

图 7.9.1 铅、镉的阳极溶出图

1.5×10^{-6} mol · L^{-1} Pb（Ⅱ）和 Cd（Ⅱ）5×10^{-6} mol · L^{-1}

在酸性介质中，当电极电位控制为－1.0V 左右（vs. SCE）时，Pb^{2+}、Cd^{2+} 与 Hg^{2+} 离子同时富集在玻碳工作电极上形成汞齐膜。然后当阳极化扫描至－0.1V 时，可得到两个清晰的溶出电流峰。铅的波峰电位约为－0.4V 左右，而镉的为－0.6V 左右（vs. SCE），如图 7.9.1 所示。本法可分别测定低至 10^{-11} mol · L^{-1} 的铅、镉离子。

【实验试剂与仪器】

1. 试剂

1.0×10^{-2} mol · L^{-1} 铅离子标准贮备溶液、1.0×10^{-2} mol · L^{-1} 镉离子标准贮备溶液、5×10^{-2} mol · L^{-1} 硝酸汞溶液、1 mol · L^{-1} 盐酸、纯氮气（99.9%以上）。

2. 仪器

电化学工作站（或 HDZ-7C 型恒电位仪；x-y 函数记录仪）；玻碳工作电极、甘汞参比电极及辅助电极组成测量电极系统；磁力搅拌器；秒表；50mL 容量瓶若干。

【实验步骤】

1. 预处理工作电极

将玻碳电极在 6# 金相砂纸上小心轻轻打磨光亮，成镜面。用蒸馏水多次冲洗，最好是用超声波清洗 1～2min。用滤纸吸去附着在电极上的水珠。

2. 配制试液

取两份 25.0mL 水样置于 2 个 50mL 容量瓶中，分别加入 1 mol·L^{-1} HCl 5mL，5×10^{-3} mol·L^{-1}硝酸汞 1.0mL。在其中一个容量瓶中加入 1.0×10^{-5} mol·L^{-1}的铅离子标准溶液 1.0mL 和 1.0×10^{-5}mol·L^{-1}的镉离子标准溶液 1.0mL（铅、镉标准溶液用标准贮备溶液稀释配制）。均用蒸馏水稀释至刻度，摇匀。

3. 测定

将未添加 Pb^{2+}、Cd^{2+}标准溶液的水样置于电解池中，通氮气 5min 后，放入清洁的搅拌磁子，插入电极系统。将工作电极电位恒于－1.0V 处再通氮气 2min。启动搅拌器，调工作电极电位置－1.0V，在连续通氮气和搅拌下，准确计时，富集 3min。停止通氮气和搅拌，静置 30s。以扫描速率为 150mV/s 反向从－1.0V 至－0.1V 阳极化扫描，在 x-y 记录仪上记录伏安图。

将电极在－0.1V 电位停留，启动搅拌器 1min，解脱电极上的残留物。如上述重复测定一次。

按上述操作手续，测定加入 Pb^{2+}、Cd^{2+}标准溶液的水样，同样进行两次测定。

如果所用仪器有导数电流或半微分电流工作方式，则可按上述测定手续做 1～2 种方式。

测量完成后，置工作电极电位在＋0.1V 处，开动磁力搅拌器清洗电极 3min，以除去电极上的汞，取下电极清洗干净。

【注意事项】

在连续通氮气和搅拌过程中实验条件必须保持一致。

【实验结果】

（1）列表记录所测定的实验结果。

（2）取两次测定的平均峰高，按下述公式计算水样中的 Pb^{2+}、Cd^{2+}的浓度。

$$c_x=\frac{h\times c_s\times V_s}{(H-h)V} \tag{7.9.1}$$

式中，h 为测得水样的峰电流高度；H 为水样加入标准溶液后测得的总高度；c_s 为标准溶液的浓度，mol·L^{-1}；V_s 为加入标准溶液的体积，mL；V 为水样的体积，mL。

【思考题】

（1）溶出伏安法有哪些特点？

（2）实验操作中哪几个步骤应该严格控制？

（3）导数或半微分与常规方式测定比较对灵敏度和分辨率有何影响？

7.10　火焰原子吸收光谱法测定水中的钙——标准加入法

【实验目的】

（1）加强理解火焰原子吸收光谱法的原理。

（2）掌握火焰原子吸收光谱仪的操作技术。

（3）熟悉原子吸收光谱法的应用。

【实验原理】

原子吸收光谱法基于气态基态原子外层的电子对共振线的吸收。气态的基本原子数与物质的含量成正比，故可用于进行定量分析。利用火焰的热能使样品转化为气态基态原子的方法称为火焰原子吸收光谱法。

当试样组成复杂，配制的标准溶液与试样组成之间存在较大差别时，常采用标准加入法。该法是在数个容量瓶中加入等量的试样，分别加入不等量（倍增）的标准溶液，用适当溶剂稀释至一定体积后，依次测出它们的吸光度。以加入标样的质量浓度（$\mu g \cdot mL^{-1}$）为横坐标，相应的吸光度为纵坐标，绘出标准曲线，如图 7.10.1 所示。图中横坐标与标准曲线延长线的交点至原点的距离 x 即为容量瓶中所含试样的质量浓度（$\mu g \cdot mL^{-1}$），从而求得试样的含量。

本法是一种成分分析法，常用于测定易挥发元素，可消除基体干扰和某些化学干扰。测定含量可达 10^{-9}g；精密度较高，一般小于 1%。

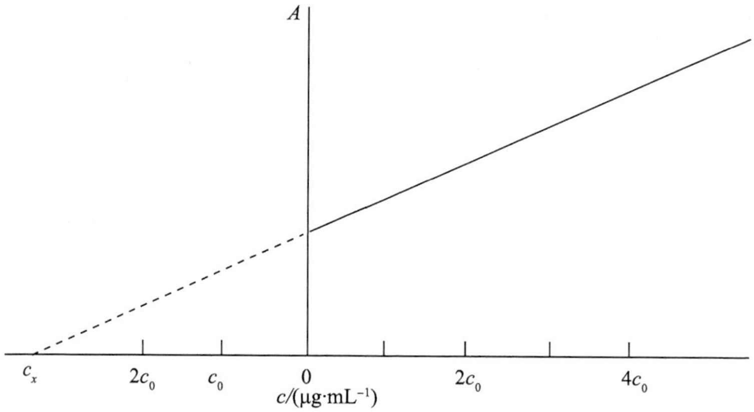

图 7.10.1　钙标准加入法工作曲线

【实验试剂与仪器】

1. 试剂

10.0$\mu g \cdot mL^{-1}$钙标准溶液、自来水试样。

2. 仪器

Z-5000 型单光束原子吸收分光光度计、钙空心阴极灯、25mL 容量瓶。

【实验步骤】

1. 仪器工作条件

钙吸收线波长：4227Å；　　灯电流：4mA；

狭缝宽度：0.1mm；　　空气流量：$250L \cdot h^{-1}$；

乙炔流量：$1.4L \cdot min^{-1}$；　　燃烧器高度：8mm。

2. 溶液的配制

吸取5份10.00mL试样溶液，分别置于5个25mL容量瓶中，各加入钙标准溶液0.0、1.0、2.0、3.0、4.0mL于容量瓶中，以去离子水稀释至刻度，配制成一组标准溶液。

3. 测定

以去离子水为空白，测定上述各溶液的吸光度。

【注意事项】

仪器使用时应严格按照仪器的操作步骤进行。

【实验结果】

（1）绘制吸光度对含量的标准曲线。

（2）将标准曲线延长至与横坐标轴相交处，则交点至原点间的距离对应于10.00mL试样中钙的含量。

（3）换算水样中钙的含量（$mg \cdot L^{-1}$）。

【思考题】

（1）从原理、仪器、应用三个方面对原子吸收和原子发射光谱法进行比较。

（2）火焰原子吸收光谱法具有哪些特点？

7.11 废水中铅含量的测定

【实验目的】

（1）巩固原子吸收光谱的基本原理，掌握用火焰原子吸收光谱法进行定量测定的方法。

（2）了解原子吸收分光光度计的结构，学会使用原子吸收分光光度计。

【实验原理】

原子吸收法理论是澳大利亚学者瓦尔西（A. wals）于1955年首先提出来的，50多年来，原子吸收法得到广泛的应用，现在已成为环境监测中重要方法之一。原子吸收法是使被测定的元素处于原子状态而存在于火焰之中，让特定波长的光从其中通过，因原子数目的多少可以影响光被吸收的程度，所以测定吸光度可以度量出被分析元素的浓度。

在使用锐线光源和低浓度的情况下，基态原子蒸气对共振辐射的吸收符合朗伯-比尔定律

$$A = \lg \frac{I_0}{I} = 2.303KNL \tag{7.11.1}$$

式中，A 为吸光度；I_0和 I 分别为入射光强度和经原子吸收后的透射光强度；K 为吸收系数；N 为自由原子总数（基态原子数）；L 为吸收层厚度。

在试样原子化、火焰的绝对温度低于 3000K 时，可认为原子蒸气中基态原子数实际上接近原子蒸气总数。在固定条件下，原子总数与试样浓度的比例是恒定的。故式（7.11.1）可写为

$$A = Kc \tag{7.11.2}$$

式（7.11.2）是原子吸收光谱定量分析方法的基础。式中，A 为吸光度；K 为常数；c 为溶液浓度，$mg \cdot L^{-1}$。原子吸收光谱法的定量基础是被测元素基态原子在蒸气状态对其原子共振辐射的吸收强度（吸光度）A 与试样浓度成正比，通过测定溶液的原子吸收的吸光度从而得出溶液的浓度。

定量方法有标准曲线法（工作曲线法）和标准加入法。本实验采用标准曲线法。标准曲线法是原子吸收光谱分析中最常用的方法之一，该法是在数个容量瓶中分别加入呈一定比例的标准溶液，用适当溶剂稀释至一定体积后，在一定的仪器条件下，依次测出它们的吸光度，以稀释后标准溶液的浓度为横坐标，相应的吸光度为纵坐标，绘出标准曲线。

试样经适当处理后，在与测定标准曲线吸光度相同的条件下测定其吸光度（也可采用插入法测定，即将试样穿插进测定标准溶液中间进行测量），根据试样溶液的吸光度，通过标准曲线即可查出试样溶液的含量，再换算成试样的含量。

【实验试剂与仪器】

1. 试剂

$100mg \cdot L^{-1}$铅标准贮备液、乙炔气体、空气。

$100mg \cdot L^{-1}$铅标准贮备液配制：准确称取优级纯铅粉 0.1000g，用少许 10%硝酸溶解后转入 1000mL 容量瓶中，定容，摇匀后备用。

2. 仪器

Z-5000 型原子吸收分光光度计、铅元素空心阴极灯、容量瓶（50mL，100mL）、移液管、空气压缩机。

【实验步骤】

1. 仪器工作条件（表 7.11.1）

表 7.11.1　测定铅元素仪器工作条件

波长/nm	灯电流/mA	狭缝宽度/nm	燃烧器高度/mm	燃气流量/（$L \cdot min^{-1}$）	空气流量/（$L \cdot min^{-1}$）
283.3	9	1.3	7.5	2.2	15

2. 标准溶液吸光度测定

（1）移取一定体积 $100mg \cdot L^{-1}$铅标准贮备液于 5 个 50mL 容量瓶中，分别配制浓度为 0.00、5.00、10.00、15.00、20.00$mg \cdot L^{-1}$的铅标准工作液。

（2）检查仪器水、气、电路是否正常，并打开仪器及电脑。

（3）进入 AAS 程序，以去离子水调零，依次测定浓度为 0.00、5.00、10.00、15.00、20.00mg · L^{-1}的铅标准工作液的吸光度。以浓度对吸光度作标准曲线。

3. 样品测定

取废水样 50mL，用 0.45μm 微孔膜过滤，滤液待测定用。吸取废水滤液 10mL 置 25mL 容量瓶中用去离子水稀释至刻度，然后测定吸光度。

4. 清洗、关闭仪器

最后关闭仪器与计算机。

【注意事项】

（1）实验用到的器皿的清洁对测定结果影响较大，所以应认真清洗仪器、器皿。

（2）确定空心阴极灯。每测定一种元素，采用相应元素的空心阴极灯。灯电流通常选用最大电流的 1/2～2/3 为工作电流。在实际工作中，最合适的电流应通过实验确定。空心阴极灯使用前一般需预热 10～30min。

（3）确定光谱通带，通过调节狭缝宽度来实现。通常为不引起吸光度减小的最大狭缝宽度为应选择的合适的狭缝宽。

（4）原子化条件：一般 mg · L^{-1}数量级的金属元素测定选择火焰原子化器，μg · L^{-1}数量级的金属元素测定选择电热原子化器。火焰原子化器的重现性和准确度较高，应优先选择。

（5）本实验中，为了得到较高灵敏度，最好采用富燃型火焰，在清晰不发亮的火焰中进行。具体实验操作过程中，每次测定进样的吸管在溶液中的高度需一致，高度不同，压力不同，雾化效果不同，影响测定；废液管不能与空气连通，一定要水封，否则易回火爆炸。

【实验结果】

（1）数据记录：记录标准曲线的浓度与样品的吸光度（表 7.11.2）。

表 7.11.2　数据记录表

序号	1	2	3	4	5	样品
体积/mL						
浓度/（mg · L^{-1}）	0.00	5.00	10.00	15.00	20.00	
吸光度 A						

（2）在坐标纸上以浓度为横坐标，吸光度为纵坐标绘制标准曲线。

（3）从绘制的标准曲线上查得样品浓度，将其换算为废水样中铅的浓度。

【思考题】

（1）为何标准曲线的溶液不能久置？放置时间过长对实验结果有何影响？

（2）是否在任意浓度范围内，标准曲线都是直线？

7.12　头发中微量元素 Zn、Cu 的原子吸收光度法测定

【实验目的】

(1) 掌握干法处理样品的方法。

(2) 掌握火焰原子吸收法测定多组分的方法。

(3) 进一步熟悉和掌握原子吸收分光光度计的使用方法。

【实验原理】

微量元素参与人体正常的新陈代谢、健康与发育。微量元素的缺乏或过多，都会导致人体生理机能失调，导致不同程度的疾病发生。Cu、Zn 都是人体必需的微量元素，Cu 是免疫系统正常功能不可缺少的元素，生物体内一旦缺乏 Cu，抗体形成细胞的数目将减少，补充 Cu 可提高抵抗病原微生物感染的能力。Zn 对机体免疫功能影响很大，对于人或动物，体内含 Zn 量的减少均可引起细胞免疫功能低下。将微量元素添加到食品中来调节人体内元素的平衡，可达到提高抗病能力，增强机体免疫功能的目的。

原子吸收光度法是测定试样中多种金属元素的常用方法。当用于测定金属有机化合物中或生物材料的金属元素时，由于有机化合物在火焰中燃烧，将改变火焰性质、温度、组成等，并且还经常在火焰中生成未燃尽的碳的微细颗粒，影响光的吸收，因此一般预先以湿法消化或干法灰化的方法予以除去有机物，并使其中的金属元素以可溶的金属离子状态存在。湿法消化是使用具有强氧化性的酸，如 HNO_3、H_2SO_4、$HClO_4$ 等氧化分解有机化合物，除去有机化合物；干法灰化是在高温下灰化、灼烧，使有机物质被空气中的氧所氧化而破坏，再将灰分溶解在盐酸或硝酸中制成溶液。

本实验采用干法处理头发中有机物质，然后测定其中 Cu、Zn 等微量元素。此法也可用于其他食品如水果、蔬菜、水产等中微量元素的测定。

在一定的实验条件下，溶液的吸光度 A 与待测溶液的浓度 c 成正比。即

$$A=Kc$$

将样品处理成溶液，经燃烧器原子化后，在 213.8nm 波长光（Zn 元素的特征谱线）下的吸光度与头发中 Zn 的含量呈线性关系，在 324.8nm 波长光（Cu 元素的特征谱线）下的吸光度与头发中 Cu 的含量呈线性关系，故可直接用标准曲线法测定头发中的 Zn、Cu 的含量。

【实验试剂与仪器】

1. 试剂

$0.5mg\cdot mL^{-1}$ 锌贮备液、$1.0mg\cdot mL^{-1}$ 铜贮备液、0.5% HNO_3 溶液。

2. 仪器

原子吸收分光光度计（配备铜、锌空心阴极灯，空气压缩机，乙炔钢瓶）；25mL 容量瓶，100mL 容量瓶，50mL 容量瓶；1mL、2mL、5mL 移液管。

【实验步骤】

1. 仪器工作条件

（1）测 Cu：波长为 324.8nm，灯电流为 3～6mA，光谱通带为 0.5nm，乙炔流量为 $2L \cdot min^{-1}$，空气流量为 $9L \cdot min^{-1}$。

（2）测 Zn：波长为 213.8nm，灯电流为 6mA，光谱通带为 0.38nm，乙炔流量为 $2.3L \cdot min^{-1}$，空气流量为 $10L \cdot min^{-1}$。

2. 样品的采集及洗涤

（1）样品的采集：取受检者头发 0.7～0.8g，用剪刀把头发剪成约 1cm 长的小段包好，登记性别、年龄等送实验室编号待测。

（2）样品的洗涤：先用自来水漂洗 3～4 次，然后用 5%的十二烷基苯磺酸钠溶液洗涤，倾去洗液，用自来水漂洗 3～4 次，再用去离子水冲洗 4～5 次。

3. 样品的处理

先将洗净的发样置于烘箱中，在（105±5)℃下干燥 1h 后，再精密称取发样 0.5g 置于坩埚中，将坩埚置于马弗炉中加热，待 300～400℃碳化完全后，升温至（600±50)℃下灰化 2～3h。冷却后取出称量灰分后用 1∶1 HCl（体积比）1mL 溶解，用双蒸水冲洗，以定量滤纸过滤，定容至 25.00mL 待测，每批样同程序做一空白对照。

4. 配制 Cu、Zn 标准溶液

（1）吸取 1.00mL 铜标准贮备液，置于 100mL 容量瓶中，用 0.5%硝酸溶液稀释至刻度，摇匀，此标准溶液含 Cu $10.0\mu g \cdot mL^{-1}$。

（2）吸取 1.00mL 锌标准贮备溶液，置于 50mL 容量瓶中，用 0.5%硝酸溶液稀释至刻度，摇匀，此标准溶液含 Zu $10.0\mu g \cdot mL^{-1}$。

（3）在 5 只 25mL 容量瓶中，吸取 $10.0\mu g \cdot mL^{-1}$ Cu 标准溶液 0.001、0.25、0.50、1.00、1.50、2.00、2.50mL，再吸取 $10.0\mu g \cdot mL^{-1}$ Zn 标准溶液 0.00、0.50、1.00、2.00、2.50、3.00、4.00mL，加 0.5%硝酸溶液稀释至刻度，摇匀。容量瓶中每毫升溶液分别相当于 0.0、0.1、0.2、0.4、0.6、0.8、1.0μg 的 Cu 和 0.0、0.2、0.4、0.8、1.0、1.2、1.6μg 的 Zn。

5. 测定

将处理后的样品试样、试剂空白液和各标准溶液按实验条件进行测定，记录各溶液的吸光度。

【注意事项】

样品中的待测物质含量超过线性范围时，可适当稀释试样溶液。若含量较低时，可以增加取样量。

【实验结果】

（1）分别绘制 Cu、Zn 的标准曲线。

（2）计算头发中 Cu、Zn 的含量。

$$b_i = \frac{(A_1 - A_2) \times V_1 \times 1000}{m_1 \times 1000} \tag{7.12.1}$$

式中，b_i为样品中铜或锌的含量，$mg \cdot kg^{-1}$；A_1为测定用样品中的铜或锌的含量，$\mu g \cdot mL^{-1}$；A_2为试剂空白液中铜或锌的含量，$\mu g \cdot mL^{-1}$；V_1为样品处理后的总体积 mL；m_1 为样品质量，g。

【思考题】

（1）为什么稀释后的标准溶液只能放置较短时间，而贮备液则可以放置较长时间？

（2）如果标准溶液浓度范围过大，则标准曲线会弯曲，为什么会有这种情况？

（3）样品前处理有哪几种方法？各应注意哪些事项？

7.13　原子荧光光谱法测定砷

【实验目的】

（1）掌握原子荧光光谱法的原理。

（2）熟悉原子荧光光谱仪的操作方法。

【实验原理】

处于气态的基态原子吸收光源的特征辐射后，原子的外层电子跃迁到较高能级，然后又从高能级跃迁返回基态或较低能级，同时发射出与原激发波长相同或不同的发射即为原子荧光。在一定条件下，原子荧光的强度 I_f 与被分析元素的原子浓度呈线性关系。即

$$I_f = Kc \tag{7.13.1}$$

式中，K 为与实验条件有关的常数；c 为待测试样浓度。

【实验试剂与仪器】

1. 试剂

0.2%氢氧化钠溶液、5%硫脲溶液、硫酸溶液（1∶9）（量取硫酸 100mL，小心倒入 900mL 双蒸水中，混匀）、10%氢氧化钠溶液（供配制砷标准溶液用，少量即够）。

1%硼氢化钠（$NaBH_4$）溶液：称取硼氢化钠 10.0g，溶于 10.00mL 0.2%氢氧化钠溶液中，混匀。此液于冰箱可保存 10d，取出后应当日使用（也可称取 14g 硼氢化钾代替 10g 硼氢化钠）。

砷标准贮备液 1：含砷 $0.1mg \cdot mL^{-1}$。精确称取于 100℃干燥 2h 以上的三氧化二砷（As_2O_3）0.1320g，加 10mL 10%氢氧化钠溶解，用适量水转入 1000mL 容量瓶中，加（1∶9）硫酸 25mL，用双蒸水定容至刻度。

砷标准使用液 2：含砷 $1\mu g \cdot mL^{-1}$。吸取 1.00mL 砷标准贮备液 1 于 100mL 容量瓶中，用双蒸水稀释至刻度，此液应当日配制使用。

2. 仪器

AFS-810 型原子荧光分光光度计。

【实验步骤】

1. 操作条件

光电倍增管电压：400V；砷空心阴极灯电流：35mA；原子化器：温度 820～850℃、高度 7mm；氢气流速：载气 600mL · min^{-1}；测量方式：荧光强度或浓度直读；读数方式：峰面积；读数延迟时间：1s；读数时间：15s；硼氢化钠溶液加入时间：5s。

2. 配制标准溶液

取 25mL 容量瓶或比色管 6 支，依次准确加入 1μg · mL^{-1}砷标准使用液 0.05、0.2、0.5、2.0、5.0mL（各相当于砷浓度：2.0、8.0、20.0、80.0、200.0ng · mL^{-1}），各加（1∶9）硫酸溶液 12.5mL，5%硫脲溶液 2.5mL，补加水至刻度，混匀备测。

3. 样品制备

湿消解：固体试样称样 1～2.5g，液体试样称样 5～10g（或 mL）（精确至小数点后第二位），置于 50～100mL 锥形瓶中，同时做两份试剂空白。加 20～40mL 硝酸，1.25mL 硫酸，摇匀后放置过夜，置于电热板上加热消解。若消解液处理至 10mL 左右时仍有未分解物质或色泽变深，取下放冷，补加 5～10mL 硝酸，再消解至 10mL 左右观察，如此反复两三次，注意避免炭化。如仍不能消解完全，则加入 1～2mL 高氯酸，继续加热至消解完全后，再持续蒸发至高氯酸的白烟散尽，硫酸的白烟开始冒出。冷却，加 25mL 双蒸水，再蒸发至冒硫酸白烟。冷却后，用双蒸水将内容物转入 25mL 容量瓶或比色管中，加入 2.5mL 5%硫脲，补双蒸水至刻度并混匀，备测。

4. 测定

在教师指导下启动仪器，设定好各项仪器参数，分别将样品吸收管插入样品液，开始测定，记录荧光强度值。

【注意事项】

测量结束后，一定要用双蒸水清洗进样系统并排空。

【实验结果】

（1）绘制荧光强度对含量的标准曲线。

（2）从标准曲线上读出试样溶液中砷（As）的含量。

（3）计算样品中砷的含量。

【思考题】

（1）原子荧光分光光度计的特点是什么？

（2）砷的测定为什么要加硫脲？

7.14　原子发射光谱定性和半定量分析

【实验目的】

（1）学习利用“谱线图”比较法进行光谱定性及半定量分析。

（2）正确使用摄谱仪及映谱仪。

【实验原理】

每种元素都有其特征光谱线，具有最低激发电位的谱线，称为最灵敏线，按照激发电位的大小可分为灵敏线、次灵敏线等。根据元素的2～3条灵敏线是否出现，可判断试样中该元素存在与否。利用这一特征可对70余种元素进行定性分析。为了便于识别谱线波长位置，通常用铁光谱作为波长标尺，将铁棒或氧化铁粉末与试样并列摄谱，把摄得的谱板置于映谱仪上，放大20倍与“谱线图”进行比较，如果某些元素的灵敏线出现则证明试样中存在这些元素。

在一定的条件下，元素的谱线强度随着其含量增高而增大，利用这一特征可对各种元素进行定量分析。为了确定其大致含量，可将试样与半定量标样在同一块感光板上摄谱，然后在映谱仪上用目视法，对被测元素的黑度进行比较，从而得出其大致含量，即光谱半定量分析法。

【实验试剂与仪器】

1. 试剂

标准样：标准样配制的原则应使标准样和试样成分相近，并有适当的浓度间隔。因此，以不含被测定元素的矿样（空矿）作基准物较好，但进行光谱定性全分析时，难以找到合适的空矿。一般采用人工合成基体来配制标准样，通常按Fe 5%，Al 7%，Ca 2%，Mg 1%，Na 1%，K 0.5%，Si 33.5%的质量比，称出相应的氧化物混合研磨而成，然后加入定量的被测元素（如Pb，Cr，Cu等）配成1%的标准样，再依次用人工基物逐步稀释成0.1%、0.01%、0.001%的一套标准样。

2. 仪器

WSP-1型摄谱仪、直（交）流电弧发生器、映谱仪、元素光谱图、定时钟、感光板、显影液、定影液、温度计。

【实验步骤】

1. 摄谱

（1）装样：取孔穴2.5mm×3.0mm×0.5mm的石墨电极，分别装入标准样、试样和铁粉，试样应压紧并露出炭孔边缘。

（2）接好光源线路，调至光线全部均匀地照射在狭缝盖上的全圆圈内。

（3）设置摄谱工作条件：狭缝7μm；中间光栏5mm；上电极：圆锥形石墨棒；下电极：有孔石墨电极（已装样）；感光板（天津Ⅱ型）。

（4）装感光板：取下感光板盒、在暗室里装感光板，盖紧板盒后，装至摄谱仪上，抽开挡板使感光板乳胶面对准光路。

（5）安装电极：分别将电极装入电极架上调整电极间距，点燃电弧，调节电极成像落在中间光栏两侧。光线均匀照明狭缝，取下狭缝盖后即可摄谱。

（6）摄谱顺序：

①定性分析

采用哈特曼光栏（即不移动感光板）摄谱。

A. 铁谱　将哈特曼光栏置于2、5、8处，控制电流在5A左右，曝光约15s。

B. 试样摄谱　将哈特曼光栏置于1（或3、4、6、7、9）处，控制电流在6A左右曝光30s，然后升高电流至8～10A，至试样烧完为止（弧焰呈紫色、电流下降、发出吱吱声），记录摄谱时间。

C. 空碳棒摄谱　将哈特曼光栏置于4（或其他未摄谱位置）处，取未装试样的一对石墨电极，按试样摄谱条件进行摄谱，用以检查石墨电极的纯度。

②半定量分析

采用固定光栏摄谱（即将光栏位置固定在1mm高度），每摄完一个试样，将感光板位置移动1.5mm（1.5刻度）。

A. 铁谱　摄谱条件同定性分析。

B. 半定量分析试样　摄谱条件同定性分析。

C. 半定量分析标样　摄谱条件同半定量分析试样。

（7）暗室处理：摄谱完毕后，取下板盒，在暗室里用红色安全灯进行显影、定影、再用水冲洗干净，晾干，备用。

显影温度：18～20℃；显影时间：4min；乳剂面向上。定影在室温下进行，至谱板全部透明即可取出用水冲洗。显影、定影时应摇动液体。

2. 识谱

（1）将已摄好的谱板，置于映谱仪上调整映谱仪使谱线达到清晰，然后用“谱线图”进行比较。

（2）认识铁光谱：将谱板从短波向长波移动，即自2400Å移至3500Å左右，每隔100Å记忆铁光谱的特征线。在3600Å左右出现氰带，3600Å、3900Å、4200Å是三个氰带（CN）的带头。

（3）大量元素的检查：凡试样谱带上的粗黑谱线，均用“谱线图”查对，以确定试样中哪些元素大量存在。

（4）杂质元素的检查：在元素的电弧线波长表上查出待测元素的灵敏线，根据其灵敏线所在的波段用图谱与谱板进行比较。如果某元素的灵感线出现，则可确定该元素存在。但应注意试样中大量元素和其他杂质元素谱线的干扰。一般应找2～3条灵敏线进行检查，根据这2～3条灵敏线均已出现，才能确定此元素的大致含量。

（5）半定量分析：将试样中被测元素的灵敏线与标样中该谱线的黑线进行比较，即可确定该元素的大致含量。

【注意事项】

换电极时不得用手直接接触电极，必须使用工具。

【实验结果】

1. 定性分析

根据试样谱板与“谱线图”对比的结果，指出试样中某元素出现的2～3条灵敏线及其黑度，以确定大量元素、中量元素、微量元素、痕量元素等。

2. 半定量分析

比较试样和标准样（1%，0.1%，0.01%，0.001%）中同一条灵敏线的浓度，以确定黑度，若在0.1%和0.01%之间，并接近0.01%时，则可用0.1%～0.01%表示，以此表示被测元素的半定量分析结果。

【思考题】

(1) 原子发射光谱定性分析的原理是什么？
(2) 摄谱的主要工作条件及选择这些条件的依据是什么？
(3) 简述识谱的步骤，并说明其理由。

7.15 分光光度法测定双组分混合物

【实验目的】

(1) 掌握单波长紫外-可见分光光度计的使用。
(2) 学会用解联立方程组的方法，定量测定吸收曲线相互重叠的二元混合物。

【实验原理】

根据朗伯-比尔定律，用紫外-可见分光光度法很容易定量测定在此光谱区内有吸收的单一成分。由两组分组成的混合物中，若彼此都不影响另一种物质的光吸收性质，可根据相互间光谱重叠的程度，采用相对应的方法来进行定量测定。当两组分吸收峰部分重叠时，选择适当的波长，仍可按测定单一组分的方法处理；当两组分吸收峰大部分重叠时，则宜采用解联立方程组或双波长法等方法进行测定。

解联立方程组的方法是以朗伯-比尔定律及吸光度的加合性为基础，同时测定吸光光谱曲线相互重叠的二元组分的一种方法。

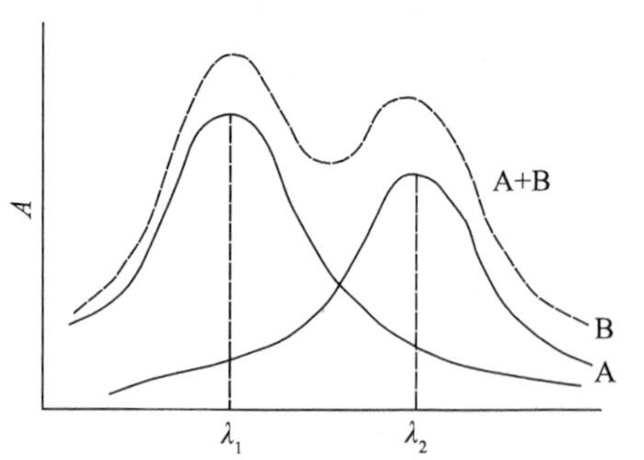

图 7.15.1 吸收曲线相互重叠的二元组分

从图7.15.1可以看出，混合组分在λ_1的吸收等于A组分和B组分分别在λ_1的吸光度之和$A_{\lambda_1}^{A+B}$即

$$A_{\lambda_1}^{A+B} = \varepsilon_{\lambda_1}^{A} lc^{A} + \varepsilon_{\lambda_1}^{B} lc^{B} \quad (7.15.1)$$

同理，混合组分在λ_2的吸光度之和$A_{\lambda_2}^{A+B}$应为

$$A_{\lambda_2}^{A+B} = \varepsilon_{\lambda_2}^{A} lc^{A} + \varepsilon_{\lambda_2}^{B} lc^{B} \quad (7.15.2)$$

若首先用A，B组分的标样，分别测得A，B两组分在λ_1和λ_2处的摩尔吸收系数$\varepsilon_{\lambda_1}^{A}$，$\varepsilon_{\lambda_1}^{B}$和$\varepsilon_{\lambda_2}^{A}$，$\varepsilon_{\lambda_2}^{B}$，当测得未知试样在$\lambda_1$和$\lambda_2$的吸光度$A_{\lambda_1}$和$A_{\lambda_2}$

后，解下列二元一次方程

$$\begin{cases} A_{\lambda_1} = \varepsilon_{\lambda_1}^{A} l c^{A} + \varepsilon_{\lambda_1}^{B} l c^{B} \\ A_{\lambda_2} = \varepsilon_{\lambda_2}^{A} l c^{A} + \varepsilon_{\lambda_2}^{B} l c^{B} \end{cases}$$

即可求得 A，B 两组分各自的浓度 c^A和 c^B。

一般来说，为了提高检测的灵敏度，λ_1和 λ_2宜分别选择在 A，B 两组分最大吸收峰处或其附近。

【实验试剂与仪器】

1. 试剂

0.020mol · L^{-1} $KMnO_4$ 溶液（其中含 H_2SO_4 0.5mol · L^{-1}，含 KIO_4 2g · L^{-1}）、0.020mol · L^{-1} $K_2Cr_2O_7$溶液（其中含 H_2SO_4 0.5mol · L^{-1}，含 KIO_4 2g · L^{-1}）。

2. 仪器

紫外-可见分光光度计（375～625nm）、容量瓶、移液管、烧杯、比色皿。

【实验步骤】

1. 溶液的配制

（1）分别取一定量的 0.020mol · L^{-1} $KMnO_4$溶液，稀释配制成浓度为 0.8×10^{-4}、1.6×10^{-4}、2.4×10^{-4}、3.2×10^{-4}和 4.0×10^{-4}mol · L^{-1}的标准系列溶液。

（2）分别取一定量的 0.020mol · L^{-1} $K_2Cr_2O_7$溶液，稀释配制成浓度为 0.8×10^{-4}、1.6×10^{-4}、2.4×10^{-4}、3.2×10^{-4}和 4.0×10^{-4} mol · L^{-1}的标准系列溶液。

2. 吸收曲线的绘制

绘制上述 10 种溶液在 375～625nm 范围内的吸收光谱图，并测定它们在 440nm 和 545nm 处的吸光度。

3. 样品测定

测定给定的试样在 440nm 和 545nm 处的吸光度。

【注意事项】

绘制吸收曲线时必须分别测定不同溶液标准溶液在 440nm 和 545nm 波长处的吸光度。

【实验结果】

（1）由实验步骤 2 所得吸光度，分别求得 $KMnO_4$和 $K_2Cr_2O_7$在 440nm 和 545nm 处的摩尔吸收系数 ε_{440}^{A}，ε_{545}^{A}，ε_{440}^{B}和 ε_{545}^{B}。

（2）由实验步骤 3 所得吸光度 A_{440}和 A_{545}，列出二元一次方程，求得 c^A和 c^B的浓度。

【思考题】

（1）今有吸收光谱曲线相互重叠的三元体系混合物，能否用解联立方程组的方法测定它们各自的含量？

（2）设计一个用双波长法测定本实验内容的实验方案。

(3) 多组分同时测定的波长选择原则是什么？为什么先找出各组分的线性范围？

(4) 多组分同时测定的准确度与哪些因素有关？

7.16　可见分光光度法测定水果、蔬菜及药物中的抗坏血酸含量

【实验目的】

(1) 掌握铁（Ⅱ）-邻菲啰啉配合物测定抗坏血酸的原理与方法。

(2) 掌握利用配位掩蔽法消除光还原作用的方法。

(3) 了解抗坏血酸测定的意义，了解样品处理与制备、含量测定的全过程。

【实验原理】

抗坏血酸，也叫维生素C，易溶于水。自然界存在两种形式的维生素C：抗坏血酸（还原型）和脱氢抗坏血酸（氧化型），抗坏血酸易被氧化成脱氢抗坏血酸，脱氢抗坏血酸又易还原成抗坏血酸。

在酸性溶液中铁（Ⅲ）氧化抗坏血酸生成去氢抗坏血酸，同时铁（Ⅲ）被还原成亚铁离子，后者与1，10-邻菲啰啉合成红色的亚铁菲啰啉离子 $Fe(C_{12}H_8N_2)_3^{2+}$，在波长510nm处有最大吸收，可用作抗坏血酸及其制剂的含量测定。反应式为

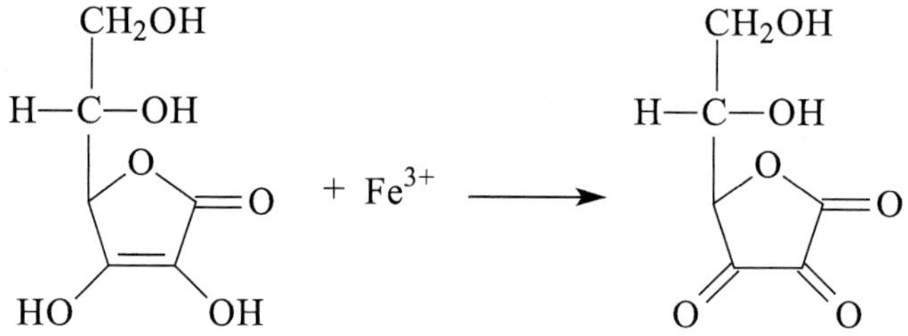

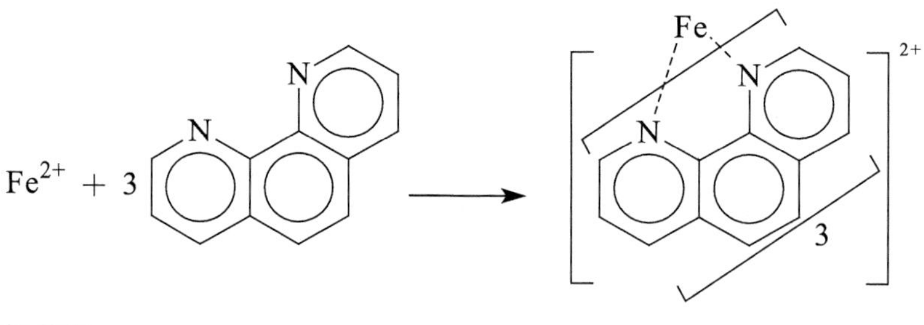

【实验试剂与仪器】

1. 试剂

用铁铵矾配制 Fe^{3+} 标准溶液（$100\mu g \cdot L^{-1}$）：准确称取铁铵矾0.4318g，置于100mL烧杯中，加入盐酸（1∶1）10mL和少量水溶解后转移至500mL容量瓶中，以水定容，摇匀；0.1%邻菲啰啉溶液；抗坏血酸（$20\mu g \cdot mL^{-1}$ 内含1%的HAc，现配现用）；HAc-NaAc缓冲溶液（$0.2mol \cdot L^{-1}$；pH4.75）；10%氟化钠溶液；1%HAc溶液。

2. 仪器

电子天平、分光光度计（1cm 比色皿）、移液管（5、10mL）、比色管或容量瓶（25 或 50mL）。

【实验步骤】

1. 吸收曲线

加入准确吸取的 $20\mu g \cdot L^{-1}$ 抗坏血酸标准溶液 5.00mL 于洁净的 50mL 容量瓶中，加入 $100\mu g \cdot L^{-1}$ Fe^{3+} 标准溶液 2.00mL。摇匀，再加入 5.00 mL 0.1%邻菲啰啉溶液，摇匀；加入 5.00 mL HAc-NaAc 缓冲溶液，摇匀；再加入 2.00mL 1%氟化钠溶液，用水稀释至 50mL，摇匀。同时制作相应的试剂空白。以相应试剂空白作参比，测定不同波长条件下的吸光度 A，绘制吸收曲线，选择最大吸收波长 λ_{max} 为测定波长。

2. 标准曲线

分别加入准确吸取的 20 $\mu g \cdot mL^{-1}$ 抗坏血酸标准溶液 1.00、2.00、3.00、4.00、5.00、6.00、7.00、8.00mL 于系列洁净的 50mL 容量瓶中，依次加入 100 $\mu g \cdot mL^{-1}$ Fe^{3+} 标准溶液 2.00 mL 摇匀；加入 5.00mL 0.1%邻菲啰啉溶液，摇匀；加入 5.00mL HAc-NaAc 缓冲溶液，摇匀；再加入 2.00mL 1%氟化钠溶液，用水稀释至 50mL，摇匀。以相应试剂空白作参比，在最大吸收波长处测定吸光度 A，用 Excel 电子表格绘制标准曲线，并计算回归方程。

3. 样品制备

(1) 水果或蔬菜汁样品溶液的制备。将水果（新上市水果 50g 或存放一段时间的水果 100g）去皮、去核后（或将蔬菜去根，洗干净，沥干后），准确称重，在组织捣碎机中捣碎，转移至烧杯中，用 50mL 1%HAc 溶液浸泡、混匀，先用脱脂棉粗滤，滤液再用滤纸精滤，将精滤液转移至 250mL 容量瓶中用 1%HAc 溶液定容，摇匀。

(2) 果味维生素 C 冲剂。准确称取果味维生素 C 冲剂 0.5000g，置 100mL 容量瓶中以水定容。过滤，弃去初滤液，吸取续滤液 3.00mL，置于 50mL 容量瓶中，以下按“标准曲线”项下操作。

(3) 药片溶液的制备。取维生素 C 片 20 片，准确称重，求平均片重后研细。取适量（相当于维生素 C 100mg）精确称重后，置 1000mL 容量瓶中，加水到刻度，摇匀，并过滤。弃去初滤液，准确吸取续滤液 2 mL 置 50mL 容量瓶中，以下按“标准曲线”项下操作。

4. 样品测定

准确吸取样品溶液体积 V（mL）（苹果 3.00mL，或橘子 2.00 mL，或果味维生素 C 冲剂溶液 3.00 mL，或药片溶液 2.00mL），以下按“标准曲线”项下操作，测定吸光度 A，平行测定 3 次，计算平均值。根据标准曲线的回归方程及样品量计算样品中的抗坏血酸含量，其单位为 $mg \cdot L^{-1}$。

【注意事项】

(1) 样品中的其他还原性组分（如半胱氨酸等）干扰测定，使测定结果偏高。

(2) 抗坏血酸易受溶解氧的氧化，因此抗坏血酸必须现配现用。

(3) 本方法中过量的 Fe^{3+} 必须用氟离子掩蔽，否则 Fe^{3+} 与邻菲罗啉形成的配合物容易被

光还原为 Fe^{2+} 的邻菲啰啉配合物而使测定结果偏高。

(4) 水果、蔬菜或果味维生素 C 片中柠檬酸、酒石酸等有机酸对于 Fe^{3+} 的邻菲啰啉配合物的光还原有促进作用。

【实验结果】

(1) 绘制标准曲线。

(2) 由标准曲线求出相应的含量，并计算试样中的含量。

【思考题】

(1) 加入氟化钠溶液的作用是什么？能否用其他试剂替代？

(2) 本法测定抗坏血酸时，合适的 pH 范围在哪里？

(3) 能否用直接比较法计算样品中的抗坏血酸浓度？如能，请列出计算公式。

7.17 钼酸铵分光光度法测磷

【实验目的】

(1) 掌握水样中总磷测定的预处理方法。

(2) 掌握钼酸铵分光光度法测定水样中总磷的原理和技术。

【实验原理】

在天然水和废水中，磷几乎都以各种磷酸盐的形式存在，它们分为正磷酸盐，缩合磷酸盐（焦磷酸盐、偏磷酸盐和多磷酸盐）和有机结合的磷酸盐，它们存在于溶液、腐殖质颗粒和水生生物中。

天然水中磷酸盐含量较少。化肥、冶炼、合成洗涤剂等行业的工业废水及生活污水、农田排水中常含有较大量的磷。磷是生物生长必需的元素之一，但水体中磷含量过高，可造成藻类的过度繁殖，导致富营养化，造成湖泊、河流透明度降低，使水质恶化。

水中磷的测定，通常按其存在的形式，分别测定总磷、溶解性正磷酸盐和总溶解性磷。总磷包括溶解的、颗粒的、有机的和无机的磷。在总磷的测定中，混合水样（包括悬浮物）在中性条件下用过硫酸钾使试样消解，将水样中不同形态的磷转化为正磷酸盐。在酸性条件下，正磷酸盐与钼酸铵反应，在锑盐存在下生成磷钼杂多酸后，立即被抗坏血酸还原，生成蓝色络合物（钼蓝），于 700nm 波长处测量吸光度。

砷大于 $2mg \cdot L^{-1}$ 干扰测定，用硫代硫酸钠去除；硫化物大于 $2mg \cdot L^{-1}$ 干扰测定，通氮气去除；铬大于 $50mg \cdot L^{-1}$ 干扰测定，用亚硫酸钠去除；铁浓度为 $20mg \cdot L^{-1}$，使结果偏低 5%；海水中大多数离子对显色的影响可以忽略。

该方法最低检出浓度为 $0.01mg \cdot L^{-1}$，测定上限为 $0.6mg \cdot L^{-1}$，适用于地面水、生活污水及工业废水。

【实验试剂与仪器】

1. 试剂

(1) 5%过硫酸钾溶液：溶解 5g 过硫酸钾（$K_2S_2O_8$）于水中，并稀释至 100mL。

(2)（1∶1）硫酸溶液：把 500mL 浓硫酸（H_2SO_4，$\rho=1.84g\cdot mL^{-1}$）在不断搅拌下加入到 500mL 水中。

(3) 10%抗坏血酸溶液：溶解 10g 抗坏血酸（$C_6H_8O_6$）于水中，并稀释至 100mL。此溶液贮存于棕色试剂瓶中，在冷处可稳定几周。如颜色变黄，则弃去重配。

(4) 钼酸盐溶液：溶解 13g 钼酸铵［$(NH_4)_6Mo_7O_{24}\cdot 4H_2O$］于 100mL 水中。溶解 0.35g 酒石酸锑氧钾［$K(SbO)C_4H_4O_6\cdot 1/2H_2O$］于 100mL 水中。在不断搅拌下，将钼酸铵溶液徐徐加到 300mL（1∶1）硫酸中，加酒石酸锑氧钾溶液并且混合均匀。试剂贮存在棕色试剂瓶中于冷处保存，至少稳定 2 个月。

(5) 浊度-色度补偿液：混合两份体积的（1∶1）硫酸和一份体积的 10%抗坏血酸溶液。此溶液当天配制。

(6) 磷标准贮备溶液：称取（0.2197±0.001)g 于 110℃干燥 2h 在干燥器中放冷的磷酸二氢钾（KH_2PO_4），用水溶解后转移至 1000mL 容量瓶中，加入大约 800mL 水、5mL（1∶1）硫酸，用水稀释至标线并混匀。1.00mL 此标准溶液含 50.0μg 磷。本溶液在玻璃瓶中可贮存至少六个月。

(7) 磷标准使用溶液：将 10.0mL 的磷标准贮备溶液转移至 250mL 容量瓶中，用水稀释至标线并混匀。1.00mL 此标准溶液含 2.0μg 磷。使用当天配制。

2. 仪器

医用手提式高压蒸汽消毒器或一般民用压力锅（0.1～0.15MPa)、50mL 具塞（磨口）比色管、722S 型分光光度计。

注：所有玻璃器皿均应用稀盐酸或稀硝酸浸泡。

【实验步骤】

1. 水样的采集与保存

水样采集在聚乙烯瓶或玻璃瓶内，含磷量较少的水样不要用塑料瓶采样，因为磷酸盐易吸附在塑料瓶上。水样采集后，加硫酸酸化至 pH<1 保存，或不加任何试剂于冷处保存。

2. 水样的消解

(1) 取 25mL 水样于 50mL 具塞比色管中。取时应仔细摇匀，以得到溶解部分和悬浮部分均具有代表性的试样。如样品中含磷浓度较高，酌情少取水样，并加水至 25mL，使含磷量不超过 30μg。向试样中加 4mL 过硫酸钾，将具塞刻度管的盖塞紧后，用一小块纱布和线将玻璃塞扎紧，以免加热时玻璃塞冲出。将具塞比色管放在大烧杯中，置于高压蒸汽消毒器中加热，待锅内压力达 0.11MPa，相应温度为 121℃时，保持 30min 后停止加热。待压力表读数降至零后，取出放冷。然后用水稀释至刻线。

(2) 取 7 支 50mL 具塞比色管分别加入 0.0、0.50、1.00、3.00、5.00、10.0、15.0mL 磷标准使用溶液，加水至 25mL，加入 4mL 过硫酸钾，将具塞比色管的盖塞紧后，用一小块纱布和线将玻璃塞扎紧，放在大烧杯中置于高压蒸汽消毒器中经同样的消解操作，消解后取出放冷，然后用水稀释至标线。

3. 分光光度测量

分别向各份消解液中加入 1mL 10%抗坏血酸溶液混匀，30s 后加 2mL 钼酸盐溶液充分混匀，室温下放置 15min。用 10mm 比色皿，在 700nm 波长下，以水做参比，测定吸光度。

4. 空白试验

用蒸馏水代替试样，按与样品相同的步骤进行预处理和测定。

【注意事项】

（1）如采样时水样用酸固定，则用过硫酸钾消解前将水样调至中性。

（2）如试样中浊度或色度影响测量吸光度时，需做补偿校正。在 50mL 比色管中，水样定容后加入 3mL 浊度-色度补偿液，测量吸光度，然后从水样的吸光度中减去校正吸光度。

（3）室温低于 13℃时，可在 20～30℃水浴中显色 15min。

（4）比色皿用后应以稀硝酸或铬酸洗液浸泡片刻，以除去吸附的铂蓝显色物。

【实验结果】

（1）标准溶液测得的吸光度扣除空白试验的吸光度后，和对应的磷的含量绘制工作曲线。

（2）水样测得的吸光度减去空白试验的吸光度后，从工作曲线上查得磷含量，并计算水样中总磷的含量。

$$\rho = \frac{m}{V}$$

式中，ρ 为总磷量，$mg \cdot L^{-1}$；m 为由工作曲线查得的磷量，μg；V 为水样体积，mL。

【思考题】

（1）本实验制作标准曲线时，若省略了预处理的步骤，对试样的测定结果可能会有什么影响？

（2）用分光光度计测定吸光度时，如果比色皿中有气泡对结果有什么影响？如果比色皿外壁有水痕对结果有什么影响？

（3）如果测定水样中的溶解性正磷酸盐和总溶解性磷，应如何进行？

7.18 紫外吸收光谱法同时测定维生素 C 和维生素 E

【实验目的】

（1）进一步熟悉紫外-可见分光光度计的使用。

（2）学习在紫外光谱区同时测定双组分体系——维生素 C 和维生素 E。

【实验原理】

维生素 C 和维生素 E 在食品中起抗氧化作用，即它们在一定时间内能防止油脂氧化变质。维生素 C 是水溶性的，维生素 E 是脂溶性的，但它们都溶于乙醇，因此能在同一溶液中采用紫外分光光度法，以朗伯-比尔定律及吸光度的加合性为基础，通过解联立方程组的方法同时测定它们的含量。

【实验试剂与仪器】

1. 试剂

7.50×10^{-5} mol·L^{-1}抗坏血酸贮备液：称 0.0132g 抗坏血酸，溶于无水乙醇中，并用无水乙醇定容于 1000mL；1.13×10^{-4} mol·L^{-1} α-生育酚（维生素 E）贮备液：称 0.0488g α-生育酚溶于无水乙醇中，并用无水乙醇定容于 1000mL；无水乙醇。

2. 仪器

紫外-可见分光光度计、石英比色皿、50mL 容量瓶、10mL 吸量管。

【实验步骤】

1. 配制标准溶液

（1）分别取抗坏血酸贮备液 4.00、6.00、8.00、10.00mL 于 4 只 50mL 容量瓶中，用无水乙醇稀释至刻度，摇匀。

（2）分别取 α-生育酚贮备液 4.00、6.00、8.00、10.00mL 于 4 只 50mL 容量瓶中，用无水乙醇稀释至刻度，摇匀。

2. 绘制吸收光谱

以无水乙醇为参比，在 220～320nm 范围测绘出抗坏血酸和 α-生育酚的吸收光谱，并确定 λ_1和 λ_2。

3. 绘制标准曲线

以无水乙醇为参比，在波长 λ_1和 λ_2，分别测定步骤 1 配制的 8 个标准溶液的吸光度。

4. 样品测定

取样品液 5.00mL 于 50mL 容量瓶中，用无水乙醇稀释至刻度，摇匀。在 λ_1和 λ_2分别测其吸光度。

【注意事项】

抗坏血酸会缓慢地氧化成脱氢抗坏血酸，所以每次实验时必须配制新鲜溶液。

【实验结果】

（1）绘制抗坏血酸和 α-生育酚的吸收光谱，确定 λ_1和 λ_2。

（2）分别绘制抗坏血酸和 α-生育酚在 λ_1和 λ_2时的 4 条标准曲线，求出 4 条直线的斜率，即 $\varepsilon_{\lambda_1}^{C}$、$\varepsilon_{\lambda_2}^{C}$、$\varepsilon_{\lambda_1}^{E}$ 和 $\varepsilon_{\lambda_1}^{E}$。

（3）计算样液中抗坏血酸和 α-生育酚的浓度。

【思考题】

（1）写出抗坏血酸和 α-生育酚的结构式，并解释一个是“水溶性”，一个是“脂溶性”的原因。

（2）使用本方法测定抗坏血酸和 α-生育酚是否灵敏？解释其原因。

7.19 维生素 B_1 片的鉴定和分析

【实验目的】

（1）掌握维生素 B_1 鉴别反应的原理和方法。

（2）掌握紫外-可见分光光度法测定药物含量的原理和方法。

【实验原理】

维生素 B_1（硫胺素）属于水溶性维生素，在碱性高铁氰化钾溶液中，能被氧化成一种蓝色的荧光化合物——硫色素，在紫外线下，硫色素发出荧光。

维生素 B_1 分子中具有共轭双键结构，在紫外区有吸收；根据其最大吸收波长处的吸光度即可计算含量。

【实验试剂与仪器】

1. 试剂

0.9%盐酸溶液：移取 9mL 浓盐酸溶于 1000mL 蒸馏水中。

2. 仪器

紫外-可见分光光度计。

【实验步骤】

1. 鉴别

取本品的细粉适量，加水搅拌，过滤，滤液蒸干。

（1）取残渣约 5mg，加氢氧化钠试液 2.5mL 溶解后，加铁氰化钾试液 0.5mL 与正丁醇 5mL 强力振摇 2min，放置使分层，上面的醇层显强烈的蓝色荧光：加酸呈呈酸性，荧光即消失；再加碱使呈碱性，荧光又显出。

（2）取残渣少许，加水溶解，加硝酸使呈酸性后，加硝酸银试液，即生成白色凝乳状沉淀；分离，沉淀加氨试液即溶解，再加硝酸，沉淀复生成。

（3）取残渣少许，置试管中，加等量的二氧化锰，混匀，加硫酸湿润，缓缓加热，即生成氯气，能使湿润的碘化钾淀粉试纸显蓝色。

2. 含量测定

取本品 20 片，精密称定，研细，精密称取适量（约相当于维生素 B_1 25mg），置 100mL 容量瓶中，加 0.9%盐酸溶液约 70mL，振摇 15min 使维生素 B_1 溶解，加 0.9%盐酸溶液稀释至刻度，摇匀，用干燥滤纸过滤，精密量取续滤液 5mL，置另一个 100mL 容量瓶中，再加 0.9%盐酸溶液稀释至刻度，摇匀，照分光光度法，在 246nm 的波长处测定吸光度，其吸光度与浓度的关系如下

$$A = E_{1cm}^{1\%} \cdot c \cdot l \tag{7.19.1}$$

式中，A 为吸光度；$E_{1cm}^{1\%}$ 为维生素 B_1 1%吸收系数，在 426nm 波长下其值为 421；l 为比色皿的

厚度，cm；c 为待测样品溶液中维生素 B_1 的浓度。

维生素 B_1 片标示量的百分含量计算公式如下

$$\text{维生素 } B_1 \text{ 片标示量的百分含量} = \frac{A \cdot D \cdot \bar{w}}{E_{1cm}^{1\%} \times 100 \cdot W \cdot S} \times 100\% \tag{7.19.2}$$

式中：A 为样品在 426nm 波长处测得的吸光度；D 为样品的稀释倍数；$\bar{w}$ 为维生素 B_1 片每片的平均质量；W 为样品质量；S 为维生素 B_1 片的标示量。

本品含维生素 B_1（$C_{12}H_{17}ClN_4OS \cdot HCl$）应为标示量的 90.0%～110.0%。

【注意事项】

测定溶液取续滤液。

【实验结果】

（1）根据所测吸光度计算水样中维生素 B_1 的浓度。

（2）用所测数据计算样品中标示量的含量。

【思考题】

（1）试简述以上维生素 B_1 鉴别反应的原理。

（2）试简述吸收系数法测定药物含量的特点和一般方法。

（3）如何计算供试品中维生素 B_1 的含量。

7.20 苯甲酸红外透射光谱的测定

【实验目的】

（1）了解红外光谱仪的基本组成和工作原理。

（2）了解红外光谱分析时各种物态试样的制备及测试方法。

（3）重点掌握固体样品 KBr 压片制样及测试方法。

（4）熟悉化合物不同基团的红外吸收频率范围。

【实验原理】

红外光谱分析是研究分子振动和转动信息的分子光谱。当化合物受到红外光照射，化合物中某个化学键的振动或转动频率与红外光频率相当时，就会吸收光能，并引起分子永久偶极矩的变化，产生分子振动和转动能级从基态到激发态的跃迁，使相应频率的透射光强度减弱。分子中不同的化学键振动频率不同，会吸收不同频率的红外光，检测并记录透过光强度与波数（cm^{-1}）或波长的关系曲线，就可得到红外光谱。红外光谱反映了分子化学键的特征吸收频率，可用于化合物的结构分析和定量测定。

根据实验技术和应用的不同，我们将红外光划分为三个区域：近红外区（0.75～2.5μm；ν：13158～4000cm^{-1}），中红外区（2.5～25μm；ν：4000～400cm^{-1}）和远红外区（25～1000μm；ν：400～10cm^{-1}）。分子振动伴随转动大多在中红外区，一般的红外光谱都在此波数区间进行检测。

红外光源傅里叶变换红外光谱仪主要由红外光源、迈克耳孙干涉仪、检测器、计算机和记录系统五部分组成。红外光经迈克耳孙干涉仪照射样品后，再经检测器将检测到的信号以干涉图的形式送往计算机，进行傅里叶变换的数学处理，最后得到红外光谱。

【实验试剂与仪器】

1. 试剂

KBr、苯甲酸。

2. 仪器

IRPrestige-21 型 FT-IR 红外光谱仪（日本岛津公司）；压片机；压片模具；固体、液体及溶液装样器具（日本岛津公司）；玛瑙研钵。

【实验步骤】

1. 样品的制备（固体样品的制备）

溴化钾压片。取约 1mg 固体试样于干净的玛瑙研钵中，在红外灯下研磨成细粉，再加约 200mg 干燥 KBr 粉末一起研磨，直至二者完全混合均匀（颗粒约为 2μm 以下）。取出压片模具，将一压舌光面向上放入模芯中，套上套环，用样品匙将样品小心加入模具中，堆积均匀，另取一压舌光面向下放入模芯中，稍加压力使样品铺平，盖上罩子。把装好的模具放在油压机上，关闭气压阀，手动加压直至压力表指示约为 39.2266MPa（400kgf）时，停止加压，保持 1～3min 后放气泄压。取出模具，将样品脱模，得一透明圆片，用小镊子将其放在试样架上，插入检测池测定红外光谱图。

2. 其他样品制备方法

(1) 液体石蜡研糊。取 2～3mg 固体试样于干净的玛瑙研钵中研细，滴加 1～2 滴液体石蜡后，充分研磨混匀呈糊状，在红外灯下干燥，取出样品架和 KBr（或 NaCl）盐片，将研磨好的样品用不锈钢匙刮到盐片上，涂匀后压上另一盐片，装入样品架下面板，位置调整适当后，插入上面板，将样品架的对角用螺丝旋紧固定，然后插入检测池测定红外光谱图。

(2) 薄膜法（多用于高分子化合物的测定）。通常将试样热压成膜，将膜夹在两盐片之间，放入样品架固定，测定其红外图谱（薄膜样品可直接采用此法测定）。也可将聚合物溶于适当的溶剂中（浓度为 1%～20%），然后将溶液滴在盐片上摊匀，在红外灯下使溶剂逐渐挥发成膜后，盖上另一盐片，装入样品架固定，插入检测池测定红外光谱图。

(3) 液体样品的制备。液膜法：对于高沸点、低黏度的样品，可将样品直接滴在盐片上，盖上另一盐片；对于黏度较大的样品，用不锈钢匙将少许样品涂在盐片表面，在红外灯下烘烤，将样品刮匀，盖上另一盐片，使两盐片之间形成一定厚度的液膜，装入样品架固定，插入检测池测定红外光谱图。对于低沸点易挥发的样品，应采用封闭式液体池检测。

(4) 气体样品的制备。取出气体进样槽，打开进样槽两活塞中任意一个，将其与真空泵相连接；打开真空泵，抽出空气槽内原有的空气，关闭抽气活塞及油泵开关。将气体样品接入样槽任意一个入口，打开活塞注样，气体样品吸收峰强度的大小是通过调整气槽内样品压力实现的，因此在注样时，可将气槽另一入口和压力计相连，使气槽压力控制在所需范围内进行检测。

3. 样品检测

(1) 打开光谱仪电源开关；运行电脑中红外光谱软件，设置实验参数。

(2) 测定空气背景。

(3) 将预先制备好的样品插入样品架，测定红外图谱。

【注意事项】

(1) 溴化钾样品的浓度和片的厚度应适当，在样品研磨、放置的过程中应特别注意干燥。

(2) 切不可用手触摸 NaCl，KBr 盐片表面；用丙酮清洗盐片，用镜头纸或脱脂棉擦拭后，放入干燥器中保存。

(3) 液体样品制备前应干燥除水，水溶液应使用 CaF_2 或 BaF_2 窗片；腐蚀性样品切不可用常规盐片制备。

【实验结果】

(1) 采用常规图谱处理功能，对所测图谱进行基线校正及适当的平滑处理，标出主要吸收峰的波数值，储存数据并打印图谱。

(2) 讨论苯甲酸中各基团出现的频率范围。

【思考题】

(1) 为什么红外光谱检测要采用特殊的制样方法？

(2) 为什么溴化钾压片制样容易造成图谱倾斜，而液体和薄膜样品却没有这种现象？

(3) 区别饱和碳氢与不饱和碳氢的主要标志是什么？有机酸、苯环的光谱特征是什么？

(4) 哪些样品不适宜采用溴化钾压片制样？

参考文献

蔡炳新，陈贻文．2002．基础化学实验．北京：科学出版社

冯清．2007．医学基础化学实验．武汉：华中科技大学出版社

符克军．1995．人体生命元量．北京：中国医药科技出版社

复旦大学等．1993．物理化学实验．2版．北京：高等教育出版社

傅春玲，陈时忠．2000．有机化学实验．杭州：浙江大学出版社

龚福忠．2008．大学基础化学实验．武汉：华中科技大学出版社

关烨第等．2007．有机化学实验．2版．北京：北京大学出版社

李楠，张曙生．2002．基础有机化学实验．北京：中国农业大学出版社

廖蓉苏，丁来欣．2004．有机化学实验．北京：中国林业出版社

刘瑾．2006．基础化学实验．合肥：安徽科学技术出版社

刘寿长，张建军，徐顺．2004．物理化学实验与技术．北京：高等教育出版社

罗澄源，向明礼．1995．物理化学实验．2版．北京：高等教育出版社

马柏林，周文明．2003．有机化学实验．咸阳：西北农林科技大学出版社

马育．2009．基础化学实验．北京：化学工业出版社

庞素娟，吴洪达．2009．物理化学实验．武汉：华中科技大学出版社

王雪，郑诗礼，张懿．2008．溶析法分解铝酸钠溶液制备氢氧化铝．有色金属（冶炼部分），1：18～21

奚旦立，孙裕，刘秀英．2004．环境监测．3版．北京：高等教育出版社

张春晔．2003．物理化学实验．北京：高等教育出版社

张济新，孙海霖，朱明华．1995．仪器分析实验．北京：高等教育出版社

张晶，李风亭，张冰如．2007．用铝灰制备氢氧化铝的试验研究．湿法冶金，26（4）：206～208

赵文宽，张悟铭等．1994．仪器分析实验．北京：高等教育出版社

朱俭等．1981．生物化学实验．上海：上海科学技术出版社

朱明华．2007．仪器分析．3版．北京：高等教育出版社

附表　重要理化数据

附表 1　常见元素的相对原子质量（1995 年国际原子量）

元素名称	元素符号	相对原子质量	元素名称	元素名称	相对原子质量
银	Ag	107.87	锂	Li	6.941
铝	Al	26.982	镁	Mg	24.305
氩	Ar	39.948	锰	Mn	54.938
砷	As	74.922	钼	Mo	95.94
金	Au	196.97	氮	N	14.007
硼	B	10.811	钠	Na	22.990
钡	Ba	137.33	镍	Ni	58.693
溴	Br	79.904	氧	O	15.999
碳	C	12.011	磷	P	30.974
钙	Ca	40.078	铅	Pb	207.2
镉	Cd	112.41	钯	Pd	106.42
氯	Cl	35.453	铂	Pt	195.08
钴	Co	58.933	硫	S	32.066
铬	Cr	51.996	锑	Sb	121.76
铜	Cu	63.546	硒	Se	78.96
氟	F	18.998	硅	Si	28.086
铁	Fe	55.845	锡	Sn	118.71
氢	H	1.0079	钛	ti	47.867
氦	He	4.0026	铀	U	238.03
汞	Hg	200.59	钒	V	50.942
碘	I	126.90	钨	W	183.84
钾	K	39.098	锌	Zn	65.39

附表 2　常见化合物的相对分子质量

化合物	相对分子质量	化合物	相对分子质量	化合物	相对分子质量
Ag_3AsO_4	462.52	$Al(NO_3)_3$	213.00	BaC_2O_4	225.35
AgI	234.77	$Al(NO_3)_3 \cdot 9H_2O$	375.13	$BaCl_2$	208.24
AgBr	187.77	Al_2O_3	101.96	$BaCl_2 \cdot 2H_2O$	244.27
AgCl	143.32	$Al(OH)_3$	78.00	$BaCrO_4$	253.32
$AgNO_3$	169.87	$Al_2(SO_4)_3$	342.14	BaO	153.33
AgCN	133.89	$Al_2(SO_4)_3 \cdot 18H_2O$	666.41	$Ba(OH)_2$	171.34
AgSCN	165.95	As_2S_3	246.02	$BaSO_4$	233.39
Ag_2CrO_4	331.73	As_2O_3	197.84	$BiCl_3$	315.34
$AlCl_3$	133.34	As_2O_5	229.84	BiOCl	260.43
$AlCl_3 \cdot 6H_2O$	241.43	$BaCO_3$	197.34	$CaCO_3$	100.09

续表

化合物	相对分子质量	化合物	相对分子质量	化合物	相对分子质量
CaC_2O_4	128.10	CuI	190.45	HNO_3	63.013
$CaCl_2$	110.99	$Cu(NO_3)_2$	187.56	HNO_2	47.013
$CaCl_2 \cdot 6H_2O$	219.08	$Cu(NO_3)_2 \cdot 3H_2O$	241.60	H_2O	18.015
$Ca(NO_3)_2 \cdot 4H_2O$	236.15	CuO	79.545	H_2O_2	34.015
CaO	56.08	Cu_2O	143.09	H_3PO_4	97.995
$Ca(OH)_2$	74.09	CuS	95.61	H_2S	34.08
$Ca_3(PO_4)_2$	310.18	$CuSO_4$	159.60	H_2SO_3	82.07
$CaSO_4$	136.14	$CuSO_4 \cdot 5H_2O$	249.68	H_2SO_4	98.07
$CdCO_3$	172.42	$FeCl_2$	126.75	$Hg(CN)_2$	252.36
$CdCl_2$	183.32	$FeCl_2 \cdot 4H_2O$	198.81	$HgCl_2$	271.50
CdS	144.47	$FeCl_3$	162.21	Hg_2Cl_2	472.09
$Ce(SO_4)_2$	332.24	$FeCl_3 \cdot 6H_2O$	270.30	HgI_2	454.40
$Ce(SO_4)_2 \cdot 4H_2O$	404.30	FeS	87.91	$Hg_2(NO_3)_2$	525.19
CH_3COOH	60.052	Fe_2S_3	207.87	$Hg_2(NO_3)_2 \cdot 6H_2O$	561.22
CH_3COONa	82.034	$FeSO_4$	151.90	$Hg(NO_3)_2$	324.60
$CH_3COON \cdot 3H_2O$	136.08	$FeSO_4 \cdot 7H_2O$	278.01	HgO	216.59
$C_6H_4COOHCOOK$（邻苯二甲酸氢钾）	204.23	$FeNH_4(SO_4)_2 \cdot 12H_2O$	482.18	HgS	232.65
$C_4H_8N_2O_2$（丁二酮肟）	116.12	$Fe(NH_4)_2(SO_4)_2 \cdot 6H_2O$	392.13	$HgSO_4$	296.65
$(C_9H_7N)_3H_3PO_4 \cdot 12MoO_3$（磷钼酸喹啉）	2212.7	$Fe(NO_3)_3$	241.86	Hg_2SO_4	497.24
CH_3COONH_4	77.083	$Fe(NO_3)_3 \cdot 9H_2O$	404.00	$KAl(SO_4)_2 \cdot 12H_2O$	474.38
CO_2	44.01	FeO	71.846	KBr	119.00
$CoCl_2$	129.84	Fe_2O_3	159.69	$KBrO_3$	167.00
$CoCl_2 \cdot 6H_2O$	237.93	Fe_3O_4	231.54	KCl	74.551
$Co(NO_3)_2$	182.94	$Fe(OH)_3$	106.87	$KClO_3$	122.55
$Co(NO_3)_2 \cdot 6H_2O$	291.03	H_3AsO_3	125.94	$KClO_4$	138.55
CoS	90.99	H_3AsO_4	141.94	KCN	65.116
$CoSO_4$	154.99	H_3BO_3	61.83	$KClO_3$	122.55
$CoSO_4 \cdot 7H_2O$	281.10	HBr	80.912	$KClO_4$	138.55
$CO(NH_2)_2$	60.06	HCN	27.026	K_2CO_3	138.21
$CrCl_3$	158.35	HCOOH	46.026	K_2CrO_4	194.19
$CrCl_3 \cdot 6H_2O$	266.45	H_2CO_3	62.025	$K_2Cr_2O_7$	294.18
$Cr(NO_3)_3$	238.01	$H_2C_2O_4$	90.035	$KHC_4H_4O_3$	188.18
Cr_2O_3	151.99	$H_2C_2O_4 \cdot 2H_2O$	126.07	$KHSO_4$	136.16
CuCl	98.999	HCl	36.461	KI	166.00
$CuCl_2$	134.45	HF	20.006	KIO_3	214.00
$CuCl_2 \cdot 2H_2O$	170.48	HI	127.91	$KIO_3 \cdot HIO_3$	389.91
CuSCN	121.62	HIO_3	175.91	$KMnO_4$	158.03

续表

化合物	相对分子质量	化合物	相对分子质量	化合物	相对分子质量
$KNaC_4H_4O_6 \cdot 4H_2O$	282.22	$NaNO_2$	68.995	PbC_2O_4	295.22
KNO_3	101.10	$NaNO_3$	84.995	$PbCl_2$	278.10
KNO_2	85.104	Na_2O	61.979	$PbCrO_4$	323.20
K_2O	94.196	Na_2O_2	77.978	PbI_2	461.00
KOH	56.106	$NaOH$	39.997	$Pb(NO_3)_2$	331.20
K_2SO_4	174.25	Na_3PO_4	163.94	PbO	223.20
$MgCO_3$	84.314	Na_2S	78.04	PbO_2	239.20
$MgCl_2$	95.211	$Na_2S \cdot 9H_2O$	240.18	$Pb_3(PO_4)_2$	811.54
$MgCl_2 \cdot 6H_2O$	203.30	Na_2CO_3	105.99	PbS	239.30
MgC_2O_4	112.33	Na_2SO_3	126.04	$PbSO_4$	303.30
$Mg(NO_3)_2 \cdot 6H_2O$	256.41	Na_2SO_4	142.04	$SbCl_3$	228.11
$MgNH_4PO_4$	137.32	$Na_2S_2O_3$	158.10	Sb_2O_3	291.50
MgO	40.304	$Na_2S_2O_3 \cdot 5H_2O$	248.17	Sb_2S_3	339.68
$Mg(OH)_2$	58.32	NH_3	17.03	SiO_2	60.084
$Mg_2P_2O_7$	222.55	NH_4Cl	53.491	SiF_4	104.08
$MgSO_4 \cdot 7H_2O$	246.47	$(NH_4)_2CO_3$	96.086	SO_2	64.06
$MnCO_3$	114.95	$(NH_4)_2C_2O_4$	124.10	SO_3	80.06
$MnCl_2 \cdot 4H_2O$	197.91	$(NH_4)_2C_2O_4 \cdot H_2O$	142.11	$SnCl_2$	189.60
$Mn(NO_3)_2 \cdot 6H_2O$	287.04	NH_4HCO_3	79.055	$SnCl_4$	260.50
MnO	70.937	$(NH_4)_2MoO_4$	196.01	SnS	150.75
MnO_2	86.937	NH_4NO_3	80.043	$SrCO_3$	147.63
MnS	87.00	$(NH_4)_2HPO_4$	132.06	SrC_2O_4	175.64
$MnSO_4$	151.00	$(NH_4)_3PO_4 \cdot 12MoO_3$	1876.3	$Sr(NO_3)_2$	211.63
$MnSO_4 \cdot 4H_2O$	223.06	$(NH_4)_2S$	68.14	$SrSO_4$	183.68
Na_3AsO_3	191.89	NH_4SCN	76.12	$ZnCO_3$	125.39
$Na_2B_4O_7$	201.22	$(NH_4)_2SO_4$	132.13	ZnC_2O_4	153.40
$Na_2B_4O_7 \cdot 10H_2O$	381.37	NH_4VO_3	116.98	$ZnCl_2$	136.29
$NaBiO_3$	279.97	$NiCl_2 \cdot 6H_2O$	237.69	$Zn(CH_3COO)_2$	183.47
$Na_2CO_3 \cdot 10H_2O$	286.14	NiO	74.69	$Zn(CH_3COO)_2 \cdot 2H_2O$	219.50
$Na_2C_2O_4$	134.00	$Ni(NO_3)_2 \cdot 6H_2O$	290.79	$Zn(NO_3)_2$	189.39
$NaCl$	58.443	NiS	90.75	$Zn(NO_3)_2 \cdot 6H_2O$	297.48
$NaClO$	74.442	$NiSO_4 \cdot 7H_2O$	280.85	ZnO	81.38
$NaCN$	49.007	NO	30.006	ZnS	97.44
$NaSCN$	81.07	NO_2	46.006	$ZnSO_4$	161.44
$NaHCO_3$	84.007	P_2O_5	141.94	$ZnSO_4 \cdot 7H_2O$	287.54
$Na_2HPO_4 \cdot 12H_2O$	358.14	$PbCO_3$	267.20		
$Na_2H_2Y \cdot 2H_2O$	372.24	$Pb(CH_3COO)_2$	325.30		

附表 3　容量分析中常用的基准试剂

试剂名称	主要用途	用前干燥方法	国家标准编号
氯化钠	标定 $AgNO_3$ 溶液	500～550℃灼烧至恒重	GB1253—89
草酸钠	标定 $KMnO_4$ 溶液	(105±5)℃干燥至恒重	GB1254—90
无水碳酸钠	标定 HCl、H_2SO_4 溶液	270～300℃干燥至恒重	GB1255—90
乙二胺四乙酸二钠	标定金属离子溶液	硝酸镁饱和溶液恒湿器中放置 7d	GB12593—90
邻苯二甲酸氢钾	标定 NaOH 溶液	105～110℃干燥至恒重	GB1257—89
碘酸钾	标定 $Na_2S_2O_3$ 溶液	(180±2)℃干燥至恒重	GB1258—90
重铬酸钾	标定 $Na_2S_2O_3$、$FeSO_4$ 溶液	(120±2)℃干燥至恒重	GB1259—89
溴酸钾	标定 $Na_2S_2O_3$ 溶液	(180±2)℃干燥至恒重	GB12594—90
碳酸钙	标定 EDTA 溶液	(110±2)℃干燥至恒重	GB12596—90
氧化锌	标定 EDTA 溶液	800℃灼烧至恒重	GB1260—90
硝酸银	标定卤化物溶液	H_2SO_4 干燥器中干燥至恒重	GB12595—90
三氧化二砷	标定 I_2 溶液	H_2SO_4 干燥器中干燥至恒重	GB1256—90

附表 4　常用酸碱溶液的相对密度、质量分数与物质的量浓度对应表

相对密度（15℃）	HCl		HNO_3		H_2SO_4	
	w/%	c/（mol·L^{-1}）	w/%	c/（mol·L^{-1}）	w/%	c/（mol·L^{-1}）
1.02	4.13	1.15	3.70	0.6	3.1	0.3
1.04	8.16	2.3	7.26	1.2	6.1	0.6
1.05	10.2	2.9	9.0	1.5	7.4	0.8
1.06	12.2	3.5	10.7	1.8	8.8	0.9
1.08	16.2	4.8	13.9	2.4	11.6	1.6
1.10	20.0	6.0	17.1	3.0	14.4	1.6
1.12	23.8	7.3	20.2	3.6	17.0	2.0
1.14	27.7	8.7	23.3	4.2	19.9	2.3
1.15	29.6	9.3	24.8	4.5	20.9	2.5
1.19	37.2	12.2	30.9	5.8	26.0	3.2
1.20			32.3	6.2	27.3	3.4
1.25			39.8	7.9	33.4	4.3
1.30			47.5	9.8	39.2	5.2
1.35			55.8	12.0	44.8	6.2
1.40			65.3	14.5	50.1	7.2
1.42			69.8	15.7	52.2	7.6
1.45					55.0	8.2
1.50					59.8	9.2
1.55					64.3	10.2
1.60					68.7	11.2
1.65					73.0	12.3
1.70					77.2	13.4
1.84					95.6	18.0

续表

相对密度（15℃）	$NH_3 \cdot H_2O$		NaOH		KOH	
	w/%	c/（$mol \cdot L^{-1}$）	w/%	c/（$mol \cdot L^{-1}$）	w/%	c/（$mol \cdot L^{-1}$）
0.88	35.0	18.0				
0.90	28.3	15				
0.91	25.0	13.4				
0.92	21.8	11.8				
0.94	15.6	8.6				
0.96	9.9	5.6				
0.98	4.8	2.8				
1.05			4.5	1.25	5.5	1.0
1.10			9.0	2.5	10.9	2.1
1.15			13.5	3.9	16.1	3.3
1.20			18.0	5.4	21.2	4.5
1.25			22.5	7.0	26.1	5.8
1.30			27.0	8.8	30.9	7.2
1.35			31.8	10.7	35.5	8.5

附表 5　常用酸碱指示剂

指示剂	变色范围 pH	颜色变化	pK_{HIn}	浓度
百里酚蓝	1.2～2.8	红～黄	1.62	0.1%的 20%乙醇溶液
甲基黄	2.9～4.0	红～黄	3.25	0.1%的 90%乙醇溶液
甲基橙	3.1～4.4	红～黄	3.45	0.1%的水溶液
溴酚蓝	3.0～4.6	黄～紫	4.1	0.1%的 20%乙醇溶液或其钠盐水溶液
溴甲酚绿	4.0～5.6	黄～蓝	4.9	0.1%的 20%乙醇溶液或其钠盐水溶液
甲基红	4.4～6.2	红～黄	5.0	0.1%的 60%乙醇溶液或其钠盐水溶液
溴百里酚蓝	6.2～7.6	黄～蓝	7.3	0.1%的 20%乙醇溶液或其钠盐水溶液
中性红	6.8～8.0	红～黄橙	7.4	0.1%的 60%乙醇溶液
苯酚红	6.8～8.4	黄～红	8.0	0.1%的 60%乙醇溶液或其钠盐水溶液
酚酞	8.0～10.0	无～红	9.1	0.2%的 90%乙醇溶液
百里酚蓝	8.0～9.6	黄～蓝	8.9	0.1%的 20%乙醇溶液
百里酚酞	9.4～10.6	无～蓝	10.0	0.1%的 90%乙醇溶液

附表 6　常用氧化还原指示剂

指示剂名称	$E^{\ominus}$/V（$[H^+]=1mol \cdot dm^{-3}$）	颜色变化		配制方法
		氧化态	还原态	
硝基邻菲啰啉（与亚铁的配合物）	1.25	浅蓝	紫红	0.025$mol \cdot L^{-1}$的水溶液，0.0688g 硝基邻菲啰啉与 0.659g 七水合硫酸亚铁溶解于 1000mL 水中
邻菲啰啉（与亚铁的配合物）	1.06	浅蓝	红	0.025$mol \cdot L^{-1}$的水溶液，1.624g 硝基邻菲啰啉与 0.659g 七水合硫酸亚铁溶解于 1000mL 水中

续表

指示剂名称	$E^{\ominus}$/V ([H$^+$] = 1mol · dm^{-3})	颜色变化		配制方法
		氧化态	还原态	
对硝基二苯胺	0.99	紫	无色	0.05mol · L^{-1}的浓硫酸溶液，使用时用浓硫酸稀释成 0.005mol · L^{-1}
苯代邻氨基苯甲酸	0.89	紫红	无色	0.2g 苯代邻氨基苯甲酸溶解于 100mL 0.2%碳酸钠溶液中，加热
二苯胺磺酸钠	0.85	紫红	无色	0.2%水溶液
二苯胺	0.76	紫	无色	0.1%的浓硫酸溶液（硫酸先冒烟除去氧化物）
次甲基蓝	0.53	红	无色	0.1%的水溶液

附表 7　常用缓冲溶液的配制

缓冲液组成	缓冲液 pH	缓冲液配制方法
乙醇-乙酸铵	3.7	取 5mol · L^{-1}乙酸溶液 15.0mL，加乙醇 60mL 和水 20mL，用 10mol · L^{-1}氢氧化铵溶液调节 pH3.7，用水稀释至 1000mL
甲酸-氢氧化钠	3.7	取 95g 甲酸和氢氧化钠 40g 于 500mL 水中，溶解，稀释至 1000mL
六次甲基四胺-盐酸	5.4	取六次甲基四胺 40g 溶于 200cm^3 水中，加浓盐酸 10cm^3，稀释至 1dm^3
氨-氯化铵	8.0	取氯化铵 1.07g，加水使溶解成 100mL，再加稀氨水调节 pH 至 8.0
氨-氯化铵	9.2	取氯化铵 54g 溶于水中，加浓氨水 63mL，稀释至 1000mL
氨-氯化铵	10.0	取氯化铵 5.4g，加水 20mL 溶解后，加浓氨水 35mL，再加水稀释至 100mL
硼砂-氯化钙	8.0	取硼砂 0.572g 与氯化钙 2.94g，加水约 800mL 溶解后，用 1mol · L^{-1}盐酸溶液约 2.5mL 调节 pH 至 8.0，加水稀释至 1000mL
硼砂-碳酸钠	10.8～11.2	取无水碳酸钠 5.30g，加水使溶解成 1000mL；另取硼砂 1.91g，加水使溶解成 100mL。临用前取碳酸钠溶液 973mL 与硼砂溶液 27mL，混匀
硼酸-氯化钾	9.0	取硼酸 3.09g，加 0.1mol · L^{-1}氯化钾溶液 500mL 使溶解，再加 0.1mol · L^{-1}氢氧化钠溶液 210mL
邻苯二甲酸氢钾-盐酸	2.9	取 500g 邻苯二甲酸氢钾溶于 500mL 水中，加浓盐酸 80mL，稀释至 1000mL
乙酸盐	3.5	取乙酸铵 25g，加水 25mL 溶解后，加 7mol · L^{-1}盐酸溶液 38mL，用 2mol · L^{-1}盐酸溶液或 5mol · L^{-1}氨溶液准确调节 pH 至 3.5（电位法指示），用水稀释至 100mL
乙酸-乙酸钠	3.6	取乙酸钠 5.1g，加冰乙酸 20mL，再加水稀释至 250mL
乙酸-乙酸钠	3.7	取无水乙酸钠 20g，加水 300mL 溶解后，加溴酚蓝指示液 1mL 及冰乙酸 60～80mL，至溶液从蓝色转变为纯绿色，再加水稀释至 1000mL
乙酸-乙酸钠	3.8	取 2mol · L^{-1}乙酸钠溶液 13mL 与 2mol · L^{-1}乙酸溶液 87mL，每加 1mL 含铜 1mg 的硫酸铜溶液 0.5mL，再加水稀释至 1000mL
乙酸-乙酸钠	4.5	取乙酸钠 18g，加冰乙酸 9.8mL，再加水稀释至 1000mL

续表

缓冲液组成	缓冲液 pH	缓冲液配制方法
乙酸-乙酸钠	4.6	取乙酸钠 5.4g，加水 50mL 使溶解，用冰乙酸调节 pH 至 4.6，再加水稀释至 100mL
乙酸-乙酸钠	4.7	取乙酸钠 83g 溶于水中，加冰乙酸 60mL，稀释至 1000mL
乙酸-乙酸钠	6.0	取乙酸钠 54.6g，加 $1mol \cdot L^{-1}$ 乙酸溶液 20mL 溶解后，加水稀释至 500mL
乙酸-乙酸钾	4.3	取乙酸钾 14g，加冰乙酸 20.5mL，再加水稀释至 1000mL
乙酸-乙酸铵	4.5	取乙酸铵 7.7g，加水 50mL 溶解后，加冰乙酸 6mL 与适量的水使成 100mL
乙酸-乙酸铵	6.0	取乙酸铵 100g，加水 300mL 使溶解，加冰乙酸 7mL，摇匀
磷酸-三乙胺	3.2	取磷酸约 4mL 与三乙胺约 7mL，加 50％甲醇稀释至 1000mL，用磷酸调节 pH 至 3.2
磷酸盐	2.0	甲液：取磷酸 16.6mL，加水至 1000mL，摇匀。乙液：取磷酸氢二钠 71.63g，加水使溶解成 1000mL。取上述甲液 72.5mL 与乙液 27.5mL 混合，摇匀，即得缓冲液
磷酸盐-柠檬酸	2.5	取 $Na_2HPO_4 \cdot 12H_2O$ 113g 溶于 200mL 水后，加柠檬酸 387g，溶解，过滤后，稀释至 1000 mL
磷酸盐	5.8	取磷酸二氢钾 8.34g 与磷酸氢二钾 0.87g，加水使溶解成 1000mL
磷酸盐	6.5	取磷酸二氢钾 0.68g，加 $0.1mol \cdot L^{-1}$ 氢氧化钠溶液 15.2mL，用水稀释至 100mL
磷酸盐	6.6	取磷酸二氢钠 1.74g、磷酸氢二钠 2.7g 与氯化钠 1.7g，加水使溶解成 400mL
磷酸盐	6.8	取 $0.2mol \cdot L^{-1}$ 磷酸二氢钾溶液 250mL，加 $0.2mol \cdot L^{-1}$ 氢氧化钠溶液 118mL，用水稀释至 1000mL，摇匀
磷酸盐	7.0	取磷酸二氢钾 0.68g，加 $0.1mol \cdot L^{-1}$ 氢氧化钠溶液 29.1mL，用水稀释至 100mL
磷酸盐	7.2	取 $0.2mol \cdot L^{-1}$ 磷酸二氢钾溶液 50mL 与 $0.2mol \cdot L^{-1}$ 氢氧化钠溶液 35mL，加新沸过的冷水稀释至 200mL，摇匀
磷酸盐	7.3	取磷酸氢二钠 1.9734g 与磷酸二氢钾 0.2245g，加水使溶解成 1000mL，调节 pH 至 7.3
磷酸盐	7.4	取磷酸二氢钾 1.36g，加 $0.1mol \cdot L^{-1}$ 氢氧化钠溶液 79mL，用水稀释至 200mL
磷酸盐	7.6	取磷酸二氢钾 27.22g，加水使溶解成 1000mL，取 50mL，加 $0.2mol \cdot L^{-1}$ 氢氧化钠溶液 42.4mL，再加水稀释至 200mL
磷酸盐	7.8	甲液：取磷酸氢二钠 35.9g，加水溶解，并稀释至 500mL。乙液：取磷酸二氢钠 2.76g，加水溶解，并稀释至 100mL。取上述甲液 91.5mL 与乙液 8.5mL 混合，摇匀
磷酸盐	7.8～8.0	取磷酸氢二钾 5.59g 与磷酸二氢钾 0.41g，加水使溶解成 1000mL

附表 8　常用溶剂的物理常数表

溶剂	熔点 mp	沸点 bp	密度 d_4^{20}	折射率 n_D^{20}	介电常数 ε	摩尔折射率 R_D	偶极矩 μ
乙酸	17	118	1.049	1.3716	6.15	12.9	1.68
丙酮	−95	56	0.788	1.3587	20.7	16.2	2.85
乙腈	−44	82	0.782	1.3441	37.5	11.1	3.45
苯甲醚	−3	154	0.994	1.5170	4.33	33	1.38
苯	5	80	0.879	1.5011	2.27	26.2	0.00
溴苯	−31	156	1.495	1.5580	5.17	33.7	1.55
二硫化碳	−112	46	1.274	1.6295	2.6	21.3	0.00
四氯化碳	−23	77	1.594	1.4601	2.24	25.8	0.00
氯苯	−46	132	1.106	1.5248	5.62	31.2	1.54
氯仿	−64	61	1.489	1.4458	4.81	21	1.15
环己烷	6	81	0.778	1.4262	2.02	27.7	0.00
丁醚	−98	142	0.769	1.3992	3.1	40.8	1.18
邻二氯苯	−17	181	1.306	1.5514	9.93	35.9	2.27
1，2-二氯乙烷	−36	84	1.253	1.4448	10.36	21	1.86
二氯乙烷	−95	40	1.326	1.4241	8.93	16	1.55
二乙胺	−50	56	0.707	1.3864	3.6	24.3	0.92
乙醚	−117	35	0.713	1.3524	4.33	22.1	1.30
1，2-二甲氧基乙烷	−68	85	0.863	1.3796	7.2	24.1	1.71
N，*N*-二甲基乙酰胺	−20	166	0.937	1.4384	37.8	24.2	3.72
N，*N*-二甲基甲酰胺	−60	152	0.945	1.4305	36.7	19.9	3.86
二甲基亚砜	19	189	1.096	1.4783	46.7	20.1	3.90
1，4-二氧六环	12	101	1.034	1.4224	2.25	21.6	0.45
乙醇	−114	78	0.789	1.3614	24.5	12.8	1.69
乙酸乙酯	−84	77	0.901	1.3724	6.02	22.3	1.88
苯甲酸乙酯	−35	213	1.050	1.5052	6.02	42.5	2.00
甲酰胺	3	211	1.133	1.4475	111.0	10.6	3.37
六甲基磷酸二胺	7	235	1.027	1.4588	30.0	47.7	5.54
异丙醇	−90	82	0.786	1.3772	17.9	17.5	1.66
异丙醚	−85	68	0.725	1.3679	—	31.5	—
甲醇	−98	65	0.791	1.3284	32.7	8.2	1.70
2-甲基-2-丙醇	26	82	0.786	1.3877	10.9	22.2	1.66
硝基苯	6	211	1.204	1.5562	34.82	32.7	4.02
硝基甲烷	−28	101	1.137	1.3817	35.87	12.5	3.54
吡啶	−42	115	0.983	1.5102	12.4	24.1	2.37
叔丁醇	25	82	0.787	1.3878	11.4	22.1	1.66
四氢呋喃	−109	66	0.888	1.4072	7.58	19.9	1.75
甲苯	−95	111	0.867	1.4969	2.38	31.1	0.43
三氯乙烯	−86	87	1.465	1.4767	3.4	25.5	0.81
三乙胺	−115	90	0.726	1.4010	2.42	33.1	0.87
三氟乙酸	−15	72	1.489	1.2850	8.55	13.7	2.26
2，2，2-三氟乙醇	−44	77	1.384	1.2910	8.55	12.4	2.52
水	0	100	0.998	1.3330	80.1	3.7	1.82
邻二甲苯	−25	144	0.880	1.5054	2.57	35.8	0.62

附表 9　常见难溶电解质的溶度积 K_{sp} （298K）

难溶电解质	$K_{sp}^{\ominus}$	难溶电解质	$K_{sp}^{\ominus}$
AgAc	1.94×10^{-3}	$CaSO_3\cdot0.5H_2O$	3.1×10^{-12}
AgBr	5.35×10^{-13}	$CdCO_3$	1.0×10^{-8}
AgCl	1.77×10^{-10}	$CdC_2O_4\cdot3H_2O$	1.42×10^{-14}
Ag_2CO_3	8.46×10^{-12}	$Cd(OH)_2$(新析出)	2.5×10^{-27}
$Ag_2C_2O_4$	5.40×10^{-12}	CdS	8.0×10^{-13}
Ag_2CrO_4	1.12×10^{-12}	$CoCO_3$	1.4×10^{-15}
$Ag_2Cr_2O_7$	2.0×10^{-7}	$Co(OH)_2$(桃红)	1.6×10^{-15}
AgI	8.52×10^{-17}	$Co(OH)_2$(蓝)	5.92×10^{-44}
$AgIO_3$	3.17×10^{-8}	$Co(OH)_3$	1.6×10^{-21}
$AgNO_2$	6.0×10^{-4}	CoS(α)(新析出)	4.0×10^{-25}
AgOH	2.0×10^{-8}	CoS(β)(陈化)	2.0×10^{-21}
Ag_3PO_4	8.89×10^{-17}	$Cr(OH)_3$	6.3×10^{-25}
$Ag_2S(\alpha)$	6.3×10^{-50}	CuBr	6.27×10^{-9}
$Ag_2S(\beta)$	1.09×10^{-49}	CuCl	1.72×10^{-7}
Ag_2SO_4	1.20×10^{-5}	CuCN	3.47×10^{-20}
$Al(OH)_3$	1.3×10^{-33}	$CuCO_3$	1.4×10^{-10}
AuCl	2.0×10^{-13}	$CuCrO_4$	3.6×10^{-6}
$AuCl_3$	3.2×10^{-25}	CuI	1.27×10^{-12}
$Au(OH)_3$	5.5×10^{-46}	CuOH	1.0×10^{-14}
$BaCO_3$	2.58×10^{-9}	$Cu(OH)_2$	2.2×10^{-20}
BaC_2O_4	1.6×10^{-7}	$Cu_3(PO_4)_2$	1.40×10^{-37}
$BaCrO_4$	1.17×10^{-10}	$Cu_2P_2O_7$	8.3×10^{-16}
BaF_2	1.84×10^{-7}	CuS	6.3×10^{-36}
$Ba_3(PO_4)_2$	3.4×10^{-23}	Cu_2S	2.5×10^{-48}
$BaSO_3$	5.0×10^{-10}	$FeCO_3$	3.2×10^{-11}
$BaSO_4$	1.08×10^{-10}	$FeC_2O_4\cdot2H_2O$	3.2×10^{-7}
BaS_2O_3	1.6×10^{-5}	$Fe(OH)_2$	4.87×10^{-17}
BiOCl	1.8×10^{-97}	$Fe(OH)_3$	2.79×10^{-39}
$Bi(OH)_3$	4.0×10^{-31}	FeS	6.3×10^{-18}
Bi_2S_3	1×10^{-9}	Hg_2Cl_2	1.43×10^{-18}
$CaCO_3$	3.36×10^{-9}	Hg_2I_2	5.2×10^{-29}
$CaC_2O_4\cdot H_2O$	2.32×10^{-4}	$Hg(OH)_2$	3.0×10^{-26}
CaC_rO_4	7.1×10^{-4}	Hg_2S	1.0×10^{-47}
CaF_2	3.45×10^{-11}	HgS(红)	4.0×10^{-53}
$CaHPO_4$	1.0×10^{-6}	HgS(黑)	1.6×10^{-52}
$Ca(OH)_2$	5.02×10^{-33}	Hg_2SO_4	6.5×10^{-7}
$Ca_3(PO_4)_2$	2.07×10^{-5}	KIO_4	3.71×10^{-4}
$CaSO_4$	4.93×10^{-7}	$K_2[PtCl_6]$	7.48×10^{-6}

续表

难溶电解质	$K_{sp}^{\ominus}$	难溶电解质	$K_{sp}^{\ominus}$
$K_2[SiF_6]$	8.7×10^{-7}	$PbMoO_4$	1.0×10^{-13}
Li_2CO_3	8.15×10^{-4}	$Pb(OH)_2$	1.43×10^{-20}
LiF	1.84×10^{-3}	$Pb(OH)_4$	3.2×10^{-44}
$MgCO_3$	6.82×10^{-6}	$Pb(PO_4)_2$	8.0×10^{-40}
MgF_2	5.16×10^{-11}	PbS	8×10^{-28}
$MgNH_4PO_4$	2.5×10^{-13}	$PbSO_4$	2.53×10^{-8}
$Mg(OH)_2$	5.61×10^{-12}	$Sn(OH)_2$	5.45×10^{-27}
$MnCO_3$	2.24×10^{-11}	$Sn(OH)_4$	1×10^{-56}
$Mn(OH)_2$	1.9×10^{-13}	SnS	1.0×10^{-25}
MnS(无定形)	2.5×10^{-10}	$SrCO_3$	5.60×10^{-10}
MnS(结晶)	2.5×10^{-13}	$SrC_2O_4\cdot H_2O$	1.6×10^{-7}
Na_3AlF_6	4.0×10^{-10}	$SrCrO_4$	2.2×10^{-5}
$NiCO_3$	1.42×10^{-7}	$SrSO_4$	3.44×10^{-7}
$Ni(OH)_2$(新析出)	2×10^{-15}	$ZnCO_3$	1.46×10^{-10}
$PbBr_2$	6.60×10^{-6}	$ZnC_2O_4\cdot 2H_2O$	1.38×10^{-9}
$PbCl_2$	1.7×10^{-5}	$Zn(OH)_2$	3.0×10^{-17}
$PbCO_3$	7.4×10^{-14}	α-NiS	3.2×10^{-19}
PbC_2O_4	4.8×10^{-10}	β-NiS	1.0×10^{-24}
$PbCrO_4$	2.8×10^{-13}	γ-NiS	2.0×10^{-26}
PbF_2	7.12×10^{-7}	α-ZnS	1.6×10^{-24}
PbI_2	9.8×10^{-9}	β-ZnS	2.5×10^{-22}

附表 10　弱电解质的解离常数（近似浓度 0.01～0.03mol · L^{-1}，温度 298K）

名 称	化学式	解离常数 K	pK
乙酸	HAc	1.76×10^{-5}	4.75
碳酸	H_2CO_3	$K_1=4.30\times10^{-7}$	6.37
		$K_2=5.61\times10^{-11}$	10.25
草酸	$H_2C_2O_4$	$K_1=5.90\times10^{-2}$	1.23
		$K_2=6.40\times10^{-5}$	4.19
亚硝酸	HNO_2	4.6×10^{-4} (285.5K)	3.37
磷酸	H_3PO_4	$K_1=7.52\times10^{-3}$	2.12
		$K_2=6.23\times10^{-8}$	7.21
		$K_3=2.2\times10^{-13}$ (291K)	12.67
亚硫酸	H_2SO_3	$K_1=1.54\times10^{-2}$ (291K)	1.81
		$K_2=1.02\times10^{-7}$	6.91
硫酸	H_2SO_4	$K_2=1.20\times10^{-2}$	1.92
硫化氢	H_2S	$K_1=9.1\times10^{-8}$ (291K)	7.04
		$K_2=1.1\times10^{-12}$	11.96

续表

名 称	化学式	解离常数 K	pK
氢氰酸	HCN	4.93×10^{-10}	9.31
铬酸	H_2CrO_4	$K_1=1.8\times10^{-1}$	0.74
		$K_2=3.20\times10^{-7}$	6.49
硼酸	H_3BO_3	5.8×10^{-10}	9.24
氢氟酸	HF	3.53×10^{-4}	3.45
过氧化氢	H_2O_2	2.4×10^{-12}	11.62
次氯酸	$HClO$	2.95×10^{-5} (291K)	4.53
次溴酸	$HBrO$	2.06×10^{-9}	8.69
次碘酸	HIO	2.3×10^{-11}	10.64
碘酸	HIO_3	1.69×10^{-1}	0.77
砷酸	H_3AsO_4	$K_1=5.62\times10^{-3}$ (291K)	2.25
		$K_2=1.70\times10^{-7}$	6.77
		$K_3=3.95\times10^{-12}$	11.40
亚砷酸	$HAsO_2$	6×10^{-10}	9.22
铵离子	NH_4^+	5.56×10^{-10}	9.25
氨水	$NH_3\cdot H_2O$	1.79×10^{-5}	4.75
联胺	N_2H_4	8.91×10^{-7}	6.05
羟氨	NH_2OH	9.12×10^{-9}	8.04
氢氧化铅	$Pb(OH)_2$	9.6×10^{-4}	3.02
氢氧化锂	$LiOH$	6.31×10^{-1}	0.2
氢氧化铍	$Be(OH)_2$	1.78×10^{-6}	5.75
	$BeOH^+$	2.51×10^{-9}	8.6
氢氧化铝	$A1(OH)_3$	5.01×10^{-9}	8.3
	$Al(OH)_2^+$	1.99×10^{-10}	9.7
氢氧化锌	$Zn(OH)_2$	7.94×10^{-7}	6.1
氢氧化镉	$Cd(OH)_2$	5.01×10^{-11}	10.3
乙二胺	$H_2NC_2H_4NH_2$	$K_1=8.5\times10^{-5}$	4.07
		$K_2=7.1\times10^{-8}$	7.15
六亚甲基四胺	$(CH_2)_6N_4$	1.35×10^{-9}	8.87
尿素	$CO(NH_2)_2$	1.3×10^{-14}	13.89
质子化六亚甲基四胺	$(CH_2)_6N_4H^+$	7.1×10^{-6}	5.15
甲酸	$HCOOH$	1.77×10^{-4} (293K)	3.75
氯乙酸	$ClCH_2COOH$	1.40×10^{-3}	2.85
氨基乙酸	NH_2CH_2COOH	1.67×10^{-10}	9.78
邻苯二甲酸	$C_6H_4(COOH)_2$	$K_1=1.12\times10^{-3}$	2.95
		$K_2=3.91\times10^{-6}$	5.41

续表

名称	化学式	解离常数 K	pK
柠檬酸	$(HOOCCH_2)_2C(OH)COOH$	$K_1=7.1\times10^{-4}$	3.14
		$K_2=1.68\times10^{-5}$ (293K)	4.77
		$K_3=4.1\times10^{-7}$	6.39
酒石酸	$(CH(OH)COOH)_2$	$K_1=1.04\times10^{-3}$	2.98
		$K_2=4.55\times10^{-5}$	4.34
8-羟基喹啉	C_9H_6NOH	$K_1=8\times10^{-6}$	5.1
		$K_2=1\times10^{-9}$	9.0
苯酚	C_6H_5OH	1.28×10^{-10} (293K)	9.89
对氨基苯磺酸	$H_2NC_6H_4SO_3H$	$K_1=2.6\times10^{-1}$	0.58
		$K_2=7.6\times10^{-4}$	3.12
乙二胺四乙酸（EDTA）	$(CH_2COOH)_2NH^+CH_2CH_2NH^+(CH_2COOH)_2$	$K_5=5.4\times10^{-7}$	6.27
		$K_6=1.12\times10^{-11}$	10.95

附表 11　不同温度下水的表面张力 σ

t/℃	σ/ $(10^{-3}N\cdot m^{-1})$	t/℃	σ/ $(10^{-3}N\cdot m^{-1})$
0	75.64	21	72.59
5	74.92	22	72.44
10	74.22	23	72.28
11	74.07	24	72.13
12	73.93	25	71.97
13	73.78	26	71.82
14	73.64	27	71.66
15	73.49	28	71.50
16	73.34	29	71.35
17	73.19	30	71.18
18	73.05	35	70.38
19	72.90	40	69.56
20	72.75	45	68.74

附表 12　不同温度下水和乙醇的折射率[*]

t/℃	纯水折射率	99.8%乙醇折射率	t/℃	纯水折射率	99.8%乙醇折射率
14	1.33348		26	1.33241	1.35803
15	1.33341		28	1.33219	1.35721
16	1.33333	1.36210	30	1.33192	1.35639
18	1.33317	1.36129	32	1.33164	1.35557
20	1.33299	1.36048	34	1.33136	1.35474
22	1.33281	1.35967	36	1.33107	1.35390
24	1.33262	1.35885	38	1.33079	1.35306

续表

t/℃	纯水折射率	99.8%乙醇折射率	t/℃	纯水折射率	99.8%乙醇折射率
40	1.33051	1.35222	48	1.32927	1.34885
42	1.33023	1.35138	50	1.32894	1.34800
44	1.32992	1.35054	52	1.32860	1.34715
46	1.32959	1.34969	54	1.32827	1.34629

* 相对于空气；钠光波长 589.3nm。

附表 13　水在不同温度下的黏度和介电常数

温度/℃	黏度 η/($\times10^3$kg · m^{-1} · s^{-1})	介电常数 ε
0	1.7702	87.74
5	1.5108	85.76
10	1.3039	83.83
15	1.3174	81.95
20	1.0019	80.10
21	0.9764	79.73
22	0.9532	79.38
23	0.9310	79.02
24	0.9100	78.65
25	0.8903	78.30
26	0.8703	77.94
27	0.8512	77.60
28	0.8328	77.24
29	0.8145	76.90
30	0.7973	76.55
35	0.7190	74.83
40	0.6526	73.15
45	0.5972	71.51
50	0.5468	69.91
55	0.5042	68.35
60	0.4669	66.82

附表 14　不同温度下水的饱和蒸气压（$\times10^2$ Pa）

温度/K	0.0	0.2	0.4	0.6	0.8
273	6.105	6.195	6.286	6.379	6.473
274	6.567	6.663	6.759	6.858	6.958
275	7.058	7.159	7.262	7.366	7.473
276	7.579	7.687	7.797	7.907	8.019
277	8.134	8.249	8.365	8.483	8.603
278	8.723	8.846	8.970	9.095	9.222
279	9.350	9.481	9.611	9.745	9.881
280	10.017	10.155	10.295	10.436	10.580
281	10.726	10.872	11.022	11.172	11.324
282	11.478	11.635	11.792	11.952	12.114

续表

温度/K	0.0	0.2	0.4	0.6	0.8
283	12.278	12.443	12.610	12.779	12.951
284	13.124	13.300	13.478	13.658	13.839
285	14.023	14.210	14.397	14.587	14.779
286	14.973	15.171	15.369	15.572	15.776
287	15.981	16.191	16.401	16.615	16.831
288	17.049	17.260	17.493	17.719	17.947
289	18.177	18.410	18.648	18.886	19.128
290	19.372	19.618	19.869	20.121	20.377
291	20.634	20.896	21.160	21.426	21.694
292	21.968	22.245	22.523	22.805	23.090
293	23.378	23.669	23.963	24.261	24.561
294	24.865	25.171	25.482	25.797	26.114
295	26.434	26.758	27.086	27.418	27.751
296	28.088	28.430	28.775	29.124	29.478
297	29.834	30.195	30.560	30.928	31.299
298	31.672	32.049	32.432	32.820	33.213
299	33.609	34.009	34.413	34.820	35.232
300	35.649	36.070	36.496	36.925	37.358
301	37.796	38.237	38.683	39.135	39.593
302	40.054	40.519	40.990	41.466	41.945
303	42.429	42.918	43.411	43.908	44.412
304	44.923	45.439	45.958	46.482	47.011
305	47.547	48.087	48.632	49.184	49.740
306	50.301	50.869	51.441	52.020	52.605
307	53.193	53.788	54.390	54.997	55.609
308	56.229	56.854	57.485	58.122	58.766
309	59.412	60.067	60.727	61.395	62.070
310	62.751	63.437	64.131	64.831	65.537
311	66.251	66.969	67.693	68.425	69.166
312	69.917	70.673	71.434	72.202	72.977
313	73.759	74.54	75.34	76.14	76.95
314	77.78	78.61	79.43	80.29	81.14
315	81.99	82.85	83.73	84.61	85.49
316	86.39	87.30	88.21	89.14	90.07
317	91.00	91.95	92.91	93.87	94.85
318	95.83	96.82	97.81	98.82	99.83
319	100.86	101.90	102.94	103.99	105.06
320	106.12	107.20	108.30	109.39	110.48
321	111.60	112.74	113.88	115.03	116.18
322	117.35	118.52	119.71	120.91	122.11
323	123.34	124.7	125.9	127.1	128.4

附表 15　折光仪测定可溶性固形物温度校正表

温度/℃	5	10	15	20	25	30	40	50	60	70
应减去的校正值										
15	0.29	0.31	0.33	0.34	0.34	0.35	0.37	0.38	0.39	0.40
16	0.24	0.25	0.26	0.27	0.28	0.28	0.30	0.30	0.31	0.32
17	0.18	0.19	0.20	0.21	0.21	0.22	0.23	0.23	0.23	0.24
18	0.13	0.13	0.14	0.14	0.14	0.14	0.15	0.15	0.16	0.16
19	0.06	0.06	0.07	0.07	0.07	0.07	0.08	0.08	0.08	0.08
应加上的校正值										
21	0.07	0.07	0.07	0.07	0.08	0.08	0.08	0.08	0.08	0.08
22	0.13	0.14	0.14	0.15	0.15	0.15	0.15	0.16	0.16	0.16
23	0.20	0.21	0.22	0.22	0.23	0.23	0.23	0.24	0.24	0.24
24	0.27	0.28	0.29	0.30	0.30	0.31	0.31	0.31	0.32	0.32
25	0.35	0.36	0.37	0.38	0.38	0.39	0.40	0.40	0.40	0.40

附表 16　KCl 溶液的电导率*

t/℃	c/（mol·L^{-1}）			
	1.000**	0.1000	0.0200	0.0100
0	0.06541	0.00715	0.001521	0.000776
5	0.07414	0.00822	0.001752	0.000896
10	0.08319	0.00933	0.001994	0.001020
15	0.09252	0.01048	0.002243	0.001147
16	0.09441	0.01072	0.002294	0.001173
17	0.09631	0.01095	0.002345	0.001199
18	0.09822	0.01119	0.002397	0.001225
19	0.10014	0.01143	0.002449	0.001251
20	0.10207	0.01167	0.002501	0.001278
21	0.10400	0.01191	0.002553	0.001305
22	0.10594	0.01215	0.002606	0.001332
23	0.10789	0.01239	0.002659	0.001359
24	0.10984	0.01264	0.002712	0.001386
25	0.11180	0.01288	0.002765	0.001413
26	0.11377	0.01313	0.002819	0.001441
27	0.11574	0.01337	0.002873	0.001468
28		0.01362	0.002927	0.001496
29		0.01387	0.002981	0.001524
30		0.01412	0.003036	0.001552
35		0.01539	0.003312	
36		0.01564	0.003368	

*电导率单位 S·cm^{-1}。

**在空气中称取 74.56g KCl，溶于 18℃水中，稀释到 1L，其浓度为 1.000mol·L^{-1}（密度 1.0449g·cm^{-3}），再稀释得其他浓度溶液。

附表 17 常用参比电极电位及温度系数

名称	体系	E/V*	(dE/dT) / (mV · K^{-1})
氢电极	Pt，H_2 | H^+ ($\alpha H^+=1$)	0.0000	
饱和甘汞电极	Hg，Hg_2Cl_2 | 饱和 KCl	0.2415	−0.761
标准甘汞电极	Hg，Hg_2Cl_2 | 1mol · L^{-1}KCl	0.2800	−0.275
甘汞电极	Hg，Hg_2Cl_2 | 0.1mol · L^{-1}KCl	0.3337	−0.875
银-氯化银电极	Ag，AgCl | 0.1mol · L^{-1}KCl	0.290	−0.3
氧化汞电极	Hg，HgO | 0.1mol · L^{-1}KOH	0.165	
硫酸亚汞电极	Hg，Hg_2SO_4 | 1mol · L^{-1} H_2SO_4	0.6758	
硫酸铜电极	Cu | 饱和 CuSO	40.316	−0.7

* 25℃；相对于标准氢电极 (NCE)。

附表 18 标准电极电位表

半反应	$E^\ominus$/V
F_2 (气) $+2H^+ +2e^- \longrightarrow 2HF$	3.06
$O_3+2H^+ +2e^- \longrightarrow O_2+2H_2O$	2.07
$S_2O_8^{2-}+2e^- \longrightarrow 2SO_4^{2-}$	2.01
$H_2O_2+2H^+ +2e^- \longrightarrow 2H_2O$	1.77
$MnO_4^- +4H^+ +3e^- \longrightarrow MnO_2$ (固) $+2H_2O$	1.695
PbO_2 (固) $+SO_4^{2-}+4H^+ +2e^- \longrightarrow PbSO_4$ (固) $+2H_2O$	1.685
$HClO_2+H^+ +e^- \longrightarrow HClO+H_2O$	1.64
$HClO+H^+ +e^- \longrightarrow 1/2\ Cl_2+H_2O$	1.63
$Ce^{4+}+e^- \longrightarrow Ce^{3+}$	1.61
$H_5IO_6+H^+ +2e^- \longrightarrow IO_3^- +3H_2O$	1.60
$HBrO+H^+ +e^- \longrightarrow 1/2\ Br_2+H_2O$	1.59
$BrO_3^- +6H^+ +5e^- \longrightarrow 1/2\ Br_2+3H_2O$	1.52
$MnO_4^- +8H^+ +5e^- \longrightarrow Mn^{2+}+4H_2O$	1.51
Au (Ⅲ) $+3e^- \longrightarrow Au$	1.50
$HClO+H^+ +2e^- \longrightarrow Cl^- +H_2O$	1.49
$ClO_3^- +6H^+ +5e^- \longrightarrow 1/2\ Cl_2+3H_2O$	1.47
PbO_2 (固) $+4H^+ +2e^- \longrightarrow Pb^{2+}+2H_2O$	1.455
$HIO+H^+ +e^- \longrightarrow 1/2\ I_2+H_2O$	1.45
$ClO_3^- +6H^+ +6e^- \longrightarrow Cl^- +3H_2O$	1.45
$BrO_3^- +6H^+ +6e^- \longrightarrow Br^- +3H_2O$	1.44
Au (Ⅲ) $+2e^- \longrightarrow$ Au (I)	1.41
Cl_2 (气) $+2e^- \longrightarrow 2Cl$	1.3595
$ClO_4^- +8H^+ +7e^- \longrightarrow 1/2\ Cl_2+4H_2O$	1.34
$Cr_2O_7^{2-}+14H^+ +6e^- \longrightarrow 2Cr^{3+}+7H_2O$	1.33
MnO_2 (固) $+4H^+ +2e^- \longrightarrow Mn^{2+}+2H_2O$	1.23
O_2 (气) $+4H^+ +4e^- \longrightarrow 2H_2O$	1.229

续表

半反应	$E^{\ominus}$/V
$IO_3^- + 6H^+ + 5e^- \longrightarrow 1/2\ I_2 + 3H_2O$	1.20
$ClO_4^- + 2H^+ + 2e^- \longrightarrow ClO_3^- + H_2O$	1.19
Br_2（水）$+ 2e^- \longrightarrow 2Br^-$	1.087
$NO_2 + H^+ + e^- \longrightarrow HNO_2$	1.07
$Br_3^- + 2e^- \longrightarrow 3Br^-$	1.05
$HNO_2 + H^+ + e^- \longrightarrow NO$（气）$+ H_2O$	1.00
$VO_2^+ + 2H^+ + e^- \longrightarrow VO^{2+} + H_2O$	1.00
$HIO + H^+ + 2e^- \longrightarrow I^- + H_2O$	0.99
$NO_3^- + 3H^+ + 2e^- \longrightarrow HNO_2 + H_2O$	0.94
$ClO^- + H_2O + 2e^- \longrightarrow Cl^- + 2OH^-$	0.89
$H_2O_2 + 2e^- \longrightarrow 2OH^-$	0.88
$Cu^{2+} + I^- + e^- \longrightarrow CuI$（固）	0.86
$Hg^{2+} + 2e^- \longrightarrow Hg$	0.845
$NO_3^- + 2H^+ + e^- \longrightarrow NO_2 + H_2O$	0.80
$Ag^+ + e^- \longrightarrow Ag$	0.7995
$Hg_2^{2+} + 2e^- \longrightarrow 2Hg$	0.793
$Fe^{3+} + e^- \longrightarrow Fe^{2+}$	0.771
$BrO^- + H_2O + 2e^- \longrightarrow Br^- + 2OH^-$	0.76
O_2（气）$+ 2H^+ + 2e^- \longrightarrow H_2O_2$	0.682
$AsO_8^- + 2H_2O + 3e^- \longrightarrow As + 4OH^-$	0.68
$2HgCl_2 + 2e^- \longrightarrow Hg_2Cl_2$（固）$+ 2Cl^-$	0.63
Hg_2SO_4（固）$+ 2e^- \longrightarrow 2Hg + SO_4^{2-}$	0.6151
$MnO_4^- + 2H_2O + 3e^- \longrightarrow MnO_2 + 4OH^-$	0.588
$MnO_4^- + e^- \longrightarrow MnO_4^{2-}$	0.564
$H_3AsO_4 + 2H^+ + 2e^- \longrightarrow HAsO_2 + 2H_2O$	0.559
$I_3^- + 2e^- \longrightarrow 3I^-$	0.545
I_2（固）$+ 2e^- \longrightarrow 2I^-$	0.5345
Mo（VI）$+ e^- \longrightarrow$ Mo（V）	0.53
$Cu^+ + e^- \longrightarrow Cu$	0.52
$4SO_2$（水）$+ 4H^+ + 6e^- \longrightarrow S_4O_6^{2-} + 2H_2O$	0.51
$HgCl_4^{2-} + 2e^- \longrightarrow Hg + 4Cl^-$	0.48
$2SO_2$（水）$+ 2H^+ + 4e^- \longrightarrow S_2O_3^{2-} + H_2O$	0.40
$Fe(CN)_6^{3-} + e^- \longrightarrow Fe(CN)_6^{4-}$	0.36
$Cu^{2+} + 2e^- \longrightarrow Cu$	0.337
$VO^{2+} + 2H^+ + 2e^- \longrightarrow V^{3+} + H_2O$	0.337
$BiO^+ + 2H^+ + 3e^- \longrightarrow Bi + H_2O$	0.32
Hg_2Cl_2（固）$+ 2e^- \longrightarrow 2Hg + 2Cl^-$	0.2676
$HAsO_2 + 3H^+ + 3e^- \longrightarrow As + 2H_2O$	0.248

续表

半反应	$E^{\ominus}/V$
$AgCl$（固）$+e^- \longrightarrow Ag+Cl^-$	0.2223
$SbO^+ +2H^+ +3e^- \longrightarrow Sb+H_2O$	0.212
$SO_4^{2-} +4H^+ +2e^- \longrightarrow SO_2$（水）$+H_2O$	0.17
$Cu^{2+} +e^- \longrightarrow Cu^-$	0.519
$Sn^{4+} +2e^- \longrightarrow Sn^{2+}$	0.154
$S+2H^+ +2e^- \longrightarrow H_2S$（气）	0.141
$Hg_2Br_2 +2e^- \longrightarrow 2Hg+2Br^-$	0.1395
$TiO^{2+} +2H^+ +e^- \longrightarrow Ti^{3+} +H_2O$	0.1
$S_4O_6^{2-} +2e^- \longrightarrow 2S_2O_3^{2-}$	0.08
$AgBr$（固）$+e^- \longrightarrow Ag+Br^-$	0.071
$2H^+ +2e^- \longrightarrow H_2$	0.000
$O_2 +H_2O+2e^- \longrightarrow HO_2^- +OH^-$	−0.067
$TiOCl^+ +2H^+ +3Cl^- +e^- \longrightarrow TiCl_4^- +H_2O$	−0.09
$Pb^{2+} +2e^- \longrightarrow Pb$	−0.126
$Sn^{2+} +2e^- \longrightarrow Sn$	−0.136
AgI（固）$+e^- \longrightarrow Ag+I^-$	−0.152
$Ni^{2+} +2e^- \longrightarrow Ni$	−0.246
$H_3PO_4 +2H^+ +2e^- \longrightarrow H_3PO_3 +H_2O$	−0.276
$Co^{2+} +2e^- \longrightarrow Co$	−0.277
$Tl^+ +e^- \longrightarrow Tl$	−0.3360
$In^{3+} +3e^- \longrightarrow In$	−0.345
$PbSO_4$（固）$+2e^- \longrightarrow Pb+SO_4^{2-}$	0.3553
$SeO_3^{2-} +3H_2O+4e^- \longrightarrow Se+6OH^-$	−0.366
$As+3H^+ +3e^- \longrightarrow AsH_3$	−0.38
$Se+2H^+ +2e^- \longrightarrow H_2Se$	−0.40
$Cd^{2+} +2e^- \longrightarrow Cd$	−0.403
$Cr^{3+} +e^- \longrightarrow Cr^{2+}$	−>0.41
$Fe^{2+} +2e^- \longrightarrow Fe$	−0.440
$S+2e^- \longrightarrow S^{2-}$	−0.48
$2CO_2 +2H^+ +2e^- \longrightarrow H_2C_2O_4$	−0.49
$H_3PO_3 +2H^+ +2e^- \longrightarrow H_3PO_2 +H_2O$	−0.50
$Sb+3H^+ +3e^- \longrightarrow SbH_3$	−0.51
$HPbO_2^- +H_2O+2e^- \longrightarrow Pb+3OH^-$	−0.54
$Ga^{3+} +3e^- \longrightarrow Ga$	−0.56
$TeO_3^{2-} +3H_2O+4e^- \longrightarrow Te+6OH^-$	−0.57
$2SO_3^{2-} +3H_2O+4e^- \longrightarrow S_2O_3^{2-} +6OH^-$	−0.58
$SO_3^{2-} +3H_2O+4e^- \longrightarrow S+6OH^-$	−0.66
$AsOI_4^{3-} +2H_2O+2e^- \longrightarrow AsO_2^- +4OH^-$	−0.67

续表

半反应	$E^{\ominus}$/V
Ag_2S（固）$+2e^- \longrightarrow 2Ag+S^{2-}$	−0.69
$Zn^{2+}+2e^- \longrightarrow Zn$	−0.763
$2H_2O+2e^- \longrightarrow H_2+2OH^-$	−8.28
$Cr^{2+}+2e^- \longrightarrow Cr$	−0.91
$HSnO_2^-+H_2O+2e^- \longrightarrow Sn^-+3OH^-$	−>0.91
$Se+2e^- \longrightarrow Se^{2-}$	−0.92
$Sn(OH)_6^{2-}+2e^- \longrightarrow HSnO_2^-+H_2O+3OH^-$	−0.93
$CNO^-+H_2O+2e^- \longrightarrow Cn^-+2OH^-$	−0.97
$Mn^{2+}+2e^- \longrightarrow Mn$	−1.182
$ZnO_2^{2-}+2H_2O+2e^- \longrightarrow Zn+4OH^-$	−1.216
$Al^{3+}+3e^- \longrightarrow Al$	−1.66
$H_2AlO_3^-+H_2O+3e^- \longrightarrow Al+4OH^-$	−2.35
$Mg^{2+}+2e^- \longrightarrow Mg$	−2.37
$Na^++e^- \longrightarrow Na$	−2.71
$Ca^{2+}+2e^- \longrightarrow Ca$	−2.87
$Sr^{2+}+2e^- \longrightarrow Sr$	−2.89
$Ba^{2+}+2e^- \longrightarrow Ba$	−2.90
$K^++e^- \longrightarrow K$	−2.925
$Li^++e^- \longrightarrow Li$	−3.042